数学名著译丛

流形上的分析

〔美〕J.R.曼克勒斯　著

谢孔彬　谢云鹏　译

科 学 出 版 社

北 京

图字：01-2011-3171 号

内 容 简 介

本书根据 J.R.曼克勒斯先生所著的 *Analysis on Manifolds* 一书译出. 原书禀承了作者一贯的写作风格, 论述精辟, 深入浅出. 主要内容包括：第一章复习并扩充了全书所需要的代数与拓扑知识; 第二至四章系统论述了 n 维欧氏空间中的多元微积分, 这是对普通数学分析的推广与提高, 也是为流形上的分析做准备; 第五至八章系统论述流形上的分析, 其中包括一般 Stokes 定理和 de Rham 上同调等内容. 此外, 为便于初学者理解与接受, 本书采用将流形嵌入高维欧氏空间中的观点讲述, 故而又在第九章给出了抽象流形的概念并简要介绍了一般可微流形和 Riemann 流形.

本书可作为数学专业的研究生和高年级本科生的教材或参考书, 也可供物理及某些工科专业的研究生、青年教师和有关工程技术人员参考.

图书在版编目(CIP)数据

流形上的分析 / (美)曼克勒斯(Munkres J. R.)著; 谢孔彬, 谢云鹏译. —北京: 科学出版社, 2012

(数学名著译丛)

ISBN 978-7-03-033995-9

Ⅰ.①流… Ⅱ. ①曼… ②谢… ③谢… Ⅲ.①流形分析 Ⅳ. ① O192

中国版本图书馆 CIP 数据核字（2012）第 063053 号

责任编辑：陈玉琢 / 责任校对：张怡君
责任印制：吴兆东 / 封面设计：陈　敬

科 学 出 版 社 出版
北京东黄城根北街 16 号
邮政编码：100717
http://www.sciencep.com

北京九州迅驰传媒文化有限公司印刷
科学出版社发行　各地新华书店经销
*
2012 年 4 月第　一　版　开本：B5（720×1000）
2024 年 4 月第十次印刷　印张：19 1/2
字数：383 000

定价：98.00 元

(如有印装质量问题, 我社负责调换)

译 者 的 话

本书根据 Perseus 出版集团 Westview 公司的最新版本译出. 原书是该集团公司出版的经典系列丛书之一, 是作者为麻省理工学院的研究生和高年级本科生写的分析教科书. 该书的作者曼克勒斯 (James R. Munkres) 先生是美国麻省理工学院教授, 世界著名数学家、教育家. 他的许多著作受到国际数学界、教育界的广泛关注和一致推崇, 并被译成多种文字在世界各地广为流行. 例如已被译成中文并为中国读者所熟悉的有《代数拓扑基础》、《初等微分拓扑学》、《拓扑学基本教程》(新版改为《拓扑学》) 等, 深受广大读者喜爱. 原书禀承了作者一贯的写作风格, 论述精辟透彻, 深入浅出. 原书作为研究生和高年级本科生的分析后续教材, 它的基础和起点是本科数学分析、线性代数及一般拓扑. 为便于初学者理解和掌握, 作者是采用把流形嵌入高维欧氏空间的观点讲述的, 因为这样更直观, 几何意义更明显, 便于初学者联想和想象. 而在原书的最后一章又引导读者摆脱欧氏空间的束缚, 给出了抽象流形的概念并简要介绍了一般可微流形和 Riemann 流形, 从而使读者再上一个台阶. 原书的另一个特点是内容丰富、详实、系统, 特别适合作教材使用, 也便于读者自学. 因此译者非常愿意将它推荐介绍给中国读者, 并将其译出, 希望能为读者提供一点帮助. 但由于译者水平所限, 译文中缺点错误在所难免, 恳请广大读者批评指正.

本书在翻译过程中得到山东理工大学各级领导的大力支持, 也得到许多同事的热情帮助. 值此本书出版之际谨向所有关心、支持和帮助过我们的人士表示衷心的感谢!

译 者

2011 年元旦

前　言

本书是为大四本科生和一年级研究生而写的分析教程.

一学年的实分析课程对于任何一位有潜力的未来数学家都是必备的. 这种课程的前半部分应包括的内容基本上是一致的. 标准的论题包括: 数列和极限, 度量空间的拓扑, 一元函数的导数和黎曼积分. 在这方面有很多优秀的教科书, 其中包括 Apostol[A], Rudin[Ru], Goldberg[Go], Royden[Ro] 等. 但对这种课程的后半部分应包括的内容却没有达成广泛共识. 部分原因是由于在一个学期内能在较深入的水平上研究的课题太多.

在麻省理工学院, 我们是通过在第二学期开设两种独立的分析课程来解决这个问题的. 一种是讲多元函数的导数和黎曼积分, 后接微分形式和欧氏空间中流形上 Stokes 定理的证明. 本书就是我多年讲授这门课程的结晶. 另一种则是讨论欧氏空间中的勒贝格积分及其对傅里叶分析的应用.

预备知识

如已指出的那样, 我们假定读者已学完一个学期的分析课程, 这包括度量空间和一元函数微积分, 还假定读者具有某些线性代数的背景, 包括向量空间和线性变换、矩阵代数和行列式.

本书的第一章专门用来复习将要用到的线性代数和分析中的基本结果. 这些结果确实是基本的并且不加证明地叙述, 但是提供那些在初等教程中时常被略去的证明. 通过阅读这一章学生可以确定他们的知识背景对于本书的其余部分是否够用.

本书的组织结构

本书的主要内容分为两部分. 第一部分由第二至四章组成, 涵盖了相当标准的材料: 导数、反函数定理, 黎曼积分和重积分的变量替换定理. 本书的第二部分是一些更高级的内容, 介绍 $\mathbf{R}^n$ 中的流形和微分形式, 给出 n 维形式的 Stokes 定理和 Poincaré 引理的证明框架.

最后一章专门讨论抽象流形, 从此作为向该学科更高级课程的过渡.

下列图表表示出各章之间的依赖关系.

书中标有星号的各节可以略过而不影响连贯性. 类似地, 某些可以略去的定理也以星号标出. 当我在本科分析课程中使用本书时通常略去第八章并把第九章作为阅读材料. 而作为研究生课程, 则可通讲全书.

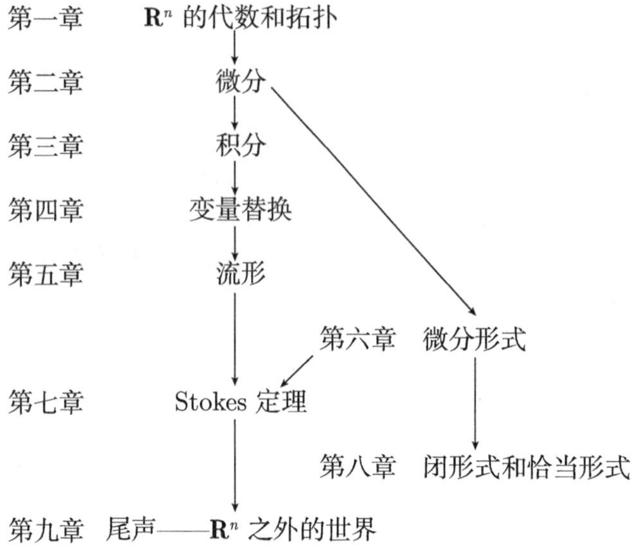

每节末都配有一套习题, 自然有些是计算题. 通过做题学生竟然发现他们能够算出 5 维球的体积! 尽管它的实际应用有限. 而另一些习题是理论性的, 需要学生仔细分析前面那些定理及其证明. 较难的习题标有星号, 但是没有不合情理的难度.

致谢

该学科中的两项开创性工作表明像流形和微分形式这样的课题是完全可以与本科生进行讨论的. 其一是在普林斯顿大学采用过的由 Nickerson, Spencer 和 Steenrod 合编一套 (1960 年版的) 讲义 [N-S-S]; 其二是由 Spivak 写的书 [S]. 新近出版的一本关于这些课题的书是由 Guillemin 和 Pollack 撰写的 [G-P]. 有若干教科书是在更高的水平上来论述这些课题的, 其中包括 Boothby 的著作 [B], Abraham, Mardson 和 Raitu 合著的书 [A-M-R], Berger 和 Gostiaux 的书 [B-G] 以及 Fleming 的书 [F]. 其中任何一本均适合那些希望继续深入研讨这些专题的学生阅读.

我要感谢 Sigurdur Helgason 和 Andrew Browder 二位先生, 感谢他们的有益评论; 感谢 Viola Wiley 女士打印了作为本书前身的原始讲义. 最后我要感谢我在麻省理工学院的学生们, 他们容忍我对这些材料所做的各种努力与尝试, 因为我试图从中获悉如何使这些材料容易被他们理解并且合乎他们的口味.

J. R. 曼克勒斯

目　　录

第一章　$\mathbf{R}^n$ 的代数和拓扑

§1.　线性代数回顾

一、向量空间

假设已经给定了一个称作向量的研究对象的集合 V, 并且给定了一个称作向量加法的运算, 使得向量 $\boldsymbol{x}$ 和 $\boldsymbol{y}$ 的和是一个向量, 记为 $\boldsymbol{x}+\boldsymbol{y}$. 还假设给定了一个称为数乘的运算使得标量 (例如实数)c 与向量 $\boldsymbol{x}$ 的积是一个向量, 记为 $c\boldsymbol{x}$.

集合 V 连同这两种运算, 若对所有向量 $\boldsymbol{x},\boldsymbol{y},\boldsymbol{z}$ 与标量 c,d, 满足下列性质, 则称之为一个向量空间 (或线性空间):

(1) $\boldsymbol{x}+\boldsymbol{y}=\boldsymbol{y}+\boldsymbol{x}$.

(2) $\boldsymbol{x}+(\boldsymbol{y}+\boldsymbol{z})=(\boldsymbol{x}+\boldsymbol{y})+\boldsymbol{z}$.

(3) 有唯一的一个向量 $\mathbf{0}$ 使得 $\boldsymbol{x}+\mathbf{0}=\boldsymbol{x}$ 对所有向量 $\boldsymbol{x}$ 成立.

(4) $\boldsymbol{x}+(-1)\boldsymbol{x}=\mathbf{0}$.

(5) $1\boldsymbol{x}=\boldsymbol{x}$.

(6) $c(d\boldsymbol{x})=(cd)\boldsymbol{x}$.

(7) $(c+d)\boldsymbol{x}=c\boldsymbol{x}+d\boldsymbol{x}$.

(8) $c(\boldsymbol{x}+\boldsymbol{y})=c\boldsymbol{x}+c\boldsymbol{y}$.

向量空间的一个例子是所有实数 n 元组的集合 $\mathbf{R}^n$ 连同按分量的加法和数乘, 即如果 $\boldsymbol{x}=(x_1,\cdots,x_n)$ 且 $\boldsymbol{y}=(y_1,\cdots,y_n)$, 那么

$$\boldsymbol{x}+\boldsymbol{y}=(x_1+y_1,\cdots,x_n+y_n),$$
$$c\boldsymbol{x}=(cx_1,\cdots,cx_n).$$

向量空间的性质容易验证.

设 V 是一个向量空间, W 是 V 的一个子集, 若对 W 的每一对元素 $\boldsymbol{x},\boldsymbol{y}$ 和每一个称量 c, 向量 $\boldsymbol{x}+\boldsymbol{y}$ 和 $c\boldsymbol{x}$ 的属于 W, 则称 W 是 V 的一个线性子空间 (简称子空间). 在这种情况下, 若用 W 从 V 继承的运算, 则 W 自身也满足性质 (1)—(8), 因而 W 本身也是一个向量空间.

在本书的前半部分, $\mathbf{R}^n$ 及其子空间是我们唯一关心的向量空间. 在后面的各章中我们将论述更一般的向量空间.

令 V 是一个向量空间, 对于 V 中的一组向量 $\boldsymbol{a}_1, \cdots, \boldsymbol{a}_m$, 如果 V 中的每个向量 $\boldsymbol{x}$ 都至少对应一组标量 $c_1, \cdots, c_m$, 使得

$$\boldsymbol{x} = c_1\boldsymbol{a}_1 + \cdots + c_m\boldsymbol{a}_m,$$

则称 V 由向量组 $\boldsymbol{a}_1, \cdots, \boldsymbol{a}_m$ 张成. 在这种情况下, 我们说 $\boldsymbol{x}$ 可以写成向量组 $\boldsymbol{a}_1, \cdots, \boldsymbol{a}_m$ 的线性组合.

如果 V 中的每个向量 x 都至多对应一组标量 $c_1, \cdots, c_m$, 使得

$$\boldsymbol{x} = c_1\boldsymbol{a}_1 + \cdots + c_m\boldsymbol{a}_m,$$

则称向量组 $\boldsymbol{a}_1, \cdots, \boldsymbol{a}_m$ 是线性无关的 (或称独立的). 等价地, 若零向量 $\mathbf{0}$ 只对应一组标量 $d_1, \cdots, d_m$, 使得

$$\mathbf{0} = d_1\boldsymbol{a}_1 + \cdots + d_m\boldsymbol{a}_m,$$

即 $d_1 = d_2 = \cdots = d_m = 0$, 则 $\{\boldsymbol{a}_1, \cdots, \boldsymbol{a}_m\}$ 是线性无关的.

如果向量组 $\boldsymbol{a}_1, \cdots, \boldsymbol{a}_m$ 既能张成 V 又是线性无关的, 则称它是 V 的一个基.

对此我们有下列结果:

定理 1.1　设 V 的基由 m 个向量组成, 那么张成 V 的任何向量组至少有 m 个向量, 而 V 的任何线性无关的向量组至多有 m 个向量. 特别, V 的任何基恰有 m 个向量. □

如果 V 的基恰有 m 个向量组成, 则称 V 的维数是 m. 我们约定仅由零向量组成的向量空间的维数是零.

容易看出 $\mathbf{R}^n$ 的维数是 n. 下列向量组称为 $\mathbf{R}^n$ 的标准基:

$$\begin{aligned}
\boldsymbol{e}_1 &= (1, 0, 0, \cdots, 0),\\
\boldsymbol{e}_2 &= (0, 1, 0, \cdots, 0),\\
&\cdots\cdots\\
\boldsymbol{e}_n &= (0, 0, 0, \cdots, 1).
\end{aligned}$$

向量空间 $\mathbf{R}^n$ 还有许多其他基, 但是 $\mathbf{R}^n$ 的任何基必定恰好由 n 个向量组成.

可以把张成、线性无关以及基的定义扩展到允许对无穷向量集来定义. 那么向量空间可能具有无穷基 (参看习题). 然而我们并不涉及这种情况.

因为 $\mathbf{R}^n$ 具有有限的基, 所以它的每一个子空间也有有限基. 这个事实是下列定理的推论.

定理 1.2　令 V 是一个 m 维向量空间. 如果 W 是 V 的一个 (不同于 V 的) 线性子空间, 那么 W 的维数小于 m, 而且 W 的任何一个基 $\boldsymbol{a}_1, \cdots, \boldsymbol{a}_k$ 均能扩张成 V 的一个基 $\boldsymbol{a}_1, \cdots, \boldsymbol{a}_k, \boldsymbol{a}_{k+1}, \cdots, \boldsymbol{a}_m$. □

二、内积

如果 V 是一个向量空间, 那么 V 上的内积是这样一个函数, 它对 V 的每一对向量 $\boldsymbol{x},\boldsymbol{y}$ 指派一个实数, 记为 $\langle\boldsymbol{x},\boldsymbol{y}\rangle$, 并且使得下列性质对 V 中的所有向量 $\boldsymbol{x},\boldsymbol{y},\boldsymbol{z}$ 和所有标量 c 成立:

(1) $\langle\boldsymbol{x},\boldsymbol{y}\rangle=\langle\boldsymbol{y},\boldsymbol{x}\rangle$.

(2) $\langle\boldsymbol{x}+\boldsymbol{y},\boldsymbol{z}\rangle=\langle\boldsymbol{x},\boldsymbol{z}\rangle+\langle\boldsymbol{y},\boldsymbol{z}\rangle$.

(3) $\langle c\boldsymbol{x},\boldsymbol{y}\rangle=c\langle\boldsymbol{x},\boldsymbol{y}\rangle=\langle\boldsymbol{x},c\boldsymbol{y}\rangle$.

(4) 若 $\boldsymbol{x}\neq 0$, 则 $\langle\boldsymbol{x},\boldsymbol{x}\rangle>0$.

一个向量空间 V 连同 V 上的一个内积称为一个内积空间.

一个给定的向量空间可以有许多不同的内积. $\mathbf{R}^n$ 上的一个特别有用的内积定义如下: 若 $\boldsymbol{x}=(x_1,\cdots,x_n),\boldsymbol{y}=(y_1,\cdots,y_n)$, 则定义

$$\langle\boldsymbol{x},\boldsymbol{y}\rangle=x_1y_1+\cdots+x_ny_n.$$

容易验证它具有内积的性质. 这将是 $\mathbf{R}^n$ 中通常使用的内积, 有时称之为点乘积, 将它记为 $\langle\boldsymbol{x},\boldsymbol{y}\rangle$ 而不记作 $\boldsymbol{x}\cdot\boldsymbol{y}$ 是为了避免与不久将要定义的矩阵乘积相混淆.

如果 V 是一个内积空间, 那么将 V 中向量 $\boldsymbol{x}$ 的长度 (或模) 定义为

$$\|\boldsymbol{x}\|=\langle\boldsymbol{x},\boldsymbol{x}\rangle^{1/2}.$$

模函数具有下列性质:

(1) 若 $\boldsymbol{x}\neq 0$, 则 $\|\boldsymbol{x}\|>0$.

(2) $\|c\boldsymbol{x}\|=|c|\|\boldsymbol{x}\|$.

(3) $\|\boldsymbol{x}+\boldsymbol{y}\|\leqslant\|\boldsymbol{x}\|+\|\boldsymbol{y}\|$.

其中第三个性质是唯一需要付出一些努力才能证明的, 一般称之为三角形不等式 (参看习题). 人们发现, 这个不等式的一种等价形式常常是有用的, 这就是不等式

(3′) $\|\boldsymbol{x}-\boldsymbol{y}\|\geqslant\|\boldsymbol{x}\|-\|\boldsymbol{y}\|$.

从 V 到实数集 $\mathbf{R}$ 的任何满足上列性质 (1)—(3) 的函数都称作 V 上的范数. 从内积导出的长度函数就是范数的一个例子. 但也确实有些范数不是从内积导出的. 例如在 $\mathbf{R}^n$ 上不仅有熟知的从点乘积导出的范数, 称为 Euclid 范数, 而且还有上确界范数, 其定义为

$$|\boldsymbol{x}|=\max\{|x_1|,\cdots,|x_n|\}.$$

确界范数常常比 Euclid 范数用起来更方便. 我们指出 $\mathbf{R}^n$ 上的这两种范数满足下列不等式

$$|\boldsymbol{x}|\leqslant\|\boldsymbol{x}\|\leqslant\sqrt{n}|\boldsymbol{x}|.$$

三、矩阵

一个矩阵 A 是由数组成的一个矩形阵列. 在矩阵中出现的每一个数称为矩阵的元素. 如果矩阵的元素排成 n 行 m 列, 则称 A 是 n 乘 m 阶的矩阵或 $n\times m$ 矩阵. 通常把位于 A 的第 i 行第 j 列交汇处的元素记为 a_{ij}, 并将 i 和 j 分别称为该元素的行标和列标.

如果 A 和 B 同为 $n\times m$ 矩阵, 并且分别以 a_{ij} 和 b_{ij} 为代表元, 则定义 $A+B$ 是以 $a_{ij}+b_{ij}$ 为代表元的 $n\times m$ 矩阵, 而定义 cA 是以 ca_{ij} 为代表元的 $n\times m$ 矩阵. 有了这些运算, 则所有 $n\times m$ 矩阵的集合就成为一个向量空间. 容易验证向量空间的 8 条性质均成立. 这个事实并不奇怪, 因为一个 $n\times m$ 矩阵很像是一个 nm 元数组, 唯一的差别是这些数被写成一个矩形阵列而不是一个线形阵列.

然而在矩阵的集合上还有另一种运算, 称为矩阵乘法. 如果 A 是一个 $n\times m$ 矩阵且 B 是一个 $m\times p$ 矩阵, 则将积 $A\cdot B$ 定义为一个 $n\times p$ 矩阵 C, 其代表元由下式给出

$$c_{ij}=\sum_{k=1}^{m}a_{ik}b_{kj}.$$

这个积运算满足下列可直接验证的性质:

(1) $A\cdot(B\cdot C)=(A\cdot B)\cdot C$.

(2) $A\cdot(B+C)=A\cdot B+A\cdot C$.

(3) $(A+B)\cdot C=A\cdot C+B\cdot C$.

(4) $(cA)\cdot B=c(A\cdot B)=A\cdot(cB)$.

(5) 对于每一个 k, 都有一个 $k\times k$ 矩阵 I_k 使得当 A 是 $n\times m$ 矩阵时则有

$$I_n\cdot A=A,\quad A\cdot I_m=A.$$

在上述各条性质的陈述中, 均假定所涉及的矩阵具有适当的行数和列数以使得所述运算能够进行.

矩阵 I_k 是一个 $k\times k$ 矩阵, 其代表元 δ_{ij} 定义如下: 当 $i\neq j$ 时, $\delta_{ij}=0$, 当 $i=j$ 时, $\delta_{ij}=1$. 矩阵 I_k 称为 $k\times k$ 单位矩阵. 它具有下列形式

$$I_k=\begin{pmatrix}1&0&\cdots&0\\0&1&\cdots&0\\\vdots&\vdots&&\vdots\\0&0&\cdots&1\end{pmatrix},$$

其主对角线上的元素为 1, 其他元素为 0.

现在把对 n 元组定义的确界范数推广到矩阵. 即如果 A 是一个以 a_{ij} 为代表元的 $n\times m$ 矩阵, 则定义

$$|A|=\max\{|a_{ij}|; i=1,\cdots,n, j=1,\cdots,m\}.$$

关于范数的三个性质显然成立, 这便是下列有用的结果:

定理 1.3 如果 A 是 $n\times m$ 矩阵且 B 是 $m\times p$ 矩阵, 那么

$$|A\cdot B|\leqslant m|A||B|.$$ □

四、线性变换

设 V 和 W 是向量空间, 如果函数 $T:V\to W$ 对 V 中的所有 $\boldsymbol{x},\boldsymbol{y}$ 和所有标量 c 满足下列性质, 则称之为线性变换:

(1) $T(\boldsymbol{x}+\boldsymbol{y})=T(\boldsymbol{x})+T(\boldsymbol{y})$,

(2) $T(c\boldsymbol{x})=cT(\boldsymbol{x})$.

此外, 如果 T 把 V 一一地映射到 W 上, 则称 T 为线性同构.

容易验证, 若 $T:V\to W$ 是一个线性变换且 $S:W\to X$ 是一个线性变换, 那么它们的复合 $S\circ T:V\to X$ 也是一个线性变换. 另外, 如果 $T:V\to W$ 是线性同构, 那么 $T^{-1}:W\to V$ 也是一个线性同构.

线性变换是由它在基元上的值唯一决定的, 而这些值是可以任意指定的. 这就是下列定理的要义.

定理 1.4 令 V 是以 $\boldsymbol{a}_1,\cdots,\boldsymbol{a}_m$ 为基的向量空间. 令 W 是一个向量空间. 给定 W 中的任何 m 个向量 $b_1,\cdots,\boldsymbol{b}_m$, 都恰好有一个线性变换 $T:V\to W$ 使得对所有 $i, T(\boldsymbol{a}_i)=\boldsymbol{b}_i$. □

在 V 和 W 都是像 $\mathbf{R}^m$ 和 $\mathbf{R}^n$ 这样的"数组空间"的特殊情况下, 则正如马上要证明的那样, 利用矩阵记法将为我们提供一种指定线性变换的方便办法.

首先来讨论行矩阵和列矩阵. 一个 1 行 n 列的矩阵称为行矩阵. 所有这种矩阵的集合与 $\mathbf{R}^n$ 具有明显的相似性. 实际上, 在一一对应

$$(x_1,\cdots,x_n)\to[x_1,\cdots,x_n]$$

之下, 向量空间的运算也是对应的. 因而这种对应是一个线性同构. 类似地, $n\times 1$ 矩阵是列矩阵, 所有这种矩阵的集合也与 $\mathbf{R}^n$ 具有明显的相似性. 实际上, 对应

$$(x_1,\cdots,x_n)\to\begin{bmatrix}x_1\\ \vdots\\ x_n\end{bmatrix}$$

是一个线性同构.

这些同构中的第二个在研究线性变换时特别有用. 我们暂时假定将 $\mathbf{R}^m$ 和 $\mathbf{R}^n$ 的元素表示成列矩阵而不表示成数组. 若 A 是一个固定的 $n\times m$ 矩阵, 让我们用等式

$$T(\boldsymbol{x})=A\cdot\boldsymbol{x}$$

定义一个函数 $T:\mathbf{R}^m\to\mathbf{R}^n$. 矩阵乘积的性质立刻蕴涵着 T 是一个线性变换.

实际上, 从 $\mathbf{R}^m$ 到 $\mathbf{R}^n$ 的每一个线性变换均具有这种形式, 其证明是容易的. 给定 T, 令 $\boldsymbol{b}_1,\cdots,\boldsymbol{b}_m$ 是 $\mathbf{R}^n$ 中使得 $T(\boldsymbol{e}_j)=\boldsymbol{b}_j$ 的向量. 那么令 A 是各列为 $\boldsymbol{b}_1,\cdots,\boldsymbol{b}_m$ 的 $n\times m$ 矩阵, 即 $A=[\boldsymbol{b}_1,\cdots,\boldsymbol{b}_m]$. 因为单位矩阵的各行为 $\boldsymbol{e}_1,\cdots,\boldsymbol{e}_m$, 所以等式 $A\cdot I_m=A$ 蕴涵着 $A\cdot\boldsymbol{e}_j=\boldsymbol{b}_j$ 对所有 j 成立. 从上面的定理可知, $A\cdot\boldsymbol{x}=T(\boldsymbol{x})$ 对所有 $\boldsymbol{x}$ 成立.

这种记号上的便利导致我们作出下列约定:

约定: 我们将始终用列矩阵表示 $\mathbf{R}^n$ 的元素, 除非另有特别声明.

五、矩阵的秩

给定一个 $n\times m$ 矩阵 A, 则有伴随于 A 的几个重要的线性空间. 一个是由 A 的列 (看作列矩阵或等价地看作 $\mathbf{R}^n$ 的元素) 张成的空间. 这个空间称为 A 的列空间, 它的维数称作 A 的列秩, 因为 A 的列空间由 m 个向量张成, 所以它的维数不可能大于 m; 又因为它是 $\mathbf{R}^n$ 的子空间, 因而它的维数也不可能大于 n.

类似地, 由 A 的行 (看作行矩阵或等价地看作 $\mathbf{R}^m$ 的元素) 张成的空间称为 A 的行空间, 其维数称为 A 的行秩.

下列定理将是十分重要的.

定理 1.5　对于任何矩阵 A, 其行秩等于列秩.

有了这个定理就可以只说矩阵 A 的秩, 它表示一个既等于 A 的行秩也等于 A 的列秩的数.

矩阵 A 的秩是伴随于矩阵 A 的一个十分重要的常数. 一般不能通过直观检查而决定出这个数. 然而有一种称为 Gauss-Jordan 约化的相对比较简单的程序可以用来求出一个矩阵的秩 (也可用于其他目的). 我们假定读者以前曾遇见过, 所以这里只回顾它的主要特点.

现在我们来考虑某些所谓的初等行运算. 将它们应用于矩阵 A 可以得到一个新的同阶矩阵 B. 这些运算分别是

(1) 交换 A 的第 i_1 行和第 i_2 行 $(i_1\neq i_2)$.

(2) 用 A 的第 i_1 行加上以标量 c 乘第 i_2 行来代替第 i_1 行 $(i_1\neq i_2)$.

(3) 以非零标量 λ 乘 A 的第 i 行.

这些运算中的每一个都是可逆的. 实际上可以验证一个初等运算的逆是一个同类型的初等运算, 并有下列结果:

定理 1.6 若 B 是通过对 A 施行初等运算而得到的矩阵, 则

$$\operatorname{rank} B = \operatorname{rank} A. \qquad \square$$

Gauss-Jordan 约化是用初等运算把 A 化简成阶梯矩阵的特殊形式, 而在这种形式下矩阵的秩是一目了然的. 这种形式的矩阵的一个例子如下:

$$B = \begin{bmatrix} \circledast & * & * & * & * & * \\ 0 & \circledast & * & * & * & * \\ 0 & 0 & 0 & \circledast & * & * \\ 0 & 0 & 0 & 0 & 0 & 0 \end{bmatrix}.$$

其中位于阶梯折线以下的元素为 0, 而以 $*$ 号标记的元素可以为 0 也可以不为 0, 但在拐角处以 $\circledast$ 标记的元素不为 0. (有时把"角元"称为"主元".) 实际上只需用 (1) 型和 (2) 型的运算即可将 A 化为阶梯形式.

容易看出, 对于阶梯形矩阵 B, 其非零行是线性无关的, 由此可知它们构成 B 的行空间的基, 因而 B 的秩就等于其非零行的行数.

对于某些目的而言, 将 B 化简成一种称为简化阶梯形的更为特殊的形式将是方便的. 利用 (2) 型初等运算可将每个角元正上方的所有元素化为 0, 然后利用 (3) 型运算使所有角元变为 1. 矩阵 B 的简化梯形显然具有如下的形式:

$$C = \begin{bmatrix} 1 & 0 & * & 0 & * & * \\ 0 & 1 & * & 0 & * & * \\ 0 & 0 & 0 & 1 & * & * \\ 0 & 0 & 0 & 0 & 0 & 0 \end{bmatrix}.$$

对于矩阵 C 来说, 更容易看出它的秩等于其非零行的行数.

六、矩阵的转置

给定一个 $n \times m$ 阶矩阵 A, 则定义 A 的转置是一个 $m \times n$ 阶的矩阵 D, 它在第 i 行第 j 列处的一般元 d_{ij} 规定为 $d_{ij} = a_{ji}$. 矩阵 D 常记为 A^{T}.

容易验证转置运算具有下列性质:

(1) $(A^{\mathrm{T}})^{\mathrm{T}} = A$.

(2) $(A + B)^{\mathrm{T}} = A^{\mathrm{T}} + B^{\mathrm{T}}$.

(3) $(A \cdot C) = C^{\mathrm{T}} \cdot A^{\mathrm{T}}$.

(4) $\operatorname{rank} A^{\mathrm{T}} = \operatorname{rank} A$.

前三条性质由直接计算得出, 最后一个性质可从下列事实得出: A^{T} 的行秩显然与 A 的列秩相同.

习　题

1. 令 V 是一个向量空间并且带有内积 $\langle \boldsymbol{x}, \boldsymbol{y}\rangle$ 和范数 $\langle \boldsymbol{x}, \boldsymbol{x}\rangle^{1/2}$.

(a) 证明 Cauchy-Schwarz 不等式 $\langle \boldsymbol{x}, \boldsymbol{y}\rangle \leqslant \|\boldsymbol{x}\|\|\boldsymbol{y}\|$. [提示: 若 $\boldsymbol{x}, \boldsymbol{y} \neq 0$, 置 $c = \dfrac{1}{\|\boldsymbol{x}\|}, d = \dfrac{1}{\|\boldsymbol{y}\|}$, 并且利用 $\|c\boldsymbol{x} + d\boldsymbol{y}\| \geqslant 0$ 的事实.]

(b) 证明 $\|\boldsymbol{x} + \boldsymbol{y}\| \leqslant \|\boldsymbol{x}\| + \|\boldsymbol{y}\|$.[提示: 计算 $\langle \boldsymbol{x} + \boldsymbol{y}, \boldsymbol{x} + \boldsymbol{y}\rangle$ 并应用 (a).]

(c) 证明 $\|\boldsymbol{x} - \boldsymbol{y}\| \geqslant \|\boldsymbol{x}\| - \|\boldsymbol{y}\|$.

2. 若 A 是一个 $n \times m$ 矩阵且 B 是一个 $m \times p$ 矩阵, 证明

$$|A \cdot B| \leqslant m|A||B|.$$

3. 证明 $\mathbf{R}^2$ 上的确界范数不能从 $\mathbf{R}^2$ 上的内积导出. [提示: 设 $\langle \boldsymbol{x}, \boldsymbol{y}\rangle$ 是 $\mathbf{R}^2$ 上的一个具有性质 $|\boldsymbol{x}| = \langle \boldsymbol{x}, \boldsymbol{x}\rangle^{1/2}$ 的内积 (不是点乘积). 计算 $\langle \boldsymbol{x} \pm \boldsymbol{y}, \boldsymbol{x} \pm \boldsymbol{y}\rangle$ 并且用于 $\boldsymbol{x} = \boldsymbol{e}_1$ 和 $\boldsymbol{y} = \boldsymbol{e}_2$ 的情况.]

4. (1) 若 $\boldsymbol{x} = (x_1, x_2), \boldsymbol{y} = (y_1, y_2)$, 证明函数

$$\langle \boldsymbol{x}, \boldsymbol{y}\rangle = [x_1 \quad x_2]\begin{bmatrix} 2 & -1 \\ -1 & 1 \end{bmatrix}\begin{bmatrix} y_1 \\ y_2 \end{bmatrix}$$

是 $\mathbf{R}^2$ 上的一个内积.

(2) 证明函数

$$\langle \boldsymbol{x}, \boldsymbol{y}\rangle = [x_1 \quad x_2]\begin{bmatrix} a & b \\ b & c \end{bmatrix}\begin{bmatrix} y_1 \\ y_2 \end{bmatrix}$$

是 $\mathbf{R}^2$ 上的内积当且仅当 $b^2 - ac < 0$ 且 $a > 0$.

*5. 令 V 是一个向量空间, 令 $\{\boldsymbol{a}_\alpha\}$ 是 V 的一组向量, α 在某个指标集 J(可能是无限集) 上变动. 若 V 中的每一个向量均可写成该向量组中的向量的有限线性组合

$$\boldsymbol{x} = c_{\alpha_1}\boldsymbol{a}_{\alpha_1} + \cdots + c_{\alpha_k}\boldsymbol{a}_{\alpha_k},$$

则称向量组 $\{\boldsymbol{a}_\alpha\}$ 张成 V. 如果标量系数是由 $\boldsymbol{x}$ 唯一确定的, 则称向量组 $\{\boldsymbol{a}_\alpha\}$ 是线性无关的; 如果 $\{\boldsymbol{a}_\alpha\}$ 既能张成 V 又是线性无关的, 则它是 V 的一个基.

(a) 验证所有实数的“无限组”

$$\boldsymbol{x} = (x_1, x_2, \cdots)$$

的集合 $\mathbf{R}^\omega$ 在按分量的加法和数乘运算下成为一个向量空间.

(b) 令 $\mathbf{R}^\infty$ 表示 $\mathbf{R}^\omega$ 的这样一个子集: 它是由所有那些使得除对有限多个 i 之外的全部 $x_i = 0$ 的 $\boldsymbol{x} = (x_1, x_2, \cdots)$ 组成的. 证明: $\mathbf{R}^\infty$ 是 $\mathbf{R}^\omega$ 的一个子空间并求出 $\mathbf{R}^\infty$ 的一个基.

(c) 令 $\mathcal{F}$ 是所有实值函数 $f:[a,b]\to\mathbf{R}$ 组成的集合. 证明: 若将加法和数乘以自然的方式定义为

$$
\begin{aligned}
(f+g)(x) &= f(x)+g(x),\\
(cf)(x) &= cf(x),
\end{aligned}
$$

则 $\mathcal{F}$ 成为一个向量空间.

(d) 令 $\mathcal{F}_B$ 是由所有有界函数组成的 $\mathcal{F}$ 的子集; 令 $\mathcal{F}_J$ 由所有可积函数组成; 令 $\mathcal{F}_C$ 由所有连续函数组成; 令 $\mathcal{F}_D$ 由所有连续可微函数组成; 令 $\mathcal{F}_P$ 由所有多项式函数组成. 证明这些函数集合中的每一个都是前一个的子空间并且求出 $\mathcal{F}_P$ 的一个基.

对此结果有一个定理说明每一个向量空间都有一个基, 其证明是非构造性的. 对向量空间 $\mathbf{R}^\omega,\mathcal{F},\mathcal{F}_B,\mathcal{F}_J,\mathcal{F}_C,\mathcal{F}_D$ 而言甚至没有一个具有特定的显式基.

(e) 证明积分算子和微分算子

$$
(If)(x)=\int_a^x f(t)dt \quad 和 \quad (Df)(x)=f'(x)
$$

都是线性变换. 对于 (d) 中所列举的函数类, 这两个变换的可能的定义域和值域是什么?

§2. 矩阵的逆与行列式

现在我们来探讨线性代数的几个更深入的问题, 这分别是初等矩阵、矩阵求逆及行列式, 并且给出了证明以防读者不熟悉其中的某些结果.

一、初等矩阵

定义 一个 $n\times n$ 阶的初等矩阵是指对单位矩阵 I_n 施行初等行运算而得出的矩阵.

根据所施行的行运算, 初等矩阵分为三种基本类型. 对应于第一种初等运算的初等矩阵具有下列形式:

$$
E=\begin{bmatrix}
1 &&&&&& \\
& 1 &&&&& \\
&& 0 & \cdots & 1 && \\
&& \vdots & & \vdots && \\
&& 1 & \cdots & 0 && \\
&&&&& 1 & \\
&&&&&& 1
\end{bmatrix}
\begin{matrix} \\ \\ \nwarrow 第\ i_1\ 行 \\ \swarrow 第\ i_2\ 行 \\ \\ \\ \\ \end{matrix}
$$

与第二种初等运算对应的初等矩阵的形式为

$$E' = \begin{bmatrix} 1 & & & & & & \\ & 1 & & & & & \\ & & 1 & \cdots & c & & \\ & & \vdots & & \vdots & & \\ & & 0 & \cdots & 1 & & \\ & & & & & 1 & \\ & & & & & & 1 \end{bmatrix} \begin{matrix} \\ \\ \nwarrow \text{第 } i_1 \text{ 行} \\ \swarrow \text{第 } i_2 \text{ 行} \\ \\ \\ \\ \end{matrix}$$

而对应于第三种初等行运算的初等矩阵具有下列形式

$$E'' = \begin{bmatrix} 1 & & & & & \\ & 1 & & & & \\ & & \lambda & & & \\ & & & \ddots & & \\ & & & & 1 & \\ & & & & & 1 \end{bmatrix} \nwarrow \text{第 } i \text{ 行}$$

关于初等矩阵我们有下列基本结果:

定理 2.1　令 A 是一个 $n\times m$ 矩阵, 施于 A 上的任何初等行运算可以用对 A 乘以相应的初等矩阵来实现.

证明　我们通过直接计算来完成证明. 用矩阵 E 左乘 A 的效果是交换 A 的第 i_1 行和第 i_2 行. 类似地, 用 E' 乘 A 的结果是将第 i_1 行代之以其自身加上第 i_2 行的 c 倍. 用 E'' 乘 A 的作用是将第 i 行乘以 λ. □

不仅本节要使用这一结果, 而且在以后证明重积分的变量替换定理时还要用到这个结果.

二、矩阵的逆

定义　令 A 是一个 $n\times m$ 矩阵, 而 B 和 C 是 $m\times n$ 矩阵. 若 $B\cdot A=I_m$, 则称 B 是 A 的左逆; 若 $A\cdot C=I_n$, 则称 C 是 A 的右逆.

定理 2.2　如果 A 有左逆 B 和右逆 C, 那么它们是唯一的而且相等.

证明　相等性可从下列算式得出

$$C=I_m\cdot C=(B\cdot A)\cdot C=B\cdot(A\cdot C)=B\cdot I_n=B.$$

如果 B_1 是 A 的另一个左逆, 那么用 B_1 代替 B 作同样的计算, 则推出 $C = B_1$, 因而 B 和 B_1 相等, 因此 B 是唯一的. 同理可证 C 是唯一的. □

定义 若 A 既有左逆又有右逆, 则称 A 是可逆的. 这个既是 A 的左逆又是 A 的右逆的唯一矩阵称为 A 的逆矩阵, 并且记为 A^{-1}.

A 为可逆矩阵的充要条件是 A 为方阵并且具有最大的秩. 这就是下列两个定理的要义.

定理 2.3 令 A 是一个 $n \times m$ 阶矩阵, 若 A 是可逆的, 则有

$$n = m = \operatorname{rank} A.$$

证明 第一步. 证明对任何 $k \times n$ 矩阵 D,

$$\operatorname{rank}(D \cdot A) \leqslant \operatorname{rank} A.$$

证明是容易的. 若 R 是一个 $1 \times n$ 阶的行矩阵. 那么 $R \cdot A$ 是一个行矩阵, 它是 A 的各行的线性组合, 因而是 A 的行空间中的一个元素. $D \cdot A$ 的各行是通过将 D 的行乘以 A 得到的, 因此 $D \cdot A$ 的每一行都是 A 的行空间中的元素, 因而 $D \cdot A$ 的行空间包含在 A 的行空间之中, 于是本步要证的不等式成立.

第二步. 证明若 A 有左逆 B, 则 A 的秩等于 A 的列数.

由第一步, 等式 $I_m = B \cdot A$ 蕴涵着 $m = \operatorname{rank}(B \cdot A) \leqslant \operatorname{rank} A$. 另一方面, A 的行空间是 m 元数组空间的子空间, 因而 $\operatorname{rank} A \leqslant m$.

第三步. 完成定理的证明. 令 B 是 A 的逆, 由第二步, B 是 A 的左逆蕴涵着 $\operatorname{rank} A = m$. B 是 A 的右逆又蕴涵着

$$B^{\mathrm{T}} \cdot A^{\mathrm{T}} = I_n^{\mathrm{T}} = I_n,$$

因此由第二步, $\operatorname{rank} A = n$. □

下面以稍强的形式证明这个定理的逆.

定理 2.4 令 A 是一个 $n \times m$ 阶矩阵. 假设

$$n = m = \operatorname{rank} A,$$

那么 A 是可逆的, 而且 A 等于一些初等矩阵的乘积.

证明 第一步. 我们首先指出, 每个初等矩阵都是可逆的, 而且它的逆也是初等矩阵. 这可从初等运算可逆的事实得出, 也可以直接验证: 对应于第一型运算的矩阵 E 是它自己的逆, E' 的逆可以通过在 E' 的公式中以 $-c$ 代替 c 而得出, E'' 的逆可以通过在 E'' 的公式中以 $1/\lambda$ 代替 λ 而得出.

第二步. 完成定理证明. 令 A 是一个满秩的 $n \times n$ 矩阵. 通过初等行运算把 A 化成简化的梯形矩阵 C. 因为 C 是方阵并且秩等于其行数, 所以 C 必定是单位矩阵 I_n. 从定理 2.1 可知, 有一列初等矩阵 $E_1, \cdots, E_k$ 使得

$$E_k(E_{k-1}(\cdots(E_2(E_1 \cdot A))\cdots)) = I_n.$$

若以 $E_k^{-1}, E_{k-1}^{-1}, \cdots, E_1^{-1}$ 依次左乘等式的两边, 则得出等式

$$A = E_1^{-1} \cdot E_2^{-1} \cdots E_k^{-1},$$

因而 A 等于一些初等矩阵的乘积. 直接计算说明, 矩阵

$$B = E_k \cdot E_{k-1} \cdots E_1$$

既是 A 的左逆又是 A 的右逆. □

这个定理有一个非常重要的推论, 这就是下列定理.

定理 2.5　如果 A 是一个方阵, 而且 B 是 A 的左逆, 那么 B 也是 A 的右逆.

证明　因为 A 有左逆, 所以定理 2.3 的证明的第二步蕴涵着 A 的秩等于 A 的列数. 因为 A 是方阵, 所以这个数也等于 A 的行数, 因而上面的定理蕴涵着 A 可逆. 由定理 2.2, 这个逆矩阵必定是 B. □

一个 $n \times n$ 矩阵 A, 如果 $\text{rank}A < n$, 则称为奇异的; 否则称之为非奇异的. 刚才证明的定理蕴涵着 A 是可逆的当且仅当 A 是非奇异的.

三、行列式

行列式是这样一个函数, 它对每一个方阵 A 指派一个数, 称为 A 的行列式, 并且记为 $\det A$.

人们常常习惯用 $|A|$ 来表示 A 的行列式, 但是我们已用这个记号表示 A 的确界范数, 因而我们将用“$\det A$”表示 A 的行列式而不用 $|A|$ 表示.

本节中将叙述行列式函数的三条公理并假设满足这三条公理的函数存在, 而一般行列式函数的构造则推迟到后面的第六章.

定义　对每个 $n \times n$ 矩阵 A 指派一个实数的函数, 若满足下列三条公理, 则称之为一个行列式函数, 并记作 $\det A$:

(1) 若 B 是通过交换 A 的任何两行而得到的矩阵, 则 $\det B = -\det A$.

(2) 给定一个 i, 则函数 $\det A$ 单独作为第 i 行的函数时是线性的.

(3) $\det I_n = 1$.

条件 (2) 可以表述如下: 令 i 固定, 给定一个 n 元组 $\boldsymbol{x}$, 令 $A_i(\boldsymbol{x})$ 表示以 $\boldsymbol{x}$ 代替 A 的第 i 行而得到的矩阵, 那么条件 (2) 说明

$$\det A_i(a\boldsymbol{x} + b\boldsymbol{y}) = a \det A_i(\boldsymbol{x}) + b \det A_i(\boldsymbol{y}).$$

正如我们将看到的那样, 这三条公理唯一地刻画了行列式函数的特征.

例 1 在低维情况下构造行列式函数是容易的. 对于 1×1 矩阵, 函数

$$\det[a] = a$$

就满足要求. 对于 2×2 矩阵, 函数

$$\det \begin{bmatrix} a & b \\ c & d \end{bmatrix} = ad - bc$$

就行了. 对于 3×3 矩阵, 可以验证函数

$$\det \begin{bmatrix} a_1 & a_2 & a_3 \\ b_1 & b_2 & b_3 \\ c_1 & c_2 & c_3 \end{bmatrix} = a_1b_2c_3 + a_2b_3c_1 + a_3b_1c_2 - a_3b_2c_1 - a_1b_3c_2 - a_2b_1c_3$$

符合要求. 对于更高阶的矩阵, 行列式函数将更加复杂. 例如 4×4 阶矩阵的行列式的展开式包括 24 项, 而 5×5 阶矩阵的行列式则包括 120 项! 显然, 直接方法很少能满足需要. 第六章我们将再次回到这个论题.

利用这些公理可以确定初等行运算是怎样影响行列式的值的. 对此我们有下列结果:

定理 2.6 令 A 是一个 $n \times n$ 矩阵.

(a) 如果 E 是与交换第 i_1 行和第 i_2 行的运算相对应的初等矩阵, 那么 $\det(E \cdot A) = -\det A$.

(b) 若 E' 是与将 A 的第 i_1 行代之以其自身加上第 i_2 行的 c 倍的运算相对应的初等矩阵, 则 $\det(E' \cdot A) = \det A$.

(c) 若 E'' 是与将 A 的第 i 行乘以非零标量 λ 的运算相对应的初等矩阵, 则 $\det(E'' \cdot A) = \lambda(\det A)$.

(d) 若 A 是单位矩阵 I_n, 则 $\det A = 1$.

证明 性质 (a) 是公理 1 的重述, 而性质 (d) 是公理 3 的重述. 性质 (c) 直接从线性性质 (公理 2) 得出. 它只是说明

$$\det A_i(\lambda \boldsymbol{x}) = \lambda(\det A_i(\boldsymbol{x})).$$

现在来验证 (b). 首先注意到若 A 有两行相同, 则 $\det A = 0$. 因为交换这两行并不改变 A, 但由公理 1, 这将改变行列式的符号. 现在令 E' 是将 $i = i_1$ 行代之以其自

身加上第 i_2 行的 c 倍的初等运算. 令 $\boldsymbol{x}$ 等于第 i_1 行而 $\boldsymbol{y}$ 等于第 i_2 行, 则可算得

$$\begin{aligned}\det(E'\cdot A) &= \det A_i(\boldsymbol{x}+c\boldsymbol{y})\\ &= \det A_i(\boldsymbol{x})+c\det A_i(\boldsymbol{y})\\ &= \det A_i(\boldsymbol{x})\quad (\text{因为}A_i(\boldsymbol{y})\text{有两行相等})\\ &= \det A\quad (\text{因为}A_i(\boldsymbol{x})=A).\end{aligned}$$

□

实际上我们通常所使用的行列式的性质正是这个定理中所述的四条性质而不是行列式公理本身. 正如我们将看到的那样, 这四条性质同样也完全刻画了行列式.

我们可以利用这些性质来计算初等矩阵的行列式. 在定理 2.6 中置 $A=I_n$, 则有

$$\det E=-1,\quad \det E'=1,\quad \det E''=\lambda.$$

以后我们将会看到如何利用它们来计算一般行列式的值.

现在我们来导出今后所需要的行列式函数的更多其他性质.

定理 2.7　令 A 是一个方阵, 若 A 的各行是线性无关的, 那么 $\det A\neq 0$, 如果它们是线性相关的, 那么 $\det A=0$. 因而一个 $n\times n$ 矩阵的秩为 n, 当且仅当 $\det A\neq 0$.

证明　首先注意到, 若 A 的第 i 行为零行, 则 $\det A=0$. 因为将第 i 行乘以 2, 则 A 保持不变; 另一方面, 行列式的值必须乘以 2.

其次注意到, 对 A 施行一次初等行运算对于行列式是否为零没有影响, 因为它是通过因子 $1,-1,\lambda(\lambda\neq 0)$ 来改变行列式的值.

现在利用初等行运算将 A 化为阶梯形矩阵 B(只用 (1) 型和 (2) 型初等运算就足够了). 若 A 的行线性相关, 则 $\operatorname{rank}A<n$; 那么 $\operatorname{rank}B<n$, 因而 B 必定有零行. 于是正如刚才所指出的那样有 $\det B=0$, 由此可知 $\det A=0$.

如果 A 的各行线性无关, 那么进一步将 B 化为简化梯形矩阵 C. 因为 C 是方阵并且秩为 n, 所以 C 必然等于单位矩阵 I_n. 那么 $\det C\neq 0$, 由此可知 $\det A\neq 0$.

□

刚才给出的证明还可以再精炼, 以便提供一种计算行列式函数的方法.

定理 2.8　给定一个方阵 A. 用 (1) 型和 (2) 型初等行运算将它化为梯形矩阵 B. 若 B 有零行, 则 $\det A=0$; 若不然, 令 k 是在化简过程中所包含的行交换的次数, 则 $\det A$ 等于 B 的对角线元之积再乘以 $(-1)^k$.

证明　如果 B 有零行, 那么 $\operatorname{rank}A<n$ 并且 $\det A=0$. 因而假设 B 无零行. 从定理 2.6 的 (a) 和 (b) 得知 $\det A=(-1)^k\det B$, 而且 B 必然具有下列形式

$$B=\begin{bmatrix} b_{11} & * & \cdots & * \\ 0 & b_{22} & \cdots & * \\ \vdots & \vdots & & \vdots \\ 0 & 0 & \cdots & b_{nn} \end{bmatrix},$$

其中对角线元不为零. 剩下的是要证明

$$\det B = b_{11}b_{22}\cdots b_{nn}.$$

为此利用 (2) 型初等运算使对角线以上的元素变为 0. 在此过程中对角线元不变. 因此所得到矩阵具有下列形式

$$C=\begin{bmatrix} b_{11} & 0 & \cdots & 0 \\ 0 & b_{22} & \cdots & 0 \\ \vdots & \vdots & & \vdots \\ 0 & 0 & \cdots & b_{nn} \end{bmatrix}.$$

因为只使用了 (2) 型运算, 所以 $\det B = \det C$. 然后再用 $1/b_{11}$ 乘 C 的第一行, 用 $1/b_{22}$ 乘第二行等等, 最后得到单位矩阵 I_n. 定理 2.6 的性质 (c) 蕴涵着

$$\det I_n = (1/b_{11})(1/b_{22})\cdots(1/b_{nn})\det C.$$

因此正如所期望的那样 (利用性质 (d)),

$$\det C = b_{11}b_{22}\cdots b_{nn}.$$ □

推论 2.9 行列式函数的三条公理唯一地刻画出它的特征. 也可以用定理 2.6 中的四个性质来刻画行列式函数.

证明 上面刚刚给出的关于 $\det A$ 的计算只用到定理 2.6 中的性质 (a)—(d), 而这些性质又从三条公理得出. □

定理 2.10 令 A 和 B 是 $n\times n$ 矩阵, 那么

$$\det(A\cdot B) = (\det A)\cdot(\det B).$$

证明 第一步. 证明当 A 为初等矩阵时定理成立. 实际上,

$$\det(E\cdot B) = -\det B = (\det E)(\det B),$$
$$\det(E'\cdot B) = \det B = (\det E')(\det B),$$
$$\det(E''\cdot B) = \lambda\cdot\det B = (\det E'')(\det B).$$

第二步. 证明当 $\text{rank}A = n$ 时定理成立. 因为在这种情况下, A 是初等矩阵的乘积, 因而只需重复应用第一步. 特别地, 若 $A = E_1 \cdots E_k$, 那么

$$\begin{aligned}\det(A \cdot B) &= \det(E_1 \cdots E_k \cdot B) = (\det E_1)\det(E_2 \cdots E_k \cdot B)\\ &= \cdots\cdots = (\det E_1)(\det E_2)\cdots(\det E_k)(\det B).\end{aligned}$$

这个等式对所有 B 成立. 在 $B = I_n$ 的情况下, 则有

$$\det A = (\det E_1)(\det E_2)\cdots(\det E_k).$$

因而在这种情况下定理成立.

第三步. 通过证明当 $\text{rank}A < n$ 时定理成立而完成定理的证明. 在一般情况下有

$$\text{rank}(A \cdot B) = \text{rank}(A \cdot B)^{\mathrm{T}} = \text{rank}(B^{\mathrm{T}}A^{\mathrm{T}}) \leqslant \text{rank}A^{\mathrm{T}},$$

其中的不等式从定理 2.3 的第一步得出. 因而当 $\text{rank}A < n$ 时定理成立, 这是因为等式两边为零. □

即使在低维情况下, 通过直接计算来证明这个定理也是很麻烦的. 读者不妨试一下 2×2 阶的情形!

定理 2.11　$\det A^{\mathrm{T}} = \det A$.

证明　第一步. 证明当 A 为初等矩阵时定理成立.

令 E, E', E'' 是三种基本类型的初等矩阵. 直接观察可知 $E^{\mathrm{T}} = E, (E'')^{\mathrm{T}} = E''$. 因而在这种情况下定理是平凡的. 对于 (2) 型矩阵 E', 其转置是另一个 (2) 型的初等矩阵. 因而两者的行列式均为 1.

第二步. 验证当 A 的秩等于 n 时定理成立. 在此情况下, A 是初等矩阵的乘积, 比如

$$A = E_1 \cdot E_2 \cdots E_k.$$

那么

$$\begin{aligned}\det A^{\mathrm{T}} &= \det(E_k^{\mathrm{T}} \cdots E_2^{\mathrm{T}} \cdot E_1^{\mathrm{T}})\\ &= (\det E_k^{\mathrm{T}})\cdots(\det E_2^{\mathrm{T}})(\det E_1^{\mathrm{T}}) \quad (\text{由定理 } 2.10)\\ &= (\det E_k)\cdots(\det E_2)(\det E_1) \quad (\text{由第一步})\\ &= (\det E_1)(\det E_2)\cdots(\det E_k)\\ &= \det(E_1 \cdot E_2 \cdots E_k) = \det A.\end{aligned}$$

第三步. 证明当 $\text{rank}A < n$ 时定理成立. 在此情况下, $\text{rank}A^{\mathrm{T}} < n$, 因而有 $\det A^{\mathrm{T}} = 0 = \det A$. □

四、关于 A^{-1} 的公式

我们已经知道, A 是可逆的当且仅当 $\det A \neq 0$. 现在导出 A^{-1} 的一个显含行列式的公式.

定义 令 A 是一个 $n \times n$ 矩阵. 通过删除 A 的第 i 行和第 j 列而得到的 $(n-1) \times (n-1)$ 阶矩阵称为 A 的 (i, j) 子式, 记为 A_{ij}; 而数

$$(-1)^{i+j} \det A_{ij}$$

称为 A 的余子式.

引理 2.12 令 A 是一个 $n \times n$ 矩阵, 而 b 是其位于第 i 行第 j 列的元素.

(a) 如果它的第 i 行的所有元素除了 b 以外全为零, 那么

$$\det A = b(-1)^{i+j} \det A_{ij};$$

(b) 若其第 j 列的所有元素除 b 之外全为零, 则同一等式成立.

证明 第一步. 验证定理的一种特殊情况. 令 $b, a_2, \cdots, a_n$ 为固定的数. 给定一个 $(n-1) \times (n-1)$ 矩阵 D, 令 $A(D)$ 表示 $n \times n$ 矩阵

$$A(D) = \begin{bmatrix} b & a_2 & \cdots & a_n \\ 0 & & & \\ \vdots & & D & \\ 0 & & & \end{bmatrix}.$$

我们要证明 $\det A(D) = b(\det D)$.

若 $b = 0$, 则结果是明显的. 因为在此情况下, $\operatorname{rank} A(D) < n$. 因而假设 $b \neq 0$. 用下式定义一个函数 f:

$$f(D) = (1/b) \det A(D).$$

我们来证明 f 满足定理 2.6 中所述的四个性质, 从而有 $f(D) = \det D$.

交换 D 的两行与交换 $A(D)$ 的两行效果相同, 它们都只将 f 的值改变一个符号. 将 D 的第 i_1 行代之以其自身加上 D 的第 i_2 行的 c 倍与将 $A(D)$ 的第 (i_1+1) 行代之以其自身加上 $A(D)$ 的第 (i_2+1) 行的 c 倍具有同样的效果, 它们都使 f 的值不变. 将 D 的第 i 行乘以 λ 与将 $A(D)$ 的第 $i+1$ 行乘以 λ 效果相同, 它们均使 f 的值乘上一个 λ 因子. 最后, 若 $D = I_{n-1}$, 那么 $A(D)$ 呈阶梯形, 因而由定理 2.8, $\det A(D) = b \cdot 1 \cdots 1$, 于是有 $f(D) = 1$.

第二步. 通过取转置, 则有

$$\det\begin{bmatrix} b & 0 & \cdots & 0 \\ a_2 & & & \\ \vdots & & D & \\ a_n & & & \end{bmatrix} = b(\det D).$$

第三步. 完成定理的证明. 令 A 是一个满足定理假设的矩阵. 那么可以通过 $i-1$ 次交换相邻两行, 把 A 的第 i 行移到第 1 行而不改变其余各行的次序. 然后通过 $j-1$ 次交换相邻的两列把该矩阵的第 j 列移到矩阵的最左边而不改变其他各列的次序. 这样所得出的矩阵 C 具有在第一步和第二步所考虑的矩阵之一的形式, 而且矩阵 C 的 (1, 1) 子式 $C_{1,1}$ 恒等于原来矩阵的 (i,j) 子式.

因为由定理 2.11, 每一次行交换和每次列交换均改变行列式的符号, 因此

$$\det C = (-1)^{(i-1)+(j-1)}\det A = (-1)^{i+j}\det A.$$

从而有

$$\begin{aligned}\det A =&(-1)^{i+j}\ \det C\\ =&(-1)^{i+j}\ b\ \det C_{1,1}\quad (\text{由第一步和第二步})\\ =&(-1)^{i+j}\ b\ \det A_{ij}.\end{aligned}$$

□

定理 2.13(Cramer 法则)　令 A 是一个 $n\times n$ 矩阵而且其各列为 $\boldsymbol{a}_1,\cdots,\boldsymbol{a}_n$. 令

$$\boldsymbol{x} = \begin{bmatrix} x_1 \\ \vdots \\ x_n \end{bmatrix},\quad \boldsymbol{c} = \begin{bmatrix} c_1 \\ \vdots \\ c_n \end{bmatrix}$$

为列矩阵. 若 $A\cdot\boldsymbol{x}=\boldsymbol{c}$, 则

$$(\det A)\cdot x_i = \det[\boldsymbol{a}_1\cdots\boldsymbol{a}_{i-1}\boldsymbol{c}\ a_{i+1}\cdots\boldsymbol{a}_n].$$

证明　令 $\boldsymbol{e}_1,\cdots,\boldsymbol{e}_n$ 为 $\mathbf{R}^n$ 的标准基, 这里各个 $\boldsymbol{e}_i$ 都被写成列矩阵. 令 C 为矩阵

$$C = [\boldsymbol{e}_1\cdots\boldsymbol{e}_{i-1}\boldsymbol{x}\ \boldsymbol{e}_{i+1}\cdots\boldsymbol{e}_n].$$

等式 $A\cdot\boldsymbol{e}_j=\boldsymbol{a}_j$ 和 $A\cdot\boldsymbol{x}=\boldsymbol{c}$ 蕴涵着

$$A\cdot C = [\boldsymbol{a}_1\cdots\boldsymbol{a}_{i-1}\boldsymbol{c}\ \boldsymbol{a}_{i+1}\cdots\boldsymbol{a}_n].$$

由定理 2.10

$$(\det A)\cdot(\det C)=\det[\boldsymbol{a}_1\cdots\boldsymbol{a}_{i-1}\boldsymbol{c}\;\boldsymbol{a}_{i+1}\cdots\boldsymbol{a}_n].$$

由于 C 具有下列形式

$$C=\begin{bmatrix}1&\cdots&x_1&\cdots&0\\ \vdots&&\vdots&&\vdots\\ 0&\cdots&x_i&\cdots&0\\ \vdots&&\vdots&&\vdots\\ 0&\cdots&x_n&\cdots&1\end{bmatrix},$$

其中 x_i 出现在第 i 行第 i 列. 因此由上面的引理,

$$\det C=x_i(-1)^{i+i}\det I_{n-1}=x_i.$$

因而定理成立. □

下面就是我们一直在寻求的公式.

定理 2.14 令 A 是一个 $n\times n$ 满秩矩阵, 令 $B=A^{-1}$, 那么

$$b_{ij}=\frac{(-1)^{j+i}\det A_{ji}}{\det A}.$$

证明 在本证明中始终令 j 固定. 令

$$\boldsymbol{x}=\begin{bmatrix}x_1\\ \vdots\\ x_n\end{bmatrix}$$

表示矩阵 B 的第 j 列. $A\cdot B=I_n$ 的事实特别蕴涵着 $A\cdot\boldsymbol{x}=\boldsymbol{e}_j$. 由 Cramer 法则可知

$$(\det A)\cdot x_j=\det[\boldsymbol{a}_1\cdots\boldsymbol{a}_{i-1}\;\boldsymbol{e}_j\;\boldsymbol{a}_{i+1}\cdots\boldsymbol{a}_n].$$

从引理 2.12 推出

$$(\det A)\cdot x_i=1\cdot(-1)^{j+i}\det A_{ji}.$$

由于 $x_i=b_{ij}$, 所以定理成立. □

这个定理给出了求矩阵 A 的逆矩阵的一种算法如下:

(1) 首先构造一个矩阵使其第 i 行第 j 列处的元素是 $(-1)^{i+j}\det A_{ij}$. 此矩阵称为 A 的余子式矩阵.

(2) 其次将此矩阵转置.

(3) 再将该矩阵的每个元素除以 $\det A$.

其实, 这个算法并不很实用, 因为计算行列式太耗费时间. 正如我们即将看到的那样, 求 A^{-1} 的这个公式的重要性主要是在理论方面. 如果想要实际求出 A^{-1}, 有一个基于 Gauss-Jordan 化简的有效算法. 在习题中给出了它的纲要.

五、利用余子式的展开式

现在我们来导出计算行列式的最后一个公式. 在这里实际需要的是行列式函数的公理而不是定理 2.6 中所述的性质.

定理 2.15　令 A 是一个 $n\times n$ 矩阵, 且令 i 固定. 那么

$$\det A=\sum_{k=1}^{n}(-1)^{i+k}a_{ik}\cdot\det A_{ik}.$$

跟平常一样, 这里 A_{ik} 是 A 的 (i,k) 子式. 这个公式称为行列式按第 i 行的余子式展开. 通过取转置可以类似地证明按第 j 列的余子式展开规则.

证明　如平常一样, 令 $A_i(\boldsymbol{x})$ 表示用 n 元组 $\boldsymbol{x}$ 代替 A 的第 i 行而得到的矩阵. 若以 $\boldsymbol{e}_1,\cdots,\boldsymbol{e}_n$ 表示 $\mathbf{R}^n$ 的通常基向量 (在此情况下写成行矩阵), 那么 A 的第 i 行可以写成下列形式

$$\sum_{k=1}^{n}a_{ik}\boldsymbol{e}_k.$$

于是

$$\begin{aligned}\det A&=\sum_{k=1}^{n}a_{ik}\cdot\det A_i(\boldsymbol{e}_k)\quad(\text{由线性性质, 公理 2})\\&=\sum_{k=1}^{n}a_{ik}(-1)^{i+k}\det A_{ik}\quad(\text{由引理 2.12}).\end{aligned}$$

□

习　题

1. 考虑矩阵

$$A=\begin{bmatrix}1&2\\1&-1\\0&1\end{bmatrix}$$

(a) 求出 A 的两个不同的左逆.

(b) 证明 A 没有右逆.

2. 令 A 是一个 $n\times m$ 矩阵, 并且 $n\neq m$.

(a) 若 $\operatorname{rank}A=m$, 证明存在一个矩阵 D, 它是初等矩阵的积并且使得

$$D\cdot A=\begin{bmatrix}I_m\\0\end{bmatrix}.$$

(b) 证明 A 有左逆当且仅当 $\text{rank}A = m$.

(c) 证明 A 有右逆当且仅当 $\text{rank}A = n$.

3. 验证在例 1 中定义的函数满足行列式函数的公理.

4. (a) 令 A 是一个满秩 $n \times n$ 矩阵. 通过对 A 应用初等行运算可将 A 化为单位矩阵, 证明通过对 A 以同样的次序应用同样的运算可以得出矩阵 A^{-1}.

(b) 令

$$A = \begin{bmatrix} 1 & 2 & 3 \\ 0 & 1 & 2 \\ 1 & 2 & 1 \end{bmatrix}$$

利用 (a) 中所提出的算法计算 A^{-1}. [提示: 求 A^{-1} 的一种简便作法是将 3×6 的矩阵 $[A\ I_3]$ 化成阶梯形.]

(c) 利用包含行列式的公式计算 A^{-1}.

5. 令

$$A = \begin{bmatrix} a & b \\ c & d \end{bmatrix},$$

其中 $ad - bc \neq 0$, 求 A^{-1}.

*6. 证明下列定理.

定理 令 A 是一个 $k \times k$ 矩阵, D 是一个 $n \times n$ 矩阵而 C 是一个 $n \times k$ 矩阵. 那么

$$\det \begin{bmatrix} A & 0 \\ C & D \end{bmatrix} = (\det A) \cdot (\det D).$$

证明 首先证明

$$\begin{bmatrix} A & 0 \\ 0 & I_n \end{bmatrix} \cdot \begin{bmatrix} I_k & 0 \\ C & D \end{bmatrix} = \begin{bmatrix} A & 0 \\ C & D \end{bmatrix},$$

然后利用引理 2.12.

§3. $\mathbf{R}^n$ 的拓扑回顾

一、度量空间

回想到, 若 A 和 B 都是集合, 则 $A \times B$ 表示满足 $a \in A$ 且 $b \in B$ 的所有序偶 (a, b) 的集合.

给定一个集合 X, 那么 X 上的度量是一个函数 $d : X \times X \to \mathbf{R}$ 并且使得下列性质对所有 $x, y, z \in X$ 成立:

(1) $d(x, y) = d(y, x)$.

(2) $d(x, y) \geqslant 0$, 而且当且仅当 $x = y$ 时等号成立.

(3) $d(x, z) \leqslant d(x, y) + d(y, z)$.

集合 X 连同 X 上的一个特定度量构成一个度量空间. 我们常常隐去此度量不提而简称"度量空间 X".

如果 X 是一个带有度量 d 的度量空间, 并且 Y 是 X 的一个子集, 那么 d 在集合 $Y \times Y$ 上的限制是 Y 上的一个度量. 因而 Y 自身也是一个度量空间, 称之为 X 的子空间.

例如 $\mathbf{R}^n$ 具有下列两个度量

$$d(\boldsymbol{x},\boldsymbol{y}) = \|\boldsymbol{x}-\boldsymbol{y}\| \quad \text{和} \quad d(\boldsymbol{x},\boldsymbol{y}) = |\boldsymbol{x}-\boldsymbol{y}|,$$

分别称为 Euclid 度量和确界度量. 从范数的性质立即可知它们确实是度量. 正如我们将会看到的那样, 对于许多问题来说, $\mathbf{R}^n$ 上的这两个度量是等价的.

除了在评述性的最后一节中要涉及到一般度量空间之外, 本书只涉及度量空间 $\mathbf{R}^n$ 及其子空间. 通常将空间 $\mathbf{R}^n$ 称作 n 维 Euclid 空间.

若 X 是带度量 d 的度量空间, 对于给定的 $x_0 \in X$和$\varepsilon > 0$, 则将集合

$$U(x_0,\varepsilon) = \{x | d(x,x_0) < \varepsilon\}$$

称为 x_0 点的 ε 邻域, 或者称作以 x_0 点为中心的 ε 邻域. 若对 X 的子集 U 的每一点 $x_0 \in U$ 均有相应的 $\varepsilon > 0$ 使得 $U(x_0,\varepsilon)$ 包含在 U 中, 则称 U 是 X 中的开集. 若 X 的子集 C 使它的余集 $X - C$ 是 X 中的开集, 则将 C 称为 X 中的闭集. 从三角形不等式可知一个 ε 邻域本身是一个开集.

如果 U 是包含 x_0 的任何开集, 则通常将 U 简称为 x_0 的邻域.

定理 3.1 令 (x,d) 是一个度量空间, 那么 X 的开集的有限交和任意并都是 X 中的开集; 类似地, X 的闭集的有限并和任意交是 X 中的闭集. □

定理 3.2 令 X 是一个度量空间且 Y 是一个子空间. Y 的一个子集 A 是 Y 中的开集, 当且仅当它具有下列形式

$$A = U \cap Y,$$

其中 U 为 X 中的开集; 类似地, Y 的一个子集 A 是 Y 中的闭集, 当且仅当它具有下列形式

$$A = C \cap Y,$$

其中 C 是 X 的闭集. □

由此可知, 若 A 是 Y 中的开集且 Y 是 X 的开集, 那么 A 是 X 的开集; 类似地, 若 A 是 Y 中的闭集且 Y 是 X 的闭集, 则 A 是 X 的闭集.

设 X 是一个度量空间, 若 X 的一点 x_0 的每个 ε 邻域至少在异于 x_0 的一点与 X 的子集 A 相交. 则称 x_0 是 A 的极限点. 一个等价的条件是要求 x_0 的每一个邻域均包含 A 的无穷多个点.

定理 3.3 若 A 是 X 的一个子集, 那么包含 A 及其所有极限点的集合 $\bar{A}$ 是 X 的闭集. X 的一个子集是闭的当且仅当它包含它的所有极限点. □

集合 $\bar{A}$ 称为 A 的闭包.

在 $\mathbf{R}^n$ 中, 按两个标准度量的 ε 邻域被赋于特殊的名称. 若 $\boldsymbol{a} \in \mathbf{R}^n$, 则在 Euclid 度量下 $\boldsymbol{a}$ 的 ε 邻域称为以 $\boldsymbol{a}$ 为中心以 ε 为半径的开球并且记为 $B(\boldsymbol{a};\varepsilon)$; 而在确界度量下 $\boldsymbol{a}$ 的 ε 邻域称作以 $\boldsymbol{a}$ 为中心以 ε 为半径的开立方体并且记为 $C(\boldsymbol{a};\varepsilon)$. 不等式 $|\boldsymbol{x}| \leqslant \|\boldsymbol{x}\| \leqslant \sqrt{n}|\boldsymbol{x}|$ 导致下列包含关系:

$$B(\boldsymbol{a};\varepsilon) \subset C(\boldsymbol{a};\varepsilon) \subset B(\boldsymbol{a};\sqrt{n}\ \varepsilon).$$

这些包含关系又蕴涵着下列定理:

定理 3.4 若 X 是 $\mathbf{R}^n$ 的一个子空间, 那么无论是用 X 上的 Euclid 度量还是按确界度量, X 的开集族是相同的; 对于 X 的闭集族也同样成立. □

一般, 将度量空间 X 的任何只依赖于它的开集族而不依赖于它所使的特定度量的性质称为 X 的拓扑性质. 我们将会看到, 极限、连续性和紧性都是拓扑性质的例子.

二、极限和连续

令 X 和 Y 分别是带有度量 d_X 和 d_Y 的度量空间. 如果一个函数 $f: X \to Y$ 对于包含 $f(x_0)$ 的每一个开集 V 都有 X 的一个包含 x_0 的开集 U 使得 $f(U) \subset V$, 则称 f 在 x_0 点是连续的; 若 f 在 X 的每一点 x_0 处是连续的, 则称 f 是连续的. f 的连续性等价于要求对于 Y 的每个开集 V, 集合

$$f^{-1}(V) = \{x | f(x) \in V\}$$

是 X 中的开集, 也就是要求对于 Y 的每个闭集 D, 集合 $f^{-1}(D)$ 是 X 中的闭集.

连续性可以用包含度量的方式明确地表述. 函数 f 在 x_0 点连续当且仅当下列说法成立: 对每个 $\varepsilon > 0$, 都有一个相应的 $\delta > 0$ 使得当 $d_X(x, x_0) < \delta$ 时

$$d_Y(f(x), f(x_0)) < \varepsilon.$$

这就是连续性的经典 ε-δ 表述法.

注意到对给定的 $x_0 \in X$, 也可能恰巧对每个 $\delta > 0, x_0$ 的 δ 邻域只包含 x_0 点. 在这种情况下, 将 x_0 称为 X 的孤立点, 任何函数 $f: X \to Y$ 在孤立点自动是连续的!

从 X 到 Y 的常函数是连续的, 并且恒等函数 $i_X: X \to X$ 也是连续的. 连续函数的限制及复合也是连续的.

定理 3.5　(a) 令 $x_0 \in A$, 这里 A 是 X 的一个子空间. 如果 $f: X \to Y$ 在 x_0 点是连续的, 那么限制函数 $f|_A: A \to Y$ 在 x_0 点也是连续的.

(b) 令 $f: X \to Y, g: Y \to Z$. 若 f 在 x_0 点连续且 g 在 $y_0 = f(x_0)$ 点连续, 那么 $g \circ f: X \to Z$ 在 x_0 点连续. □

定理 3.6　(a) 令 X 是一个度量空间, 并且 $f: X \to \mathbf{R}^n$ 具有下列形式:

$$f(x) = (f_1(x), \cdots, f_n(x)).$$

那么当且仅当每个函数 $f_i: X \to \mathbf{R}$ 在 x_0 点连续时 f 在 x_0 点连续. 各 f_i 称为 f 的分量函数.

(b) 令 $f, g: X \to \mathbf{R}$ 在 x_0 点连续. 那么 $f+g, f-g$ 及 $f \cdot g$ 均在 x_0 点连续, 并且当 $g(x_0) \neq 0$ 时 f/g 在 x_0 点连续.

(c) 由 $\pi_i(\boldsymbol{x}) = x_i$ 给出的投影函数是连续的. □

这些定理蕴涵着由微积分中熟知的实值连续函数通过代数运算和复合运算构成的函数在 $\mathbf{R}^n$ 中是连续的. 例如, 因已知 e^x 和 $\sin x$ 在 $\mathbf{R}$ 中是连续的, 故由此可知, 像

$$f(s, t, u, v) = (\sin(s+t))/e^{uv}$$

这样的函数在 $\mathbf{R}^4$ 中是连续的.

现在来定义极限的概念. 令 X 是一个度量空间. 令 $A \subset X$ 且 $f: A \to Y$. 令 x_0 是 f 的定义域 A 的一个极限点 (x_0 可以属于 A 也可以不属于 A). 若对 Y 的每一个包含 y_0 的开集 V 均有 X 的一个包含 x_0 的开集 U 使得 $f(x) \in V$, 其中 x 在 $U \cap A$ 中且 $x \neq x_0$, 则称当 x 趋于 x_0 时 $f(x)$ 趋于 y_0. 这句话可用符号表示如下:

$$f(x) \to y_0, \quad 当 x \to x_0 时.$$

在这种情况下, 也可以说当 x 趋于 x_0 时, $f(x)$ 的极限是 y_0. 这句话可以表示为

$$\lim_{x \to x_0} f(x) = y_0.$$

注意到 x_0 为 A 的极限点的要求保证了在集 $U \cap A$ 中存在不同于 x_0 的点 x. 当 x_0 不是 f 的定义域的极限点时, 则不能试图定义 f 的极限.

还要注意到, (即使 f 在 x_0 点有定义)f 在 x_0 点的值并不包括在极限的定义中.

极限的概念可以用包含度量的方法明确表述. 容易证明当 x 趋于 x_0 时 $f(x)$ 趋于 y_0, 当且仅当下列条件成立: 对每个 $\varepsilon > 0$ 都存在一个相应的 $\delta > 0$ 使得当 $x \in A$ 且 $0 < d_X(x, x_0) < \delta$ 时,

$$d_Y(f(x), y_0) < \varepsilon.$$

在极限和连续性之间有直接的关系, 这可以表述成下列定理:

定理 3.7 令 $f: X \to Y$. 如果 x_0 是 X 的孤立点, 那么 f 在 x_0 点连续; 否则, f 在 x_0 点连续当且仅当 $x \to x_0$ 时 $f(x) \to f(x_0)$. □

论述连续性的大多数定理都有用极限叙述的相应形式.

定理 3.8 (a) 令 $A \subset X$ 且 $f: A \to \mathbf{R}^n$ 具有下列形式

$$f(x) = (f_1(x), \cdots, f_n(x)),$$

再令 $\boldsymbol{a} = (a_1, \cdots, a_n)$, 那么当 $x \to x_0$ 时 $f(x) = \boldsymbol{a}$, 当且仅当 $x \to x_0$ 时 $f_i(x) \to a_i$ 对每个 i 成立.

(b) 令 $f, g: A \to \mathbf{R}$. 如果当 $x \to x_0$ 时 $f(x) \to a$ 且 $g(x) \to b$, 那么当 $x \to x_0$ 时就有

$$f(x) + g(x) \to a + b,$$
$$f(x) - g(x) \to a - b,$$
$$f(x) \cdot g(x) \to a \cdot b;$$

此外. 若 $b \neq 0$ 又有 $f(x)/g(x) \to a/b$. □

三、 内部和外部

在任何度量空间中下列概念都有意义, 但因我们仅对 $\mathbf{R}^n$ 用到它们, 因而只有该情况下来定义它们.

定义 令 A 是 $\mathbf{R}^n$ 的一个子集. A 的内部作为 $\mathbf{R}^n$ 的一个子集定义为 $\mathbf{R}^n$ 的所有包含在 A 中的开集之并, 而且记为 $\operatorname{Int} A$; 而 A 的外部定义为 $\mathbf{R}^n$ 的所有不与 A 相交的开集之并, 且记为 $\operatorname{Ext} A$; 而 A 的边界由 $\mathbf{R}^n$ 的那些既不属于 $\operatorname{Int} A$ 也不属于 $\operatorname{Ext} A$ 的点组成, 并且记为 $\operatorname{Bd} A$.

一个点 $\boldsymbol{x}$ 在边界 $\operatorname{Bd} A$ 上, 当且仅当包含 $\boldsymbol{x}$ 的每一个开集既与 A 相交又与 A 的余集 $\mathbf{R}^n - A$ 相交. 空间 $\mathbf{R}^n$ 是三个不相交的集合 $\operatorname{Int} A$、$\operatorname{Ext} A$、$\operatorname{Bd} A$ 的并, 前两个为 $\mathbf{R}^n$ 中的开集, 第三个是 $\mathbf{R}^n$ 中的闭集.

例如, 设 Q 是 $\mathbf{R}^n$ 中使所有不等式 $a_i \leqslant x_i \leqslant b_i$ 成立的所有点 $\boldsymbol{x}$ 组成的矩形:

$$Q = [a_1, b_1] \times \cdots \times [a_n, b_n].$$

可以验证

$$\operatorname{Int} Q = (a_1, b_1) \times \cdots \times (a_n, b_n).$$

我们常把 $\operatorname{Int} Q$ 称为开矩形, 而且有 $\operatorname{Ext} Q = \mathbf{R}^n - Q$ 和 $\operatorname{Bd} Q = Q - \operatorname{Int} Q$.

开立方体是开矩形的特殊情况, 实际上,

$$C(\boldsymbol{a}; \varepsilon) = (a_1 - \varepsilon, a_1 + \varepsilon) \times \cdots \times (a_n - \varepsilon, a_n + \varepsilon).$$

相应的 (闭) 矩形

$$C=[a_1-\varepsilon,a_1+\varepsilon]\times\cdots\times[a_n-\varepsilon,a_n+\varepsilon]$$

常被称作以 $\boldsymbol{a}$ 为中心的闭立方体, 简称立方体.

习　题

在本习题中, 我们始终令 X 是一个度量空间并且带有度量 d.

1. 证明 $U(x_0;\varepsilon)$ 是一个开集.

2. 令 $Y\subset X$. 试给出这样一个例子, 使得 A 是 Y 中的开集但不是 X 中的开集; 再给出一个例子使得 A 在 Y 中是闭集但在 X 中不是闭集.

3. 令 $A\subset X$. 证明: 如果 C 是 X 的闭集并且 C 包含 A, 那么 C 包含 $\bar{A}$.

4. (a) 证明若 Q 是一个矩形, 那么 Q 等于 $\operatorname{Int}Q$ 的闭包.

(b) 若 D 是一个闭集, 那么集合 D 和 $\operatorname{Int}D$ 之间的一般关系如何?

(c) 若 U 是一个开集. 那么集合 U 与 $\bar{U}$ 的内部一般是什么关系?

5. 令 $f:X\to Y$. 证明: f 是连续的当且仅当对每个 $x\in X$ 均有 x 的一个邻域 U 使得 $f|_U$ 是连续的.

6. 令 $X=A\cup B$, 其中 A 和 B 都是 X 的子空间. 令 $f:X\to Y$, 假设限制函数

$$f|_A:A\to Y\quad 和\quad f|_B:B\to Y$$

都是连续的. 证明: 若 A 和 B 在 X 中都是闭的, 则 f 是连续的.

7. 如果 f 和 g 都是连续的, 那么求复合函数 $g\circ f$ 的极限是容易的, 参看定理 3.5. 否则可能有点复杂:

令 $f:X\to Y$ 和 $g:Y\to Z$. 令 x_0 是 X 的一个极限点, 并且 y_0 是 Y 的一个极限点. 参看图 3.1. 考虑下列三种情况:

(i) 当 $x\to x_0$ 时 $f(x)\to y_0$;

(ii) 当 $y\to y_0$ 时 $f(y)\to z_0$;

(iii) 当 $x\to x_0$ 时 $g(f(x))\to z_0$.

(a) 给出 (i) 和 (ii) 成立但 (iii) 不成立的例子.

(b) 证明若 (i) 和 (ii) 成立且 $g(y_0)=z_0$, 那么 (iii) 成立.

8. 令 $f:\mathbf{R}\to\mathbf{R}$ 定义如下: 当 x 为有理数时, 置 $f(x)=\sin x$, 而在其他情况下令 $f(x)=0$. 请问 f 在哪些点上是连续的?

9. 若以 (x,y) 表示 $\mathbf{R}^2$ 的一般点, 对由下列各种条件所指定的 $\mathbf{R}^2$ 的子集 A, 分别决定出 $\operatorname{Int}A$, $\operatorname{Ext}A$ 和 $\operatorname{Bd}A$:

(a) $x=0$,

(b) $0\leqslant x<1$,

(c) $0\leqslant x<1$和$0\leqslant y<1$,

(d) x为有理数且$y>0$,

(e) x和y都是有理数,

(f) $0<x^2+y^2<1$,

(g) $y<x^2$,

(h) $y\leqslant x^2$.

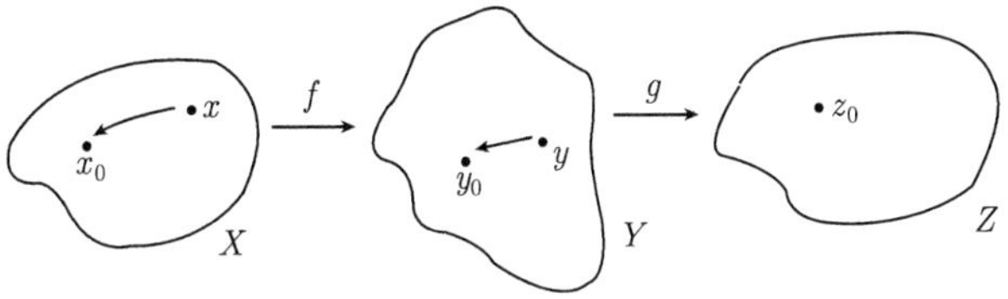

图 3.1

§4. $\mathbf{R}^n$ 的紧子空间和连通子空间

$\mathbf{R}^n$ 的一类重要的子空间是紧子空间. 我们将经常用到这种空间的基本性质. 我们所需要用到的性质概括在本节的定理中并且给出了证明, 因为其中的某些结果也许读者以前不曾见过.

另一类有用的空间是连通空间. 在这里我们概括了少数那些将要用到的性质.

我们并不打算在这里论述任意度量空间的紧性和连通性, 但是我们所做的许多证明在更一般的情况下也成立, 并对此作了说明.

一、紧空间

定义 令 X 是 $\mathbf{R}^n$ 的一个子空间. X 的一个覆盖是 $\mathbf{R}^n$ 的一族子集, 它们的并集包含 X. 若其中的每个子集都是 $\mathbf{R}^n$ 中的开集, 则称为 X 的一个开覆盖. 如果空间 X 的每个覆盖均包含一个有限子族, 其自身也构成 X 的一个开覆盖, 则将 X 称为紧的.

虽然紧性的这个定义中所用的是 $\mathbf{R}^n$ 的开集, 但是也可以用只涉及空间 X 的开集的方式来叙述这个定义.

定理 4.1 $\mathbf{R}^n$ 的子空间 X 是紧的当且仅当对由 X 的开集构成的且其并为 X 的每一个集族均有一个有限子族其并集等于 X.

证明 设 X 是紧的, 令 $\{A_\alpha\}$ 是 X 的一个开子集族, 其并集为 X. 对每个 α, 选取 $\mathbf{R}^n$ 的一个开集 U_α 使得 $A_\alpha = U_\alpha \cap X$. 因为 X 是紧的. 故有某个有限子族 $\{U_\alpha\}$ 覆盖 X, 比如说其指标集为 $\alpha = \alpha_1, \cdots, \alpha_k$. 那么对于 $\alpha = \alpha_1, \cdots, \alpha_k$, 诸集合 A_α 的并集就是 X.

其逆的证法是类似的. □

下列结果在分析基本教程中总是给出证明的, 因而这里就将其证明省略.

定理 4.2 $\mathbf{R}$ 的子空间 $[a, b]$ 是紧的. □

定义 对于 $\mathbf{R}^n$ 的子空间 X, 若有一个数 M 使得 $|\boldsymbol{x}| \leqslant M$ 对所有 $\boldsymbol{x} \in X$ 成立, 则称之为有界的.

我们终于可以证明这样一个重要定理: $\mathbf{R}^n$ 的一个子空间是紧的当且仅当它是闭的和有界的. 该定理的一半是容易的, 下面就来证明它.

定理 4.3　如果 X 是 $\mathbf{R}^n$ 的紧子空间, 那么 X 是闭的和有界的.

证明　第一步. 证明 X 是有界的. 对每个正整数 N, 令 U_N 表示开立方体 $U_N = C(\mathbf{0}; N)$. 那么 U_N 为开集且满足 $U_1 \subset U_2 \subset \cdots$, 而且各集合 U_N 能覆盖整个 $\mathbf{R}^n$(因而特别覆盖 X). 故有某个有限子族也覆盖 X, 比如说其指标集为 $N = N_1, \cdots, N_k$. 若取 M 为各数 $N_1, \cdots, N_k$ 中的最大者, 则 X 包含在 U_M 中, 因而 X 是有界的.

第二步. 通过证明 X 的余集是开的来证明 X 是闭的. 令 $\boldsymbol{a}$ 是 $\mathbf{R}^n$ 的不在 X 中的一点. 下面来寻求 $\boldsymbol{a}$ 的一个位于 X 的余集内的 ε 邻域.

对每个正整数 N, 考虑立方体

$$C_N = \{\boldsymbol{x}; |\boldsymbol{x} - \boldsymbol{a}| \leqslant 1/N\}.$$

那么 $C_1 \supset C_2 \supset \cdots$, 而且 C_N 的交集仅由 $\boldsymbol{a}$ 点组成. 令 V_N 是 C_N 的余集, 那么 V_N 是开集并满足 $V_1 \subset V_2 \subset \cdots$, 而且各集合 V_N 覆盖除 $\boldsymbol{a}$ 点之外的整个 $\mathbf{R}^n$(因而覆盖 X), 从而有某个子集族覆盖 X, 比方说其指标集为 $N = N_1, \cdots, N_k$. 若 M 是各数 $N_1, \cdots, N_k$ 中最大的一个, 那么 X 包含在 V_M 中. 再者说, 集合 C_M 与 X 不相交, 因而特别有开立方体 $C(\boldsymbol{a}; 1/M)$ 在 X 的余集中. 参看图 4.1.　□

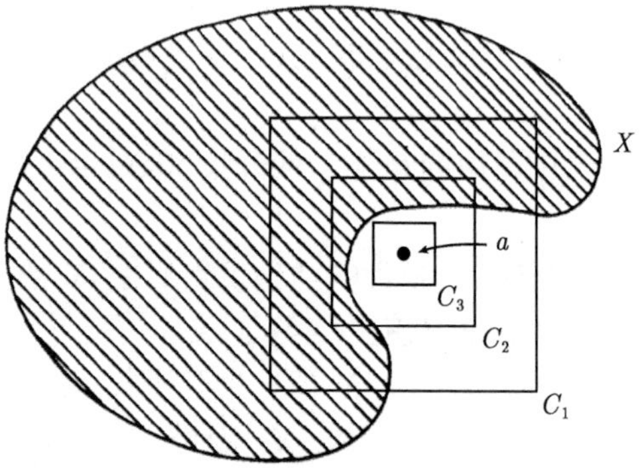

图 4.1

推论 4.4　令 X 是 $\mathbf{R}$ 的一个紧子空间, 那么 X 有最大元和最小元.

证明　因为 X 是有界的, 所以它有上确界和下确界; 又因为 X 是闭的, 因而上下确界必属于 X.　□

下面是一个被人们常用且熟悉的结果:

定理 4.5(极值定理)　令 X 是 $\mathbf{R}^m$ 的一个紧子空间. 如果 $f: X \to \mathbf{R}^n$ 是连续的. 那么 $f(X)$ 是 $\mathbf{R}^n$ 的紧子空间.

特别若 $\phi: X \to \mathbf{R}$ 连续, 则 ϕ 有最大值和最小值.

证明 令 $\{V_\alpha\}$ 是 $\mathbf{R}^n$ 的一族覆盖 $f(X)$ 的开子集, 那么 $f^{-1}(V_\alpha)$ 组成 X 的一个开覆盖, 从而这族开子集中的有限个, 比如它们的指标为 $\alpha = \alpha_1, \cdots, \alpha_k$, 也同样覆盖 X. 于是对于 $\alpha = \alpha_1, \cdots, \alpha_k$, 集族 $\{V_\alpha\}$ 覆盖 $f(X)$. 因而 $f(X)$ 是紧的.

于是若 $\phi : X \to R$ 是连续的, 则 $\phi(X)$ 是紧的, 因而它有最大元和最小元. 它们分别就是 ϕ 的最大值和最小值. □

下面证明一个读者可能不太熟悉的结果.

定义 令 X 是 $\mathbf{R}^n$ 的一个子集. 给定 $\varepsilon > 0$. 当 $\boldsymbol{a}$ 遍历 X 的所有点时, 各集合 $B(\boldsymbol{a};\varepsilon)$ 的并集称为 X 的在 Euclid 度量之下的 ε 邻域; 类似地, 各集合 $C(\boldsymbol{a};\varepsilon)$ 的并集称为在确界度量下 X 的 ε 邻域.

定理 4.6(ε 邻域定理) 令 X 是 $\mathbf{R}^n$ 的一个紧子空间, 令 U 是 $\mathbf{R}^n$ 的一个包含 X 的开集. 那么存在一个 $\varepsilon > 0$ 使得 X(无论在哪种度量下) 的 ε 邻域均包含在 U 中.

证明 X 在 Euclid 度量下的 ε 邻域包含在它在确界度量下的 ε 邻域中. 因此只需论述后一种情况即可.

第一步. 令 C 是 $\mathbf{R}^n$ 的一个固定子集. 对每个 $\boldsymbol{x} \in \mathbf{R}^n$, 定义

$$d(\boldsymbol{x}, C) = \inf\{|\boldsymbol{x} - \boldsymbol{c}|; \boldsymbol{c} \in C\},$$

并将 $d(\boldsymbol{x}, C)$ 称为从 $\boldsymbol{x}$ 到 C 的距离. 下面证明它作为 $\boldsymbol{x}$ 的函数是连续的.

令 $\boldsymbol{c} \in C$, 令 $\boldsymbol{x}, \boldsymbol{y} \in \mathbf{R}^n$, 则三角形不等式蕴涵着

$$d(\boldsymbol{x}, C) - |\boldsymbol{x} - \boldsymbol{y}| \leqslant |\boldsymbol{x} - \boldsymbol{c}| - |\boldsymbol{x} - \boldsymbol{y}| \leqslant |\boldsymbol{y} - \boldsymbol{c}|.$$

此不等式对所有 $\boldsymbol{c} \in C$ 成立, 因此

$$d(\boldsymbol{x}, C) - |\boldsymbol{x} - \boldsymbol{y}| \leqslant d(\boldsymbol{y}, \boldsymbol{c}),$$

从而有

$$d(\boldsymbol{x}, C) - d(\boldsymbol{y}, C) \leqslant |\boldsymbol{x} - \boldsymbol{y}|.$$

若将 $\boldsymbol{x}$ 和 $\boldsymbol{y}$ 交换, 则有同样的不等式成立, 从而 $d(\boldsymbol{x}, C)$ 的连续性成立.

第二步. 完成定理的证明. 给定 U, 将 $f : X \to \mathbf{R}$ 定义为

$$f(\boldsymbol{x}) = d(\boldsymbol{x}, \mathbf{R}^n - U).$$

那么 f 是一个连续函数. 而且对所有 $\boldsymbol{x} \in X, f(\boldsymbol{x}) > 0$. 因为若 $\boldsymbol{x} \in X$, 则有 $\boldsymbol{x}$ 的某个 δ 邻域包含在 U 中, 从而 $f(\boldsymbol{x}) \geqslant \delta$. 因为 X 是紧的, 所以 f 有最小值 ε. 由于 f 只取正值, 因而该最小值为正值. 于是 X 的 ε 邻域包含在 U 中. □

如果没有关于集合 X 的某些假设, 则本定理不能成立. 例如若 X 是 $\mathbf{R}^2$ 中的 x 轴, 而 U 是开集

$$U = \{(x, y) | y^2 < 1/(1 + x^2)\}.$$

则不存在 ε 使得 X 的 ε 邻域包含在 U 中, 参看图 4.2.

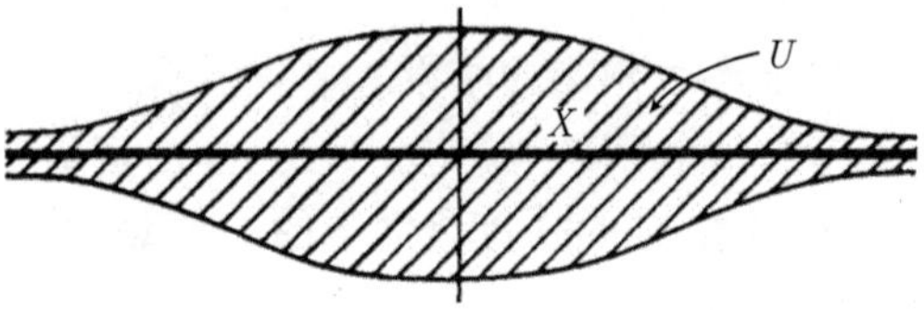

图 4.2

此外还有另一个熟知的结果.

定理 4.7(一致连续性)　令 X 是 $\mathbf{R}^m$ 的一个紧子空间, 并设 $f : X \to \mathbf{R}^n$ 是连续的. 给定 $\varepsilon > 0$, 则存在一个 $\delta > 0$ 使得当 $\boldsymbol{x}, \boldsymbol{y} \in X$ 时

$$|\boldsymbol{x} - \boldsymbol{y}| < \delta \text{ 蕴涵 } |f(\boldsymbol{x}) - f(\boldsymbol{y})| < \varepsilon.$$

若用 Euclid 度量代替确界度量此结果也成立.

定理结论中所述的条件称为一致连续性条件.

证明　考虑 $\mathbf{R}^m \times \mathbf{R}^m$ 的子空间 $X \times X$, 并在其中考虑空间

$$\Delta = \{(\boldsymbol{x}, \boldsymbol{x}) | \boldsymbol{x} \in X\},$$

这个空间称为 $X \times X$ 的对角线. 对角线是 $\mathbf{R}^{2m}$ 的一个紧子空间, 因为它是紧空间 X 在连续映射 $f(\boldsymbol{x}) = (\boldsymbol{x}, \boldsymbol{x})$ 下的象.

首先, 就 Euclid 度量来证明本定理. 考虑由下式定义的函数 $g : X \times X \to \mathbf{R}$:

$$g(\boldsymbol{x}, \boldsymbol{y}) = \|f(\boldsymbol{x}) - f(\boldsymbol{y})\|.$$

然后考虑 $X \times X$ 中满足 $g(\boldsymbol{x}, \boldsymbol{y}) < \varepsilon$ 的点的集合. 因为 g 是连续的, 所以该集合是 $X \times X$ 中的开集, 而且它包含对角线 Δ, 这是因为 $g(\boldsymbol{x}, \boldsymbol{x}) = 0$. 因此它等于 $\mathbf{R}^m \times \mathbf{R}^m$ 的一个包含 Δ 的开集 U 与 $X \times X$ 的交集, 参看图 4.3.

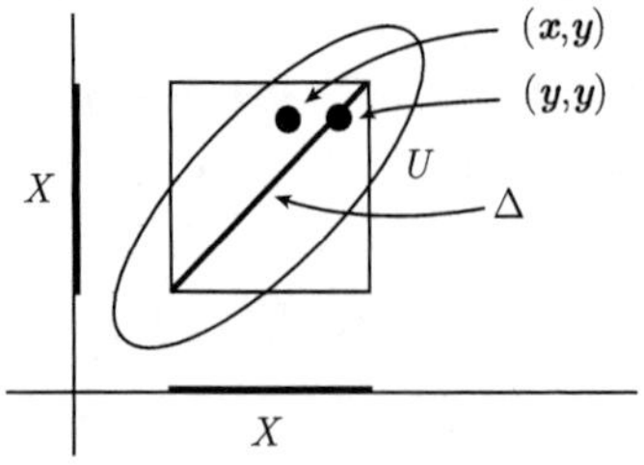

图 4.3

Δ 的紧性蕴涵着对某个 δ, Δ 的 δ 邻域包含在 U 中. 这就是定理所要求的 δ. 因为若 $\boldsymbol{x}, \boldsymbol{y} \in X$ 且满足 $\|\boldsymbol{x}-\boldsymbol{y}\| < \delta$, 那么

$$\|(\boldsymbol{x}, \boldsymbol{y}) - (\boldsymbol{y}, \boldsymbol{y})\| = \|((\boldsymbol{x}-\boldsymbol{y}), \mathbf{0})\| = \|\boldsymbol{x}-\boldsymbol{y}\| < \delta,$$

因而 $(\boldsymbol{x}, \boldsymbol{y})$ 属于对角线 Δ 的 δ 邻域. 于是 $(\boldsymbol{x}, \boldsymbol{y})$ 属于 U, 因而正如所期望的那样, $g(\boldsymbol{x}, \boldsymbol{y}) < \varepsilon$.

对于确界度量的相应结果可由类似的证明推出, 或者只要注意到若 $|\boldsymbol{x}-\boldsymbol{y}| < \delta/\sqrt{n}$, 则 $\|\boldsymbol{x}-\boldsymbol{y}\| < \delta$, 由此

$$|f(\boldsymbol{x}) - f(\boldsymbol{y})| \leqslant \|f(\boldsymbol{x}) - f(\boldsymbol{y})\| < \varepsilon. \qquad \square$$

为了完成对 $\mathbf{R}^n$ 的紧子空间的特性的描述, 我们将需要下列引理:

引理 4.8 $\mathbf{R}^n$ 中的矩形

$$Q = [a_1, b_1] \times \cdots \times [a_n, b_n]$$

是紧的.

证明 我们用关于 n 的归纳法进行证明. 引理对 $n=1$ 已经成立. 假设它对 $n-1$ 成立来证明它对 n 也成立. 可将 Q 写成

$$Q = X \times [a_n, b_n],$$

其中 X 是 $\mathbf{R}^{n-1}$ 中的矩形. 那么由归纳假设 X 是紧的. 令 $\mathcal{A}$ 是 Q 的一个开覆盖.

第一步. 证明给定 $t \in [a_n, b_n]$, 则存在一个 $\varepsilon > 0$ 使得集合

$$X \times (t-\varepsilon, t+\varepsilon)$$

可被 $\mathcal{A}$ 中的有限多个元素所覆盖.

集合 $X \times t$ 是 $\mathbf{R}^n$ 的一个紧子集, 因为它是 X 在由 $f(\boldsymbol{x}) = (\boldsymbol{x}, t)$ 给出的连续映射 $f: X \to \mathbf{R}^n$ 之下的象. 因此它可以被 $\mathcal{A}$ 中的有限个元素所覆盖, 比方说被 $A_1, \cdots, A_k$ 覆盖.

令 U 是这些集合之并, 那么 U 是开集并且包含 $X \times t$, 参看图 4.4.

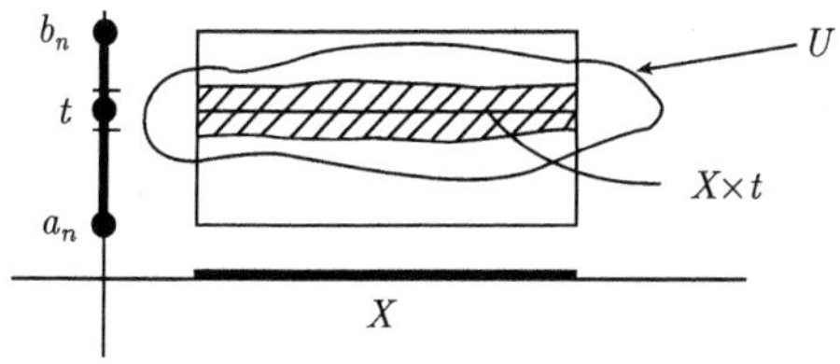

图 4.4

因为 $X \times t$ 是紧集, 所以存在 $X \times t$ 的一个 ε 邻域包含在 U 中. 那么特别有集合 $X \times (t-\varepsilon, t+\varepsilon)$ 包含在 U 中, 从而被 $A_1, \cdots, A_k$ 所覆盖.

第二步. 由第一步的结果, 对每个 $t \in [a_n, b_n]$ 均可选取一个包含 t 的开区间 V_t 使得集合 $X \times V_t$ 能被集族 $\mathcal{A}$ 中的有限个元素覆盖.

由于 $\mathbf{R}$ 中的各开区间 V_t 覆盖了区间 $[a_n, b_n]$, 从而其中有有限个 V_t, 比方说对于 $t = t_1, \cdots, t_m$, 也覆盖区间 $[a_n, b_n]$.

于是对于 $t = t_1, \cdots, t_m$ 而言, $Q = X \times [a_n, b_n]$ 包含在各集合 $X \times V_t$ 的并集中, 因为这些集合中的每一个均可被 $\mathcal{A}$ 的有限个元素覆盖, 从而 Q 也能被 $\mathcal{A}$ 的有限个元覆盖. □

定理 4.9　若 X 是 $\mathbf{R}^n$ 的一个有界闭子空间, 那么 X 是紧的.

证明　令 $\mathcal{A}$ 是一个覆盖 X 的开集族. 将单个集合 $\mathbf{R}^n - X$ 添加到该集族中, 而 $\mathbf{R}^n - X$ 是 $\mathbf{R}^n$ 中的开集, 因为 X 是闭的. 于是就得到整个 $\mathbf{R}^n$ 的一个开覆盖. 因为 X 是有界的, 因而可以选取一个包含 X 的矩形 Q. 那么特别地, 所得集族覆盖 Q.

因为 Q 是紧的, 因而必有某个有限子族覆盖 Q. 若这个有限子族中包含集合 $\mathbf{R}^n - X$, 则从集族中将它删除. 于是就得到 $\mathcal{A}$ 的一个有限子族, 它未必能覆盖整个 Q, 但它肯定能覆盖 X, 因为被删除的集合 $\mathbf{R}^n - X$ 不包含 X 的点. □

如果用任意的度量空间代替 $\mathbf{R}^n$ 和 $\mathbf{R}^m$, 那么除刚才证明的定理之外, 本节的所有定理仍然成立. 关于在任意度量空间中不成立的定理请参看习题.

二、连通空间

如果 X 是一个度量空间并且不能写成它的两个不相交的非空开集之并, 则称 X 是连通的.

下列定理在分析基本教程中总是给出证明, 因而这里将其证明略去.

定理 4.10　$\mathbf{R}$ 的闭区间 $[a, b]$ 是连通的. □

我们将要用到的关于连通空间的基本事实是下列的定理.

定理 4.11(介值定理)　如果 X 是连通的并且 $f: X \to Y$ 是连续的, 那么 $f(X)$ 是 Y 的连通子空间.

特别, 若 $\phi: X \to \mathbf{R}$ 是连续的并且有 X 的两点 x_0, x_1 使得 $f(x_0) < r < f(x_1)$, 则必有 X 的一点 x 使得 $f(x) = r$.

证明　假设 $f(x) = A \cup B$, 其中 A 和 B 是 $f(X)$ 的不相交开集, 那么 $f^{-1}(A)$ 和 $f^{-1}(B)$ 是 X 中的不相交集, 它们的并是 X, 而且每一个都是 X 的开集, 因为 f 是连续的, 但这与 X 的连通性矛盾.

给定 ϕ, 令 A 是由 $\mathbf{R}$ 中满足 $y < r$ 的所有 y 组成的, 而 B 是由满足 $y > r$ 的所有 y 组成的, 那么 A 和 B 是 $\mathbf{R}$ 中的开集. 若集合 $f(X)$ 不包含 r, 那么 $f(X)$ 是

不相交集 $f(X)\cap A$ 和 $f(X)\cap B$ 之并, 并且两者都是 $f(X)$ 中的开集. 但这与 $f(X)$ 的连通性矛盾. □

若 $\boldsymbol{a}$ 和 $\boldsymbol{b}$ 是 $\mathbf{R}^n$ 的两点, 那么连接 $\boldsymbol{a}$ 和 $\boldsymbol{b}$ 的线段定义为形如 $\boldsymbol{x}=\boldsymbol{a}+t(\boldsymbol{b}-\boldsymbol{a})$ 的所有点 $\boldsymbol{x}$ 的集合, 其中 $0\leqslant t\leqslant 1$. 任何线段都是连通的, 因为它是区间 $[0,1]$ 在连续映射 $t\to\boldsymbol{a}+t(\boldsymbol{b}-\boldsymbol{a})$ 之下的象.

若 A 是 $\mathbf{R}^n$ 的一个子集且对 A 的每一对点 $\boldsymbol{a},\boldsymbol{b}$, 连接 $\boldsymbol{a}$ 和 $\boldsymbol{b}$ 的线段均包含在 A 中, 则称 A 是一个凸集. $\mathbf{R}^n$ 的任何凸子集 A 自动是连通的. 因为若 A 是它的两个不相交的开子集 U 和 V 的并集, 则只需选取 $\boldsymbol{a}$ 在 U 中和 $\boldsymbol{b}$ 在 V 中, 并且注意到如果 L 是连接 $\boldsymbol{a}$ 和 $\boldsymbol{b}$ 的线段, 那么 $U\cap L$ 和 $V\cap L$ 便是 L 中的不相交非空开集.

由此可知, 在 $\mathbf{R}^n$ 中所有开球、开立方体及矩形等都是连通的 (参考习题).

习　　题

1. 令 $\mathbf{R}_+$ 表示正实数集.

(a) 证明由 $f(x)=\dfrac{1}{1+x}$ 给出的连续函数 $f:\mathbf{R}_+\to\mathbf{R}$ 是有界的, 但是它既没有最大值也没有最小值.

(b) 证明由 $g(x)=\sin x$ 给出的连续函数 $g:\mathbf{R}_+\to\mathbf{R}$ 是有界的, 但不满足一致连续性条件.

2. 令 X 表示 $\mathbf{R}^2$ 中的子集 $(-1,1)\times 0$, 令 U 表示 $\mathbf{R}^2$ 中的开球 $B(\mathbf{0};1)$, 则它包含 X. 证明不存在 $\varepsilon>0$ 使得 X 在 $\mathbf{R}^2$ 中的 ε 邻域包含在 U 中.

3. 令 $\mathbf{R}^\infty$ 表示所有末尾是 0 的无穷串的实数“无限组” $\boldsymbol{x}=(x_1,x_2,\cdots)$ 的集合 (参看 §1 的习题). 由 $\langle\boldsymbol{x},\boldsymbol{y}\rangle=\sum x_iy_i$ 定义 $\mathbf{R}^\infty$ 上的内积. (这是一个有限和, 因为除有限项之外全为零.) 令 $\|\boldsymbol{x}-\boldsymbol{y}\|$ 是 $\mathbf{R}^\infty$ 上的相应度量. 定义

$$\boldsymbol{e}_i=(0,\cdots,0,1,0,\cdots,0,\cdots),$$

其中 1 出现在第 i 个位置. 那么 $\boldsymbol{e}_i$ 构成 $\mathbf{R}^\infty$ 的一个基. 令 X 是所有点 $\boldsymbol{e}_i$ 的集合. 证明 X 是闭的, 有界的和非紧的.

4. (a) 证明 $\mathbf{R}^n$ 的开球和开立方体是凸的.

(b) 证明 $\mathbf{R}^n$ 中的开矩形和闭矩形都是凸的.

第二章 微　　分

本章将考虑把 $\mathbf{R}^m$ 映入 $\mathbf{R}^n$ 中的函数并定义这种函数的导数. 我们所进行的大多数讨论是为了推广读者在微积分中已熟悉的事实.

本章的两个主要结果是反函数定理和隐函数定理, 其中反函数定理给出了从 $\mathbf{R}^n$ 到 $\mathbf{R}^n$ 的可微函数具有可微反函数的条件; 而隐函数定理则为微积分中学过的隐函数微分法奠定了理论基础.

回想起除非另有特别说明, 我们总是将 $\mathbf{R}^m$ 和 $\mathbf{R}^n$ 的元素写成列矩阵.

§5. 导　　数

我们首先来回顾一元实变量的实值函数的导数是如何定义的.

令 A 是 $\mathbf{R}$ 的一个子集. 并且 ϕ: $A \to R$. 假设 A 包含 a 点的一个邻域. 假若下式中的极限存在, 则将 ϕ 在 a 点的导数定义为

$$\phi'(a) = \lim_{t\to 0} \frac{\phi(a+t)-\phi(a)}{t}.$$

在这种情况情况下, 我们称 ϕ 在 a 点是可微的. 下列事实是它的直接推论:

(1) 可微函数都是连续的.

(2) 可微函数的复合是可微的.

现在我们试图定义一个将 $\mathbf{R}^m$ 的子集映入 $\mathbf{R}^n$ 的函数 f 的导数. 我们不能在刚才给出的定义中简单地用 $\mathbf{R}^m$ 的点代替 a 和 t. 因为当 $m > 1$ 时不能直接用 $\mathbf{R}^m$ 的点去除 $\mathbf{R}^n$ 的点. 下面是第一个尝试性的定义.

定义　令 $A \subset \mathbf{R}^m$ 且 f: $A \to \mathbf{R}^n$. 假设 A 包含 $\boldsymbol{a}$ 的一个邻域. 给定 $\boldsymbol{u} \in \mathbf{R}^m$ 并且 $\boldsymbol{u} \neq 0$, 假若下式中的极限存在, 则定义

$$f'(\boldsymbol{a};\boldsymbol{u};) = \lim_{t\to 0} \frac{f(\boldsymbol{a}+t\boldsymbol{u})-f(\boldsymbol{a})}{t}.$$

这个极限依赖于 $\boldsymbol{a}$ 和 $\boldsymbol{u}$, 将它称作 f 在 $\boldsymbol{a}$ 点关于向量 $\boldsymbol{u}$ 的方向导数. (在微积分中通常要求 $\boldsymbol{u}$ 是单位向量, 其实这是不必要的.)

例 1　令 f: $\mathbf{R}^2 \to \mathbf{R}$ 是由下式定义的函数:

$$f(x_1, x_2) = x_1 x_2.$$

f 在 $\boldsymbol{a}=(a_1,a_2)$ 点关于向量 $\boldsymbol{u}=(1,0)$ 的方向导数为

$$f'(\boldsymbol{a};\boldsymbol{u})=\lim_{t\to 0}\frac{(a_1+t)a_2-a_1a_2}{t}=a_2;$$

关于向量 $\boldsymbol{v}=(1,2)$ 的方向导数为

$$f'(\boldsymbol{a};\boldsymbol{v})=\lim_{t\to 0}\frac{(a_1+t)(a_2+2t)-a_1a_2}{t}=a_2+2a_1.$$

令人神往的是相仿"方向导数"是导数概念的合适推广, 并且若对 $\boldsymbol{u}\neq 0, f'(\boldsymbol{a};\boldsymbol{u})$ 存在, 则称 f 在 $\boldsymbol{a}$ 点是可微的, 然而对于可微性而言, 这不是一个很有用的定义. 例如可微性蕴涵连续性就不成立 (参看下面的例 3); 可微函数的复合是可微的也不成立 (参看 §7 的习题). 因而我们要寻求更强的定义.

为了得出最终的定义, 我们将一元函数的可微性定义重新叙述成下列形式:

令 A 是 $\mathbf{R}$ 的一个子集且 $\phi{:}A\to\mathbf{R}$. 设 A 包含 a 点的一个邻域. 若有一个数 λ 使得当 $t\to 0$ 时

$$\frac{\phi(a+tu)-\phi(a)-\lambda t}{t}\to 0,$$

则称 ϕ 在 a 点是可微的. 数 λ 是唯一的并且称之为 ϕ 在 a 点的导数, 记为 $\phi'(a)$.

定义的这种表述法使下列事实成为明显的: 若 ϕ 是可微的, 则线性函数 λt 是增量函数 $\phi(a+t)-\phi(a)$ 的一个很好的近似. 我们常把 λt 称为增量函数的"一阶近似"或"线性近似".

让我们对这种形式的定义进行推广. 若 $A\subset\mathbf{R}^m$ 且 $f:A\to\mathbf{R}^n$, 那么增量函数的一阶近似或线性近似表示什么意思呢? 要做的自然是取一个函数使之在线性代数的意义下为线性的. 这种想法导致了下列的定义.

定义　令 $A\subset\mathbf{R}^m$ 且 $f:A\to\mathbf{R}^n$. 设 A 包含 $\boldsymbol{a}$ 点的一个邻域. 如果有 $n\times m$ 阶矩阵 B 使得当 $\boldsymbol{h}\to\mathbf{0}$ 时,

$$\frac{f(\boldsymbol{a}+\boldsymbol{h})-f(\boldsymbol{a})-B\cdot\boldsymbol{h}}{|\boldsymbol{h}|}\to\mathbf{0},$$

则称 f 在 $\boldsymbol{a}$ 点是可微的. 矩阵 B 是唯一的, 称之为 f 在 $\boldsymbol{a}$ 点的导数, 并且记为 $Df(\boldsymbol{a})$.

注意到, 我们要对它取极限的商式对 $\mathbf{0}$ 点的某个去心邻域中的 $\boldsymbol{h}$ 有定义, 因为 f 的定义域包含 $\boldsymbol{a}$ 点的一个邻域. 在分母中使用确界范数不是必须的, 若以 $||\boldsymbol{h}||$ 代替 $|\boldsymbol{h}|$ 可以得出一个等价的定义.

容易看出 B 是唯一的. 设 C 是另一个满足条件的矩阵. 两式相减可得当 $\boldsymbol{h}\to 0$ 时

$$\frac{(C-B)\cdot\boldsymbol{h}}{|\boldsymbol{h}|}\to\mathbf{0}.$$

令 $\boldsymbol{u}$ 为一固定向量, 置 $\boldsymbol{h}=t\boldsymbol{u}$, 令 $t\to 0$. 由此可得 $(C-B)\cdot\boldsymbol{u}=0$. 因为 $\boldsymbol{u}$ 是任意的, 所以 $C=B$.

例 2　令 $f:\mathbf{R}^m\to\mathbf{R}^n$ 是由下式定义的函数:

$$f(\boldsymbol{x})=B\cdot\boldsymbol{x}+\boldsymbol{b},$$

其中 B 是一个 $n\times m$ 矩阵, 而 $\boldsymbol{b}\in\mathbf{R}^n$. 那么 f 是可微的而且 $Df(\boldsymbol{x})=B$. 实际上, 因为

$$f(\boldsymbol{a}+\boldsymbol{h})-f(\boldsymbol{a})=B\cdot\boldsymbol{h},$$

所以在定义导数中所用的商式恒为零.

现在我们来说明这个定义比先前给出的尝试性定义强, 并且说明这确实是可微性的合适定义. 尤其是在本节及以后的几节中我们将验证下列事实:

(1) 可微函数是连续的.

(2) 可微函数的复合是可微的.

(3) f 在 $\boldsymbol{a}$ 点的可微性蕴涵着 f 在 $\boldsymbol{a}$ 点的所有方向导数存在. 我们还将说明当导数存在时如何计算它.

定理 5.1　令 $A\subset\mathbf{R}^m$ 且 $f:A\to\mathbf{R}^n$. 若 f 在 $\boldsymbol{a}$ 点是可微的, 那么 f 在 $\boldsymbol{a}$ 点的所有方向导数存在, 并且有

$$f'(\boldsymbol{a};\boldsymbol{u})=Df(\boldsymbol{a})\cdot\boldsymbol{u}.$$

证明　令 $B=Df(\boldsymbol{a})$. 在可微性的定义中置 $\boldsymbol{h}=t\boldsymbol{u}$, 其中 $t\neq 0$. 那么由假设当 $t\to 0$ 时,

$$(*)\qquad \frac{f(\boldsymbol{a}+t\boldsymbol{u})-f(\boldsymbol{a})-B\cdot t\boldsymbol{u}}{|t\boldsymbol{u}|}\to\mathbf{0}.$$

若 t 通过正值趋于 0, 那么用 $|\boldsymbol{u}|$ 乘 $(*)$ 式, 则如所期望的那样可以推出当 $t\to 0$

$$\frac{f(\boldsymbol{a}+t\boldsymbol{u})-f(\boldsymbol{a})}{t}-B\cdot\boldsymbol{u}\to\mathbf{0}.$$

若 t 通过负值趋于 0, 则用 $-|\boldsymbol{u}|$ 乘 $(*)$ 式可以得出同样的结论. 因而 $f'(\boldsymbol{a};\boldsymbol{u})=B\cdot\boldsymbol{u}$. □

例 3　定义函数 $f:\mathbf{R}^2\to\mathbf{R}$ 如下: 置 $f(\mathbf{0})=0$, 而当 $(x,y)\neq\mathbf{0}$ 时置

$$f(x,y)=\frac{x^2y}{x^4+y^2}.$$

下面证明 f 在 $\mathbf{0}$ 点的所有方向导数存在, 但 f 在 $\mathbf{0}$ 点是不可微的. 令 $\boldsymbol{u} \neq \mathbf{0}$. 那么当 $\boldsymbol{u} = \begin{bmatrix} h \\ k \end{bmatrix}$ 时

$$\frac{f(\mathbf{0}+t\boldsymbol{u})-f(\mathbf{0})}{t} = \frac{(th)^2(tk)}{(th)^4+(tk)^2} \cdot \frac{1}{t} = \frac{h^2k}{t^2h^4+k^2},$$

所以

$$f'(\mathbf{0};\boldsymbol{u}) = \begin{cases} h^2/k, & k \neq 0, \\ 0, & k = 0. \end{cases}$$

因而 $f'(\mathbf{0};\boldsymbol{u})$ 对所有 $\boldsymbol{u} \neq \mathbf{0}$ 存在. 然而函数 f 在 $\mathbf{0}$ 点是不可微的. 因为如果 $g: \mathbf{R}^2 \to \mathbf{R}$ 是一个在 $\mathbf{0}$ 点可微的函数, 那么 $Dg(\mathbf{0})$ 是一个形如 $[a\ b]$ 的 1×2 矩阵, 并且

$$g'(\mathbf{0};\boldsymbol{u}) = ah + bk,$$

这是 $\boldsymbol{u}$ 的一个线性函数. 但 $f'(\mathbf{0};\boldsymbol{u})$ 却不是 $\boldsymbol{u}$ 的线性函数.

函数 f 是特别有趣的. 它在过原点的每条直线上是可微的 (因而是连续的). (实际上, 在直线 $y = mx$ 上. 它的值是 $mx/(m^2+x^2)$.) 但 f 在原点不是可微的, 实际上, f 在原点甚至不是连续的! 因为 f 在原点的值为 0, 然而当任意接近原点时都有形如 (t,t^2) 的点使得 f 在该点的值为 $\frac{1}{2}$, 参看图 5.1.

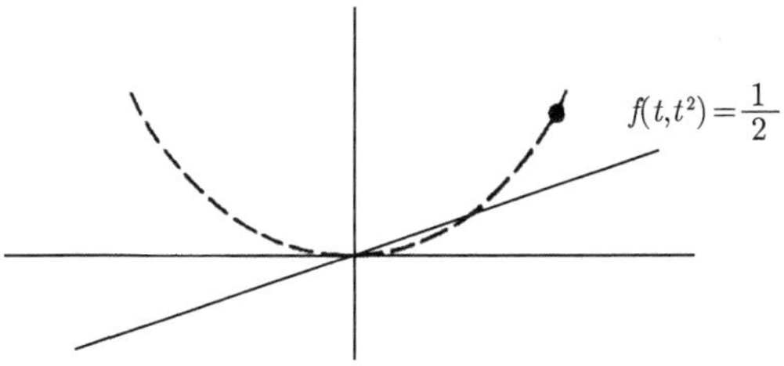

图 5.1

定理 5.2　令 $A \subset \mathbf{R}^m$ 且 $f: A \to \mathbf{R}^n$. 若 f 在 a 点是可微的, 那么 f 在 $\boldsymbol{a}$ 点是连续的.

证明　令 $B = Df(\boldsymbol{a})$. 对接近于 $\mathbf{0}$ 但不等于 $\mathbf{0}$ 的 $\boldsymbol{h}$, 将 f 的增量写成

$$f(\boldsymbol{a}+\boldsymbol{h}) - f(\boldsymbol{a}) = |\boldsymbol{h}| \left[\frac{f(\boldsymbol{a}+\boldsymbol{h})-f(\boldsymbol{a})-B\cdot\boldsymbol{h}}{|\boldsymbol{h}|} \right] + B\cdot\boldsymbol{h}.$$

由假设, 当 $\boldsymbol{h}$ 趋于 $\mathbf{0}$ 时, 括号中的表达式趋于 $\mathbf{0}$. 于是由关于极限的基本定理,

$$\lim_{\boldsymbol{h}\to 0}[f(\boldsymbol{a}+\boldsymbol{h}) - f(\boldsymbol{a})] = \mathbf{0}.$$

因而 f 在 $\boldsymbol{a}$ 点连续. □

我们将在 §7 论述可微函数的复合.

现在我们来说明当 $Df(\boldsymbol{a})$ 存在时应当如何计算它. 首先介绍实值函数的偏导数的概念.

定义　令 $A \subset \mathbf{R}^m$ 且 $f: A \to \mathbf{R}$. 将 f 在 $\boldsymbol{a}$ 点的第 j 个偏导数定义为 f 在 $\boldsymbol{a}$ 点关于向量 $\boldsymbol{e}_j$ 的方向导数, 当然要假设该方向导数存在, 并将该偏导数记为 $D_j f(\boldsymbol{a})$. 即

$$D_j f(\boldsymbol{a}) = \lim_{t \to 0} \frac{f(\boldsymbol{a} + t\boldsymbol{e}_j) - f(\boldsymbol{a})}{t}.$$

偏导数通常是容易计算的. 实际上, 若置

$$\phi(t) = f(a_1, \cdots, a_{j-1}, t, a_{j+1}, \cdots, a_m),$$

那么由定义, f 在 $\boldsymbol{a}$ 点的第 j 个偏导数不过是函数 $\phi(t)$ 在 $t = a_j$ 处的常义导数. 因而偏导数 $D_j f$ 可以通过将 $x_1 \cdots, x_{j-1}, x_{j+1}, \cdots, x_m$ 看作常数而用熟知的一元函数的微分法将所得的函数对 x_j 微分来计算.

我们从 f 是实值函数的情况下计算它的导数开始.

定理 5.3　令 $A \subset \mathbf{R}^m$ 且 $f: A \to \mathbf{R}$. 如果 f 在 $\boldsymbol{a}$ 点是可微的, 那么

$$Df(\boldsymbol{a}) = [D_1 f(\boldsymbol{a}), D_2 f(\boldsymbol{a}), \cdots, D_m f(\boldsymbol{a})].$$

即若 $Df(\boldsymbol{a})$ 存在, 则它是一个从 f 在 $\boldsymbol{a}$ 点的各偏导数为元素构成的行矩阵.

证明　由假设，$Df(\boldsymbol{a})$ 存在并且是一个 $1 \times m$ 矩阵. 令

$$Df(\boldsymbol{a}) = [\lambda_1 \quad \lambda_2 \cdots \lambda_m].$$

由此 (应用定理 5.1) 可知

$$D_j f(\boldsymbol{a}) = f'(\boldsymbol{a}; \boldsymbol{e}_j) = Df(\boldsymbol{a}) \cdot \boldsymbol{e}_j = \lambda_j.$$ □

可将该定理推广如下:

定理 5.4　令 $A \subset \mathbf{R}^m$ 且 $f: A \to \mathbf{R}^n$. 设 A 包含 $\boldsymbol{a}$ 点的一个邻域, 令 $f_i: A \to \mathbf{R}$ 是 f 的第 i 个分量函数, 因而有

$$f(\boldsymbol{x}) = \begin{bmatrix} f_i(\boldsymbol{x}) \\ \vdots \\ f_n(\boldsymbol{x}) \end{bmatrix}.$$

(a) 函数 f 在 $\boldsymbol{a}$ 点是可微的, 当且仅当每个分量函数 f_i 在 $\boldsymbol{a}$ 点是可微的.

(b) 若 f 在 $\boldsymbol{a}$ 点是可微的, 那么它的导数是一个 $n\times m$ 矩阵, 而该矩阵的第 i 行是 f_i 的导数.

这个定理说明

$$Df(\boldsymbol{a})=\begin{bmatrix} Df_1(\boldsymbol{a}) \\ \vdots \\ Df_n(\boldsymbol{a}) \end{bmatrix},$$

因而 $Df(\boldsymbol{a})$ 是一个矩阵, 其第 i 行第 j 列的元素为 $D_jf_i(\boldsymbol{a})$.

证明　令 B 是一个任意的 $n\times m$ 矩阵. 考虑函数

$$F(\boldsymbol{h})=\frac{f(\boldsymbol{a}+\boldsymbol{h})-f(\boldsymbol{a})-B\cdot\boldsymbol{h}}{|\boldsymbol{h}|},$$

(对于某个 ε) 它对 $0<|\boldsymbol{h}|<\varepsilon$ 有定义. 于是 $F(\boldsymbol{h})$ 是 $n\times 1$ 阶的列矩阵, 它的第 i 个元素满足等式

$$F_i(\boldsymbol{h})=\frac{f_i(\boldsymbol{a}+\boldsymbol{h})-f_i(\boldsymbol{a})-(B\text{的第}i\text{行})\cdot\boldsymbol{h}}{|\boldsymbol{h}|}.$$

令 $\boldsymbol{h}$ 趋于 $\mathbf{0}$, 那么当且仅当它的每个元素趋于 0 时矩阵 $F(\boldsymbol{h})$ 趋于 $\mathbf{0}$. 因此若 B 是一个使 $F(\boldsymbol{h})\to\mathbf{0}$ 的矩阵, 那么 B 的第 i 行就是一个使得 $F_i(\boldsymbol{h})\to 0$ 的行矩阵. 而且反过来也成立. 因而定理成立. □

令 $A\subset\mathbf{R}^m$ 且 $f:A\to\mathbf{R}^n$. 若 f 的各分量函数 f_i 的偏导数在 $\boldsymbol{a}$ 点存在, 那么就可以构成这样一个矩阵, 它从 $D_jf_i(\boldsymbol{a})$ 为其第 i 行第 j 列处的元素. 该矩阵称为 f 的 Jacobi 矩阵. 如果 f 是可微的, 则该矩阵等于 $Df(\boldsymbol{a})$. 然而, 即使没有 f 在 $\boldsymbol{a}$ 点可微的条件, 偏导数从而 Jacobi 矩阵仍可能存在 (参看上面的例 3).

这让我们有点不知所措. 目前 (除了回到定义之外) 我们没有什么好办法来决定一个函数是否可微. 我们知道. 像

$$\sin(xy)\quad 和\quad xy^2+ze^{xy}$$

这样一些熟悉的函数具有偏导数, 因为这是单变量分析中熟知的定理的结论. 但我们却不知道它们是可微的.

下一节我们将论述这个问题.

评注　若 $m=1$ 或 $n=1$, 则上面的导数定义不过是用矩阵的记号对微积分中已熟悉概念的重新表述. 例如, 若 $f:\mathbf{R}^1\to\mathbf{R}^3$ 是一个可微函数, 则它的导数是列矩阵

$$Df(t)=\begin{bmatrix} f_1'(t) \\ f_2'(t) \\ f_3'(t) \end{bmatrix}.$$

在微积分中, f 常被解释为参数曲线, 并且向量

$$\vec{v} = f_1'(t)\boldsymbol{e}_1 + f_2'(t)\boldsymbol{e}_2 + f_3'(t)\boldsymbol{e}_3$$

称为该曲线的速度向量 (当然在微积分中人们倾向于用 $\vec{i}, \vec{j}, \vec{k}$ 而不是用 $\boldsymbol{e}_1, \boldsymbol{e}_2, \boldsymbol{e}_3$ 来表示基本单位向量).

作为另一个例子, 考虑可微函数 $g : \mathbf{R}^3 \to \mathbf{R}^1$, 它的导数是行矩阵

$$Dg(\boldsymbol{x}) = [D_1 g(\boldsymbol{x}) \quad D_2 g(\boldsymbol{x}) \quad D_3 g(\boldsymbol{x})],$$

而其方向导数等于矩阵的乘积 $Dg(\boldsymbol{x}) \cdot \boldsymbol{u}$. 在微积分中, 函数 g 常被解释为标量场, 而向量场

$$\operatorname{grad} g = (D_1 g)\boldsymbol{e}_1 + (D_2 g)\boldsymbol{e}_2 + (D_3 g)\boldsymbol{e}_3$$

称为 g 的梯度 (常用符号 ∇g 表示). 在微积分中, g 关于 $\boldsymbol{u}$ 的方向导数写成向量 $\operatorname{grad} g$ 和 $\boldsymbol{u}$ 的点乘积.

注意到, 如果 f 的定义域或值域是 1 维的, 表述它的导数用向量记号就足够了, 但是对于一般的函数 $f : \mathbf{R}^m \to \mathbf{R}^n$, 则必须用矩阵的记号.

习 题

1. 令 $A \subset \mathbf{R}^m$ 且 $f : A \to \mathbf{R}^n$. 证明: 若 $f'(\boldsymbol{a}; \boldsymbol{u})$ 存在, 那么 $f'(\boldsymbol{a}; c\boldsymbol{u})$ 也存在并且等于 $cf'(\boldsymbol{a}; \boldsymbol{u})$.

2. 令 $f : \mathbf{R}^2 \to \mathbf{R}$ 定义如下:

$$\begin{cases} f(x, y) = \dfrac{xy}{x^2 + y^2}, & (x, y) \neq \mathbf{0}, \\ f(\mathbf{0}) = 0. \end{cases}$$

(a) $f'(\boldsymbol{a}; \boldsymbol{u})$ 对于哪些向量 $\boldsymbol{u}$ 存在? 当它存在时求出它的值.

(b) $D_1 f$ 和 $D_2 f$ 在 $\mathbf{0}$ 点存在吗?

(c) f 在 $\mathbf{0}$ 点可微吗?

(d) f 在 $\mathbf{0}$ 点连续吗?

3. 对于如下定义的函数 f 重新讨论习题 2:

$$\begin{cases} f(x, y) = \dfrac{x^2 y^2}{x^2 y^2 + (y - x)^2}, & (x, y) \neq \mathbf{0}, \\ f(\mathbf{0}) = 0. \end{cases}$$

4. 对于下列函数 f 重新讨论习题 2:

$$\begin{cases} f(x, y) = \dfrac{x^3}{x^2 + y^2}, & (x, y) \neq \mathbf{0}, \\ f(\mathbf{0}) = 0. \end{cases}$$

5. 对函数 $f(x,y)=|x|+|y|$, 重新讨论习题 2.

6. 对于函数 $f(x,y)=|xy|^{1/2}$, 重新讨论习题 2.

7. 对下列函数重新讨论习题 2:

$$\begin{cases} f(x,y)=\dfrac{x|y|}{(x^2+y^2)^{1/2}}, & (x,y)\neq\mathbf{0}, \\ f(\mathbf{0})=0. \end{cases}$$

§6. 连续可微函数

本节我们将得出判定可微性的一个有用准则. 我们知道仅从偏导数的存在并不能推出函数的可微性. 然而若增加这些偏导数连续这样一个 (较宽的) 附加条件, 那么可微性就能得到保证.

我们从回顾一元函数的中值定理开始.

定理 6.1(中值定理) 如果 $\phi:[a,b]\to\mathbf{R}$ 在闭区间 $[a,b]$ 的每一点连续并且在开区间 (a,b) 的每一点可微, 那么在开区间 (a,b) 中存在一点 c 使得

$$\phi(b)-\phi(a)=\phi'(c)(b-a). \qquad \square$$

实际上, 我们最常在当 ϕ 是在包含 $[a,b]$ 的一个开区间上为连续的情况下使用这个定理. 当然在这种情况下, ϕ 是在 $[a,b]$ 上连续的.

定理 6.2 令 A 是 $\mathbf{R}^m$ 中的开集. 设 f 的分量函数的偏导数 $D_jf_i(\boldsymbol{x})$ 在 A 的每一点 $\boldsymbol{x}$ 处都存在并且在 A 上连续. 那么 f 在 A 的每一点可微.

满足本定理假设条件的函数常被称作在 A 上连续可微的或者称为 C^1 类的.

证明 鉴于定理 5.4, 只需证明 f 的每个分量函数是可微的. 因此, 我们可以仅限于考虑实值函数 $f:A\to\mathbf{R}$ 的情况.

令 $\boldsymbol{a}$ 是 A 的一点, 并且对某个 ε, 偏导数 $D_jf(\boldsymbol{x})$ 对于 $|\boldsymbol{x}-\boldsymbol{a}|<\varepsilon$ 存在且连续. 我们要证明 f 在 $\boldsymbol{a}$ 点是可微的.

第一步. 令 $\boldsymbol{h}$ 是 $\mathbf{R}^m$ 中适合 $0<|\boldsymbol{h}|<\varepsilon$ 的一点, 令 $h_1,\cdots,h_m$ 是 $\boldsymbol{h}$ 的分量. 考虑 $\mathbf{R}^m$ 的如下点列:

$$\begin{aligned}
\boldsymbol{p}_0&=\boldsymbol{a},\\
\boldsymbol{p}_1&=\boldsymbol{a}+h_1\boldsymbol{e}_1,\\
\boldsymbol{p}_2&=\boldsymbol{a}+h_1\boldsymbol{e}_1+h_2\boldsymbol{e}_2,\\
&\cdots\cdots\\
\boldsymbol{p}_m&=\boldsymbol{a}+h_1\boldsymbol{e}_1+\cdots+h_m\boldsymbol{e}_m=\boldsymbol{a}+\boldsymbol{h}.
\end{aligned}$$

所有点 $\boldsymbol{p}_i$ 都属于以 $\boldsymbol{a}$ 中心以 $|\boldsymbol{h}|$ 半径的 (闭) 立方体 C. 图 6.1 说明了当 $m=3$ 且所有 h_i 都有正值的情况.

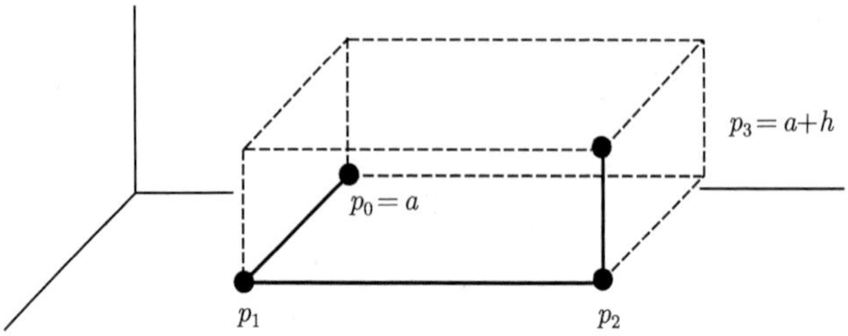

图 6.1

因为我们所关注的是 f 的可微性, 因而必须讨论差 $f(\boldsymbol{a}+\boldsymbol{h})-f(\boldsymbol{a})$. 开始我们将这个差写为下列形式:

$$(*)\qquad f(\boldsymbol{a}+\boldsymbol{h})-f(\boldsymbol{a})=\sum_{j=1}^{m}[f(\boldsymbol{p}_j)-f(\boldsymbol{p}_{j-1})].$$

考虑此和式中的一般项. 令 j 固定并且定义

$$\phi(t)=f(\boldsymbol{p}_{j-1}+t\boldsymbol{e}_j).$$

暂且假定 $h_j\neq 0$. 当 t 遍历从 0 和 h_j 为端点的闭区间 I 时, 则点 $\boldsymbol{p}_{j-1}+t\boldsymbol{e}_j$ 遍历从 $\boldsymbol{p}_{j-1}$ 到 $\boldsymbol{p}_j$ 的线段. 这个线段位于 C 中, 因而在 A 中. 于是 ϕ 对包含 I 的一个开区间内的 t 有定义.

当 t 变化时, 只有 $\boldsymbol{p}_{j-1}+t\boldsymbol{e}_j$ 的第 j 个分量变化. 从而因 D_jf 在 A 的每一点存在, 所以 ϕ 在包含 I 的一个开区间上是可微的. 将中值定理应用于 ϕ, 则推出

$$\phi(h_j)-\phi(0)=\phi'(c_j)h_j$$

对于 0 和 h_j 之间的某个 c_j 成立. (无论 h_j 是正的还是负的, 这种论证皆适应.) 可以将这个等式写成下列形式:

$$(**)\qquad f(\boldsymbol{p}_j)-f(\boldsymbol{p}_{j-1})=D_jf(\boldsymbol{q}_j)h_j,$$

其中 $\boldsymbol{q}_j$ 是从 $\boldsymbol{p}_{j-1}$ 到 $\boldsymbol{p}_j$ 的线段中的点 $\boldsymbol{p}_{j-1}+c_j\boldsymbol{e}_j$, 该点位于 C 内.

上面我们是在 $h_j\neq 0$ 的假设下导出 $(**)$ 式的. 若 $h_j=0$, 则 $(**)$ 式对 C 中的任意点 $\boldsymbol{q}_j$ 均自动成立.

利用 $(**)$ 式将 $(*)$ 式写成下列形式

$$(***)\qquad f(\boldsymbol{a}+\boldsymbol{h})-f(\boldsymbol{a})=\sum_{j-1}^{m}D_jf(\boldsymbol{q}_j)h_j,$$

其中每个 $\boldsymbol{q}_j$ 均位于从 $\boldsymbol{a}$ 为中心从 $|\boldsymbol{h}|$ 为半径的立方体 C 内.

第二步. 完成定理的证明. 令 B 为矩阵

$$B = [D_1 f(\boldsymbol{a}) \cdots D_m f(\boldsymbol{a})].$$

那么

$$B \cdot \boldsymbol{h} = \sum_{j=1}^{m} D_j f(\boldsymbol{a}) h_j.$$

用 $(***)$ 式得出

$$\frac{f(\boldsymbol{a}+\boldsymbol{h}) - f(\boldsymbol{a}) - B \cdot \boldsymbol{h}}{|\boldsymbol{h}|} = \sum_{j=1}^{m} \frac{[D_j f(\boldsymbol{q}_j) - D_j f(\boldsymbol{a})] h_j}{|\boldsymbol{h}|};$$

然后令 $\boldsymbol{h} \to 0$. 因为 $\boldsymbol{q}_j$ 位于以 $\boldsymbol{a}$ 为中心以 $|\boldsymbol{h}|$ 为半径的立方体 C 内, 因而有 $\boldsymbol{q}_j \to \boldsymbol{a}$. 由于 f 的偏导数在 $\boldsymbol{a}$ 点连续, 所以括号内的因子全都趋于零. 当然因子 $h_j/|h|$ 的绝对值具有上界 1, 因而如所期望的那样, 整个表达式趋于零. □

该定理的作用之一是使我们相信从微积分中所熟悉的函数确实是可微的. 我们已经知道如何计算像 $\sin(xy)$ 和 $xy^2 + ze^{xy}$ 这样一些函数的偏导数并且知道这些偏导数是连续的. 因此这些函数是可微的.

实际上, 我们通常仅仅论及 C^1 类函数. 然而有趣的是确实存在着可微但不是 C^1 类的函数, 这种函数十分罕见, 因而不必关心它们.

假设 f 是将 $\mathbf{R}^m$ 的开集 A 映入 $\mathbf{R}^n$ 中的函数, 并设 f 的各分量函数的偏导数 $D_j f_i$ 在 A 上存在. 那么这些偏导数是从 A 到 $\mathbf{R}$ 的函数而且又可以考虑它们的偏导数, 它们具有 $D_k(D_j f_i)$ 的形式并且称为 f 的二阶偏导数. 类似地定义各函数 f_i 的三阶偏导数, 或者更一般地考虑任意 r 阶的偏导数.

如果各函数 f_i 的 $\leqslant r$ 阶的偏导数是在 A 上连续的, 则称 f 在 A 上为 C^r 的. 那么函数 f 在 A 上是 C^r 的当且仅当每个函数 $D_j f_i$ 在 A 上是 C^{r-1} 类的. 如果各分量函数 f_i 的所有阶偏导数都是在 A 上连续的, 则称 f 在 A 上是 C^∞ 的.

也许你还记得, 对大多数函数而言, 混合偏导数 $D_k D_j f_i$ 和 $D_j D_k f_i$ 是相等的. 事实上, 正如我们马上将证明的那样, 此结果在函数 f 属于 C^2 类的假设下成立.

定理 6.3 令 A 是 $\mathbf{R}^m$ 中的开集且 $f : A \to \mathbf{R}$ 是一个 C^2 类的函数. 那么对于每个 $\boldsymbol{a} \in A$, 均有下式成立:

$$D_k D_j f(\boldsymbol{a}) = D_j D_k f(\boldsymbol{a}).$$

证明 因为在计算所述偏导数时, 除 x_k 和 x_j 之外, 令其他所有变量保持为常数, 故只需考虑 f 为二元函数的情况即可. 因而假设 A 是 $\mathbf{R}^2$ 中的开集且 $f : A \to \mathbf{R}^2$ 为 C^2 类的.

第一步. 首先证明 f 的一个"二阶"中值定理. 令

$$Q=[a,a+h]\times[b,b+k]$$

是一个包含在 A 中矩形. 定义

$$\lambda(h,k)=f(a,b)-f(a+h,b)-f(a,b+k)+f(a+h,b+k).$$

那么 λ 是 f 在 Q 的四个顶点处的值并赋以适当符号而构成的代数和, 参看图 6.2. 我们将证明存在 Q 的两点 $\boldsymbol{p}$ 和 $\boldsymbol{q}$ 使得下列两式成立:

$$\lambda(h,k)=D_2D_1f(\boldsymbol{p})\cdot hk,$$
$$\lambda(h,k)=D_1D_2f(\boldsymbol{q})\cdot hk.$$

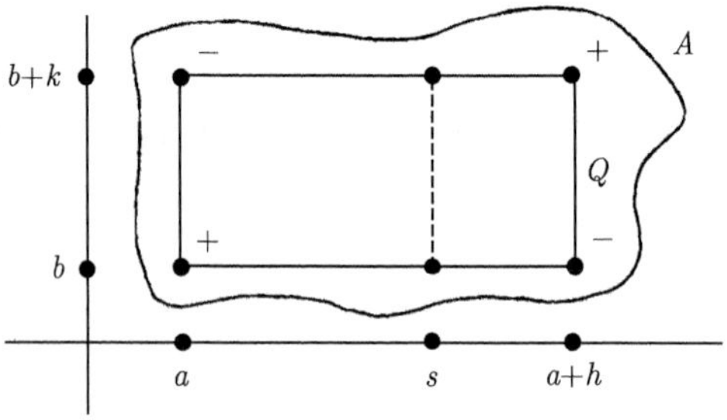

图 6.2

由对称性, 只需证明这两个等式中的第一个即可. 为此, 先定义

$$\phi(s)=f(s,b+k)-f(s,b).$$

那么可以验证 $\phi(a+h)-\phi(a)=\lambda(h,k)$. 因为 D_1f 在 A 中存在, 所以函数 ϕ 在包含 $[a,a+h]$ 的一个开区间内是可微的. 中值定义蕴涵着

$$\phi(a+h)-\phi(a)=\phi'(s_0)\cdot h$$

对于 a 和 $a+h$ 之间的某个 s_0 成立. 这个等式又可以写成下列形式

$$(*)\qquad \lambda(h,k)=[D_1f(s_0,b+k)-D_1f(s_0,b)]\cdot h.$$

让 s_0 固定来考滤函数 $D_1f(s_0,t)$. 因为 D_2D_1f 在 A 中存在, 所以这个函数在包含 $[b,b+k]$ 的一个开区间内对 t 是可微的. 再次利用中值定理得出

$$(**)\qquad D_1f(s_0,b+k)-D_1f(s_0,b)=D_2D_1f(s_0,t_0)\cdot k$$

对 b 和 $b+k$ 之间的某个 t_0 成立. 联合 (*) 式和 (**) 式则给出我们所期望的结果.

第二步. 完成定理的证明. 给定 A 的一点 $\boldsymbol{a}=(a,b)$ 且给定 $t>0$, 令 Q_t 为下列矩形

$$Q_t=[a,a+t]\times[b,b+t].$$

若 t 充分小, 则 Q_t 包含在 A 中; 那么第一步的结果蕴涵着

$$\lambda(t,t)=D_2D_1f(\boldsymbol{p}_t)\cdot t^2$$

对 Q_t 中的某个点 $\boldsymbol{p}_t$ 成立. 若令 $t\to 0$, 则 $\boldsymbol{p}_t\to\boldsymbol{a}$. 因为 D_2D_1f 是连续的, 故由此可知, 当 $t\to 0$ 时

$$\lambda(t,t)/t^2\to D_2D_1f(\boldsymbol{a}).$$

利用第一步中的另一个等式, 则由类似的论证可知. 当 $t\to 0$ 时

$$\lambda(t,t)/t^2\to D_1D_2f(\boldsymbol{a}).$$

于是定理得证.

习　题

1. 证明函数 $f(x,y)=|xy|$ 在 $\mathbf{0}$ 点可微, 但在 $\mathbf{0}$ 点的任何邻域内都不是 C^1 类的.

2. 定义 $f:\mathbf{R}\to\mathbf{R}$ 为

$$\begin{cases} f(t)=t^2\sin\left(\dfrac{1}{t}\right), & t\neq 0,\\ f(0)=0. \end{cases}$$

(a) 证明 f 在 0 点可微并计算 $f'(0)$.

(b) 若 $t\neq 0$, 计算 $f'(t)$.

(c) 证明 f' 在 $t=0$ 点不是连续的.

(d) 断定 f 在 R 上是可微的但不是 C^1 类的.

3. 证明: 如果只是假定各偏导数 D_jf 在 $\boldsymbol{a}$ 点的一个邻域中存在并且在 $\boldsymbol{a}$ 点是连续的, 那么定理 6.2 的证明仍然有效.

4. 证明: 如果 $A\subset\mathbf{R}^m, f:A\to\mathbf{R}$, 而且各偏导数 D_jf 在 $\boldsymbol{a}$ 点的一个邻域内存在且有界, 那么 f 在 $\boldsymbol{a}$ 点是连续的.

5. 令 $f:\mathbf{R}^2\to\mathbf{R}^2$ 由下式定义

$$f(r,\theta)=(r\cos\theta,r\sin\theta),$$

并称之为极坐标变换.

(a) 计算 Df 和 $\det Df$.

(b) 画出集合 $S=[1,2]\times[0,\pi]$ 在 f 下的象的草图. [提示: 求出界定 S 的线段在 f 下的象.]

6. 对由下式给出的函数 $f:\mathbf{R}^2\to\mathbf{R}^2$ 重做习题 5:

$$f(x,y)=(x^2-y^2,2xy).$$

取 S 为下列集合

$$S=\{(x,y)|x^2+y^2\leqslant a^2,x\geqslant 0,y\geqslant 0\}.$$

[提示: 通过置 $x=a\cos t$ 和 $y=a\sin t$ 将 S 的部分边界参数化; 求出该曲线的象. 对于 S 的其余边界类似地进行.]

我们指出, 如果按通常的方式将复平面 $\mathbf{C}$ 与 $\mathbf{R}^2$ 等同, 则 f 恰好是函数 $f(z)=z^2$.

7. 对由

$$f(x,y)=(e^x\cos y,e^x\sin y)$$

给出的函数 $f:\mathbf{R}^2\to\mathbf{R}^2$ 重做习题 5. 取集合 $S=[0,1]\times[0,\pi]$.

我们指出, 若像通常那样将 $\mathbf{C}$ 与 $\mathbf{R}^2$ 等同, 那么 f 就是函数 $f(z)=e^z$.

8. 对由下式给出的函数 $f:\mathbf{R}^3\to\mathbf{R}^3$ 重做习题 5:

$$f(\rho,\varphi,\theta)=(\rho\cos\theta\sin\varphi,\rho\sin\theta\sin\varphi,\rho\cos\varphi),$$

此式称为球坐标变换. 取 S 为集合

$$S=[1,2]\times\left[0,\frac{\pi}{2}\right]\times\left[0,\frac{\pi}{2}\right].$$

9. 令 $g:\mathbf{R}\to\mathbf{R}$ 是一个 C^2 类的函数. 证明

$$\lim_{h\to 0}\frac{g(a+h)-2g(a)+g(a-h)}{h^2}=g''(a).$$

[提示: 在 $f(x,y)=g(x+y)$ 的情况下考虑定理 6.3 的第一步.]

*10. 将 $f:\mathbf{R}^2\to\mathbf{R}^2$ 定义为

$$\begin{cases} f(x,y)=\dfrac{xy(x^2-y^2)}{x^2+y^2}, & (x,y)\neq\mathbf{0},\\ f(\boldsymbol{o})=0. \end{cases}$$

(a) 证明 D_1f 和 D_2f 在 $\mathbf{0}$ 点存在.

(b) 在 $(x,y)\neq\mathbf{0}$ 处计算 D_1f 和 D_2f.

(c) 证明 f 在 $\mathbf{R}^2$ 上是 C^1 类的. [提示: 证明 $D_1f(x,y)$ 等于 y 与一个有界函数的积; 而 $D_2f(x,y)$ 等于 x 与一个有界函数之积.]

(d) 证明 D_2D_1f 和 D_1D_2f 在 $\mathbf{0}$ 点存在但不相等.

§7. 链 规 则

本节我们将证明两个可微函数的复合是可微的, 并且推出它的求导公式. 该公式通常称为“链规则”.

定理 7.1 令 $A\subset\mathbf{R}^m, B\subset\mathbf{R}^n$, 再令 $f:A\to\mathbf{R}^n, g:B\to\mathbf{R}^p$, 并且 $f(A)\subset B$. 设 $f(\boldsymbol{a})=\boldsymbol{b}$. 如果 f 在 $\boldsymbol{a}$ 点是可微的并且 g 在 $\boldsymbol{b}$ 点是可微的. 那么复合函数 $g\circ f$ 在 $\boldsymbol{a}$ 点是可微的. 而且有

$$D(g\circ f)(\boldsymbol{a})=Dg(\boldsymbol{b})\cdot Df(\boldsymbol{a}).$$

上式右边的积为矩阵的乘积.

虽然链规则的这种形式也许看上去有点怪, 但实际上它只不过是微积分中所熟悉的链规则的一种新形式. 读者可以通过用偏导数写出这个公式从而使自己确信这个事实. 后面我们将回过头来作这件事.

证明 为了方便, 令 $\boldsymbol{x}$ 表示 $\mathbf{R}^m$ 中的一般点, 而 $\boldsymbol{y}$ 表示 $\mathbf{R}^n$ 中的一般点.

由假设, g 在 $\boldsymbol{b}$ 的一个邻域中有定义. 选取 ε 使得 $g(\boldsymbol{y})$ 对 $|\boldsymbol{y}-\boldsymbol{b}|<\varepsilon$ 有定义. 类似地, 由于 f 在 $\boldsymbol{a}$ 点的一个邻域内有定义并且在 $\boldsymbol{a}$ 点连续, 因而可以选取 δ 使得 $f(\boldsymbol{x})$ 对 $|\boldsymbol{x}-\boldsymbol{a}|<\delta$ 有定义并且满足条件 $|f(\boldsymbol{x})-\boldsymbol{b}|<\delta$. 那么复合函数 $(g\circ f)(\boldsymbol{x})=g(f(\boldsymbol{x}))$ 对 $|\boldsymbol{x}-\boldsymbol{a}|<\delta$ 有定义. 参看图 7.1.

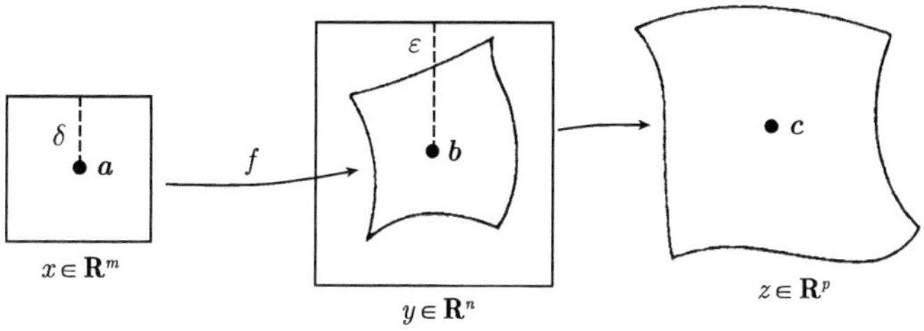

图 7.1

第一步. 始终令 $\Delta(\boldsymbol{h})$ 表示函数

$$\Delta(\boldsymbol{h})=f(\boldsymbol{a}+\boldsymbol{h})-f(\boldsymbol{a}),$$

这个函数对 $|\boldsymbol{h}|<\delta$ 有定义. 首先证明 $|\Delta(\boldsymbol{h})|/|\boldsymbol{h}|$ 对在 $\mathbf{0}$ 点的某个去心邻域中的 $\boldsymbol{h}$ 是有界的.

为此引进一个如下定义的函数 $F(\boldsymbol{h})$:

$$\begin{cases} F(\boldsymbol{h})=\dfrac{[\Delta(\boldsymbol{h})-Df(\boldsymbol{a})\cdot\boldsymbol{h}]}{|\boldsymbol{h}|}, & 0<|\boldsymbol{h}|<\delta, \\ F(\mathbf{0})=\mathbf{0}. \end{cases}$$

因为 f 在 $\boldsymbol{a}$ 点是可微的, 所以 F 在 $\mathbf{0}$ 点是连续的. 而且等式

$$(*)\qquad \Delta(\boldsymbol{h})=Df(\boldsymbol{a})\cdot\boldsymbol{h}+|\boldsymbol{h}|F(\boldsymbol{h})$$

对于 $0<|\boldsymbol{h}|<\delta$ 成立; 并且对 $\boldsymbol{h}=\mathbf{0}$ 也平凡地成立. 三角形不等式蕴涵着

$$|\Delta(\boldsymbol{h})| \leqslant m|Df(\boldsymbol{a})||\boldsymbol{h}|+|\boldsymbol{h}||F(\boldsymbol{h})|.$$

由于 $|F(\boldsymbol{h})|$ 对于 $\mathbf{0}$ 点的一个邻域中的 $\boldsymbol{h}$ 是有界的, 实际上当 $\boldsymbol{h}$ 趋于 $\mathbf{0}$ 时它趋于 0, 因此 $|\Delta(\boldsymbol{h})|/|\boldsymbol{h}|$ 在 $\mathbf{0}$ 点的一个去心邻域中是有界的.

第二步. 对于函数 g 重复第一步中的构造过程. 定义函数 $G(\boldsymbol{k})$ 如下:

$$\begin{cases} G(\boldsymbol{k})=\dfrac{g(\boldsymbol{b}+\boldsymbol{k})-g(\boldsymbol{b})-Dg(\boldsymbol{b})\cdot\boldsymbol{k}}{|\boldsymbol{k}|}, & 0<|\boldsymbol{k}|<\varepsilon, \\ G(\mathbf{0})=\mathbf{0}. \end{cases}$$

因为 g 在 $\boldsymbol{b}$ 点是可微的, 因而函数 G 在 $\mathbf{0}$ 点是连续的. 而且对于 $|\boldsymbol{k}|<\varepsilon$, G 满足下列等式

$$(**)\qquad g(\boldsymbol{b}+\boldsymbol{k})-g(\boldsymbol{b})=Dg(\boldsymbol{b})\cdot\boldsymbol{k}+|\boldsymbol{k}|\ G(\boldsymbol{k}).$$

第三步. 完成定理的证明. 令 $\boldsymbol{h}$ 是 $\mathbf{R}^m$ 中满足 $|\boldsymbol{h}|<\delta$ 的任何点. 那么 $|\Delta(\boldsymbol{h})|<\varepsilon$. 因而可以用 $\Delta(\boldsymbol{h})$ 代替公式 $(**)$ 中的 $\boldsymbol{k}$. 经此代换之后, $\boldsymbol{b}+\boldsymbol{k}$ 变成

$$\boldsymbol{b}+\Delta(\boldsymbol{h})=f(\boldsymbol{a})+\Delta(\boldsymbol{h})=f(\boldsymbol{a}+\boldsymbol{h}),$$

因而公式 $(**)$ 变成下列形式

$$g(f(\boldsymbol{a}+\boldsymbol{h}))-g(f(\boldsymbol{a}))=Dg(\boldsymbol{b})\cdot\Delta(\boldsymbol{h})+|\Delta\boldsymbol{h}|\ G(\Delta(\boldsymbol{h})).$$

现在利用 $(*)$ 式将此式写成下列形式

$$\begin{aligned}&\frac{1}{|\boldsymbol{h}|}[g(f(\boldsymbol{a}+\boldsymbol{h}))-g(f(\boldsymbol{a}))-Dg(\boldsymbol{b})\cdot Df(\boldsymbol{a})\cdot\boldsymbol{h}]\\ &=Dg(\boldsymbol{b})\cdot F(\boldsymbol{h})+\frac{1}{|\boldsymbol{h}|}|\Delta(\boldsymbol{h})|G(\Delta(\boldsymbol{h})).\end{aligned}$$

这个等式对于 $0<|\boldsymbol{h}|<\delta$ 成立. 为了证明 $g\circ f$ 在 $\boldsymbol{a}$ 点可微并且导数是 $Dg(\boldsymbol{b})\cdot Df(\boldsymbol{a})$, 只需证明当 $\boldsymbol{h}$ 趋于 $\mathbf{0}$ 时这个等式的右边趋于 $\mathbf{0}$ 即可.

矩阵 $Dg(\boldsymbol{b})$ 为常数矩阵, 而当 $\boldsymbol{h}\to\mathbf{0}$ 时 $F(\boldsymbol{h})\to\mathbf{0}$(因为 F 在 $\mathbf{0}$ 点是连续的并且在该点的值为零), 当 $\boldsymbol{h}\to\mathbf{0}$ 时因子 $G(\Delta(\boldsymbol{h}))$ 也趋于零, 因为它是两个函数 G 与 Δ 的复合, 而且两者都在 $\mathbf{0}$ 点连续并且取值为零. 最后, 由第一步, $|\Delta(\boldsymbol{h})|/|\boldsymbol{h}|$ 在 $\mathbf{0}$ 点的一个去心邻域内有界. 于是定理成立. □

该定理有一个直接推论如下:

推论 7.2 令 A 是 $\mathbf{R}^m$ 中的开集而 B 是 $\mathbf{R}^n$ 中的开集. 令 $f: A\to\mathbf{R}^n$, $g: B\to\mathbf{R}^p$, 并且 $f(A)\subset B$. 如果 f 和 g 是 C^r 类的, 那么复合函数 $g\circ f$ 也是 C^r 的.

证明 由链规则给出下列公式

$$D(g\circ f)(\boldsymbol{x})=Dg(f(\boldsymbol{x}))\cdot Df(\boldsymbol{x}),$$

此式对于 $\boldsymbol{x}\in A$ 成立.

先设 f 和 g 是 C^1 类的函数, 那么 Dg 的元素都是在 B 上定义的连续实值函数. 因为 f 在 A 上是连续的, 所以复合函数 $Dg(f(\boldsymbol{x}))$ 也是在 A 上连续的. 类似地. 矩阵 $Df(\boldsymbol{x})$ 的元素是在 A 上是连续的. 因为积矩阵的元素是因子矩阵的元素的代数函数, 所以积矩阵 $Dg(f(\boldsymbol{x}))\cdot Df(\boldsymbol{x})$ 的元素也是在 A 上连续的. 于是 $g\circ f$ 在 A 上是 C^1 类的.

为了证明一般情况, 我们使用数学归纳法. 假设定理对于 C^{r-1} 类函数成立. 令 f 和 g 是 C^r 类的函数. 那么 Dg 的元素是 B 上的 C^{r-1} 类实值函数. 由于 f 在 A 上是 C^{r-1} 类的 (实际为 C^r 类的), 因此归纳假设蕴涵着各函数 $D_jg_i(f(\boldsymbol{x}))$ 作为两个 C^{r-1} 函数的复合, 自然是 C^{r-1} 类的. 因为由假设, 矩阵 $Df(\boldsymbol{x})$ 的元素在 A 上也是 C^{r-1} 类的, 所以积矩阵 $Df(f(\boldsymbol{x}))\cdot Df(\boldsymbol{x})$ 的元素是 A 上的 C^{r-1} 类函数. 因此正如所期望的那样, $g\circ f$ 在 A 上是 C^r 类的.

定理对有限的 r 已成立. 于是若 f 和 g 都是 C^∞ 的, 那么对一切 r, 它们都是 C^r 的. 由此 $g\circ f$ 对一切 r 也都是 C^r 的. □

作为链规则的另一个应用, 我们把一元函数的中值定理推广到在 $\mathbf{R}^m$ 中定义的实值函数. 在下一节我们将用到这个定理.

定理 7.3(中值定理) 令 A 是 $\mathbf{R}^m$ 中的开集且 $f:A\to\mathbf{R}$ 在 A 上是可微的. 如果 A 包含以 $\boldsymbol{a}$ 和 $\boldsymbol{a}+\boldsymbol{h}$ 为端点的线段, 那么在该线段上存在一点 $\boldsymbol{c}=\boldsymbol{a}+t_0\boldsymbol{h}$ $(0<t_0<1)$ 使得

$$f(\boldsymbol{a}+\boldsymbol{h})-f(\boldsymbol{a})=Df(\boldsymbol{c})\cdot\boldsymbol{h}.$$

证明 置 $\phi(t)=f(\boldsymbol{a}+t\boldsymbol{h})$, 那么 ϕ 在包含 [0,1] 的一个开区间中有定义. 作为可微函数的复合, ϕ 是可微的, 其导数由下列公式给出

$$\phi'(t)=Df(\boldsymbol{a}+t\boldsymbol{h})\cdot\boldsymbol{h}.$$

平常的中值定理蕴涵着

$$\phi(1)-\phi(0)=\phi'(t_0)\cdot 1$$

对于适合 $0<t_0<1$ 的某个 t_0 成立. 这个等式可以写成下列形式

$$f(\boldsymbol{a}+\boldsymbol{h})-f(\boldsymbol{a})=Df(\boldsymbol{a}+t_0\boldsymbol{h})\cdot\boldsymbol{h}.$$ □

作为链规则的又一个应用, 我们来考虑反函数的微分问题.

先回忆一元分析中的情况. 假设 $\phi(x)$ 在某个开区间上可微, 并且在该区间上 $\phi'(x)>0$. 那么 ϕ 是严格递增的并且具有反函数 ψ, 它是通过置 $\psi(y)$ 是唯一使得 $\phi(x)=y$ 的数 x 而定义的. 实际上函数 ψ 是可微的并且其导数满足等式

$$\psi'(y)=\frac{1}{\phi'(x)'},$$

其中 $y=\phi(x)$.

其实对于可微一个多元函数 f 的反函数也有类似的公式. 在本节中, 我们暂不考虑函数 f 是否可逆以及反函数是否可微的问题, 而仅仅考虑如何求反函数的导数问题.

定理 7.4　令 A 是 $\mathbf{R}^n$ 中的开集, $f:\to\mathbf{R}^n$ 且 $f(\boldsymbol{a})=\boldsymbol{b}$. 设 g 将 $\boldsymbol{b}$ 点的一个邻域映入 $\mathbf{R}^n$ 中并且使 $g(\boldsymbol{b})=\boldsymbol{a}$ 而且

$$g(f(\boldsymbol{x}))=\boldsymbol{x}$$

对于 a 点的一个邻域中的所有 $\boldsymbol{x}$ 成立. 如果 f 在 $\boldsymbol{a}$ 点是可微的并且 g 在 $\boldsymbol{b}$ 点是可微的, 那么

$$Dg(\boldsymbol{b})=[Df(\boldsymbol{a})]^{-1}.$$

证明　令 $i:\mathbf{R}^n\to\mathbf{R}^n$ 是恒等映射, 其导数为单位矩阵 I_n. 那么

$$g(f(\boldsymbol{x}))=i(\boldsymbol{x})$$

对 $\boldsymbol{a}$ 点的一个邻域中的所有 $\boldsymbol{x}$ 成立. 链规则蕴涵着

$$Dg(\boldsymbol{b})\cdot Df(\boldsymbol{a})=I_n.$$

因而 $Dg(\boldsymbol{b})$ 是 $Df(\boldsymbol{a})$ 的逆矩阵 (参看定理 2.5). □

上面的定理蕴涵着: 如果一个可微函数 f 有可微的反函数, 则矩阵 Df 必然是非奇异的. 令人惊奇的是这个条件对于 C^1 函数可逆也是充分的, 至少局部是这样. 我们将在下一节证明这个事实.

评注　让我们对记号作一点说明. 对于恰当选取的记号的作用几乎是无论怎么强调都不过分. 一旦选择了恰当的符号, 一些模糊费解的论证和复杂的公式时常会变得优美而简洁. 用矩阵表示导数就是一个恰当的例子. 复合函数和反函数的求导公式几乎是再简单不过了.

然而, 对于那些还记得在微积分中使用的偏导数记号和在那里证明的链规则形式的读者而言，一句话便可了然.

在高等数学中通常用泛函记号 ϕ' 或算子记号 $D\phi$ 表示一元实函数的导数. (在这种情况下, $D\phi$ 表示一个 1×1 矩阵!) 然而在微积分中另一种记号是通用的, 人

们常用符号 $d\phi/dx$ 表示 $\phi'(x)$, 或者通过置 $y=\phi(x)$ 引入变量 y 而用 dy/dx 表示. 这种记号是由微积分的创始人之一 Leibnitz 引进的. 它是在一切数学和物理问题关注的焦点在于所考虑的变量而函数本却很少被考虑的时代背景下产生的.

Leibnitz 所引进的记号具有一些熟知的优点. 一方面, 它使链规则容易记忆. 给定函数 $\phi:\mathbf{R}\to\mathbf{R}$ 和 $\psi:\mathbf{R}\to\mathbf{R}$, 则复合函数 $\psi\circ\phi$ 的导数由下列公式给出:

$$D(\psi\circ\phi)(x)=D\psi(\phi(x))\cdot D\phi(x).$$

若通过置 $y=\phi(x)$ 和 $z=\psi(y)$, 那么复合函数 $z=\psi(\phi(x))$ 的导数可用 Leibnitz 的符号表示成

$$\frac{dz}{dx}=\frac{dz}{dy}\cdot\frac{dy}{dx}.$$

这后一公式便于记忆, 因为它看起来很像分数的乘法公式. 然而这个符号具有歧义性. 字母“z”当它出现在等式左边时, 它表示 x 的一个函数, 而当其出现在等式右边时则表示 y 的一个函数. 在计算高阶导数时将会导致困难, 除非你特别小心.

反函数的求导公式也容易记忆. 如果 $y=\phi(x)$ 有反函数 $x=\psi(y)$, 那么 ψ 的导数用 Leibnitz 符号表示为

$$dx/dy=\frac{1}{dy/dx},$$

这看上去像分数的倒数公式.

Leibnitz 记号容易推广到多元函数. 若 $A\subset\mathbf{R}^m, f:A\to\mathbf{R}$, 置

$$y=f(\boldsymbol{x})=f(x_1,\cdots,x_m),$$

并将偏导数 $D_i f$ 记为

$$\frac{\partial f}{\partial x_i}\quad\text{或}\quad\frac{\partial y}{\partial x_i}.$$

在这种情况下, Leibnitz 的记号远非那么方便. 例如, 考虑链规则, 若

$$f:\mathbf{R}^m\to\mathbf{R}^n,\quad g:\mathbf{R}^n\to\mathbf{R}$$

那么复合函数 $F=g\circ f$ 将 $\mathbf{R}^m$ 映射到 $\mathbf{R}$ 中, 并且其导数由下列公式给出:

$$(*)\qquad DF(\boldsymbol{x})=Dg(f(\boldsymbol{x}))\cdot Df(\boldsymbol{x}),$$

它可以用分量写成下列形式

$$\begin{aligned}&[D_1F(\boldsymbol{x})\cdots D_mF(\boldsymbol{x})]\\&\quad=[D_1g(f(\boldsymbol{x}))\cdots D_ng(f(\boldsymbol{x}))]\begin{bmatrix}D_1f_1(\boldsymbol{x})&\cdots&D_mf_1(\boldsymbol{x})\\\vdots&&\vdots\\D_1f_n(\boldsymbol{x})&\cdots&D_mf_n(\boldsymbol{x})\end{bmatrix}.\end{aligned}$$

因而求 F 的第 j 个偏导数的公式由下式给出:

$$D_jF(\boldsymbol{x})=\sum_{k=1}^{n}D_kg(f(\boldsymbol{x}))D_jf_k(\boldsymbol{x}).$$

若通过置 $\boldsymbol{y}=g(\boldsymbol{x}), z=g(\boldsymbol{y})$ 改变变量的记号, 那么这个等式就变为

$$\frac{\partial z}{\partial x_j}=\sum_{k=1}^{n}\frac{\partial z}{\partial y_k}\frac{\partial y_k}{\partial x_j};$$

这大概就是读者在微积分中所熟悉的链规则的形式. 只因熟悉可能使得它比 $(*)$ 式更容易记忆. 但肯定不能像一元函数那样单凭记忆分数乘法而得到 $\partial z/\partial x_j$ 的公式.

反函数的求导公式甚至更麻烦些. 设 $f:\mathbf{R}^2\to\mathbf{R}^2$ 是可微的并且有可微的反函数 g. 那么 g 的导数由下列公式给出

$$Dg(\boldsymbol{y})=[Df(\boldsymbol{x})]^{-1},$$

其中 $\boldsymbol{y}=f(\boldsymbol{x})$. 按 Leibnitz 记号, 该公式呈下列形式

$$\begin{bmatrix}\partial x_1/\partial y_1 & \partial x_1/\partial y_2\\ \partial x_2/\partial y_1 & \partial x_2/\partial y_2\end{bmatrix}=\begin{bmatrix}\partial y_1/\partial x_1 & \partial y_1/\partial x_2\\ \partial y_2/\partial x_1 & \partial y_2/\partial x_2\end{bmatrix}^{-1}.$$

回忆矩阵的求逆公式可以看出偏导数 $\partial x_i/\partial y_j$ 远非想象的那样为偏导数 $\partial y_j/\partial x_i$ 的倒数!

习 题

1. 令 $f:\mathbf{R}^3\to\mathbf{R}^2$ 满足条件 $f(\mathbf{0})=(1,2)$ 和

$$Df(\mathbf{0})=\begin{bmatrix}1&2&3\\0&0&1\end{bmatrix}.$$

令 $g:\mathbf{R}^2\to\mathbf{R}^2$ 是由下式定义的函数

$$g(x,y)=(x+2y+1,\ 3xy).$$

求 $D(g\circ f)(\mathbf{0})$.

2. 令 $f:\mathbf{R}^2\to\mathbf{R}^3$ 和 $g:\mathbf{R}^3\to\mathbf{R}^2$ 分别由下列等式给出

$$f(\boldsymbol{x})=(e^{2x_1+x_2},\ 3x_2-\cos x_1,\ x_1^2+x_2+2),$$

$$g(\boldsymbol{y})=(3y_1+2y_2+y_3^2,\ y_1^2-y_3+1).$$

(a) 若 $F(\boldsymbol{x})=g(f(\boldsymbol{x}))$, 求 $DF(\mathbf{0})$. [提示: 不必明确算出 F.]

(b) 若 $G(\boldsymbol{y})=f(g(\boldsymbol{y}))$, 求 $DG(\mathbf{0})$.

3. 令 $f:\mathbf{R}^3\to\mathbf{R}^2$ 和 $g:\mathbf{R}^2\to\mathbf{R}$ 是可微的, 令 $F:\mathbf{R}^2\to\mathbf{R}$ 由下式定义

$$F(x,y)=f(x,y,g(x,y)).$$

(a) 用 f 和 g 的偏导数求出 DF.

(b) 若 $F(x,y)=0$ 对所有 (x,y) 成立, 那么用 f 的偏导数求出 D_1g 和 D_2g.

4. 令 $g:\mathbf{R}^2\to\mathbf{R}^2$ 有等式 $g(x,y)=(x,y+x^2)$ 定义. 令 $f:\mathbf{R}^2\to\mathbf{R}$ 是 §5 的例 3 中所定义的函数. 令 $h=f\circ g$. 证明 f 和 g 的方向导数处处存在, 但存在一个 $\boldsymbol{u}\neq\mathbf{0}$ 使得 $h'(\mathbf{0};\boldsymbol{u})$ 不存在.

§8. 反函数定理

令 A 是 $\mathbf{R}^n$ 中的开集, 令 $f:A\to\mathbf{R}^n$ 是 C^1 映射. 我们知道要使 f 有可微的逆映射, 那么 f 的导数 $Df(\boldsymbol{x})$ 必须是非奇异的. 现在我们证明这个条件对于 f 有可微逆也是充分的, 至少局部如此. 这一结果称为反函数定理.

首先证明 Df 的非奇异性蕴涵着 f 是局部一一的.

引理 8.1 令 A 是 $\mathbf{R}^n$ 中的开集, 令 $f:A\to\mathbf{R}^n$ 是 C^1 映射. 如果 $Df(\boldsymbol{a})$ 是非奇异的, 那么存在一个 $\alpha>0$ 使得不等式

$$|f(\boldsymbol{x}_0)-f(\boldsymbol{x}_1)|\geqslant\alpha|\boldsymbol{x}_0-\boldsymbol{x}_1|$$

对于以 $\boldsymbol{a}$ 为中心的某个开立方体 $C(\boldsymbol{a};\varepsilon)$ 中的所有 $\boldsymbol{x}_0,\boldsymbol{x}_1$ 成立. 由此可知 f 在这个开立方体上是一一的.

证明 令 $E=Df(\boldsymbol{a})$, 那么 E 是非奇异的. 首先考虑将 $\boldsymbol{x}$ 映射为 $E\cdot\boldsymbol{x}$ 的线性变换. 做计算

$$|\boldsymbol{x}_0-\boldsymbol{x}_1|=|E^{-1}\cdot(E\cdot\boldsymbol{x}_0-E\cdot\boldsymbol{x}_1)|\leqslant n|E^{-1}|\cdot|E\cdot\boldsymbol{x}_0-E\cdot\boldsymbol{x}_1|.$$

若置 $2\alpha=1/n|E^{-1}|$, 那么对 $\mathbf{R}^n$ 中的所有 $\boldsymbol{x}_0,\boldsymbol{x}_1$, 均有

$$|E\cdot\boldsymbol{x}_0-E\cdot\boldsymbol{x}_1|\geqslant2\alpha|\boldsymbol{x}_0-\boldsymbol{x}_1|.$$

现在来证明引理. 考虑函数

$$H(\boldsymbol{x})=f(\boldsymbol{x})-E\cdot\boldsymbol{x}.$$

那么 $DH(\boldsymbol{x})=Df(\boldsymbol{x})-E$, 因而 $DH(\boldsymbol{a})=0$. 因为 H 是 C^1 的, 故可选取 $\varepsilon>0$ 使得 $|DH(\boldsymbol{x})|<\alpha/n$ 对于开立方体 $C=C(\boldsymbol{a};\varepsilon)$ 中的 $\boldsymbol{x}$ 成立. 将中值定理应用于 H 的第 i 个分量函数可知, 给定 $\boldsymbol{x}_0,\boldsymbol{x}_1\in C$, 则存在一个 $\boldsymbol{c}\in C$ 使得

$$|H_i(\boldsymbol{x}_0) - H_i(\boldsymbol{x}_1)| = |DH_i(\boldsymbol{c}) \cdot (\boldsymbol{x}_0 - \boldsymbol{x}_1)| \leqslant n(\alpha/n)|\boldsymbol{x}_0 - \boldsymbol{x}_1|.$$

那么对于 $\boldsymbol{x}_0, \boldsymbol{x}_1 \in C$, 则有

$$\begin{aligned}\alpha|\boldsymbol{x}_0 - \boldsymbol{x}_1| &\geqslant |H(\boldsymbol{x}_0) - H(\boldsymbol{x}_1)| = |f(\boldsymbol{x}_0) - E \cdot \boldsymbol{x}_0 - f(\boldsymbol{x}_1) + E \cdot \boldsymbol{x}_1| \\ &\geqslant |E \cdot \boldsymbol{x}_1 - E \cdot \boldsymbol{x}_0| - |f(\boldsymbol{x}_1) - f(\boldsymbol{x}_0)| \\ &\geqslant 2\alpha|\boldsymbol{x}_1 - \boldsymbol{x}_0| - |f(\boldsymbol{x}_1) - f(\boldsymbol{x}_0)|.\end{aligned}$$

从而引理成立. □

现在来证明在 f 是一一的情况下, Df 的非奇异性蕴涵着反函数是可微的.

定理 8.2　令 A 是 $\mathbf{R}^n$ 中的开集而 $f: A \to \mathbf{R}^n$ 为 C^r 映射且 $B = f(A)$. 若 f 在 A 是一一的而且对于 $\boldsymbol{x} \in A, Df(\boldsymbol{x})$ 是非奇异的, 那么集合 B 在 $\mathbf{R}^n$ 中是开的而且反函数 $g: B \to A$ 是 C^r 的.

证明　第一步. 先证明下列基本结果: 如果 $\phi: A \to \mathbf{R}$ 是可微的并且 ϕ 在 $\boldsymbol{x}_0 \in A$ 处有局部极小值, 那么 $D\phi(\boldsymbol{x}_0) = \mathbf{0}$.

我们说 ϕ 在 $\boldsymbol{x}_0$ 点有局部极小值是指 $\phi(\boldsymbol{x}) \geqslant \phi(\boldsymbol{x}_0)$ 对 $\boldsymbol{x}_0$ 的一个邻域中的所有 $\boldsymbol{x}$ 成立. 那么给定 $\boldsymbol{u} \neq \mathbf{0}$, 则

$$\phi(\boldsymbol{x}_0 + t\boldsymbol{u}) - \phi(\boldsymbol{x}_0) \geqslant 0$$

对所有充分小的 t 成立. 因此

$$\phi'(\boldsymbol{x}_0; \boldsymbol{u}) = \lim_{t \to 0} \frac{\phi(\boldsymbol{x}_0 + t\boldsymbol{u}) - \phi(\boldsymbol{x}_0)}{t}$$

当 t 通过正值趋于 0 时是非负的; 而当 t 通过负值趋于 0 时是非正的. 由此可知 $\phi'(\boldsymbol{x}_0, \boldsymbol{u}) = 0$. 特别地对所有 $j, D_j\phi(\boldsymbol{x}_0) = 0$, 因而 $D\phi(\boldsymbol{x}_0) = \mathbf{0}$.

第二步. 证明集合 B 是 $\mathbf{R}^n$ 中的开集. 给定 $\boldsymbol{b} \in B$, 证明 B 包含以 $\boldsymbol{b}$ 为中心的某个开球 $B(\boldsymbol{b}; \delta)$.

首先, 选取一个包含在 A 中的矩形 Q, 并使它的内部包含 A 的点 $\boldsymbol{a} = f^{-1}(\boldsymbol{b})$. 集合 $\mathrm{Bd}Q$ 是紧的, 这是由于它在 $\mathbf{R}^n$ 中是闭的和有界的. 那么集合 $f(\mathrm{Bd}Q)$ 也是紧的, 因而在 $\mathbf{R}^n$ 中是闭的和有界的. 因为 f 是一一的, 所以 $f(\mathrm{Bd}Q)$ 不与 $\boldsymbol{b}$ 相交; 因为 $f(\mathrm{Bd}Q)$ 是闭的, 从而可以选取 $\delta > 0$ 使得球 $B(\boldsymbol{b}; 2\delta)$ 不与 $f(\mathrm{Bd}Q)$ 相交. 给定 $\boldsymbol{c} \in B(\boldsymbol{b}; \delta)$, 我们证明 $\boldsymbol{c} = f(\boldsymbol{x})$ 对某个 $\boldsymbol{x} \in Q$ 成立. 那么由此可知, 正如所期望的那样, 集合 $f(A) = B$ 包含 $B(\boldsymbol{b}; \delta)$ 的每一个点, 参看图 8.1.

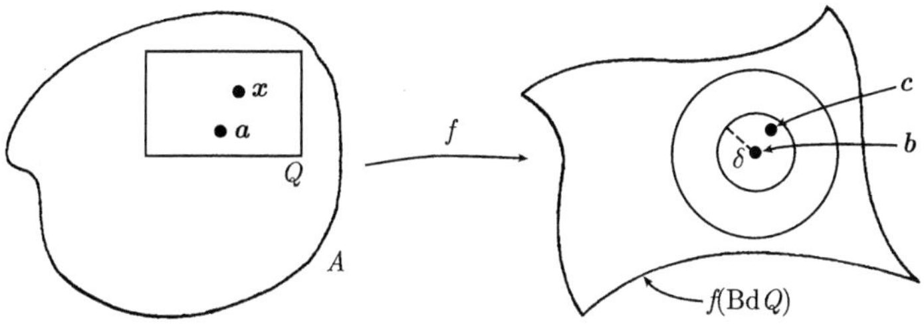

图 8.1

给定 $\boldsymbol{c} \in B(\boldsymbol{b};\delta)$, 考虑实值函数

$$\phi(\boldsymbol{x}) = ||f(\boldsymbol{x}) - \boldsymbol{c}||^2,$$

它是 C^r 类的. 因为 Q 是紧的, 所以这个函数在 Q 上有极小值; 设此极小值在 Q 的 $\boldsymbol{x}$ 点出现. 下面证明 $f(\boldsymbol{x}) = \boldsymbol{c}$.

由于 ϕ 在 $\boldsymbol{a}$ 点的值为

$$\phi(\boldsymbol{a}) = ||f(\boldsymbol{a}) - \boldsymbol{c}||^2 = ||\boldsymbol{b} - \boldsymbol{c}||^2 < \delta^2.$$

因而 ϕ 在 Q 上的极小值必定小于 δ^2. 由此可知, 该极小值不可能在 $\mathrm{Bd}Q$ 上出现, 因为若 $\boldsymbol{x} \in \mathrm{Bd}Q$, 那么 $f(\boldsymbol{x})$ 点在球 $B(\boldsymbol{b};2\delta)$ 之外, 因而 $||f(\boldsymbol{x}) - \boldsymbol{c}|| \geqslant \delta$. 所以 ϕ 的极小值在 $\mathrm{Int}Q$ 的一点 $\boldsymbol{x}$ 处达到.

因为 $\boldsymbol{x}$ 是 Q 的内点, 由此可知若 ϕ 在 $\boldsymbol{x}$ 有局部极小值, 那么由第一步, ϕ 的导数在 $\boldsymbol{x}$ 点的值为零. 因为

$$\phi(\boldsymbol{x}) = \sum_{k=1}^{n} (f_k(\boldsymbol{x}) - c_k)^2,$$

$$D_j\phi(\boldsymbol{x}) = \sum_{k=1}^{n} 2(f_k(\boldsymbol{x}) - c_k) D_j f_k(\boldsymbol{x}).$$

那么等式 $D\phi(\boldsymbol{x}) = \mathbf{0}$ 就能以矩阵形式写成

$$2[(f_1(\boldsymbol{x}) - c_1) \ \cdots (f_n(\boldsymbol{x}) - c_n)] \ \cdot Df(\boldsymbol{x}) = \mathbf{0}.$$

由假设, $Df(\boldsymbol{x})$ 是非奇异的. 用 $Df(\boldsymbol{x})$ 的逆右乘这个等式的两边即可看出 $f(\boldsymbol{x}) - \boldsymbol{c} = \mathbf{0}$, 这正是我们所期望的.

第三步. 由假设函数 $f: A \to B$ 是一一的. 令 $g: B \to A$ 为其反函数. 我们要证 g 是连续的.

g 的连续性等价于: 对于 A 的每个开集 U 均有 $V = g^{-1}(U)$ 在 B 中是开的. 但是 $V = f(U)$, 而且由于集合 U 在 A 中是开的, 从而在 $\mathbf{R}^n$ 中是开的, 于是将第二步应用于集合 U 可知, V 在 $\mathbf{R}^n$ 中是开的, 因而在 B 中是开的, 参看图 8.2.

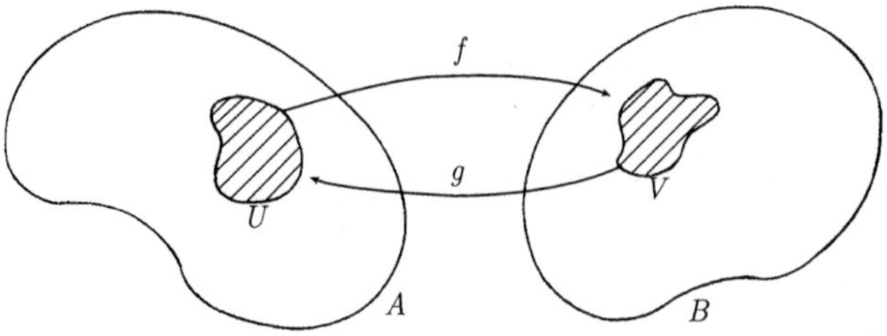

图 8.2

有趣的是第二步和第三步的结果在不假定 $Df(\boldsymbol{x})$ 是非奇异的, 甚至不假定 f 是可微的情况下也成立. 如果 A 是 $\mathbf{R}^n$ 中的开集并且 $f: A \to \mathbf{R}^n$ 是连续的和一一的, 那么 $f(A)$ 在 $\mathbf{R}^n$ 中是开的并且反函数 g 是连续的. 这个结果称为 Brouwer 区域不变性定理; 它的证明需要代数拓扑的工具而且相当困难, 我们证明了这个定理的可微形式.

第四步. 给定 $\boldsymbol{b} \in B$, 证明 g 在 $\boldsymbol{b}$ 点是可微的.

令 $\boldsymbol{a}$ 是点 $g(\boldsymbol{b})$, 并且令 $E = Df(\boldsymbol{a})$. 我们来证明函数

$$G(\boldsymbol{k}) = \frac{[g(\boldsymbol{b}+\boldsymbol{k}) - g(\boldsymbol{b}) - E^{-1}\cdot \boldsymbol{k}]}{|\boldsymbol{k}|}$$

对 $\boldsymbol{k}$ 在 $\mathbf{0}$ 点的一个去心邻域中有定义而且当 $\boldsymbol{k}$ 趋于 $\mathbf{0}$ 时趋于 $\mathbf{0}$. 于是 g 在 $\boldsymbol{b}$ 点是可微的并且导数是 E^{-1}.

对于 $\mathbf{0}$ 点附近的 k, 定义

$$\Delta(\boldsymbol{k}) = g(\boldsymbol{b}+\boldsymbol{k}) - g(\boldsymbol{b}).$$

首先证明存在一个 $\varepsilon > 0$ 使得 $|\Delta(\boldsymbol{k})|/|\boldsymbol{k}|$ 对于 $0 < |\boldsymbol{k}| < \varepsilon$ 是有界的. (这可从 g 的可微性得出, 但 g 的可微性正是我们试图要证明的!) 由上面的引理, 存在 $\boldsymbol{a}$ 点的一个邻域 C 和一个 $\alpha > 0$ 使得

$$|f(\boldsymbol{x}_0) - f(\boldsymbol{x}_1)| \geqslant \alpha|\boldsymbol{x}_0 - \boldsymbol{x}_1|$$

对于 $\boldsymbol{x}_0, \boldsymbol{x}_1 \in C$ 成立. 因为由第二步, $f(c)$ 是 $\boldsymbol{b}$ 点的一个邻域, 故可选取 ε 使得当 $|\boldsymbol{k}| < \varepsilon$ 时, $\boldsymbol{b}+\boldsymbol{k}$ 在 $f(C)$ 中. 那么对 $|\boldsymbol{k}| < \varepsilon$ 可置 $\boldsymbol{x}_0 = g(\boldsymbol{b}+\boldsymbol{k}), \boldsymbol{x}_1 = g(\boldsymbol{b})$, 并将上面的不等式写成下列形式

$$|(\boldsymbol{b}+\boldsymbol{k}) - \boldsymbol{b}| \geqslant \alpha|g(\boldsymbol{b}+\boldsymbol{k}) - g(\boldsymbol{b})|,$$

正如我们所期望的那样, 此不等式蕴涵着

$$1/\alpha \geqslant |\Delta(\boldsymbol{k})|/|\boldsymbol{k}|.$$

现在来证明当 $\boldsymbol{k} \to 0$ 时 $G(\boldsymbol{k}) \to 0$. 令 $0 < |\boldsymbol{k}| < \varepsilon$, 则有

$$\begin{aligned} G(\boldsymbol{k}) &= \frac{\Delta(\boldsymbol{k}) - E^{-1} \cdot \boldsymbol{k}}{|\boldsymbol{k}|} \quad (\text{由定义}) \\ &= -E^{-1} \cdot \left[\frac{\boldsymbol{k} - E \cdot \Delta(\boldsymbol{k})}{|\Delta(\boldsymbol{k})|} \right] \frac{|\Delta(\boldsymbol{k})|}{|\boldsymbol{k}|}. \end{aligned}$$

(这里我们用到当 $\boldsymbol{k} \neq \boldsymbol{0}$ 时 $\Delta(\boldsymbol{k}) \neq \boldsymbol{0}$ 这一事实, 而这个事实可从 g 是一一的得出.) 由于 E^{-1} 为常值, 所以 $|\Delta(\boldsymbol{k})|/|\boldsymbol{k}|$ 是有界的. 剩下要证明的是括号内的表达式趋于零. 因为有

$$\boldsymbol{b} + \boldsymbol{k} = f(g(\boldsymbol{b} + \boldsymbol{k})) = f(g(\boldsymbol{b}) + \Delta(\boldsymbol{k})) = f(\boldsymbol{a} + \Delta(\boldsymbol{k})),$$

因而括号内的表达式等于

$$\frac{f(\boldsymbol{a} + \Delta(\boldsymbol{k})) - f(\boldsymbol{a}) - E \cdot \Delta(\boldsymbol{k})}{|\Delta(\boldsymbol{k})|}.$$

令 $\boldsymbol{k} \to \boldsymbol{0}$, 那么也有 $\Delta(\boldsymbol{k}) \to \boldsymbol{0}$, 因为 g 是连续的. 因为 f 在 $\boldsymbol{a}$ 点是可微的并且导数为 E, 所以如所期望的那样, 上式趋于零.

第五步. 最后证明反函数 g 是 C^r 类的.

因为 g 是可微的, 所以定理 7.4 适于证明 g 的导数由下式给出

$$Dg(\boldsymbol{y}) = [Df(g(\boldsymbol{y}))]^{-1}, \quad \boldsymbol{y} \in B.$$

于是函数 Dg 是三个函数的复合:

$$B \xrightarrow{g} A \xrightarrow{Df} GL(n) \xrightarrow{I} GL(n),$$

其中 $GL(n)$ 是 $n \times n$ 非奇异矩阵的集合, 而 I 是将每个非奇异矩阵映为其逆矩阵的映射. 那么 I 是由一个包含行列式的特定公式给出的. 实际上 $I(C)$ 的元素是 C 的元素的有理函数, 因而它们自身是 C 的元素的 C^∞ 函数.

用关于 r 的归纳法. 假设 f 是 C^1 的, 那么 Df 是连续的. 因为 g 和 I 也是连续的 (实际上, g 是可微的而 I 是 C^∞ 的), 所有它们的复合函数 Dg 也是连续的, 因此 g 是 C^1 类的.

假设定理对于 C^{r-1} 类函数成立. 令 f 是 C^r 的. 那么特别地, f 是 C^{r-1} 的, 因而 (由归纳假设) 反函数 g 是 C^{r-1} 的. 此外, 函数 Df 是 C^{r-1} 的, 并借助于推论 7.2 则推出复合函数 Dg 是 C^{r-1} 的, 那么 g 是 C^r 的. □

最后, 我们来证明反函数定理.

定理 8.3(反函数定理)　令 A 是 $\mathbf{R}^n$ 中的开集且 $f: A \to \mathbf{R}^n$ 是 C^r 的, 若 $Df(\boldsymbol{x})$ 在 A 中的一点 $\boldsymbol{a}$ 是非奇异的, 则有 $\boldsymbol{a}$ 点的一个邻域 U 使得 f 把 U 一一地映射到 $\mathbf{R}^n$ 中的一个开集 V 上并且反函数是 C^r 的.

证明　由引理 8.1, 存在 $\boldsymbol{a}$ 点的一个邻域 U_0 使得 f 在该邻域上是一一的. 因为 $\det Df(\boldsymbol{x})$ 是 $\boldsymbol{x}$ 的连续函数且 $\det Df(\boldsymbol{a}) \neq 0$, 所以存在 $\boldsymbol{a}$ 点的一个邻域 U_1 使得 $\det Df(\boldsymbol{x}) \neq 0$ 在 U_1 上成立. 如果 U 等于 $\boldsymbol{U}_0$ 和 U_1 的交, 那么上面定理的假设对 $f: U \to \mathbf{R}^n$ 满足. 因而定理成立. □

这个定理是能被一般证明的定理中最强的一个. 虽然 Df 在 A 上的非奇异性蕴涵着 f 在 A 的每一点处是局部一一的, 但却不能蕴涵在整个 A 上是一一的. 考虑下面的例子:

例 1　令 $f: \mathbf{R}^2 \to \mathbf{R}^2$ 由下式定义

$$f(r, \theta) = (r\cos\theta, r\sin\theta),$$

那么

$$Df(r, \theta) = \begin{bmatrix} \cos\theta & -r\sin\theta \\ \sin\theta & r\cos\theta \end{bmatrix},$$

因而 $\det Df(r, \theta) = r$.

令 A 是 (r, θ) 平面上的开集 $(0,1) \times (0, b)$, 那么 Df 在 A 的每一点处是非奇异的. 然而仅当 $b \leqslant 2\pi$ 时, f 在 A 上是一一的. 参看图 8.3 和图 8.4.

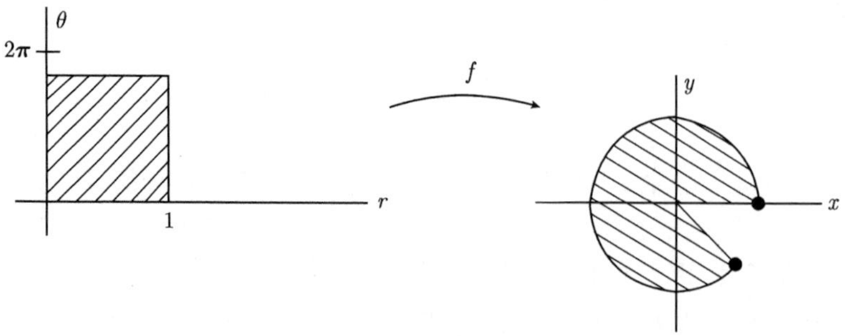

图 8.3

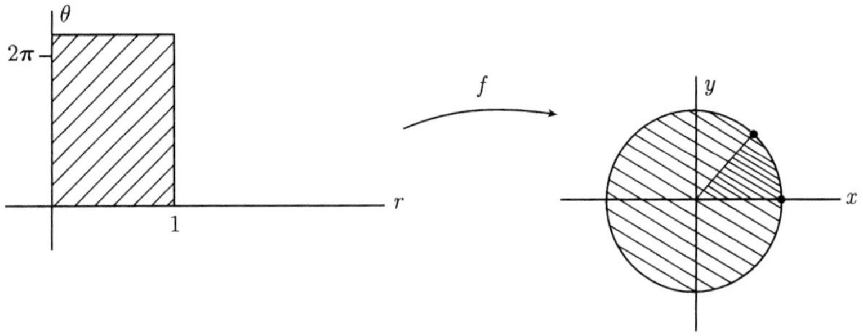

图 8.4

习 题

1. 令 $f:\mathbf{R}^2\to\mathbf{R}^2$ 由下式定义

$$f(x,y)=(x^2-y^2,2xy).$$

(a) 证明 f 在由适合 $x>0$ 的所有 (x,y) 组成的集合 A 上是一一的. [提示: 如果 $f(x,y)=f(a,b)$, 那么 $||f(x,y)||=||f(a,b)||$.]

(b) $B=f(A)$ 是什么样的集合?

(c) 若 g 是 f 的反函数, 求 $Dg(0,1)$.

2. 令 $f:\mathbf{R}^2\to\mathbf{R}^2$ 由下式定义

$$f(x,y)=(e^x\cos y,e^x\sin y).$$

(a) 证明 f 在由适合 $0<y<2\pi$ 的所有 (x,y) 组成的集合 A 上是一一的. [提示: 参看上题中的提示.]

(b) $B=f(A)$ 是什么样的集合?

(c) 若 g 为其反函数, 求 $Dg(0,1)$.

3. 令 $f:\mathbf{R}^n\to\mathbf{R}^n$ 是由 $f(\boldsymbol{x})=||\boldsymbol{x}||^2\cdot\boldsymbol{x}$ 给出的函数. 证明 f 是 C^∞ 的并且将单位球 $B(\mathbf{0};1)$ 一一地映射到其自身, 然而其逆函数在 $\mathbf{0}$ 点是不可微的.

4. 令 $g:\mathbf{R}^2\to\mathbf{R}^2$ 由

$$g(x,y)=(2ye^{2x},xe^y)$$

定义, 而令 $f:\mathbf{R}^2\to\mathbf{R}^3$ 由下式给出

$$f(x,y)=(3x-y^2,2x+y,xy+y^3).$$

(a) 证明存在 $(0,1)$ 点的一个邻域使得 g 将该邻域一一地映射到 $(2,0)$ 点的一个邻域上.

(b) 求 $D(f\circ g^{-1})$ 在 $(2,0)$ 点的值.

5. 令 A 是 $\mathbf{R}^n$ 中的开集, 令 $f:A\to\mathbf{R}^n$ 是 C^∞ 的. 设对于 $\boldsymbol{x}\in A$, $Df(\boldsymbol{x})$ 是非奇异的. 证明即使 f 在 A 上不是一一的, 集合 $B=f(A)$ 在 $\mathbf{R}^n$ 中也是开的.

* §9. 隐函数定理

对于隐式函数的微分问题, 读者可能在微积分中就已经熟悉. 下面是一个典型的例子:

“设方程 $x^3y+2e^{xy}=0$ 决定了 y 作为 x 的一个可微函数, 求 dy/dx.”

人们通过“将 y 视为 x 的函数”并对 x 求导来解决这个微分问题, 于是得到下列方程

$$3x^2y+x^3\frac{dy}{dx}+2e^{xy}(y+x\frac{dy}{dx})=0.$$

再对 dy/dx 求解这个方程. 导数 dy/dx 当然是关于 x 和未知函数 y 的表达式.

对任意函数 f 的情况可以作类似的处理. 设方程 $f(x,y)=0$ 决定了 y 作为 x 的一个可微函数, 比如说记为 $y=g(x)$, 那么 $f(x,g(x))=0$ 就是一个恒等式. 应用链规则计算得

$$\frac{\partial f}{\partial x}+(\frac{\partial f}{\partial y})g'(x)=0,$$

于是

$$g'(x)=-\frac{\partial f/\partial x}{\partial f/\partial y},$$

其中偏导数是在 $(x,g(x))$ 点取值的. 注意到此解中包含了一个在问题的陈述中未曾给出的假设, 这就是为了解出 $g'(x)$, 必须假定 $\partial f/\partial y$ 在所考虑的点处不为零.

反之, $\partial f/\partial y$ 不为零的假设对于解决这个问题实际上也是充分的. 即如果函数 $f(x,y)$ 在作为方程 $f(x,y)=0$ 的解的一点 (a,b) 处具有 $\partial f/\partial y\neq 0$ 的性质, 那么对于 a 点附近的 x, 这个方程确实决定了 y 作为 x 的一个函数, 并且这个函数是可微的.

该结果是本节中将要证明的所谓隐函数定理的一种特殊情况.

隐函数定理的一般情况包含一个方程组而不是单个方程. 我们试图用其他变量表示未知变量来求解这个方程组. 特别假定 $f:\mathbf{R}^{k+n}\to\mathbf{R}^n$ 是一个 C^1 函数. 于是向量方程

$$f(x_1,\ \cdots,\ x_{k+n})=0$$

等价于由 n 个方程组成的包含 $k+n$ 个未知量的标量方程组. 我们期望能够通过任意指派 k 个未知量的值并用这些未知量解出其他未知量. 还希望所得到的函数是可微的并能用隐函数微分法求出它们的导数.

现在有两个相互独立的问题. 其一是求这些隐函数的导数, 假设它们存在, 求解这个问题就推广了刚才给出的关于 $g'(x)$ 的计算; 第二个问题是 (在适当条件下) 证明隐函数存在并且可微.

为了以方便的形式进行叙述, 对矩阵 Df 及其子矩阵引进一种新的记法.

定义 令 A 是 $\mathbf{R}^m$ 的开集且 $f: A \to \mathbf{R}^n$ 是可微的. 令 $f_1, \cdots, f_n$ 是 f 的分量函数. 有时用

$$Df = \frac{\partial(f_1, \cdots, f_n)}{\partial(x_1, \cdots, x_m)}$$

表示 f 的导数, 有时缩写为

$$Df = \frac{\partial f}{\partial \boldsymbol{x}}.$$

更一般地, 使用记号

$$\frac{\partial(f_{i_1}, \cdots, f_{i_k})}{\partial(x_{j_1}, \cdots, x_{j_l})}$$

表示由 Df 的第 $i_1, \cdots, i_k$ 行和第 $j_1, \cdots, j_l$ 列的元素组成的 $k \times l$ 矩阵. 这个矩阵中位于第 p 行、第 q 列交汇处的一般元素是偏导数 $\partial f_{i_p}/\partial x_{j_q}$.

现在来论述隐函数的求导问题. 假设隐函数存在并且可微. 为了简单起见, 假定我们要求解由 n 个方程组成的包含 $k+n$ 个未知量的方程组, 并且用前 k 个未知量表示后 n 个未知量.

定理 9.1 令 A 是 $\mathbf{R}^{k+n}$ 中的开集并且 $f: A \to \mathbf{R}^n$ 是可微的. 将 f 写成 $f(\boldsymbol{x}, \boldsymbol{y})$ 的形式, 其中 $\boldsymbol{x} \in \mathbf{R}^k, \boldsymbol{y} \in \mathbf{R}^n$, 那么 Df 具有下列形式

$$Df = \left[\begin{array}{cc} \dfrac{\partial f}{\partial \boldsymbol{x}} & \dfrac{\partial f}{\partial \boldsymbol{y}} \end{array}\right].$$

假设有一个在 $\mathbf{R}^k$ 中的开集 B 上定义的可微函数 $g: B \to \mathbf{R}^n$ 使得

$$f(\boldsymbol{x}, g(\boldsymbol{x})) = \mathbf{0}$$

对所有 $\boldsymbol{x} \in B$ 成立, 那么对 $\boldsymbol{x} \in B$ 有

$$\frac{\partial f}{\partial \boldsymbol{x}}(\boldsymbol{x}, g(\boldsymbol{x})) + \frac{\partial f}{\partial \boldsymbol{y}}(\boldsymbol{x}, g(\boldsymbol{x})) \cdot Dg(\boldsymbol{x}) = \mathbf{0}.$$

这个方程蕴涵着: 如果 $n \times n$ 矩阵 $\dfrac{\partial f}{\partial \boldsymbol{y}}$ 在 $(\boldsymbol{x}, \mathrm{g}(\boldsymbol{x}))$ 点是非奇异的, 那么

$$Dg(\boldsymbol{x}) = -\left[\frac{\partial f}{\partial \boldsymbol{y}}(\boldsymbol{x}, g(\boldsymbol{x}))\right]^{-1} \cdot \frac{\partial f}{\partial \boldsymbol{x}}(\boldsymbol{x}, g(\boldsymbol{x})).$$

注意到在 $n = k = 1$ 的情况下, 这与前面得出的是同一个求导公式. 在该情况下所涉及的矩阵为 1×1 矩阵.

证明 给定 g, 定义 $h: B \to \mathbf{R}^{k+n}$ 为

$$h(\boldsymbol{x}) = (\boldsymbol{x}, g(\boldsymbol{x})).$$

定理的假设蕴涵着复合函数

$$H(\boldsymbol{x}) = f(h(\boldsymbol{x})) = f(\boldsymbol{x}, g(\boldsymbol{x}))$$

有定义并且对所有 $\boldsymbol{x} \in B$ 均等于零. 于是链规则蕴涵着

$$\begin{aligned}\mathbf{0} &= DH(\boldsymbol{x}) = Df(h(\boldsymbol{x})) \cdot Dh(\boldsymbol{x}) \\ &= \left[\frac{\partial f}{\partial \boldsymbol{x}}(h(\boldsymbol{x})) \quad \frac{\partial f}{\partial \boldsymbol{y}}(h(\boldsymbol{x}))\right] \cdot \left[\begin{array}{c} I_k \\ Dg(\boldsymbol{x}) \end{array}\right] \\ &= \frac{\partial f}{\partial \boldsymbol{x}}(h(\boldsymbol{x})) + \frac{\partial f}{\partial \boldsymbol{y}}(h(\boldsymbol{x})) \cdot Dg(\boldsymbol{x}),\end{aligned}$$

这正是我们要证明的. □

由上述定理可知, 为了计算 Dg 就必须假定矩阵 $\partial f/\partial \boldsymbol{y}$ 是非奇异的. 现在证明 $\partial f/\partial \boldsymbol{y}$ 的非奇异性足以保证了函数 g 存在并且是可微的.

定理 9.2(隐函数定理) 令 A 是 $\mathbf{R}^{k+n}$ 中的开集且 $\boldsymbol{f}: A \to \mathbf{R}^n$ 是 C^r 的. 将 f 写成 $f(\boldsymbol{x}, \boldsymbol{y})$, 其中 $\boldsymbol{x} \in \mathbf{R}^n$, $\boldsymbol{y} \in \mathbf{R}^n$. 设 $(\boldsymbol{a}, \boldsymbol{b})$ 是 A 的一点使得 $f(\boldsymbol{a}, \boldsymbol{b}) = \mathbf{0}$ 且

$$\det \frac{\partial f}{\partial \boldsymbol{y}}(\boldsymbol{a}, \boldsymbol{b}) \neq 0.$$

那么在 $\mathbf{R}^k$ 中存在 $\boldsymbol{a}$ 的一个邻域和唯一的一个连续函数 $g: B \to \mathbf{R}^n$ 使得 $g(\boldsymbol{a}) = \boldsymbol{b}$ 且对所有 $\boldsymbol{x} \in B$,

$$f(\boldsymbol{x}, g(\boldsymbol{x})) = \mathbf{0}.$$

事实上, g 是 C^r 的.

证明 构造一个函数 F, 并且可以对它应用反函数定理. 将 $F: A \to \mathbf{R}^{k+n}$ 定义为

$$F(\boldsymbol{x}, \boldsymbol{y}) = (\boldsymbol{x}, f(\boldsymbol{x}, \boldsymbol{y})).$$

那么 F 将 $\mathbf{R}^{k+n}$ 的开集 A 映入 $\mathbf{R}^k \times \mathbf{R}^n = \mathbf{R}^{k+n}$ 中, 而且有

$$DF = \left[\begin{array}{cc} I_k & 0 \\ \partial f/\partial \boldsymbol{x} & \partial f/\partial \boldsymbol{y} \end{array}\right].$$

通过重复应用引理 2.12 计算 $\det DF$ 而得到 $\det DF = \det(\partial f/\partial \boldsymbol{y})$. 因而 DF 在 $(\boldsymbol{a}, \boldsymbol{b})$ 点是非奇异的.

由于 $F(\boldsymbol{a}, \boldsymbol{b}) = (\boldsymbol{a}, \mathbf{0})$, 将反函数定理应用于映射 F. 可以断定在 $\mathbf{R}^{k+n}$ 中存在一个包含 $(\boldsymbol{a}, \boldsymbol{b})$ 的开集 $U \times V$(其中 U 是 $\mathbf{R}^k$ 中的开集而 V 是 $\mathbf{R}^n$ 中的开集) 使得

(1) F 将 $U \times V$ 一一地映射到 $\mathbf{R}^{k+n}$ 中的一个包含 $(\boldsymbol{a}, \mathbf{0})$ 点的开集 W 上.

(2) 反函数 $G: W \to U \times V$ 是 C^r 的.

注意到因为 $F(\boldsymbol{x},\boldsymbol{y})=(\boldsymbol{x},f(\boldsymbol{x},\boldsymbol{y}))$, 故有

$$(\boldsymbol{x},\boldsymbol{y})=G(\boldsymbol{x},f(\boldsymbol{x},\boldsymbol{y})).$$

因而 G 如同 F 一样保持前 k 个坐标不变. 于是可将 G 写成下列形式

$$G(\boldsymbol{x},\boldsymbol{z})=(\boldsymbol{x},h(\boldsymbol{x},\boldsymbol{z})),\quad \boldsymbol{x}\in\mathbf{R}^k,\boldsymbol{z}\in\mathbf{R}^n,$$

其中 h 是一个将 W 映入 $\mathbf{R}^n$ 中的 C^r 函数.

令 B 是 $\boldsymbol{a}$ 点在 $\mathbf{R}^k$ 中的一个连通邻域, 并将它选取得充分小以使得 $B\times\mathbf{0}$ 包含在 W 中. 参看图 9.1.

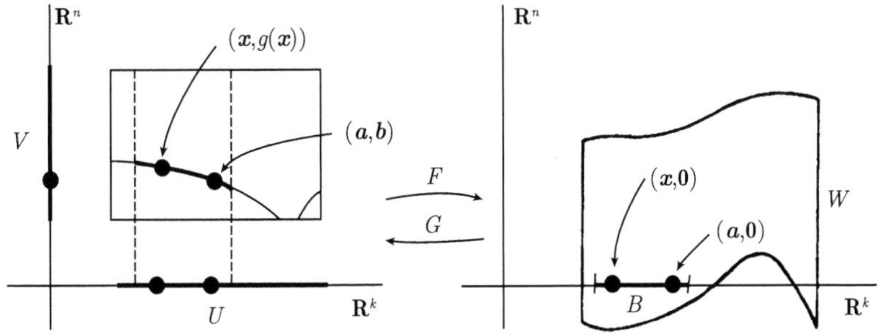

图 9.1

我们来证明函数 $g:B\to\mathbf{R}^n$ 的存在性. 若 $\boldsymbol{x}\in B$, 则 $(\boldsymbol{x},\mathbf{0})\in W$, 因而有

$$\begin{aligned}G(\boldsymbol{x},\mathbf{0})&=(\boldsymbol{x},h(\boldsymbol{x},\mathbf{0})),\\(\boldsymbol{x},\mathbf{0})&=F(\boldsymbol{x},h(\boldsymbol{x},\mathbf{0}))=(\boldsymbol{x},f(\boldsymbol{x},h(\boldsymbol{x},\mathbf{0}))),\\\mathbf{0}&=f(\boldsymbol{x},h(\boldsymbol{x},\mathbf{0})).\end{aligned}$$

对于 $\boldsymbol{x}\in B$, 置 $g(\boldsymbol{x})=h(\boldsymbol{x},\mathbf{0})$, 则如所期望的那样, g 满足方程 $f(\boldsymbol{x},g(\boldsymbol{x}))=\mathbf{0}$. 此外,

$$(\boldsymbol{a},\boldsymbol{b})=G(\boldsymbol{a},\mathbf{0})=(\boldsymbol{a},h(\boldsymbol{a},\mathbf{0})),$$

于是 $\boldsymbol{b}=g(\boldsymbol{a})$, 这正是我们所期望的.

现在来证明 g 的唯一性. 令 $g_0:B\to\mathbf{R}^n$ 是满足定理条件的一个连续函数. 那么特别地, g_0 与 g 在 $\boldsymbol{a}$ 点一致. 下面证明若 g_0 与 g 在 $\boldsymbol{a}_0\in B$ 一致, 则 g_0 与 g 在 $\boldsymbol{a}_0$ 点的一个邻域 B_0 上一致. 要证明这一点是容易的. 映射 g 将 $\boldsymbol{a}_0$ 映入 V 中. 因为 g_0 是连续的, 所以 $\boldsymbol{a}_0$ 有一个包含在 B 中的邻域 B_0 使得 g_0 也将 B_0 映入 V 中. 对 $\boldsymbol{x}\in B_0, f(\boldsymbol{x},g_0(\boldsymbol{x}))=\mathbf{0}$ 的事实蕴涵着

$$F(\boldsymbol{x},g_0(\boldsymbol{x}))=(\boldsymbol{x},\mathbf{0}),$$

于是有

$$(\boldsymbol{x}, g_0(\boldsymbol{x})) = G(\boldsymbol{x}, \mathbf{0}) = (\boldsymbol{x}, h(\boldsymbol{x}, \mathbf{0})).$$

因而 g_0 与 g 在 B_0 上一致. 由此可见 g_0 与 g 在整个 B 上一致：正如刚才所证明的那样. B 中满足 $|g(\boldsymbol{x}) - g_0(\boldsymbol{x})| = 0$ 的点的集合在 B 中是开的而且由 g 和 g_0 的连续性, B 中满足 $|g(\boldsymbol{x}) - g_0(\boldsymbol{x})| > 0$ 的点的集合在 B 中也是开的. 因为 B 是连通的, 所以后一集合必为空集. □

在隐函数定理的证明中, 特别指定对于后 n 个坐标来求解当然是无关紧要的, 这样选取仅仅是为了叙述上的方便. 同样的论证也适用于求解对任何坐标用其他坐标来表示的情况.

例如, 设 A 是 $\mathbf{R}^5$ 中的开集且 $f: A \to \mathbf{R}^2$ 是一个 C^r 类的函数. 假设我们想用其它三个变量表示未知量 y 和 u 来解方程 $f(x, y, z, u, v) = \mathbf{0}$. 在这种情况下, 隐函数定理告诉我们, 若 $\boldsymbol{a}$ 是 A 的一点使得 $f(\boldsymbol{a}) = \mathbf{0}$ 并且

$$\det \frac{\partial f}{\partial(y, u)}(\boldsymbol{a}) \neq 0,$$

那么在该点附近可以局部地解出 y 和 u, 比方说 $y = \phi(x, z, v)$ 和 $u = \psi(x, z, v)$. 此外, ϕ 和 ψ 的导数满足下列公式

$$\frac{\partial(\phi, \psi)}{\partial(x, z, v)} = -\left[\frac{\partial f}{\partial(y, u)}\right]^{-1} \cdot \left[\frac{\partial f}{\partial(x, z, v)}\right].$$

例 1　令 $f: \mathbf{R}^2 \to \mathbf{R}$ 由下式给出

$$f(x, y) = x^2 + y^2 - 5,$$

那么点 $(x, y) = (1, 2)$ 满足方程 $f(x, y) = 0$. $\partial f/\partial x$ 和 $\partial f/\partial y$ 在 $(1, 2)$ 点均不为零, 因而可以局部地解出这个方程, 使每个变量都可以用另一个变量表出. 特别地, 可以用 x 解出 y 而得到函数

$$y = g(x) = [5 - x^2]^{1/2}.$$

注意, 这个解在 $x = 1$ 的一个邻域内不是唯一的, 除非指定 g 是连续的. 例如函数

$$h(x) = \begin{cases} [5 - x^2]^{1/2}, & x \geqslant 1, \\ -[5 - x^2]^{1/2}, & x < 1. \end{cases}$$

满足同样的条件, 但它不是连续的, 参看图 9.2.

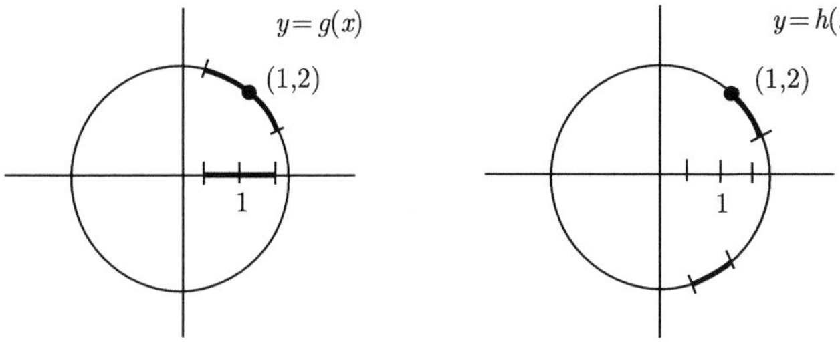

图 9.2

例 2 令 f 是例 1 中的函数. 点 $(x,y)=(\sqrt{5},0)$ 也满足方程 $f(x,y)=0$. 导数 $\partial f/\partial y$ 在 $(\sqrt{5},0)$ 点为零, 因此不能指望在该点附近解出用 x 表示 y 的表达式. 而且实际上不存在 $\sqrt{5}$ 的邻域 B 可以在其中解出用 x 表示 y 的表达式, 参看图 9.3.

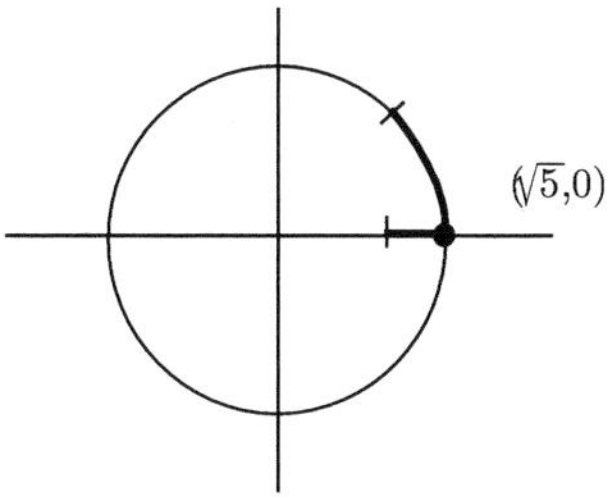

图 9.3

例 3 令 $f:\mathbf{R}^2\to\mathbf{R}$ 由下式给出

$$f(x,y)=x^2-y^3.$$

那么 (0,0) 是方程 $f(x,y)=0$ 的一个解. 因为 $\partial f/\partial y$ 在 (0,0) 点为零, 所以不可能在 (0, 0) 点附近用 x 表示 y 而解出这个方程. 但实际上不仅可以解, 而且解是唯一的! 然而所得出的函数在 $x=0$ 点是不可微的, 参看图 9.4.

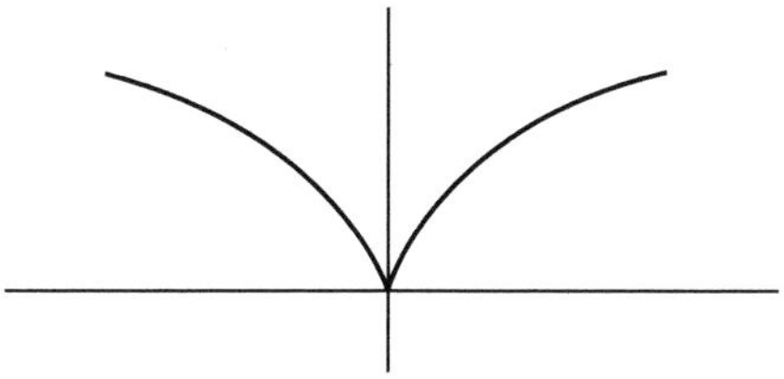

图 9.4

例 4 令 $f:\mathbf{R}^2\to\mathbf{R}$ 由下式给出

$$f(x,y)=y^2-x^4.$$

那么 (0, 0) 是方程 $f(x,y)=0$ 的一个解. 因为 $\partial f/\partial y$ 在 (0, 0) 点为零, 所以不能指望在 (0, 0) 点附近用 x 解出 y. 然而实际上, 不仅可以解而且用这种方法可以使得到的函数是可微的. 然而解却不是唯一的.

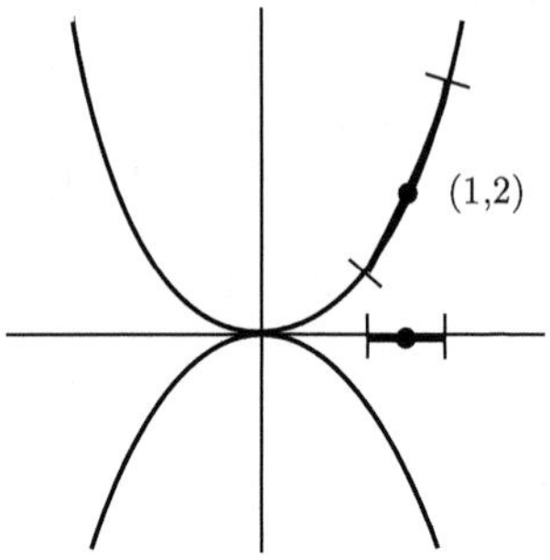

图 9.5

注意到点 (1, 2) 也满足方程 $f(x,y)=0$. 因为 $\partial f/\partial y$ 在 (1, 2) 点不为零, 因而可以在 $x=1$ 的一个邻域内将 y 作为 x 的连续函数从这个方程解出来, 参看图 9.5. 实际上可以在一个比图中画出的邻域更大的邻域上把 y 表示成 x 的连续函数. 但是如果邻域足够大, 那么它将包含 $\mathbf{0}$ 点. 于是在这个更大的邻域上, 解将不是唯一的.

习　题

1. 令 $f:\mathbf{R}^3\to\mathbf{R}^2$ 是 C^1 类函数, 并将 f 写成 $f(y_1,y_2,y_3)$ 的形式. 设 $f(3,-1,2)=\mathbf{0}$ 且

$$Df(3,-1,2)=\begin{bmatrix}1&2&3\\1&-1&1\end{bmatrix}.$$

(a) 证明有一个在 $\mathbf{R}$ 中的开集 B 上定义的 C^1 函数 $g:B\to\mathbf{R}^2$ 使得

$$f(x,g_1(x),g_2(x))=\mathbf{0}$$

对 $x\in B$ 成立, 并且 $g(3)=(-1,2)$.

(b) 求 $Dg(3)$.

(c) 讨论在 $(3,-1,2)$ 点附近将任意两个未知量用第三个来表示而解方程 $f(x,y_1,y_2)=\mathbf{0}$ 的问题.

2. 给定 C^1 类函数 $f:\mathbf{R}^5\to\mathbf{R}^2$. 令 $\boldsymbol{a}=(1,2,-1,3,0)$; 假设 $f(\boldsymbol{a})=\mathbf{0}$ 并且

$$Df(\boldsymbol{a})=\begin{bmatrix}1&3&1&-1&2\\0&0&1&2&-4\end{bmatrix}.$$

(a) 证明有一个在 $\mathbf{R}^3$ 的开集 B 上定义的 C^1 类函数 $g:B\to\mathbf{R}^2$ 使得

$$f(x_1,g_1(x),g_2(x),x_2,x_3)=\mathbf{0}$$

对 $\boldsymbol{x}=(x_1,x_2,x_3)\in B$ 成立, 并且 $g(1,3,0)=(2,-1)$.

(b) 求 $Dg(1,3,0)$.

(c) 讨论在 $\boldsymbol{a}$ 点附近将任意两个未知量用其他未知量表示而解方程 $f(\boldsymbol{x})=\boldsymbol{0}$ 的问题.

3. 令 $f:\mathbf{R}^2\to\mathbf{R}$ 是一个 C^1 函数并且满足 $f(2,-1)=-1$. 置

$$G(x,y,u)=f(x,y)+u^2,$$

$$H(x,y,u)=ux+3y^3+u^3.$$

方程 $G(x,y,u)=0$ 和 $H(x,y,u)=0$ 有解 $(x,y,u)=(2,-1,1)$.

(a) Df 应满足什么条件才能保证有在 $\mathbf{R}$ 中的开集上定义并且满足上面两个方程的 C^1 函数 $x=g(y)$ 和 $u=h(y)$ 使得 $g(-1)=2$ 和 $h(-1)=1$?

(b) 在 (a) 的条件下并且假设 $Df(2,-1)=[1\ \ -3]$, 求 $g'(-1)$ 和 $h'(-1)$.

4. 令 $F:\mathbf{R}^2\to\mathbf{R}$ 是 C^2 类的并且满足 $F(0,0)=0$ 和 $Df(0,0)=[2\ 3]$. 令 $G:\mathbf{R}^3\to\mathbf{R}$ 由下式定义

$$G(x,y,z)=F(x+2y+3z-1,x^3+y^2-z^2).$$

(a) 注意到 $G(-2,3,-1)=F(0,0)=0$. 证明对于 (x,y) 在 $(-2,3)$ 点的一个邻域 B 内, 可以对 z 来求解方程 $G(x,y,z)=0$, 比方说 $z=g(x,y)$ 使得 $g(-2,3)=-1$.

(b) 求 $Dg(-2,3)$.

*(c) 若在 (0, 0) 点, $D_1D_1F=3, D_1D_2F=-1, D_2D_2F=5$, 求 $D_2D_1g(-2,3)$.

5. 令 $f,g:\mathbf{R}^3\to\mathbf{R}$ 都是 C^1 类的函数. “一般”我们认为方程 $f(x,y,z)=0$ 和 $g(x,y,z)=0$ 均表示 $\mathbf{R}^3$ 中的一个光滑曲面并且它们的交是光滑曲线. 证明: 如果 (x_0,y_0,z_0) 点满足两个方程并且 $\partial(f,g)/\partial(x,y,z)$ 在 (x_0,y_0,z_0) 点的秩为 2, 那么在 (x_0,y_0,z_0) 点附近可以将 x,y,z 中的两个用第三个表示来解这两个方程, 从而局部地将解集表示为一条参数曲线.

6. 令 $f:\mathbf{R}^{k+n}\to\mathbf{R}^n$ 是 C^1 类的. 假设 $f(\boldsymbol{a})=\boldsymbol{0}$ 并且 $Df(\boldsymbol{a})$ 的秩为 n. 证明: 若 $\boldsymbol{c}$ 是 $\mathbf{R}^n$ 中充分靠近 $\boldsymbol{0}$ 的一点, 那么方程 $f(\boldsymbol{x})=\boldsymbol{c}$ 有解.

第三章　积　　分

本章我们将定义多元实值函数的积分并导出它的性值. 我们所研究的积分称为 Riemann 积分, 它是通常在一元微积分初等教程中所学积分的直接推广.

§10.　矩形上的积分

我们从定义矩形的体积开始. 令

$$Q = [a_1, b_1] \times [a_2, b_2] \times \cdots \times [a_n, b_n]$$

是 $\mathbf{R}^n$ 中的一个矩形. 将每个区间 $[a_i, b_i]$ 称为 Q 的分量区间. 数值 $b_1 - a_1, \cdots, b_n - a_n$ 的最大值称为 Q 的宽度, 而将它们的乘积

$$v(Q) = (b_1 - a_1)(b_2 - a_2) \cdots (b_n - a_n)$$

称为 Q 的体积.

在 $n = 1$ 的情况下, (一维) 矩形 $[a, b]$ 的体积与宽度相同，这就是数 $b - a$. 这个数值也称作 $[a, b]$ 的长度.

定义　给定 $\mathbf{R}$ 的一个区间 $[a, b]$, 那么 $[a, b]$ 的一个划分是包括 a, b 两点在内的 $[a, b]$ 的一个有限点集 P. 为了方便起见, 通常按递增的次序来标记 P 的元素, 如

$$a = t_0 < t_1 < \cdots < t_k = b;$$

每个区间 $[t_{i-1}, t_i](i = 1, \cdots, k)$ 称为区间 $[a, b]$ 的由 P 决定的子区间. 更一般地, 给定 $\mathbf{R}^n$ 中的一个矩形

$$Q = [a_1, b_1] \times \cdots \times [a_n, b_n],$$

则 Q 的一个划分 P 是一个 n 元组 $(P_1, \cdots P_n)$ 使得对于每个 j, P_j 是 $[a_j, b_j]$ 的一个划分. 如果对于每个 j, I_j 是由 P_j 决定的区间 $[a_j, b_j]$ 的一个子区间, 那么矩形

$$R = I_1 \times \cdots \times I_n$$

称作矩形 Q 的一个由 P 决定的子矩形. 这些子矩形的最大宽度称为 P 的网格宽度.

定义 令 Q 是 $\mathbf{R}^n$ 中的一个矩形. 令 $f:\to \mathbf{R}^n$, 并假设 f 是有界的. 令 P 是 Q 的一个划分. 对由 P 决定的每个子矩形 R, 令

$$m_R(f) = \inf\{f(\boldsymbol{x})|\boldsymbol{x} \in R\},$$

$$M_R(f) = \sup\{f(\boldsymbol{x})|\boldsymbol{x} \in R\}.$$

分别将由 P 决定的 f 的下和与上和定义为

$$L(f,P) = \sum_R m_R(f) \cdot v(R),$$

$$U(f,P) = \sum_R M_R(f) \cdot v(R),$$

其中, 求和是在由 P 决定的所有子矩形 R 上进行的.

令 $P=(P_1,\cdots,P_n)$ 是矩形 Q 的一个划分. 如果 P'' 是从 P 通过对某些或全部划分 $P_1,\cdots,P_n$ 添加一些点而得到的 Q 的另一个划分, 则将 P'' 称为 P 的一个加细. 给定 Q 的两个划分 P 和 $P'=(P_1',\cdots,P_n')$ 则划分

$$P'' = (P_1 \cup P_1', \cdots, P_n \cup P_n')$$

是 P 和 P' 的加细, 并且称为它们的共同加细.

若从 P 改换为 P 的加细, 当然要影响到上和与下和, 实际上, 这将使下和趋于增加而使上和趋于减小. 这就是下列引理的要义.

引理 10.1 令 P 是矩形 Q 的一个划分; 令 $f:Q\to\mathbf{R}$ 是一个有界函数. 若 P'' 是 P 的一个加细, 那么

$$L(f,p) \leqslant L(f,P''), \quad U(f,P'') \leqslant U(f,P).$$

证明 令 Q 为矩形

$$Q = [a_1,b_1] \times \cdots \times [a_n,b_n].$$

只需在 P'' 是通过在 Q 的一个分量区间中添加一个点而得到的情况之下来证明引理就够了. 设 P 为划分 $(P_1,\cdots,P_n)$ 并且 P'' 是通过将点 q 添加到划分 P_1 上而得到的. 进一步假设 P_1 由下列各点组成

$$a_1 = t_0 < t_1 \cdots < t_k = b_1$$

而且 q 点位于子区间 $[t_{i-1},t_i]$ 内.

首先来比较下和 $L(f,P)$ 与 $L(f,P'')$. 由 P 决定的大多数子矩形也是由 P'' 决定的子矩形, 例外情况出现在由 P 决定的形如

$$R_S=[t_{i-1},t_i]\times S$$

的子矩形中, 其中 S 是由 $(P_2,\cdots,P_n)$ 决定的 $[a_2,b_2]\times\cdots\times[a_n,b_n]$ 的一个子矩形. 包含子矩形 R_s 的项从下和中消失而代之以包含下列两个子矩形的项

$$R'_S=[t_{i-1},q]\times S \quad 和 \quad R''_S=[q,t_i]\times S.$$

这两个子矩形都是由 P'' 决定的，参看图 10.1

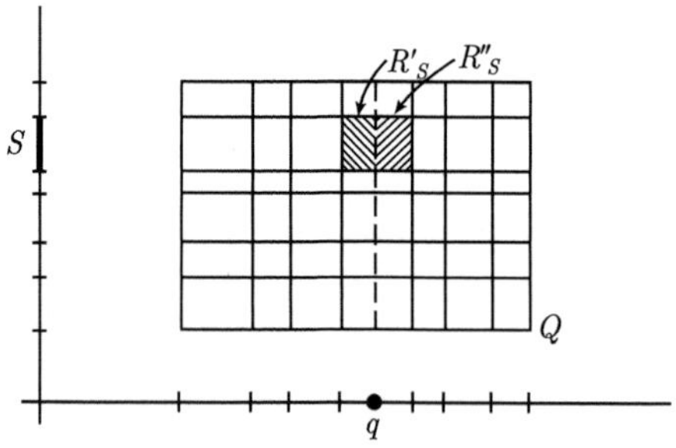

图 10.1

由于 $m_{R_S}(f)\leqslant f(\boldsymbol{x})$ 对于每个 $\boldsymbol{x}\in R'_S$和$\boldsymbol{x}\in R''_S$ 成立, 故由此可知

$$m_{R_S}(f)\leqslant m_{R'_S}(f),\quad m_{R_S}(f)\leqslant m_{R''_S}(f).$$

因为由直接计算, $v(R_S)=v(R'_s)+v(R''_s)$, 故有

$$m_{R_S}(f)v(R_S)\leqslant m_{R'_S}(f)v(R'_S)+m_{R''_S}(f)v(R''_S).$$

因这个不等式对每个形如 R_S 的子矩形成立, 由此可得

$$L(f,P)\leqslant L(f,P''),$$

这正是我们所期望的.

由类似的论证可以证明 $U(f,p)\geqslant U(f,P'')$. □

现在来考虑上和与下和之间的关系. 对此我们有下列结果.

引理 10.2　令 Q 是一个矩形; 令 $f:Q\to\mathbf{R}$ 是一个有界函数. 若 P 和 P' 是 Q 的任何两个划分, 那么

$$L(f,P)\leqslant U(f,P').$$

证明 在 $P = P'$ 的情况下, 结果显然成立. 因为对于由 P 决定的任何子矩形 R 都有 $m_R(f) \leqslant M_R(f)$; 乘以 $v(R)$ 再求和即得所要求的不等式.

一般, 给定 Q 的划分 P 和 P', 令 P'' 是它们的共同加细. 用上面的引理则推得

$$L(f,P) \leqslant L(f,P'') \leqslant U(f,P'') \leqslant U(f,P'). \qquad \square$$

现在我们终于可以来定义积分.

定义 令 Q 是一个矩形; 令 $f: Q \to \mathbf{R}$ 是一个有界函数. 当 P 遍历 Q 的所有划分时, 定义

$$\underline{\int_Q} f = \sup_P\{L(f,P)\}, \quad \overline{\int_Q} f = \inf_P\{U(f,P)\}.$$

这两个数分别称为 f 在 Q 上的下积分和上积分. 它们之所以存在是因为数 $L(f,P)$ 以 $U(f,P')$ 为上界, 其中 P' 是 Q 的任何固定划分; 而数 $U(f,P)$ 以 $L(f,P')$ 为下界. 如果 f 在 Q 上的上、下积分相等, 则称 f 在 Q 上是可积的, 并且定义 f 在 Q 上的积分为上下积分的公同值. 我们用下列两种符号之一来表示 f 在 Q 上的积分:

$$\int_Q f \quad 或 \quad \int_{\boldsymbol{x} \in Q} f(\boldsymbol{x}).$$

例 1 令 $f: [a,b] \to \mathbf{R}$ 是一个非负有界函数. 若 P 是 $I = [a,b]$ 的一个划分, 那么 $L(f,P)$ 等于内接于 f 的图象和 x 轴之间的区域中的一串矩形的总面积; 而 $U(f,P)$ 则等于包含这一区域的一串矩形的总面积, 参看图 10.2.

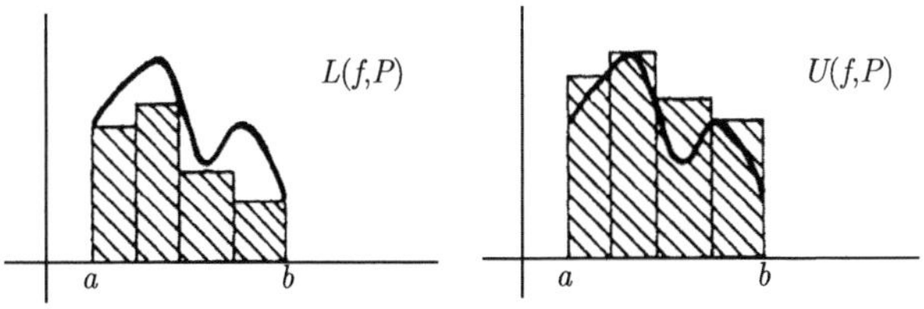

图 10.2

下积分代表该区域的所谓“内面积”, 即由内接矩形逼近这个区域而算出的值; 而上积分则代表由外接矩形逼近这个区域而算出的所谓“外面积”. 如果“内”“外”面积相等, 则 f 是可积的.

类似地, 若 Q 是 $\mathbf{R}^2$ 中的矩形, 且 $f: Q \to \mathbf{R}$ 是非负的和有界的, 那么可将 $L(f,P)$ 描述为内接于 f 的图象与 xy 平面之间的区域的一串立方体的总体积; 而 $U(f,P)$ 则可描述为外接于这个区域的一串立方体的总体积. 参看图 10.3.

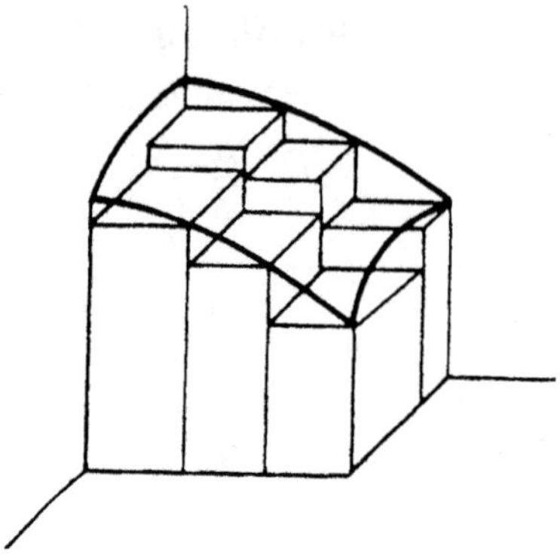

图 10.3

例 2 令 $I=[0,1]$ 并且令 $f: I \to \mathbf{R}$ 是如下定义的函数：当 x 为有理数时, 置 $f(x)=0$; 而当 x 为无理数时, 置 $f(x)=1$. 我们要证明 f 在 I 上是不可积的.

令 P 是 I 的一个划分. 若 R 是由 P 决定的任何子区间, 那么, $m_R(f)=0$ 而 $M_R(f)=1$, 这是因为 R 既包含着有理数也包含着无理数. 于是

$$L(f,P)=\sum_R 0\cdot v(R)=0,$$

$$U(f,P)=\sum_R 1\cdot v(R)=1.$$

由于划分 P 是任意的, 故由此可知 f 在 I 上的下积分为 0 而上积分为 1, 因而 f 在 I 上是不可积的.

一个常用来证明给定函数可积的条件由下列定理给出.

定理 10.3(Riemann 条件) 令 Q 是一个矩形, 而 $f: Q \to \mathbf{R}$ 是一个有界函数. 那么

$$\underline{\int_Q} f \leqslant \overline{\int_Q} f,$$

其中的等号成立当且仅当给定 $\varepsilon>0$, 则存在 Q 的相应划分 P 使得

$$U(f,P)-L(f,P)<\varepsilon.$$

证明 令 P' 是 Q 的一个固定划分. 从对 Q 的一切划分 P 均有 $L(f,P) \leqslant U(f,P)$ 成立这一事实可得

$$\underline{\int_Q} f \leqslant U(f,P').$$

从 P' 是任意的事实可以推出

$$\underline{\int_Q} f \leqslant \overline{\int_Q} f.$$

现在假设上下积分是相等的. 选取一个划分 P 使得 $L(f,P)$ 与 $\int_Q f$ 的差不超过 $\varepsilon/2$, 再选取一个划分 P' 使得 $U(f,P')$ 与 $\int_Q f$ 的差不超过 $\varepsilon/2$. 令 P'' 是它们的共同加细. 由于

$$L(f,P) \leqslant L(f,P'') \leqslant \int_Q f \leqslant U(f,P'') \leqslant U(f,P'),$$

所以由 P'' 决定的 f 的上和与下和之差不超过 ε.

反过来, 假设上积分与下积分不相等. 令

$$\varepsilon = \overline{\int_Q} f - \underline{\int_Q} f > 0.$$

令 P 是 Q 的任何划分, 那么

$$L(f,P) \leqslant \underline{\int_Q} f \leqslant \overline{\int_Q} f \leqslant U(f,P).$$

因此由 P 决定的 f 的上和与下和至少相差 ε, 从而 Riemann 条件不成立. □

现在给出这个定理的一个简单应用.

定理 10.4 每个常函数 $f(x) = c$ 都是可积的. 实际上, 若 Q 是一个矩形且 P 是 Q 的一个划分, 那么

$$\int_Q f = c \cdot v(Q) = c \cdot \sum_R v(R),$$

其中求和是在由 P 决定的所有子矩形上进行的.

证明 如果 R 是一个由 P 决定的子矩形, 那么, $m_R(f) = c = M_R(f)$. 由此可知

$$L(f,P) = c\sum_R v(R) = U(f,P),$$

因而 Riemann 条件平凡地成立, 从而 $\int_Q c$ 存在. 因为它在 $L(f,P)$ 与 $U(f,P)$ 之间, 所以它必定等于 $c\sum_R v(R)$.

这个结果对任何划分 P 都成立. 特别地, 若 P 是平凡划分, 其仅有的子矩形是 Q 自身, 那么

$$\int_Q c = c \cdot v(Q).$$ □

下节将要用到该结果的推论 10.5.

推论 10.5 令 Q 是 $\mathbf{R}^n$ 中的一个矩形而 $\{Q_1,\cdots,Q_k\}$ 是覆盖 Q 的一个有限矩形族, 那么

$$v(Q)\leqslant\sum_{i=1}^{k}v(Q_i).$$

证明 选取一个矩形 Q' 使其包含所有矩形 $Q_1,\cdots,Q_k$. 用 $Q,Q_1,\cdots,Q_k$ 的分量区间的端点定义 Q' 的一个划分 P, 那么矩形 $Q,Q_1,\cdots,Q_R$ 中的每一个均为由 P 决定的一些子矩形的并, 参看图 10.4.

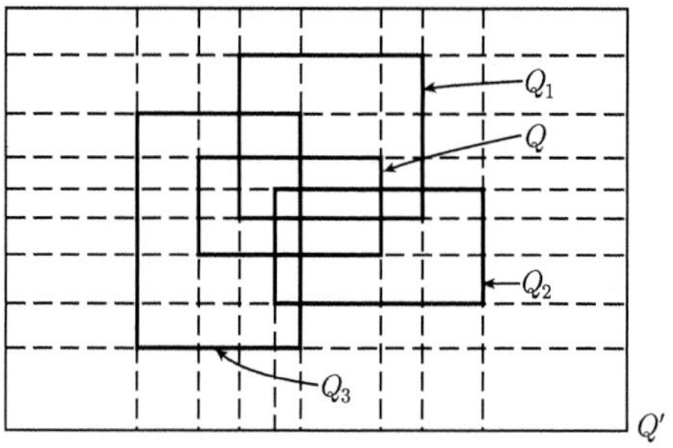

图 10.4

从上面的定理 10.4 得

$$v(Q)=\sum_{R\subset Q}v(R),$$

其中求和是对包含在 Q 中的所有子矩形进行的. 因为每个这样的子矩形 R 至少包含在矩形 $Q_1,\cdots,Q_k$ 之一中, 所以有

$$\sum_{R\subset Q}v(R)\leqslant\sum_{i=1}^{k}\sum_{R\subset Q_i}v(R).$$

再次利用定理 10.4 则有

$$\sum_{R\subset Q_i}v(R)=v(Q_i),$$

从而推论成立. □

关于记号的注释. 在 $n=1$ 的情况下, 我们将经常采用稍微不同的积分记号. 在此情况下, Q 是 $\mathbf{R}$ 中的一个闭区间 $[a,b]$, 我们常常用记号 $\int_a^b f$ 或 $\int_{x=a}^{x=b} f(x)$ 来表示 f 在 $[a,b]$ 上的积分以代替 $\int_{[a,b]} f$.

在一维积分的计算中也使用另外一种记号, 通常用下式来表示这个积分

$$\int_a^b f(x)dx,$$

其中符号“dx”没有独立的意义. 我们暂且避免使用这种记号. 在后面的一章中, 我们将赋予“dx”某种意义并引进这种记号.

实际上我们前面给出的积分定义归功于 Darbaux. 一种归功于 Riemann 的等价表述在习题 7 中给出. 实际上, 将这种积分称为 Riemann 积分已成规范, 而不依赖于使用哪种定义.

习　题

1. 令 $f,g:Q\to\mathbf{R}$ 都是有界函数, 并且使得 $f(\boldsymbol{x})\leqslant g(\boldsymbol{x})$ 对 $\boldsymbol{x}\in Q$ 成立. 证明 $\underline{\int}_Q f\leqslant\underline{\int}_Q g$, $\overline{\int}_Q f\leqslant\overline{\int}_Q g$.

2. 设 $f:Q\to\mathbf{R}$ 是连续的, 证明 f 在 Q 上是可积的.[提示: 利用 f 的一致连续性.]

3. 令 $[0,1]^2=[0,1]\times[0,1]$. 令 $f:[0,1]^2\to\mathbf{R}$ 是如下定义的: 当 $y\neq x$ 时置 $f(x,y)=0$, 而当 $y=x$ 时, 置 $f(x,y)=1$. 证明 f 在 $[0,1]^2$ 上是可积的.

4. 如果每当 $x_1<x_2$ 时都有 $f(x_1)\leqslant f(x_2)$, 则称 $f:[0,1]\to\mathbf{R}$ 是递增的. 如果 $f,g:[0,1]\to\mathbf{R}$ 都是递增且非负的, 证明 $h(x,y)=f(x)g(y)$ 在 $[0,1]^2$ 上是可积的.

5. 令 $f:\mathbf{R}\to\mathbf{R}$ 是如下定义的: 若 $x=p/q$, 则置 $f(x)=1/q$, 其中 p 和 q 是无公因子的正整数, 否则令 $f(x)=0$. 证明 f 在 $[0,1]$ 上是可积的.

*6. 证明下列定理:

定理 令 $f:Q\to\mathbf{R}$ 是有界的, 那么 f 在 Q 上可积当且仅当给定 $\varepsilon>0$ 则存在一个 $\delta>0$ 使得 $U(f,P)-L(f,P)<\varepsilon$ 对于网距小于 δ 的每一个划分 P 成立.

证明 (a) 验证条件的充分性.

(b) 假设对 $\boldsymbol{x}\in Q,|f(\boldsymbol{x})|\leqslant M$, 令 P 是 Q 的一个划分. 证明: 如果 P'' 是通过把单个分点添加到 Q 的一个分量区间的划分中而得到的, 那么

$$0\leqslant L(f,P'')-L(f,P)\leqslant 2M(P\text{的网距})(Q\text{的宽度})^{n-1}$$

对上和导出类似的结果.

(c) 证明条件的必要性. 设 f 在 Q 上是可积的. 给定 $\varepsilon>0$, 选取一个划分 P' 使得 $V(f,P')-L(f,P'')<\varepsilon/2$. 令 N 是 P' 中分点的个数. 那么令

$$\delta=\varepsilon/8MN(Q\text{的宽度})^{n-1}.$$

证明 若 P 的网距小于 δ, 那么 $U(f,P)-L(f,P)<\varepsilon$. [提示: P 和 P' 的共同加细是通过对 P 添加至多 N 个分点而得到的.]

7. 利用习题 6 证明下列定理:

定理 令 $f:Q\to\mathbf{R}$ 是有界的, 那么 f 在 Q 上可积且有 $\int_Q f=A$ 等价于给定 $\varepsilon>0$, 存在一个 $\delta>0$ 使得若 P 为网距小于 δ 的任何划分, 并且对由 P 决定的每个子矩形 $R,\boldsymbol{x}_R$ 是 R 中的一点, 那么

$$\left|\sum_R f(\boldsymbol{x}_R)v(R)-A\right|<\varepsilon.$$

§11. 积分的存在性

本节我们将导出积分 $\int_Q f$ 存在的充分必要条件, 其中要涉及到"零测度集"的概念.

定义 令 A 是 $\mathbf{R}^n$ 的一个子集. 假若对每一个 $\varepsilon>0$, 都存 A 的一个由可数多个矩形组成的覆盖 $Q_1, Q_2, \cdots$, 使得

$$\sum_{i=1}^{\infty} v(Q_i) < \varepsilon,$$

则称 A 为 $\mathbf{R}^n$ 中的零测度集, 有时简称零测集. 如果上述不等式成立, 则常说矩形 $Q_1, Q_2, \cdots$ 的总体积小于 ε

下面导出零测集的若干性值.

定理 11.1 (a) 若 $B \subset A$ 且 A 是 $\mathbf{R}^n$ 中的零测集, 那么 B 也是 $\mathbf{R}^n$ 中的零测集.

(b) 令 A 为可数集族 $A_1, A_2, \cdots$ 之并, 若每个 A_i 都是 $\mathbf{R}^n$ 中的零测集, 那么 A 也是 $\mathbf{R}^n$ 中的零测集.

(c) 一个集合 A 为 $\mathbf{R}^n$ 中的零测度集当且仅当对每个 $\varepsilon>0$, 都有 A 的一个由可数个开矩形 $\text{Int}Q_1, \text{Int}Q_2, \cdots$ 组成的覆盖使得

$$\sum_{i=1}^{\infty} v(Q_i) < \varepsilon.$$

(d) 若 Q 是 $\mathbf{R}^n$ 中的一个矩形, 那么 $\text{Bd}Q$ 是 $\mathbf{R}^n$ 中的零测集, 但 Q 不是.

证明 (a) 是直接的. 为证明 (b), 用总体积小于 $\varepsilon/2^j$ 的可数多个矩形

$$Q_{1j}, Q_{2j}, Q_{3j}, \cdots$$

覆盖集合 A_j. 对每个 j 都这样做, 那么矩形族 $\{Q_{ij}\}$ 是可数的, 它不仅能覆盖 A, 而且它的总体积小于

$$\sum_{j=1}^{\infty} \varepsilon/2^j = \varepsilon.$$

(c) 假如开矩形 $\text{Int}Q_1, \text{Int}Q_2, \cdots$ 能覆盖 A, 那么矩形 $Q_1, Q_2, \cdots$ 也覆盖 A. 因而所给的条件蕴涵着 A 是零测集. 反过来, 设 A 为零测集, 用总体积小于 $\varepsilon/2$ 的矩形 $Q_1', Q_2', \cdots$ 来覆盖 A, 并对每个 i 选取一个矩形 Q_i 使得

$$Q_i' \subset \text{Int}Q_i \text{且} v(Q_i) \leqslant 2v(Q_i').$$

(我们之所以能够这样做是因为 $v(Q)$ 是 Q 的各分量区间的端点的连续函数.) 那么诸开矩形 $\text{Int}Q_1, \text{Int}Q_2, \cdots$ 覆盖 A 并且 $\sum v(Q_i) < \varepsilon$.

(d) 令

$$Q = [a_1, b_1,] \times \cdots \times [a_n, b_n].$$

由 Q 的那些使得 $x_i = a_i$ 的点 $\boldsymbol{x}$ 组成的子集称为 Q 的两个第 i 号面 (即第 i 个坐标固定的面) 之一, 另一个第 i 号面由使得 $x_i = b_i$ 的那些点 $\boldsymbol{x}$ 组成. Q 的每一个面均为 $\mathbf{R}^n$ 中的零测集. 例如, 使 $x_i = a_i$ 的面可由单个矩形

$$[a_1, b_1] \times \cdots \times [a_i, a_i + \delta] \times \cdots \times [a_n, b_n]$$

覆盖, 而且可以通过将 δ 取得足够小而使该矩形的体积任意小. 由于 $\text{Bd}Q$ 是 Q 的各面之并且面数是有限的, 因此 $\text{Bd}Q$ 在 R^n 中的测度为零.

现在假设 Q 在 $\mathbf{R}^n$ 中的测度为零, 而推出矛盾. 置 $\varepsilon = v(Q)$, 由 (c) 可以用满足 $\Sigma v(Q_i) < \varepsilon$ 的开矩形 $\text{Int}Q_1, \text{Int}Q_2, \cdots$ 来覆盖 Q. 因为 Q 是紧的, 因而可以用这些开集中的有限个, 比方说 $\text{Int}Q_1, \cdots, \text{Int}Q_k$, 来覆盖 Q. 但是,

$$\sum_{i=1}^{k} v(Q_i) < \varepsilon,$$

此结果与推论 10.5 矛盾. □

例 1 允许可数无限的矩形集族是零测集定义中的实质部分. 若只允许有限集族, 那么将得出一个不同的概念. 例如, $I = [0, 1]$ 中的有理数组成的集合 A 是单点集的可数并, 因而由上面定理中的 (b) 款可知 A 是 $\mathbf{R}$ 中的零测集. 但是, 若 $\varepsilon < 1$, 则 A 不能被总长度小于 ε 的有限多个区间覆盖. 因为若设 $I_1, \cdots, I_k$ 是覆盖 A 的一个有限区间族, 那么作为它们的并, 集合 B 为闭集的有限并. 因而是闭的. 由于 B 包含 I 中的所有有理数, 因而包含这些有理数的所有极限点, 即包含整个 I. 但这蕴涵着区间 $I_1, \cdots, I_k$ 覆盖 I. 因而推论 10.5,

$$\sum_{i=1}^{k} v(I_i) \geqslant v(I) = 1.$$

现在来证明我们的主要定理.

定理 11.2 令Q 是 $\mathbf{R}^n$ 中的一个矩形, 而 $f: Q \to \mathbf{R}$ 是一个有界函数; 令 D 是 Q 中使 f 为不连续的点集. 那么积分 $\int_Q f$ 存在当且仅当 D 为 $\mathbf{R}^n$ 中的零测度集.

证明 选取 M 使得 $|f(\boldsymbol{x})| \leqslant M$ 对 $\boldsymbol{x} \in Q$ 成立.

第一步. 先证明条件的充分性. 设 D 在 $\mathbf{R}^n$ 中的测度为零. 我们通过证明对给定的 $\varepsilon>0$ 存在 Q 的划分 P 使得 $U(f,P)-L(f,P)<\varepsilon$ 来证明 f 在 Q 上是可积的.

给定 $\varepsilon>0$, 令 ε' 是由下式表示的数

$$\varepsilon'=\varepsilon/(2M+2v(Q)).$$

首先由上一定理的 (c) 款, 可以用总体积小于 ε' 的可数个开矩形 $\mathrm{Int}Q_1$, $\mathrm{Int}Q_2,\cdots$ 来覆盖 D. 其次, 对于 Q 的每个不在 D 中的点 $\boldsymbol{a}$, 选取一个包含 $\boldsymbol{a}$ 的开矩形 $\mathrm{Int}Q_{\boldsymbol{a}}$ 使得对于 $\boldsymbol{x}\in Q_{\boldsymbol{a}}\bigcap Q$,

$$|f(\boldsymbol{x})-f(\boldsymbol{a})|<\varepsilon'.$$

(我们之所以能够这样做是因为 f 在 $\boldsymbol{a}$ 点连续.) 那么对于 $i=1,2,\cdots$ 和 $\boldsymbol{a}\in Q-D$, 诸开集 $\mathrm{Int}Q_i$ 和 $\mathrm{Int}Q_{\boldsymbol{a}}$ 覆盖整个 Q. 因为 Q 是紧的, 因而可以选出覆盖 Q 的一个有限子族

$$\mathrm{Int}Q_1,\cdots,\mathrm{Int}Q_k,\ \ \mathrm{Int}Q_{\boldsymbol{a}_1},\cdots,\mathrm{Int}Q_{\boldsymbol{a}_l}.$$

(开矩形 $\mathrm{Int}Q_1,\cdots,\mathrm{Int}Q_k$ 未必能覆盖 D, 但是这没有关系.)

为了方便, 将 $Q_{\boldsymbol{a}_j}$ 记为 Q_j', 那么矩形

$$Q_1,\cdots,Q_k,Q_1',\cdots,Q_l'$$

覆盖 Q, 其中诸矩形 Q_i 满足条件

$$\sum_{i=1}^{\infty}v(Q_i)<\varepsilon', \tag{1}$$

而矩形 Q_j' 满足条件

$$|f(\boldsymbol{x})-f(\boldsymbol{y})|\leqslant 2\varepsilon',\quad \boldsymbol{x},\boldsymbol{y}\in Q_j'\cap Q. \tag{2}$$

不改变记号, 将每个矩形 Q_i 用它与 Q 的交代替, 并且将 Q_j' 代之以它与 Q 的交. 这些新矩形 $\{Q_i\}$ 和 $\{Q_j'\}$ 仍然覆盖 Q 并且满足条件 (1) 和 (2).

现在我们用矩形 $Q_1,\cdots,Q_k,Q_1',\cdots,Q_l'$ 的分量区间的端点来定义 Q 的一个划分 P. 那么每一个矩形 Q_i 和 Q_j' 都是由 P 决定的某些子矩形的并. 下面我们来计算 f 关于 P 的上和与下和.

将由 P 决定的所有子矩形 R 组成的集族分成两个互不相交的子族 $\mathcal{R}$ 和 $\mathcal{R}'$ 使得每个矩形 $R\in\mathcal{R}$ 在一个矩形 Q_i 中, 而每一个矩形 $R\in\mathcal{R}'$ 在一个矩形 Q_j' 中, 参看图 11.1. 于是有

$$\sum_{R\in\mathcal{R}}(M_R(f)-m_R(f))v(R)\leqslant 2M\sum_{R\in\mathcal{R}}v(R),$$

$$\sum_{R\in\mathcal{R}'}(M_R(f)-m_R(f))v(R)\leqslant 2\varepsilon'\sum_{R\in\mathcal{R}'}v(R),$$

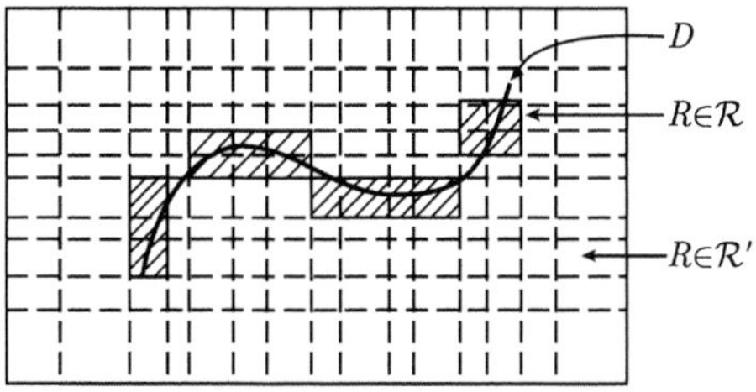

图 11.1

这两个不等式可以从下列事实得出:

$$|f(\boldsymbol{x})-f(\boldsymbol{y})|\leqslant 2M$$

对属于一个矩形 $R\in\mathcal{R}$ 的任何两点 $\boldsymbol{x},\boldsymbol{y}$ 成立, 而

$$|f(\boldsymbol{x})-f(\boldsymbol{y})|\leqslant 2\varepsilon'$$

对于一个矩形 $R\in\mathcal{R}'$ 中的任何两点 $\boldsymbol{x},\boldsymbol{y}$ 成立. 于是

$$\sum_{R\in\mathcal{R}}v(R)\leqslant\sum_{i=1}^{k}\sum_{R\in Q_i}v(R)=\sum_{i=1}^{k}v(Q_i)<\varepsilon',$$

$$\sum_{R\in\mathcal{R}'}v(R)\leqslant\sum_{R\in Q}v(R)=v(Q).$$

因而有

$$U(f,P)-L(f,P)<2M\varepsilon'+2\varepsilon'v(Q)=\varepsilon.$$

第二步. 现在我们来定义一个函数 f 在其定义域内的一点 $\boldsymbol{a}$ 处的“振幅”并且建立它与 f 在 $\boldsymbol{a}$ 点的连续性之间的关系.

给定 $\boldsymbol{a}\in Q$ 和 $\delta>0$. 令 A_δ 表示函数 f 在 $\boldsymbol{a}$ 点的 δ 邻域内的函数值 $f(\boldsymbol{x})$ 的集合, 即

$$A_\delta=\{f(\boldsymbol{x})|\boldsymbol{x}\in Q\text{且}|\boldsymbol{x}-\boldsymbol{a}|<\delta\}.$$

令 $M_\delta(f)=\sup A_\delta, m_\delta(f)=\inf A_\delta$. 我们将 f 在 $\boldsymbol{a}$ 点的振幅定义为

$$\nu(f;\boldsymbol{a})=\inf_{\delta>0}[M_\delta(f)-m_\delta(f)].$$

那么 $v(f;\boldsymbol{a})$ 是非负的. 我们要证明 f 在 $\boldsymbol{a}$ 点连续当且仅当 $\nu(f;\boldsymbol{a})=0$.

如果 f 在 $\boldsymbol{a}$ 点连续, 那么给定 $\varepsilon>0$, 可以选取 $\delta>0$ 使得 $|f(\boldsymbol{x})-f(\boldsymbol{a})|<\varepsilon$ 对满足 $|\boldsymbol{x}-\boldsymbol{a}|<\delta$ 的所有 $\boldsymbol{x}\in Q$ 成立. 由此可知

$$M_\delta(f)\leqslant f(\boldsymbol{a})+\varepsilon,\quad m_\delta(f)\geqslant f(\boldsymbol{a})-\varepsilon.$$

因此 $\nu(f;\boldsymbol{a})\leqslant 2\varepsilon$. 由于 ε 是任意的, 所以 $\nu(f;\boldsymbol{a})=0$.

反过来, 假设 $\nu(f;\boldsymbol{a})=0$. 给定 $\varepsilon>0$, 则存在 $\delta>0$ 使得

$$M_\delta(f)-m_\delta(f)<\varepsilon.$$

于是若 $\boldsymbol{x}\in Q$ 且 $|\boldsymbol{x}-\boldsymbol{a}|<\delta$, 则

$$m_\delta(f)\leqslant f(x)\leqslant M_\delta(f).$$

因为 $f(\boldsymbol{a})$ 也在 $m_\delta(f)$ 和 $M_\delta(f)$ 之间, 故由此可知 $|f(\boldsymbol{x})-f(\boldsymbol{a})|<\varepsilon$, 因而 f 在 $\boldsymbol{a}$ 点是连续的.

第三步. 现在来证明条件的必要性. 设 f 在 Q 上是可积的, 我们要证明 f 的不连续点的集合是 $\mathbf{R}^n$ 中的零测度集.

对于每个正整数 m, 令

$$D_m=\left\{\boldsymbol{a}|\nu(f;\boldsymbol{a})\geqslant\frac{1}{m}\right\}.$$

那么由第二步, D 等于各集合 D_m 之并. 只要证明每个集合 D_m 的测度为零就足够了.

令 m 固定, 给定 $\varepsilon>0$, 我们将用总体积小于 ε 的可数个矩形覆盖 D_m.

首先选取 Q 的一个划分 P 使得 $U(f,P)-L(f,P)<\varepsilon/2m$. 然后对由 P 决定的某个子矩形 R, 令 D'_m 由 D_m 的那些属于 $\mathrm{Bd}R$ 的点组成, 而令 D''_m 由 D_m 的其余点组成. 我们要分别用总体积小于 $\varepsilon/2$ 的一些矩形覆盖 D'_m 和 D''_m.

对于 D'_m 而言, 这是容易做到的. 给定 R, 则集合 $\mathrm{Bd}R$ 是 $\mathbf{R}^n$ 中的零测集, 于是并集 $\bigcup\limits_R \mathrm{Bd}R$ 也是 $\mathbf{R}^n$ 中的零测集. 因为 D'_m 包含在这个并集中, 所以它可以被总体积小于 $\varepsilon/2$ 的可数个矩形覆盖.

现在来考虑 D''_m. 令 $R_1,\cdots,R_k$ 是由 P 决定的且包含 D''_m 的点的那些子矩形, 并且证明这些子矩形的总体积小于 $\varepsilon/2$. 给定 i, 则矩形 R_i 包含 D''_m 的一点 $\boldsymbol{a}$. 因为 $\boldsymbol{a}\notin\mathrm{Bd}R_i$, 所以存在一个 $\delta>0$ 使得 R_i 包含以 $\boldsymbol{a}$ 为中心以 δ 为半径的立方体邻域. 于是

$$\frac{1}{m}\leqslant\nu(f;\boldsymbol{a})\leqslant M_\delta(f)-m_\delta(f)\leqslant M_{R_i}(f)-m_{R_i}(f).$$

乘以 $\nu(R_i)$ 并求和, 则得

$$\sum_{i=1}^{k}(1/m)v(R_i) \leqslant U(f,P)-L(f,P) \leqslant \varepsilon/2m.$$

于是矩形 $R_1,\cdots,R_k$ 的总体积小于 $\varepsilon/2$. □

现在给出这个定理的一个应用.

定理 11.3 令 Q 是 $\mathbf{R}^n$ 中的一个矩形并且 $f: Q \to \mathbf{R}$. 设 f 在 Q 上是可积的.

(a) 若 f 除在一个零测集上之外均为零, 那么 $\int_Q f = 0$.

(b) 如果 f 是非负的并且 $\int_Q f = 0$, 那么 f 除在一个零测集上以外均为零.

证明 (a) 设 f 除在一个零测集 E 上之外为零. 令 P 是 Q 的一个划分. 若 R 是由 P 决定的一个子矩形, 则 R 不能包含在 E 中, 因而 f 在 R 的某个点处为零. 于是 $m_R(f) \leqslant 0$ 而 $M_R(f) \geqslant 0$. 由此可知, $L(f,P) \leqslant 0$ 而 $U(f,P) \geqslant 0$. 因为这些不等式对所有划分 P 都成立, 所以有

$$\underline{\int_Q} f \leqslant 0, \quad \overline{\int_Q} f \geqslant 0.$$

因为积分 $\int_Q f$ 存在，所以它必定为零.

(b) 假设 $f(\boldsymbol{x}) \geqslant 0$ 且 $\int_Q f = 0$. 我们来证明：若 f 在 $\boldsymbol{a}$ 点连续, 那么 $f(\boldsymbol{a}) = 0$. 由此可知, 除了在那些使 f 为不连续的点上以外 f 必定为零. 由上面的定理, 这种点的集合为零测度集.

设 f 在 $\boldsymbol{a}$ 点连续且 $f(\boldsymbol{a}) > 0$. 并由此推出矛盾. 置 $\varepsilon = f(\boldsymbol{a})$. 因为 f 在 $\boldsymbol{a}$ 点连续, 故存在一个 $\delta > 0$ 使得对于 $|\boldsymbol{x}-\boldsymbol{a}| < \delta$ 且 $\boldsymbol{x} \in Q$, 有

$$f(\boldsymbol{x}) > \varepsilon/2.$$

选取 Q 的一个网距小于 δ 的划分 P. 如果 R_0 是由 P 决定的并且包含 $\boldsymbol{a}$ 点的一个子矩形, 那么 $m_{R_0}(f) \geqslant \varepsilon/2$. 另一方面, $m_R(f) \geqslant 0$ 对所有 R 成立. 由此可知

$$L(f,P) = \sum_R m_R(f)v(R) \geqslant (\varepsilon/2)v(R_0) > 0.$$

但是

$$L(f,P) \leqslant \int_Q f = 0.$$ □

例 2 关于 $\int_Q f$ 存在的假设对于本定理成立是必要的. 例如, 令 $I=[0,1]$, 并且当 x 为有理数时, 令 $f(x)=1$; 而当 x 为无理数时, 令 $f(x)=0$. 那么 f 除在一个零测集上之外为零, 但 $\int_I f = 0$ 不成立. 因为 f 在 I 上的积分甚至都不存在.

习 题

1. 证明: 当 A 是 $\mathbf{R}^n$ 中的零测度集时, 集合 $\overline{A}$ 和 $\mathrm{Bd}A$ 未必是零测集.

2. 证明 $\mathbf{R}^n$ 中的任何开集都不是 $\mathbf{R}^n$ 中的零测集.

3. 证明集合 $\mathbf{R}^{n-1} \times 0$ 是 $\mathbf{R}^n$ 中的零测集.

4. 证明 $[0,1]$ 中的无理数组成的集合在 $\mathbf{R}$ 中的测度不为零.

5. 证明: 若 A 是 $\mathbf{R}^n$ 的一个紧子集且 A 在 $\mathbf{R}^n$ 中的测度为零, 那么给定 $\varepsilon > 0$, 则存在一个总体积小于 ε 且能覆盖 A 的有限的矩形族.

6. 令 $f : [a,b] \to R$, 则 f 的图象是 $\mathbf{R}^2$ 中的子集

$$G_f = \{(x,y) | y = f(x)\}.$$

证明 若 f 是连续的, 则 G_f 在 $\mathbf{R}^2$ 中的测度为零.[提示: 利用 f 的一致连续性.]

7 考虑例 2 中定义的函数 f. 请问 f 在 [0, 1] 中的哪些点上是不连续的? 对于 §10 的习题 5 中定义的函数来回答同样的问题.

8. 令 Q 是 $\mathbf{R}^n$ 中的一个矩形而 $f : Q \to \mathbf{R}$ 是一个有界函数. 如果 f 除在一个测度为零的闭集 B 上以外为零, 那么积分 $\int_Q f$ 存在且等于零.

9. 令 Q 是 $\mathbf{R}^n$ 中的一个矩形而 $f : Q \to \mathbf{R}$. 假设 f 在 Q 上是可积的.

(a) 证明: 若对 $\boldsymbol{x} \in Q$ 有 $f(\boldsymbol{x}) \geqslant 0$, 则 $\int_Q f \geqslant 0$.

(b) 证明: 若对 $\boldsymbol{x} \in Q$ 有 $f(\boldsymbol{x}) > 0$ 则 $\int_Q f > 0$.

10. 证明: 若 $Q_1, Q_2, \cdots$ 是覆盖 Q 的一个可数的矩形族, 那么

$$v(Q) \leqslant \sum v(Q_i).$$

§12. 积分的计算

假若给定一个函数 $f : Q \to \mathbf{R}$ 是可积的, 那么怎样计算出它的积分值呢? 即使在一元函数 $f : [a,b] \to \mathbf{R}$ 的情况下, 问题也并不简单. 一种工具是由微积分基本定理提供的, 它适用于 f 为连续的情况. 读者从一元微积分已经熟悉这个定理. 为便于参考将其叙述如下:

定理 12.1(微积分基本定理) (a) 如果 f 在 $[a,b]$ 上连续并且

$$F(x) = \int_a^x f$$

对于 $x \in [a,b]$ 成立, 那么 $F'(x)$ 存在并且等于 $f(x)$.

(b) 若 f 在 $[a,b]$ 上连续而且 g 是一个使 $g'(x) = f(x)$ 对于 $x \in [a,b]$ 成立的函数, 那么

$$\int_a^b f = g(b) - g(a). \qquad \square$$

(当提到在区间 $[a,b]$ 的端点处的导数 F' 和 g' 时, 当然是指相应的单边导数.)

定理 12.1 的结论可以概括为下列两个等式:

$$D\int_a^x f = f(x) \quad 和 \quad \int_a^x Dg = g(x) - g(a).$$

在上述两种情况下都要求被积函数在所考虑的区间上是连续的.

定理 12.1 的 (b) 款告诉我们, 若能找到 f 的原函数, 即找到一个函数 g 使得 $g' = f$, 那么就可以计算出连续函数 f 的积分. 定理 12.1 的 (a) 款则告诉我们, (理论上) 这种原函数总是存在的, 因为 F 就是这样一个原函数. 当然问题是实际求出这样一个原函数, 正如在维积分中所研究的那样, 这便是所谓的“积分技术”问题.

同样, 计算积分的困难也出现在 n 维积分中. 解决这个问题的一种途径是试图将 n 维积分的计算归结为可能相对比较简单的一系列低维积分问题, 甚至可以归结为计算一系列一维积分的问题, 对此若被积函数是连续的, 就能应用微积分基本定理来解决.

这是微积分中用来计算二重积分的方法. 例如为了在矩形 $Q = [a,b] \times [c,d]$ 上积分连续函数 $f(x,y)$, 首先使 x 固定, 对 y 来积分 f, 然后将所得到的函数对 x 积分 (或按相反的顺序). 在这个过程, 使用了公式

$$\int_Q f = \int_{x=a}^{x=b} \int_{y=c}^{y=d} f(x,y)$$

或以相反次序. (在微积分中通常添加无实际意义的符号“dx”和“dy”, 但是我们避免在这里使用这种记号.) 这些公式通常在微积分中不予以证明, 事实上, 很少提及证明是必须的而是将它们看作是“显然的”. 本节将证明它们及其相应的 n 维形式.

当 f 连续时这些公式成立. 可是当 f 可积但不连续时, 关于各种复杂积分的存在性问题就会出现困难. 例如, 积分

$$\int_{y=c}^{y=d} f(x,y)$$

可能不是对所有 x 存在, 即使 $\int_Q f$ 存在. 因为 f 可能会沿一条竖线的性态很差, 但是这并不影响二重积分的存在.

人们可以通过简单地假定所涉及到的积分都存在而回避问题. 我们将要做的是把所述公式中的内积分用相应的下积分 (或上积分) 代替, 而下 (上) 积分的存在我们已经知道. 这样做就得到一个恰当的一般定理, 它包括所有积分都存在这种特殊情况.

定理 12.2(Fubini 定理)　令 $Q = A \times B$, 其中 A 是 $\mathbf{R}^k$ 中的矩形, 而 B 是 $\mathbf{R}^n$ 中的矩形. 令 $f : Q \to \mathbf{R}$ 是一个有界函数, 将 f 写成 $f(\boldsymbol{x}, \boldsymbol{y}), \boldsymbol{x} \in A, \boldsymbol{y} \in B$ 的形式. 对于每个 $\boldsymbol{x} \in A$, 考虑下积分和上积分

$$\underline{\int}_{\boldsymbol{y} \in B} f(\boldsymbol{x}, \boldsymbol{y}) \quad 和 \quad \overline{\int}_{\boldsymbol{y} \in B} f(\boldsymbol{x}, \boldsymbol{y}).$$

如果 f 在 Q 上是可积的, 那么 $\boldsymbol{x}$ 的这两个函数都是在 A 上可积的, 而且

$$\int_Q f = \int_{\boldsymbol{x} \in A} \underline{\int}_{\boldsymbol{y} \in B} f(\boldsymbol{x}, \boldsymbol{y}) = \int_{\boldsymbol{x} \in A} \overline{\int}_{\boldsymbol{y} \in B} f(\boldsymbol{x}, \boldsymbol{y}).$$

证明　为了达到证明的目的, 对于 $\boldsymbol{x} \in A$, 定义

$$\underline{I}(\boldsymbol{x}) = \underline{\int}_{\boldsymbol{y} \in B} f(\boldsymbol{x}, \boldsymbol{y}), \quad \overline{I}(\boldsymbol{x}) = \overline{\int}_{\boldsymbol{y} \in B} f(\boldsymbol{x}, \boldsymbol{y})$$

假设 $\int_Q f$ 存在, 我们来证明 $\underline{I}$ 和 $\overline{I}$ 都是在 A 上可积的而且它们的积分等于 $\int_Q f$.

令 P 是 Q 的一个划分, 那么 P 由 A 的一个划分 P_A 和 B 的一个划分 P_B 组成, 并且记为 $P = (P_A, P_B)$. 若 R_A 是由 P_A 决定的 A 的一个一般子矩形, 而 R_B 是由 P_B 决定的 B 的一个一般子矩形, 那么 $R_A \times R_B$ 就是由 P 决定的 Q 的一个一般子矩形.

我们从将 f 的上下和与 $\underline{I}$ 和 $\overline{I}$ 的下和进行比较开始.

第一步. 首先证明

$$L(f, P) \leqslant L(\underline{I}, P_A),$$

即 f 的下和不大于下积分 $\underline{I}$ 的下和.

考虑由 P 决定的一般子矩形 $R_A \times R_B$. 令 $\boldsymbol{x}_0$ 是 R_A 的一点. 因为

$$m_{R_A \times R_B}(f) \leqslant f(\boldsymbol{x}_0, \boldsymbol{y})$$

对所有 $\boldsymbol{y} \in R_B$ 成立, 因此

$$m_{R_A \times R_B}(f) \leqslant m_{R_B}(f(\boldsymbol{x}_0, \boldsymbol{y}))$$

参看图 12.1 使 $\boldsymbol{x}_0$ 和 R_A 固定, 将上式乘以 $v(R_B)$ 并对所有子矩形 R_B 求和, 则得不等式

$$\sum_{R_B} m_{R_A \times R_B}(f) v(R_B) \leqslant L(f(\boldsymbol{x}_0, \boldsymbol{y}), P_B) \leqslant \underline{\int}_{\boldsymbol{y} \in B} f(\boldsymbol{x}_0, \boldsymbol{y}) = \underline{I}(\boldsymbol{x}_0).$$

这个结果对每个 $\boldsymbol{x}_0 \in R_A$ 都成立. 于是推出

$$\sum_{R_B} m_{R_A \times R_B}(f) v(R_B) \leqslant m_{R_A}(\underline{I}).$$

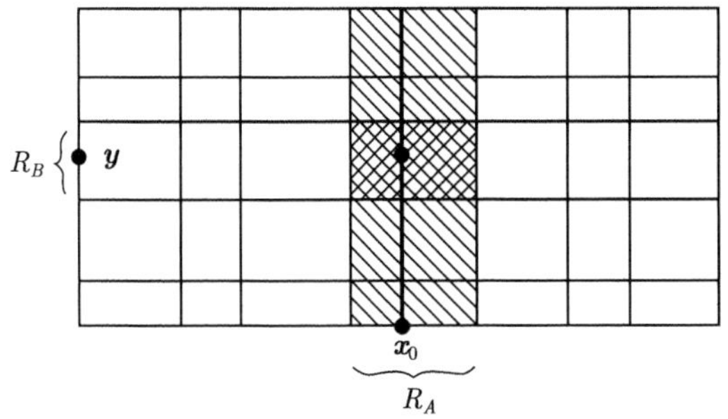

图 12.1

遍乘 $v(R_A)$ 并求和. 因为 $v(R_A)v(R_B) = v(R_A \times R_B)$, 故得所期望的不等式

$$L(f, P) \leqslant L(\underline{I}, P_A).$$

第二步. 可完全类似地证明

$$U(f, P) \geqslant U(\overline{I}, P_A),$$

即 f 的上和不小于上积分 $\overline{I}$ 的上和. 证明留作习题.

第三步. 将 $f, \underline{I}$ 及 $\overline{I}$ 的上下和之间的关系概括成下列图表:

$$L(f,P) \leqslant L(\underline{I},P_A) \begin{array}{c} \leqslant U(\underline{I},P_A) \leqslant \\ \leqslant L(\overline{I},P_A) \leqslant \end{array} U(\overline{I},P_A) \leqslant U(f,P).$$

图表中的第一个和最后一个不等式出自第一步和第二步. 在其余的不等式中, 左上角和右下角的两个从 $L(h,P) \leqslant U(h,P)$ 对任何 h 和 P 成立的事实得出; 而左下角和右上角的两个不等式从 $\underline{I}(\boldsymbol{x}) \leqslant \overline{I}(\boldsymbol{x})$ 对所有 $\boldsymbol{x}$ 成立这一事实得出. 这个图表中包含着我们需要的所有信息.

第四步. 完成定理的证明. 因为 f 在 Q 上是可积的, 故给定 $\varepsilon > 0$, 可以选取 Q 的一个划分 $P = (P_A, P_B)$ 使得第三步的图表中位于两端的数相差不超过 ε, 那么 $\underline{I}$ 的上下和之差不超过 ε; $\overline{I}$ 的上下和之差也不超过 ε. 由此可知, $\underline{I}$ 和 $\overline{I}$ 都是在 A 上可积的.

注意到由定义, 积分 $\int_A \underline{I}$ 在 $\underline{I}$ 的上和与下和之间, 类似地 $\int_A \overline{I}$ 在 $\overline{I}$ 的上下和之间. 由此, 三个数

$$\int_A \underline{I}\ , \int_A \overline{I} \quad \text{和} \quad \int_Q f$$

均在图表中位于两端的两个数之间. 因为 ε 是任意的, 所以必有

$$\int_A \underline{I} = \int_A \overline{I} = \int_Q f. \qquad \square$$

这个定理可将 $\int_Q f$ 表示成累次积分. 为了计算 $\int_Q f$, 可首, 计算 f 对 $\boldsymbol{y}$ 的下积分 (或上积分), 然后再把所得出的函数对 $\boldsymbol{x}$ 积分. 其实对于积分次序并无特别规定. 类似的论证说明, 也可以先作 f 对 $\boldsymbol{x}$ 的下积分 (或上积分), 然后再将所得出的函数对 $\boldsymbol{y}$ 积分.

推论 12.3　令 $Q = A \times B$, 其中 A 是 $\mathbf{R}^k$ 中的矩形而 B 是 $\mathbf{R}^n$ 中的矩形; 令 $f: Q \to \mathbf{R}$ 是一个有界函数. 如果 $\int_Q f$ 存在并对每个 $\boldsymbol{x} \in A$, $\int_{\boldsymbol{y} \in B} f(\boldsymbol{x}, \boldsymbol{y})$ 存在, 那么

$$\int_Q f = \int_{\boldsymbol{x} \in A} \int_{\boldsymbol{y} \in B} f(\boldsymbol{x}, \boldsymbol{y}). \qquad \square$$

推论 12.4　令 $Q = I_1 \times \cdots \times I_n$, 其中每个 I_j 均为 $\mathbf{R}$ 中的一个闭区间. 如果 $f: Q \to \mathbf{R}$ 是连续的, 那么

$$\int_Q f = \int_{x_1 \in I_1} \cdots \int_{x_n \in I_n} f(x_1, \cdots, x_n). \qquad \square$$

习　题

1. 完成定理 12.2 中第二步的证明

2. 令 $I = [0,1]$ 而 $Q = I \times I$. 定义 $f: Q \to \mathbf{R}$ 如下: 若 y 是有理数且 $x = p/q$, 其中 p 和 q 是无公因子的正整数, 则令 $f(x, y) = 1/q$; 在其他情况下, 令 $f(x, y) = 0$.

(a) 证明 $\int_Q f$ 存在.

(b) 计算

$$\underline{\int}_{y \in I} f(x, y) \quad 和 \quad \overline{\int}_{y \in I} f(x, y).$$

(c) 验证 Fubini 定理.

3. 令 $Q = A \times B$, 其中 A 是 $\mathbf{R}^k$ 中的矩形而 B 是 $\mathbf{R}^n$ 中的矩形. 令 $f: Q \to \mathbf{R}$ 是一个有界函数.

(a) 令 g 是一个函数并且使得

$$\underline{\int}_{\boldsymbol{y} \in B} f(\boldsymbol{x}, \boldsymbol{y}) \leqslant g(\boldsymbol{x}) \leqslant \overline{\int}_{\boldsymbol{y} \in B} f(\boldsymbol{x}, \boldsymbol{y})$$

对所有 $\boldsymbol{x} \in A$ 成立. 证明: 如果 f 在 Q 上是可积的, 那么 g 在 A 上是可积的并且 $\int_Q f = \int_A g$.
[提示: 利用 §10 习题 1.]

(b) 给出一个例子使得 $\int_Q f$ 存在并且使得下列两个累次积分中的一个存在而另一个不存在:

$$\int_{\boldsymbol{x} \in A} \int_{\boldsymbol{y} \in B} f(\boldsymbol{x}, \boldsymbol{y}) \quad 和 \quad \int_{\boldsymbol{y} \in B} \int_{\boldsymbol{x} \in A} f(\boldsymbol{x}, \boldsymbol{y}).$$

*(c) 寻求一个使 (b) 中的两个累次积分都存在但积分 $\int_Q f$ 不存在的例子. [提示: 一种方法是寻求 Q 的一个子集 S 使其闭包等于 Q, 而且使得 S 至多包含每条竖直线上的一点并且至多包含每条水平线上的一点.]

4. 令 A 是 $\mathbf{R}^2$ 中的一个开集并且 $f: A \to \mathbf{R}$ 是 C^2 类的, 令 Q 是包含在 A 中的一个矩形.

(a) 用 Fubini 定理和微积分基本定理证明

$$\int_Q D_2 D_1 f = \int_Q D_1 D_2 f.$$

(b) 给出 $D_2 D_1 f(\boldsymbol{x}) = D_1 D_2 f(\boldsymbol{x})$ 对每个 $\boldsymbol{x} \in A$ 成立的一种证明并使它不依赖于 §6 中所给出的证明.

§13. 有界集上的积分

在积分论的应用中, 通常需要对非矩形区域上的函数进行积分. 例如求变密度圆板的质量问题便涉及到圆域上函数的积分. 又如求球形罩的重心问题也是如此. 因此我们试图推广积分的定义, 其实这并不困难.

定义 令 S 是 $\mathbf{R}^n$ 中的有界集且 $f: S \to \mathbf{R}$ 是一个有界函数; 并将函数 $f_S: \mathbf{R}^n \to \mathbf{R}$ 定义为

$$f_S(\boldsymbol{x}) = \begin{cases} f(\boldsymbol{x}), & \boldsymbol{x} \in S, \\ 0, & \text{其他地方}. \end{cases}$$

选取一个包含 S 的矩形 Q, 假若积分 $\int_Q f_S$ 存在, 则将 f 在 S 上的积分定义为

$$\int_S f = \int_Q f_S.$$

我们必须证明这个定义不依赖于 Q 的选取, 这就是下列引理的实质.

引理 13.1 令 Q 和 Q' 是 $\mathbf{R}^n$ 中的两个矩形. 若 $f: \mathbf{R}^n \to \mathbf{R}$ 是一个在 $Q \cap Q'$ 之外为零的有界函数, 那么

$$\int_Q f = \int_{Q'} f,$$

其中一个积分存在当且仅当另一个积分存在.

证明 首先考虑 $Q \subset Q'$ 的情况. 令 E 是 Int$Q$ 中使 f 不连续的点的集合. 那么除在 E 的点上和可能在 BdQ 的点上以外, 两个函数 $f: Q \to \mathbf{R}$ 和 $f: Q' \to \mathbf{R}$ 都是连续的. 因而每个积分的存在性等价于要求 E 的测度为零.

现在假设两个积分都存在. 令 P 是 Q' 的一个划分, 令 P'' 是通过添加 Q 的各分量区间的端点而得到的 P 的加细, 那么 Q 是由 P'' 决定的一些子矩形 R 的并, 参看图 13.1. 如果 R 是由 P'' 决定的一个不在 Q 中的矩形, 那么 f 在 R 的某个点上为零, 从而 $m_R(f) \leqslant 0$. 由此可知

$$L(f, P'') \leqslant \sum_{R \subset Q} m_R(f) v(R) \leqslant \int_Q f.$$

因而推出 $L(f, P) \leqslant \int_Q f$.

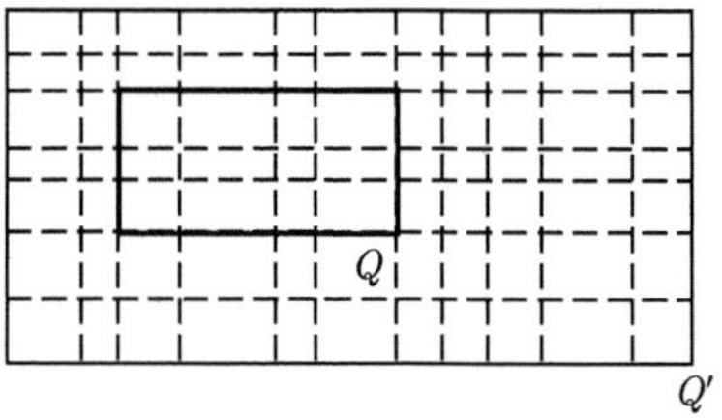

图 13.1

完全类似地可以证明 $U(f, P) \geqslant \int_Q f$. 因为 P 是 Q' 的任意划分, 由此可知 $\int_Q f = \int_{Q'} f$.

对任意一对矩形 Q 和 Q'的证明均涉及到要选取包含这两个矩形的一个矩形 Q'', 并且注意到 $\int_Q f = \int_{Q''} f = \int_{Q'} f$. □

在本节的其余部分, 我们将研究这种积分的基本性质和积分存在的条件. 下节我们将 (尽可能地) 导出计算这种积分的方法.

引理 13.2 令 S 是 $\mathbf{R}^n$ 的一个子集且 $f, g : S \to \mathbf{R}$. 令 $F, G : S \to \mathbf{R}$ 分别由下式定义

$$F(\boldsymbol{x}) = \max\{f(\boldsymbol{x}), g(\boldsymbol{x})\}, \quad G(\boldsymbol{x}) = \min\{f(\boldsymbol{x}), g(\boldsymbol{x})\}.$$

(a) 如果 f 和 g 在 $\boldsymbol{x}_0$ 点连续, 那么 F 和 G 在该点连续.

(b) 若 f 和 g 是在 S 上可积的, 则 F 和 G 也是可积的.

证明 (a) 设 f 和 g 在 $\boldsymbol{x}_0$ 点连续. 首先考虑 $f(\boldsymbol{x}_0) = g(\boldsymbol{x}_0) = r$ 的情况. 此时 $F(\boldsymbol{x}_0) = G(\boldsymbol{x}_0) = r$. 由连续性, 给定 $\varepsilon > 0$, 则可选取 $\delta > 0$ 使得当 $|\boldsymbol{x} - \boldsymbol{x}_0| < \delta$ 且 $\boldsymbol{x} \in S$ 时就有

$$|f(\boldsymbol{x}) - r| < \varepsilon \text{ 和 } |g(\boldsymbol{x}) - r| < \varepsilon.$$

对于满足上述条件的 $\boldsymbol{x}$, 下列二式自动成立:

$$|F(\boldsymbol{x})-F(\boldsymbol{x}_0)|<\varepsilon,|G(\boldsymbol{x})-G(\boldsymbol{x})_0|<\varepsilon.$$

另一方面, 设 $f(\boldsymbol{x}_0)>g(\boldsymbol{x}_0)$. 由连续性, 可以求出 $\boldsymbol{x}_0$ 的一个邻域 U 使得 $f(\boldsymbol{x})-g(\boldsymbol{x})>0$ 对 $\boldsymbol{x}\in U$ 和 $\boldsymbol{x}\in S$ 成立. 于是在 $U\cap S$ 上, $F(\boldsymbol{x})=f(\boldsymbol{x}),G(\boldsymbol{x})=g(\boldsymbol{x})$, 由此可知 F 和 G 在 $\boldsymbol{x}_0$ 点连续. 当 $f(\boldsymbol{x}_0)<g(\boldsymbol{x}_0)$ 时类似的论证成立.

(b) 设 f 和 g 在 S 上是可积的. 令 Q 是包含 S 的一个矩形. 那么 f_S 和 g_S 在 Q 上分别除去 Q 的一个零测度集 D 和 E 之外是连续的. 容易验证

$$F_S(\boldsymbol{x})=\max\{f_S(\boldsymbol{x}),g_S(\boldsymbol{x})\},G_S(\boldsymbol{x})=\min\{f_S(\boldsymbol{x}),g_s(\boldsymbol{x})\}.$$

由此可知 F_S 和 G_S 在 Q 上除去零测集 $D\cup E$ 之外是连续的, 而且 F_S 和 G_S 是有界的, 因为 f_S 和 g_S 是有界的. 于是 F_S 和 G_S 在 Q 上是可积的.

定理 13.3(积分的性质) 令 S 是 $\mathbf{R}^n$ 中的一个有界集; 令 $f,g:S\to\mathbf{R}$ 是有界函数.

(a)(线性性) 若 f 和 g 在 S 上是可积的, 那么 $af+bg$ 也是可积的, 并且有

$$\int_S(af+bg)=a\int_S f+b\int_S g.$$

(b)(比较性质) 设 f 和 g 在 S 上是可积的, 并且对于 $\boldsymbol{x}\in S,f(\boldsymbol{x})\leqslant g(\boldsymbol{x})$, 那么

$$\int_S f\leqslant\int_S g.$$

此外, $|f|$ 在 S 上也是可积的, 而且有

$$|\int_S f|\leqslant\int_S|f|.$$

(c)(单调性) 令 $T\subset S$. 若 f 在 S 上是非负的并且在 T 和 S 上是可积的, 那么

$$\int_T f\leqslant\int_S f.$$

(d)(可加性) 如果 $S=S_1\cup S_2$ 并且 f 在 S_1 和 S_2 上是可积的, 那么 f 在 S 和 $S_1\cap S_2$ 上都是可积的, 而且有

$$\int_S f=\int_{S_1}f+\int_{S_2}f-\int_{S_1\cap S_2}f.$$

证明 (a) 只需证明此结果对于矩形上的积分成立即可, 因为

$$(af+bg)_S=af_S+bg_S.$$

这样一来, 若设 f 和 g 是在 Q 上可积的, 那么 f 和 g 分别除去在零测集 D 和 E 上之外都是连续的. 由此可知函数 $af+bg$ 除了在集合 $D \cup E$ 上之外也是连续的, 因而是在 Q 上可积的.

首先考虑 $a, b \geqslant 0$ 的情况. 令 P'' 是 Q 的任意一个划分. 若 R 是由 P'' 决定的一个子矩形, 那么

$$a\, m_R(f) + b\, m_R(g) \leqslant af(\boldsymbol{x}) + bg(\boldsymbol{x})$$

对所有 $\boldsymbol{x} \in R$ 成立. 由此可知

$$a\, m_R(f) + b\, m_R(g) \leqslant m_R(af+bg),$$

因而有

$$aL(f,P'') + bL(g,P'') \leqslant L(af+bg,P'') \leqslant \int_Q (af+bg).$$

类似地可以证明

$$a\, U(f,P'') + b\, U(g,P'') \geqslant \int_Q (af+bg).$$

现在令 P 和 P' 是 Q 的任何两个划分, 并且令 P'' 是它们的共同加细. 由刚才的证明可知

$$aL(f,P) + bL(g,P') \leqslant \int_Q (af+bg) \leqslant aU(f,P) + bU(g,P').$$

于是由定义, $a\int_Q f + b\int_Q g$ 也在这列不等式两端的两个数之间. 由于 P 和 P' 是任意的, 因而推出

$$\int_Q (af+bg) = a\int_Q f + b\int_Q g$$

现在我们通过证明

$$\int_Q (-f) = -\int_Q f$$

来完成本款的证明. 令 P 是 Q 的一个划分, 而且 R 是由 P 决定的一个子矩形, 那么对于 $\boldsymbol{x} \in R$, 则有

$$-M_R(f) \leqslant -f(\boldsymbol{x}) \leqslant -m_R(f),$$

因而有

$$-M_R(f) \leqslant m_R(-f), \quad M_R(-f) \leqslant -m_R(f)$$

乘以 $v(R)$ 并求和, 则得不等式

$$-U(f,P) \leqslant L(-f,P) \leqslant \int_Q (-f) \leqslant U(-f,P) \leqslant -L(f,P).$$

由定义, $-\int_Q f$ 也在这列不等式两端的数之间. 因为 P 是任意的, 所以本款的结论成立.

(b) 只需对矩形上的积分证明比较性质就行了. 因而假设 $f(\boldsymbol{x}) \leqslant g(\boldsymbol{x})$ 对 $\boldsymbol{x} \in Q$ 成立. 如果 R 是包含在 Q 内的任何矩形, 那么对每个 $\boldsymbol{x} \in R$,

$$m_R(f) \leqslant f(\boldsymbol{x}) \leqslant g(\boldsymbol{x}).$$

于是 $m_R(f) \leqslant m_R(g)$. 由此可知, 若 P 是 Q 的任何划分, 均有

$$L(f,P) \leqslant L(g,P) \leqslant \int_Q g.$$

因为 P 是任意的, 因而可以推出

$$\int_Q f \leqslant \int_Q g.$$

$|f|$ 在 S 上可积的事实可以从下列等式推出

$$|f(\boldsymbol{x})| = \max\{f\boldsymbol{x}, -f(\boldsymbol{x})\}.$$

将比较性质应用于不等式

$$-|f(\boldsymbol{x})| \leqslant f(\boldsymbol{x}) \leqslant |f\boldsymbol{x}|$$

即可得出所要求的不等式.

(c) 如果 f 是非负的并且 $T \subset S$, 那么 $f_T(\boldsymbol{x}) \leqslant f_S(\boldsymbol{x})$ 对所有 $\boldsymbol{x}$ 成立. 然后再应用比较性质.

(d) 令 $T = S_1 \cap S_2$. 我们要证 f 在 S 和 T 上是可积的. 首先考虑 f 在 S 上是非负的情况. 令 Q 是包含 S 的一个矩形, 那么由假设, f_{S_1} 和 f_{S_2} 都是在 Q 上可积的. 从等式

$$f_S(\boldsymbol{x}) = \max\{f_{S_1}(\boldsymbol{x}), f_{S_2}(\boldsymbol{x})\} \quad \text{和} \quad f_T(\boldsymbol{x}) = \min\{f_{S_1}(\boldsymbol{x}), f_{S_2}(\boldsymbol{x})\}.$$

可知 f_S 和 f_T 是在 Q 上可积的.

在一般情况下, 置

$$f_+(\boldsymbol{x}) = \max\{f(\boldsymbol{x}), 0\} \quad , \quad f_-(\boldsymbol{x}) = \max\{-f(\boldsymbol{x}), 0\}$$

因为 f 在 S_1 和 S_2 上是可积的, 所以 f_+ 和 f_- 也是可积的. 由已考虑边的特殊情况, f_+ 和 f_- 都是在 S 和 T 上可积的. 因为

$$f(\boldsymbol{x}) = f_+(\boldsymbol{x}) - f_-(\boldsymbol{x}),$$

所以从线性性质可知, f 在 S 和 T 上是可积的.

将线性性质应用于等式

$$f_S(\boldsymbol{x}) = f_{S_1}(\boldsymbol{x}) + f_{S_2}(\boldsymbol{x}) - f_T(\boldsymbol{x}),$$

即可得到所期望的可加性公式. □

推论 13.4　令$S_1, \cdots, S_k$ 是 $\mathbf{R}^n$ 中的有界集, 并且假设当 $i \neq j$ 时, $S_i \cap S_j$ 的测度为零. 令 $S = S_1 \cup \cdots \cup S_k$. 如果 $f : S \to \mathbf{R}$ 在每个 S_i 上是可积的, 那么 f 在 S 上也是可积的并且有

$$\int_S f = \int_{S_1} f + \cdots + \int_{S_k} f.$$

证明　$k = 2$ 的情况从可加性得出, 因为由定理 11.3, f 在 $S_1 \cap S_2$ 上的积分为零. 一般情形由归纳法得出. □

直到目前为止, 对于积分论中所论及的函数 f, 除假定它们有界之外, 事先并未给予任何其他限制. 特别是我们并不要求 f 是连续的. 原因是明显的, 为了定义积分 $\int_S f$, 即使 f 在 S 上连续的情况下, 也需要考虑函数 f_S, 而该函数在 $\mathrm{Bd}S$ 的点上不必为连续.

然而在本书中我们主要关心形如 $\int_S f$ 的积分, 其中 f 是 S 上的连续函数. 因此我们作如下约定.

约定. 今后我们仅限于研究连续函数 $f : S \to \mathbf{R}$ 的积分理论.

现在来考虑积分 $\int_S f$ 存在的条件. 即使假定 f 在 S 上是有界的和连续的, 也仍然需要关于集合 S 的某种条件才能保证积分 $\int_S f$ 存在. 下面的定理就给出了这种条件.

定理 13.5　令 S 是 $\mathbf{R}^n$ 中的一个有界集, 且 $f : S \to \mathbf{R}$ 是一个有界连续函数. 令 E 是 $\mathrm{Bd}S$ 中那些使得下式不成立的点 $\boldsymbol{x}_0$ 的集合:

$$\lim_{\boldsymbol{x} \to \boldsymbol{x}_0} f(\boldsymbol{x}) = 0,$$

如果 E 的测度为零, 那么 f 在 S 上是可积的.

该定理的逆也成立, 但由于我们并不需要它, 故将其证明留作习题.

证明　令 $\boldsymbol{x}_0$ 是 $\mathbf{R}^n$ 的不在 E 中的一点. 我们来证明函数 f_S 在 $\boldsymbol{x}_0$ 点是连续的, 从而定理成立.

如果 $\boldsymbol{x}_0 \in \mathrm{Int}S$, 那么函数 f 和 f_S 在 $\boldsymbol{x}_0$ 的一个邻域上一致. 因为 f 在 $\boldsymbol{x}_0$ 点连续, 因而 f_S 也在 $\boldsymbol{x}_0$ 点连续. 如果 $\boldsymbol{x}_0 \in \mathrm{Ext}S$, 那么 f_S 在 $\boldsymbol{x}_0$ 点的一个邻域上为零. 设 $\boldsymbol{x}_0 \in \mathrm{Bd}S$, 那么 $\boldsymbol{x}_0$ 可能属于 S 也可能不属于 S, 参看图 13.2. 因为 $\boldsymbol{x}_0 \notin E$ 所以当 $\boldsymbol{x}$ 经过 S 的点趋于 $\boldsymbol{x}_0$ 时, $f(\boldsymbol{x}) \to 0$. 由于 f 是连续的, 由此可知, 当 $\boldsymbol{x}_0$ 属

于 S 时 $f(\boldsymbol{x}_0)=0$, 并且由于 $f_S(\boldsymbol{x})$, 或者等于 $f(\boldsymbol{x})$, 或者等于 0, 所以当 $\boldsymbol{x}$ 经过 $\mathbf{R}^n$ 的点趋于 $\boldsymbol{x}_0$ 时, $f_S(\boldsymbol{x})\to 0$. 为证明 f_S 在 $\boldsymbol{x}_0$ 点连续, 就必须证明 $f_S(\boldsymbol{x})\to 0$. 若 $\boldsymbol{x}_0\notin S$, 则由定义知其成立. 若 $\boldsymbol{x}_0\in S$, 则如早已指出的那样, $f_S(\boldsymbol{x}_0)=f(\boldsymbol{x}_0)$ 为零. □

同样的方法可以用来证明下列定理, 该定理有时是有用的.

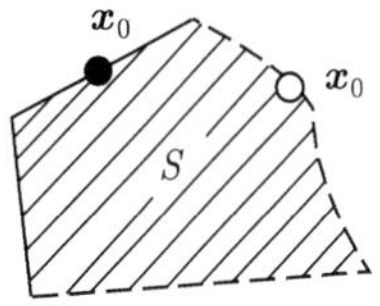

图 13.2

定理 13.6 令 S 是 $\mathbf{R}^n$ 中的有界集, 而 $f:S\to\mathbf{R}$ 是一个有界连续函数. 令 $A=\operatorname{Int}S$. 若 f 在 S 上是可积的, 则 f 在 A 上也是可积的, 并且 $\int_S f=\int_A f$.

证明 第一步. 证明若 f_S 在 x_0 点连续, 那么 f_A 在 $\boldsymbol{x}_0$ 点也连续并且与 f_S 一致. 证明这一点是容易的. 若 $\boldsymbol{x}_0\in\operatorname{Int}S$ 或者 $\boldsymbol{x}_0\in\operatorname{Ext}S$, 则 f_S 和 f_A 在 $\boldsymbol{x}_0$ 点的一个领域上一致, 因而结果是平凡的. 令 $\boldsymbol{x}_0\in\operatorname{Bd}S$, f_S 在 $\boldsymbol{x}_0$ 点的连续性蕴涵着当 $\boldsymbol{x}\to\boldsymbol{x}_0$ 时 $f_S(\boldsymbol{x})\to f_S(\boldsymbol{x}_0)$. 任意接近 $\boldsymbol{x}_0$ 都有不在 S 中的点 $\boldsymbol{x}$ 使得 $f_S(\boldsymbol{x})=0$, 因此该极限必定为 0. 因而 $f_S(\boldsymbol{x}_0)=0$. 由于 $f_A(\boldsymbol{x})$ 或者等于 $f_S(\boldsymbol{x})$ 或者等于 0, 所以当 $\boldsymbol{x}\to\boldsymbol{x}_0$ 时也有 $f_S(\boldsymbol{x})\to 0$. 此外, $f_A(\boldsymbol{x}_0)=0$, 因为 $\boldsymbol{x}_0\notin A$. 因而 f_A 在 $\boldsymbol{x}_0$ 点连续并且在 $\boldsymbol{x}_0$ 点与 f_S 一致.

第二步. 证明定理成立. 如果 f 在 S 上可积, 那么 f_S 除了在一个零测集 D 上之外是连续的. 那么 f_A 在不是 D 中的点上是连续的, 因而 f 在 A 上是可积的. 因为不在 D 中的点上, f_S-f_A 为零, 所以有 $\int_Q(f_S-f_A)=0$, 其中 Q 是包含 S 的矩形. 于是 $\int_S f=\int_A f$. □

习　　题

1. 令 $f,g:S\to\mathbf{R}$, 并假定 f 和 g 是在 S 上可积的.

(a) 证明: 如果 f 和 g 除了在一个零测集上之外是一致的, 那么 $\int_S f=\int_S g$.

(b) 证明: 若对 $\boldsymbol{x}\in S, f(\boldsymbol{x})\leqslant g(\boldsymbol{x})$, 并且有 $\int_S f=\int_S g$, 那么除了在一零测集上之外, f 和 g 是一致的.

2. 令 A 是 $\mathbf{R}^k$ 中的一个矩形而 B 是 $\mathbf{R}^n$ 中的一个矩形, 并且 $Q=A\times B$. 令 $f:Q\to\mathbf{R}$ 是一个有界函数. 证明: 若 $\int_Q f$ 存在, 则对于 $\boldsymbol{x}\in A-D$,

$$\int_{\boldsymbol{y}\in B} f(\boldsymbol{x},\boldsymbol{y})$$

存在, 其中 D 是 $\mathbf{R}^k$ 中的一个零测集.

3. 完成推论 13.4 的证明.

4. 令 S_1 和 S_2 是 $\mathbf{R}^n$ 中的有界集; 令 $f:S\to\mathbf{R}$ 是一个有界函数. 证明若 f 在 S_1 和

S_2 上是可积的, 那么 f 在 $S_1 - S_2$ 上是可积的, 并且

$$\int_{S_1-S_2} f = \int_{S_1} f - \int_{S_1 \cap S_2} f.$$

5. 令 S 是 $\mathbf{R}^n$ 中的有界集, 而 $f: S \to \mathbf{R}$ 是一个有界函数. 令 $A = \mathrm{Int}S$. 给出一个使 $\int_A f$ 存在而 $\int_S f$ 不存在的例子.

6. 在不假定 f 在 S 上连续的情况下证明定理 13.6 成立.

*7. 证明下列定理:

定理　令 S 是 $\mathbf{R}^n$ 中的有界集而 $f: S \to \mathbf{R}$ 是一个有界函数. 令 D 是 S 中使得 f 为不连续的点集. 令 E 是 $\mathrm{Bd}S$ 中使

$$\lim_{\boldsymbol{x} \to \boldsymbol{x}_0} f(\boldsymbol{x}) = 0$$

不成立的点集. 那么 $\int_S f$ 存在当且仅当 D 和 E 是零测度集.

证明　(a) 证明 f_S 在每一点 $\boldsymbol{x}_0 \notin D \cup E$ 是连续的.

(b) 令 B 是 S 的孤立点的集合, 那么 $B \subset E$, 因为若 $\boldsymbol{x}_0$ 不是 S 的极限点, 则极限不能有定义. 证明若 f_S 在 $\boldsymbol{x}_0$ 点连续, 则 $\boldsymbol{x}_0 \notin D \cup (E - B)$.

(c) 证明 B 是可数集.

(d) 完成定理的证明.

§14.　可求积的集合

现在我们把对矩形定义的体积函数扩展到 $\mathbf{R}^n$ 的更一般的子集上. 然后把这个概念与积分理论联系起来, 并将 Fubini 定理推广到某种形如 $\int_S f$ 的积分.

定义　令 S 是 $\mathbf{R}^n$ 中的有界集, 若常函数 1 在 S 上是可积的, 则称 S 是可求积的, 并且定义 S 的 (n 维) 体积为

$$v(S) = \int_S 1.$$

注意, 这个定义与以前当 S 为矩形时的体积定义是一致的.

定理 14.1　$\mathbf{R}^n$ 的一个子集 S 是可求积的当且仅当 S 是有界的而且 $\mathrm{Bd}S$ 的测度为零.

证明　在 S 上为 1 而在 S 外为 0 的函数 1_S 在开集 ExtS 和 $\mathrm{Int}S$ 上是连续的, 但在 $\mathrm{Bd}S$ 的每一点都不是连续的. 由定理 11.2, 函数 1_S 在包含 S 的矩形 Q 上是可积分的当且仅当 $\mathrm{Bd}S$ 的测度为零. □

下列定理中列举了可求积集的若干性质.

定理 14.2　(a)(正定性) 若 S 是可求积的, 那么 $v(S) \geqslant 0$.

(b)(单调性) 若 S_1 和 S_2 是可求积的并且 $S_1 \subset S_2$, 那么 $v(S_1) \leqslant v(S_2)$.

(c)(可加性) 若 S_1 和 S_2 是可求积的, 那么 $S_1 \cup S_2$ 和 $S_1 \cap S_2$ 也是可求积的, 并且有

$$v(S_1 \cup S_2) = v(S_1) + v(S_2) - v(S_1 \cap S_2).$$

(d) 设 S 是可求积的, 那么 $v(S) = 0$ 当且仅当 S 的测度为零.

(e) 若 S 是可求积的, 那么集合 $A = \text{Int}S$ 也是可求积的, 并且有 $v(S) = v(A)$.

(f) 若 S 是可求积的, 并且 $f : S \to \mathbf{R}$ 是一个有界连续函数, 那么 f 在 S 上是可积分的.

证明 (a), (b), (c) 从定理 13.3 得出. 将定理 11.3 应用于非负函数 1_S 则得 (d). (e) 从定理 13.6 得出, 而 (f) 从定理 13.5 得出. □

现在对术语作一点说明. 我们所定义的体积概念被经典地称作容度理论 (或称为 Jordan 容度). 使用容度这一术语使之区别于一种更一般的称为测度 (或 Lebesgue 测度) 的概念. 测度概念在作为 Riemann 积分的推广的 Lebesgue 积分的发展中起着重要作用.

与容度相比, 测度对于一个更大的集类有定义, 但是当两者都有定义时它们是一致的. 我们所定义的"零测集"实际上是其 Lebesgue 测度存在并且等于零的集合. 当然这样的集合未必是可求积的.

Lebesgue 测度有定义的集合通常称为可测的. 但是对于 Jordan 容度有定义的集合没有普遍通用的相应术语. 有人把这样的集合称为"Jordan 可测的", 有人却称之为"积分的定义域", 因为有界连续函数在这样的集合上是可积的. 有学生向我建议,Jordan 容度有定义的集合应该称为"可求容的". 但我采用了"可求积的"这一术语, 因为长度有定义的曲线通常称为"可求长的", 于是就把有体积 (容度) 的任何集合称为可求积的.

假若不用定理 14.1 中所述的条件, 则 $\mathbf{R}^n$ 中可求积的集类是不容易描述的. 例如, 试图认为 $\mathbf{R}^n$ 中的任何有界开集或 $\mathbf{R}^n$ 中的任何有界闭集应当是可求积的, 但事实并非如此, 下面的例子恰好说明这一点.

例 1 我们构造 $\mathbf{R}$ 中的一个有界开集 A, 使得 $\text{Bd}A$ 的测度不为零.

开区间 $(0,1)$ 中的有理数是可数的, 因而可将它们排成一个序列 $q_1, q_2, \cdots$. 令 $0 < a < 1$ 固定. 对于每个 i 选取一个长度小于 $a/2^i$ 的开区间 (a_i, b_i) 使它包含 q_i 并包含在 $(0,1)$ 之中. 当然这些区间会有交叠, 但这没有关系. 令 A 是 $\mathbf{R}$ 中的下列开集:

$$A = (a_1, b_1) \cup (a_2, b_2) \cup \cdots .$$

我们假设 $\text{Bd}A$ 的测度为零并导出矛盾. 置 $\varepsilon = 1 - a$. 由于 $\text{Bd}A$ 的测度为零, 因而可以用总长度小于 ε 的可数个开区间来覆盖 $\text{Bd}A$. 因为 A 是 $[0,1]$ 的子集并且包含 $(0,1)$ 中的所有有理数, 所以有 $\overline{A} = [0,1]$. 因为 $\overline{A} = A \cup \text{Bd}A$, 所以覆盖

A 的开区间连同各开区间 (a_i, b_i)(它们的并是 A) 一起就构成区间 $[0,1]$ 的一个开覆盖. 覆盖 $\mathrm{Bd}A$ 的各开区间的总长度小于 ε, 而覆盖 A 的各开区间的总长度小于 $\sum a/2^i = a$. 因为 $[0,1]$ 是紧的, 所以它能被这些区间中的有限个区间所覆盖. 这些区间的总长度小于 $\varepsilon + a < 1$, 这与推论 10.5 矛盾.

我们以讨论某些特别有用的可求积的集合来结束本节, 通常将这些集合称为"简单区域". 我们将会看到, 对于这些集合而言, Fubini 定理的一种形式成立. 我们只是在例题和习题中用到这些结果.

定义 令 C 是 $\mathbf{R}^{n-1}$ 中的一个紧致可求积集, 令 $\phi, \psi : C \to \mathbf{R}$ 是使得 $\phi(\boldsymbol{x}) \leqslant \psi(\boldsymbol{x})$ 对 $\boldsymbol{x} \in C$ 成立的连续函数. 由下式定义的 $\mathbf{R}^n$ 的子集 S 称为 $\mathbf{R}^n$ 中的简单区域:

$$S = \{(\boldsymbol{x}, t) | \boldsymbol{x} \in C \text{且} \phi(\boldsymbol{x}) \leqslant t \leqslant \psi(\boldsymbol{x})\}.$$

在上述定义中将变量 t 置于最后一个坐标的位置并不特别重要. 如果 $k + l = n - 1$, 并且 $\boldsymbol{y}$ 和 $\boldsymbol{z}$ 分别表示 $\mathbf{R}^k$ 和 $\mathbf{R}^l$ 的一般点, 那么集合

$$S' = \{(\boldsymbol{y}, t, \boldsymbol{z}) | (\boldsymbol{y}, \boldsymbol{z}) \in C \text{且} \phi(\boldsymbol{y}, \boldsymbol{z}) \leqslant t \leqslant \psi(\boldsymbol{y}, \boldsymbol{z})\}$$

也同样称为 $\mathbf{R}^n$ 中的简单区域.

*** 引理 14.3** 如果 S 是 $\mathbf{R}^n$ 中的简单区域, 那么 S 是紧的和可求积的.

证明 令 S 是一个如定义中所述的简单区域. 我们要证明 S 是紧的并且 $\mathrm{Bd}S$ 的测度为零.

第一步. ϕ 的图象是由下式定义的 $\mathbf{R}^n$ 的子集

$$G_\phi = \{(\boldsymbol{x}, t) | \boldsymbol{x} \in C \text{且} t = \phi(\boldsymbol{x})\}.$$

我们来证明 $\mathrm{Bd}S$ 在下列三个集合的并集之中, 这三个集合分别是 G_ϕ, G_ψ 和

$$D = \{(\boldsymbol{x}, t) | \boldsymbol{x} \in \mathrm{Bd}C \text{且} \phi(\boldsymbol{x}) \leqslant t \leqslant \psi(\boldsymbol{x})\}$$

因为这些集合中的每一个都包含在 S 中, 故由此可知 $\mathrm{Bd}S \subset S$, 因而 S 是闭的. 由于 S 是有界的, 因而是紧的. 参看图 14.1.

设 $(\boldsymbol{x}_0, t_0)$ 不属于三个集合 G_ϕ, G_ψ 和 D 中的任何一个, 我们证明 $(\boldsymbol{x}_0, t_0)$ 要么在 $\mathrm{Int}S$ 中, 要么在 $\mathrm{Ext}S$ 中, 可以验证存在下列三种可能性:

(1) $\boldsymbol{x}_0 \notin C$,

(2) $\boldsymbol{x}_0 \in C \text{且} t_0 < \phi(\boldsymbol{x}_0) \text{或者} t_0 > \psi(\boldsymbol{x}_0)$,

(3) $\boldsymbol{x}_0 \in \mathrm{Int}C \text{且} \phi(\boldsymbol{x}_0) < t_0 < \psi(\boldsymbol{x}_0)$.

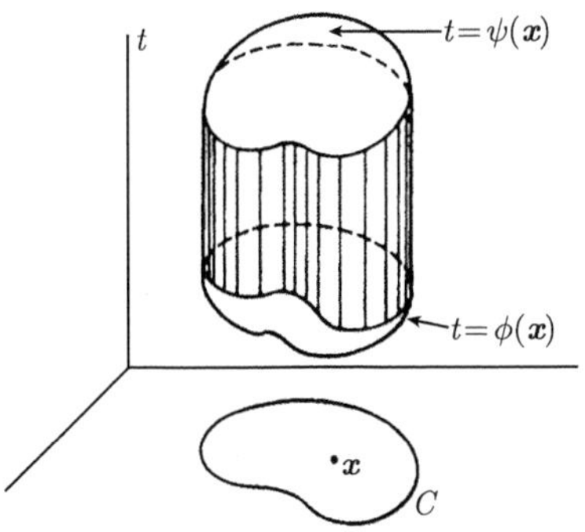

图 14.1

在第一种情况下, 存在 $\boldsymbol{x}_0$ 的一个不与 C 相交的邻域 U 那么 $U\times\mathbf{R}$ 不与 S 相交, 因而 $(\boldsymbol{x}_0,t_0)\in \mathrm{Ext}S$.

考虑第二种情况. 设 $t_0<\phi(\boldsymbol{x}_0)$. 由 ϕ 的连续性, 可以选取 $(\boldsymbol{x}_0,t_0)$ 的一个邻域 W 使得对于 $\boldsymbol{x}\in C$ 和 $(\boldsymbol{x},t)\in W$, 函数 $\phi(\boldsymbol{x})-t$ 为正. 于是 W 不与 S 相交, 因而 $(\boldsymbol{x}_0,t_0)\in \mathrm{Ext}S$. 若 $t_0>\psi(\boldsymbol{x}_0)$, 则类似的论证也适用.

现在考虑第三种情况. 由连续性, 在 $\mathbf{R}^n$ 中存在 $(\boldsymbol{x}_0,t_0)$ 点的一个邻域 $U\times V$ 使得 $U\subset C$ 且函数 $t-\phi(\boldsymbol{x})$ 和 $\psi(\boldsymbol{x})-t$ 在 $U\times V$ 上都是正的. 于是 $U\times V$ 包含在 S 中, 因而 $(\boldsymbol{x}_0,t_0)\in \mathrm{Int}S$.

第二步. 证明 $G\phi$ 和 $G\psi$ 的测度为零.

只需考虑 $G\phi$ 的情况即可. 在 $\mathbf{R}^{n-1}$ 中选取一个包含集合 C 的矩形 Q. 给定 $\varepsilon>0$, 令 $\varepsilon'=\varepsilon/2v(Q)$. 因为 ϕ 是连续的而 C 是紧的, 故由一致连续性定理可知, 存在一个 $\delta>0$ 使得当 $\boldsymbol{x},\boldsymbol{y}\in C$ 且 $|\boldsymbol{x}-\boldsymbol{y}|<\delta$ 时就有 $|\phi(\boldsymbol{x})-\phi(\boldsymbol{y})|<\varepsilon'$. 选取 Q 的一个网格距小于 δ 的划分 P, 若 R 是由 P 决定的一个子矩形且设 R 与 C 相交, 那么 $|\phi(\boldsymbol{x})-\phi(\boldsymbol{y})|<\varepsilon'$ 对于 $\boldsymbol{x},\boldsymbol{y}\in R\cap C$ 成立. 对每个这样的 R, 选取 $R\cap C$ 的一点 $\boldsymbol{x}_R$ 并且定义 I_R 为下列区间

$$I_R=[\phi(\boldsymbol{x}_R)-\varepsilon',\phi(\boldsymbol{x}_R)+\varepsilon'].$$

那么 n 维矩形 $R\times I_R$ 包含形如 $(\boldsymbol{x},\phi(\boldsymbol{x}))$ 的每一点并且满足 $\boldsymbol{x}\in C\cap R$, 参看图 14.2.

当 R 遍历所有与 C 相交的子矩形时, 各矩形 $R\times I_R$ 覆盖 G_ϕ, 而它们的总体积为

$$\sum_R v(R\times I_R)=\sum_R v(R)(2\varepsilon')\leqslant 2\varepsilon' v(Q)=\varepsilon.$$

第三步. 证明集合 D 的测度为零, 从而也就完成了定理的证明. 因为 ϕ 和 ψ

是连续的并且 C 是紧的, 所以存在一个数 M 使得

$$-M \leqslant \phi(\boldsymbol{x}) \leqslant \psi(\boldsymbol{x}) \leqslant M, \quad \boldsymbol{x} \in C.$$

给定 $\varepsilon > 0$, 用 $\mathbf{R}^{n-1}$ 中总体积小于 $\varepsilon/2M$ 的矩形 $Q_1, Q_2, \cdots$ 覆盖 BdC, 那么 $\mathbf{R}^n$ 中的矩形 $Q_i \times [-M, M]$ 覆盖 D, 而且它们的总体积小于 ε. □

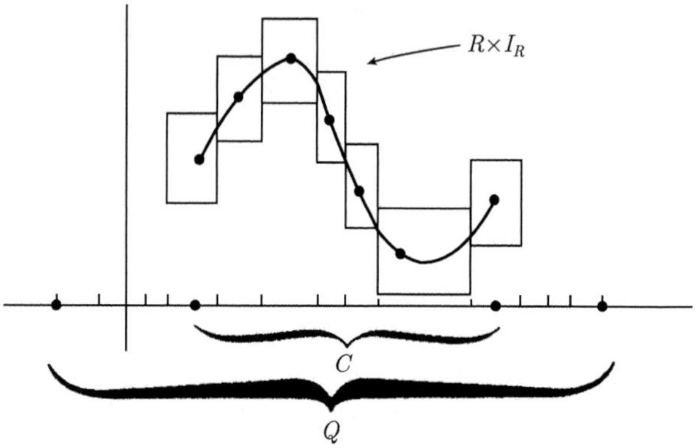

图 14.2

***定理 14.4**(关于简单区域的 Fubini 定理) 令

$$S = \{(\boldsymbol{x}, t) | \boldsymbol{x} \in C \text{且} \phi(\boldsymbol{x}) \leqslant t \leqslant \psi(\boldsymbol{x})\}$$

是 $\mathbf{R}^n$ 中的简单区域; 令 $f : S \to \mathbf{R}$ 是一个连续函数. 那么 f 在 S 上是可积的并且有

$$\int_S f = \int_{\boldsymbol{x} \in C} \int_{t=\phi(\boldsymbol{x})}^{t=\psi(\boldsymbol{x})} f(\boldsymbol{x}, t).$$

证明 令 $Q \times [-M, M]$ 是 $\mathbf{R}^n$ 中的一个包含 S 的矩形, 因为 f 在 S 上是连续的和有界的, 并且 S 是可求积的, 所以 f 是在 S 上可积分的. 此外, 对于固定的 $\boldsymbol{x}_0 \in Q$, 函数 $f_S(\boldsymbol{x}_0, t)$ 或者恒等于零 (若 $\boldsymbol{x}_0 \notin C$), 或者在整个 $\mathbf{R}$ 上除去两点之外是连续的. 从 Fubini 定理得

$$\int_Q f_S = \int_{\boldsymbol{x} \in Q} \int_{t=-M}^{t=M} f_S(\boldsymbol{x}, t).$$

因为当 $\boldsymbol{x} \notin C$ 时内层积分为零, 因而可将上式写成

$$\int_S f = \int_{\boldsymbol{x} \in C} \int_{t=-M}^{t=M} f_S(\boldsymbol{x}, t).$$

而且除非 $\phi(\boldsymbol{x}) \leqslant t \leqslant \psi(\boldsymbol{x})$, $f_S(\boldsymbol{x},t)$ 将为零, 而在该情况下, $f_S(\boldsymbol{x},t) = f(\boldsymbol{x},t)$. 因此又可将上式写成

$$\int_S f = \int_{\boldsymbol{x}\in C} \int_{t=\phi(\boldsymbol{x})}^{t=\psi(\boldsymbol{x})} f(\boldsymbol{x},t). \qquad \square$$

上述定理为我们提供了一种将 n 维积分 $\int_S f$ 化成低维积分的合理方法, 至少在被积函数连续且集合 S 为简单区域时是这样.

当集合 S 不是简单区域时, 实际上常常可以将 S 表示成一些简单区域的并, 而且它们仅在一些零测度集上出现交叠. 积分的可加性告诉我们, 可以分别在这些简单子区域上积分然后相加来求出积分 $\int_S f$ 的值. 正象在微积分中那样, 这个过程可能是相当费劲的，但至少是直接可行的.

当然也有这样一些可求积的集合, 它们不能用这种方法划分成一些简单区域. 在这种集合上求积分将会更加困难. 一种做法是用简单区域之并来逼近 S, 然后取极限.

例 2 假设我们要在图 14.3 所画出的 $\mathbf{R}^2$ 中的集合 S 上的对连续函数 f 进行积分, 但 S 不是简单区域, 容易将 S 划分成仅在零测集上交叠的简单区域, 如像图中虚线所示的那样.

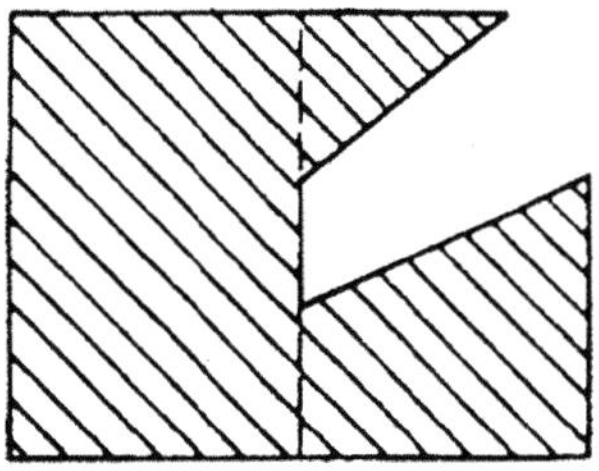

图 14.3

例 3 考虑 $\mathbf{R}^2$ 中由下式给出的集合 S:

$$S = \{(x,y) | 1 \leqslant x^2 + y^2 \leqslant 4\},$$

如图 14.4 所示. 然而 S 不是简单区域, 但是可以像在图中所表示的那样, 通过将 S 划分成两个仅在零测集上交叠的简单区域并分别在它们上面积分来求出 S 上的积分值. 当然求积分的上下限是一件相当繁琐的事.

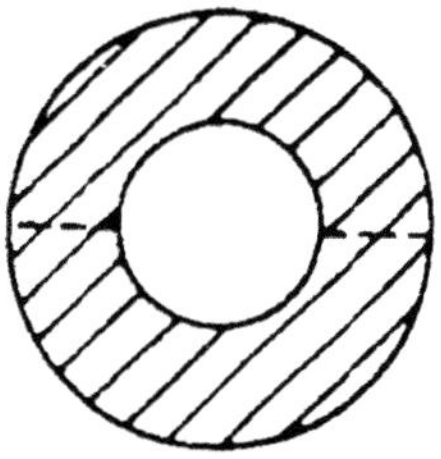

图 14.4

假若在微积分中实际遇到这样的问题, 则大可不必如此划分区域, 而是应当用极坐标来表示积分. 由此得出的积分具有非常简单的积分限.

用极坐标表示二维积分是下一章我们将要论述的称作“代换”或“变量替换”的一种非常一般的积分方法的特殊情况.

现在让我们来作最后一个评注. 在我们讨论体积概念时还缺少一件事没做, 那就是我们如何知道集合的体积不依赖于它的空间位置呢? 换句话说, 如果 S 是一个可求积的集合, 并且 $h:\mathbf{R}^n\to\mathbf{R}^n$ 是一个刚体运动 (这究竟意味着什么), 那么我们如何知道 S 和 $h(S)$ 具有相同的体积?

例如, 在图 14.5 中画出集合 S 和 T, 它们各表示一个边长为 5 的正方形. 实际上, T 是由 S 旋转一个角 $\theta=\arctan\frac{3}{4}$ 而得到的. 从定义立得 S 的体积是 25. 显然 T 是可求积的, 因为它是一个简单区域. 但是怎样知道 T 的体积也是 25 呢?

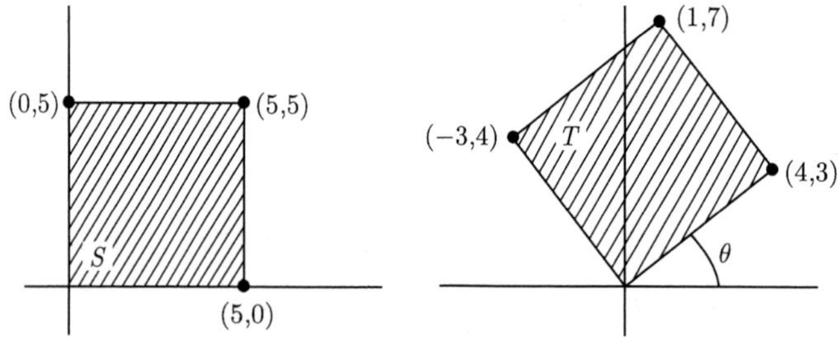

图 14.5

当然我们能够简单地计算出 $v(T)$. 一种作法是写出其图象分别为 T 的上下边界的函数 $\psi(x)$ 和 $\phi(x)$ 的方程, 并在区间 $[-3,4]$ 上积分函数 $\psi(x)-\phi(x)$. 参看图 14.6.

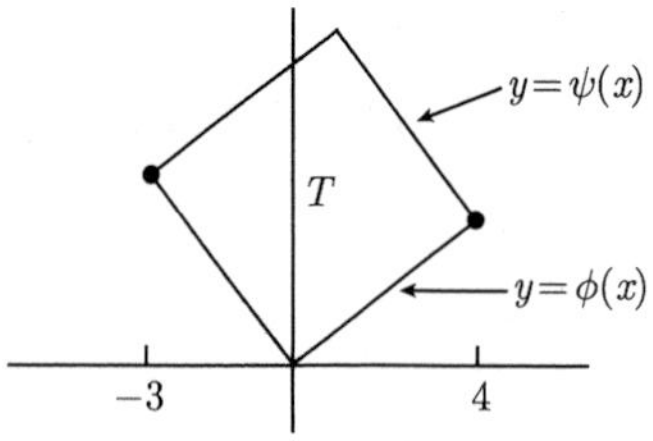

图 14.6

另一种作法是将 T 包围在一个矩形 Q 中, 作 Q 的一个划分 P, 并计算函数 1_T 关于划分 P 的上和与下和. 下和等于包含在 T 内的所有子矩形的总面积, 而上和是与 T 相交的所有子矩形的总面积. 需要证明

$$L(1_T,P)\leqslant 25\leqslant U(1_T,P)$$

对所有划分 P 成立. 参看图 14.7.

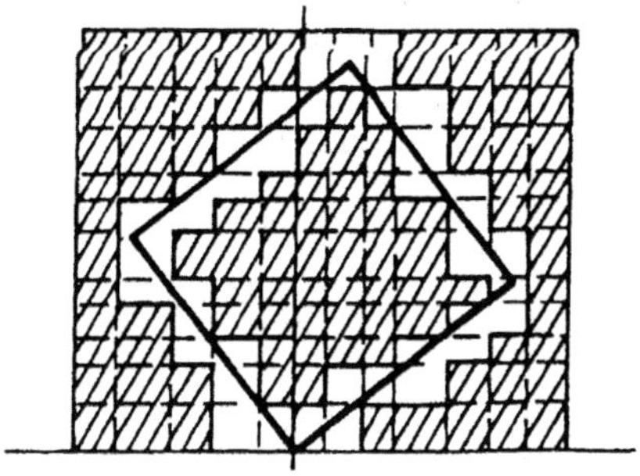

图 14.7

这两种作法都不特别吸引人. 我们需要的是一个普遍定理. 下一章我们将证明下列结果:

设 $h:\mathbf{R}^n\to\mathbf{R}^n$ 是一个满足下列条件的函数: 对所有 $\boldsymbol{x},\boldsymbol{y}\in\mathbf{R}^n$,

$$||h(\boldsymbol{x})-h(\boldsymbol{y})||=||\boldsymbol{x}-\boldsymbol{y}||.$$

这样的函数称为等距变换. 如果 S 是 $\mathbf{R}^n$ 中的一个可求积集, 那么 $T=h(S)$ 也是可求积的, 并且 $v(T)=v(S)$.

习　题

1. 令 S 是 $\mathbf{R}^n$ 中的一个有界集, 并且是可数个可求积集合 $S_1,S_2,\cdots$ 的并.

(a) 证明 $S_1\cup\cdots\cdots\cup S_n$ 是可求积的.

(b) 给出一个例子说明 S 未必是可求积的.

2. 证明: 若 S_1 和 S_2 是可求积的, 那么 S_1-S_2 也是可求积的, 并且有

$$v(S_1-S_2)=v(S_1)-v(S_1\cap S_2).$$

3. 证明: 若 A 是 $\mathbf{R}^n$ 中的一个可求积的非空开集, 那么 $v(A)>0$.

4. 给出一个有界零测集是可求积集的例子, 再给出一个有界零测集是不可求积的例子.

5. 在 $\mathbf{R}$ 中寻求一个不可求积的有界闭集.

6. 令 A 是 $\mathbf{R}^n$ 中的一个有界开集, 而 $f:\mathbf{R}^n\to\mathbf{R}$ 是一个有界连续函数. 给出一个使得 $\int_{\underline{A}} f$ 存在但 $\int_A f$ 不存在的例子.

7. 令 S 是 $\mathbf{R}^n$ 中的一个有界集.

(a) 证明: 若 S 是可求积的, 那么集合 $\overline{S}$ 也是可求积的, 并且有 $v(S)=v(\overline{S})$.

(b) 给出一个例子使得 $\overline{S}$ 和 $\text{Int}S$ 都是可求积的, 但 S 是不可求积的.

8. 令 A 和 B 分别是 $\mathbf{R}^k$ 和 $\mathbf{R}^n$ 中的矩形. 令 S 是包含在 $A\times B$ 中的一个集合. 对每个 $\boldsymbol{y}\in B$, 令

$$S_{\boldsymbol{y}}=\{\boldsymbol{x}|\boldsymbol{x}\in A\text{且}(\boldsymbol{x},\boldsymbol{y})\in S\}$$

并将 $S_{\boldsymbol{y}}$ 称为 S 的截口. 证明: 如果 S 都是可求积的并且对于每个 $\boldsymbol{y}, S_{\boldsymbol{y}}$ 都是可求积的, 那么

$$v(S)=\int_{\boldsymbol{y}\in B} v(S_{\boldsymbol{y}}).$$

§15. 非正常积分

现在我们来扩展积分的概念, 要在 S 不必是有界域和 f 不必为有界函数的情况下定义积分 $\int_S f$, 有时将这种积分称为非正常积分或广义积分.

我们仅在 S 为 $\mathbf{R}^n$ 中的开集的情况下来定义广义积分.

定义 令 A 是 $\mathbf{R}^n$ 中的一个开集并且 $f: A\to\mathbf{R}$ 是一个连续函数. 若 f 在 A 上是非负的, 则将 f 在 A 上的 (广义) 积分定义为当 D 遍历 A 的所有可求积子集时 $\int_D f$ 的上确界 (假若这个上确界存在), 并且记为 $\int_A f$. 在这种情况下. 我们称 f 在 A 上是 (广义) 可积的. 更一般地, 若 f 是 A 上的任意连续函数, 则置

$$f_+(\boldsymbol{x})=\max\{f(\boldsymbol{x}),0\}, \quad f_-(\boldsymbol{x})=\max\{-f(\boldsymbol{x}),0\}.$$

如果 f_+ 和 f_- 都是可积的, 则称 f 在 A 上是 (广义) 可积的, 而且在此情况下置

$$\int_A f=\int_A f_+ - f\int_A f_-,$$

其中 $\int_A$ 始终表示广义积分.

如果 A 是 $\mathbf{R}^n$ 中的开集并且 f 和 A 都是有界的, 那么现在 $\int_A f$ 有两种意义. 它可能表示广义积分, 也可能表示常义积分. 原来, 如果常义积分存在, 那么广义积分也存在并且两种积分相等. 然而仍可能存在某些意义不明确的情况, 因为当常义积分不存在时, 广义积分可能存在. 为了避免这种模棱两可的情况. 我们作如下约定.

约定. 若 A 是 $\mathbf{R}^n$ 中的开集, 那么 $\int_A f$ 将表示广义积分, 除非另有特别声明.

当然, 若 A 不是开集, 则不会产生歧义. 此时 $\int_A f$ 必然表示常义积分.

现在我们重新表述广义积分的定义使它适合于多种目的. 我们将它叙述成在微积分中定义非常积分的方式. 我们从一个予备性的引理开始.

引理 15.1 令 A 是 $\mathbf{R}^n$ 中的一个开集. 那么存在 A 的一列可求积的紧子集 $C_1, C_2, \cdots$, 它们的并集为 A, 而且使得 $C_N\subset \operatorname{Int} C_{N+1}$ 对每个 N 都成立.

证明 令 d 表示 $\mathbf{R}^n$ 上的确界度量 $d(\boldsymbol{x},\boldsymbol{y})=|\boldsymbol{x}-\boldsymbol{y}|$. 若 $B\subset\mathbf{R}^n$, 则像通常那样令 $d(\boldsymbol{x},B)$ 表示从 $\boldsymbol{x}$ 到 B 的距离 (参看 §4).

现在令 $B=\mathbf{R}^n-A$. 然后给定一个正整数 N, 令 D_N 表示集合

$$D_n=\{\boldsymbol{x}|d(\boldsymbol{x},B)\geqslant\frac{1}{N}\text{且}d(\boldsymbol{x},0)\leqslant N\}.$$

因为 $d(\boldsymbol{x},B)$ 和 $d(\boldsymbol{x},0)$ 都是 $\boldsymbol{x}$ 的连续函数 (参看定理 4.6 的证明), 所以 D_N 是 $\mathbf{R}^n$ 的闭子集. 因为 D_N 包含在以 0 为中心, 以 N 为半径的立方体内, 所以它是有界的因而也是紧的. 此外 D_N 还包含在 A 中, 因为不等式 $d(\boldsymbol{x},B)\geqslant 1/N$ 蕴涵着 $\boldsymbol{x}$ 不可能在 B 中. 为证明诸集合 D_N 覆盖 A, 令 $\boldsymbol{x}$ 是 A 的一点. 因为 A 是开集, 所以 $d(\boldsymbol{x},B)>0$. 于是存在一个 N 使得 $d(\boldsymbol{x},B)\geqslant 1/N$ 且 $d(\boldsymbol{x},0)\leqslant N$, 因而 $\boldsymbol{x}\in D_N$. 最后注意到集合

$$A_{N+1}=\{\boldsymbol{x}|d(\boldsymbol{x},B)>\frac{1}{N+1}\text{且}d(\boldsymbol{x},0)<N+1\}$$

是开的 (因为 $d(\boldsymbol{x},B)$ 和 $d(\boldsymbol{x},0)$ 是连续的). 因为由定义, A_{N+1} 包含在 D_{N+1} 中并且它包含 D_N, 由此可知 $D_N\subset\text{Int}D_{N+1}$, 参看图 15.1.

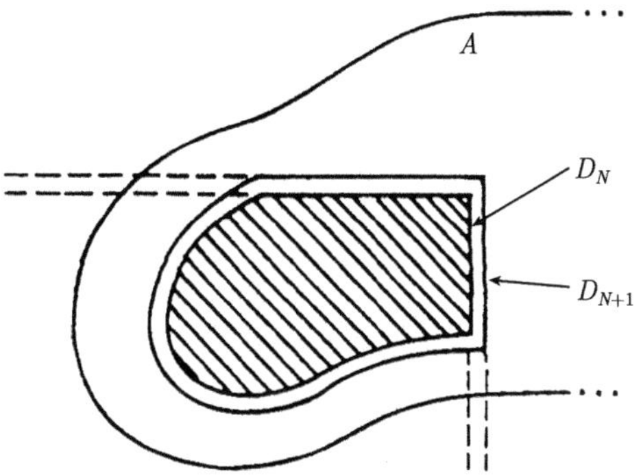

图 15.1

各集合 D_N 不全是我们所要的集合, 因为它们可能是不可求积的. 我们来构造各集合 C_N 如下: 对于每个 $\boldsymbol{x}\in D_N$, 选取一个以 $\boldsymbol{x}$ 为中心并且包含在 $\text{Int}D_{N+1}$ 中的闭立方体. 这些立方体的内部覆盖 D_N, 可以选取其中的有限个使它们的内部仍然覆盖 D_N 而令它们的并为 C_N. 由于 C_N 是矩形的有限并因而是紧的和可求积的. 那么

$$D_N\subset\text{Int}C_N\subset C_N\subset\text{Int}D_{N+1}.$$

由此可知, 各集合 C_N 的并集等于 A 而且对所有 $N, C_N\subset\text{Int}C_{N+1}$ □

现在我们来得出定义的另一种表述.

定理 15.2 令 A 是 $\mathbf{R}^n$ 中的开集且 $f:A\to R$ 是连续函数. 选取 A 的一列可求积的紧子集 C_N, 使它们的并等于 A, 并且使得 $C_N\subset\text{Int}C_{N+1}$ 对所有 N 成立.

那么 f 在 A 上是可积的当且仅当序列 $\int_{C_N}|f|$ 是有界的. 在这种情况下,

$$\int_A f = \lim_{N\to\infty}\int_{C_N} f.$$

从这个定理可知, f 在 A 上是可积的当且仅当 $|f|$ 在 A 上是可积的.

证明　第一步. 首先在 f 为非负的情况下来证明本定理. 此时 $f=|f|$. 因为(由单调性) 序列 $\int_{C_N} f$ 是递增的, 所以当且仅当它有界时收敛.

先设 f 在 A 上是可积的. 若令 D 遍历 A 的所有可求积的紧子集, 那么

$$\int_{C_N} f \leqslant \sup_D\{\int_D f\} = \int_A f,$$

因为 C_N 本身也是 A 的一个可求积的紧子集. 由此可知序列 $\int_{C_N} f$ 是有界的, 因而有

$$\lim_{N\to\infty}\int_{C_N} f \leqslant \int_A f$$

反过来, 再设序列 $\int_{C_N} f$ 是有界的. 令 D 是 A 的任意一个可求积的紧子集. 那么 D 被下列开集覆盖:

$$\mathrm{Int}C_1 \subset \mathrm{Int}C_2 \subset \cdots,$$

因而被其中的有限个覆盖, 并因此被它们之中的某一个覆盖, 比方说是 C_M. 那么

$$\int_D f \leqslant \int_{C_M} f \leqslant \lim_{N\to\infty}\int_{C_N} f.$$

因为 D 是任意的, 故由此可知, f 在 A 上是可积的并且

$$\int_A f \leqslant \lim_{N\to\infty}\int_{C_N} f.$$

第二步. 现在令 $f: A\to\mathbf{R}$ 是任意一个连续函数. 由定义, f 在 A 上是可积的当且仅当 f_+ 和 f_- 是在 A 上可积的; 而由第一步, 这种情况当且仅当序列 $\int_{C_N} f_+$ 和 $\int_{C_N} f_-$ 为有界时发生. 注意到

$$0\leqslant f_+(\boldsymbol{x})\leqslant |f(\boldsymbol{x})|,\quad 0\leqslant f_-(\boldsymbol{x})\leqslant |f(\boldsymbol{x})|,$$

而

$$|f(\boldsymbol{x})| = f_+(\boldsymbol{x}) + f_-(\boldsymbol{x})$$

由此可知, 序列 $\int_{C_N} f_+$ 和 $\int_{C_N} f_-$ 是有界的当且仅当序列 $\int_{C_N} |f|$ 是有界的. 在这种情况下, 前面两个序列分别收敛于 $\int_A f_+$ 和 $\int_A f_-$. 因为收敛序列可以逐项相加, 所以序列

$$\int_{C_N} f = \int_{C_N} f_+ - \int_{C_N} f_-$$

收敛于 $\int_A f_+ - \int_A f_-$, 而且由定义, 后者等于 $\int_A f$. □

现在我们来验证广义积分的性质, 其中许多类似于常义积分的相应性质. 然后在广义积分与常义积分都存在的情况下将两者联系起来.

定理 15.3 令 A 是 $\mathbf{R}^n$ 中的一个开集而 $f, g: A \to \mathbf{R}$ 为连续函数.

(a)(线性性质). 若 f 和 g 都是在 A 上可积的, 那么 $af+bg$ 也是在 A 上可积的, 并且有

$$\int_A (af+bg) = a\int_A f + b\int_A g.$$

(b)(比较性质). 令 f 和 g 是在 A 上可积的, 若对 $\boldsymbol{x} \in A, f(\boldsymbol{x}) \leqslant g(\boldsymbol{x})$ 那么

$$\int_A f \leqslant \int_A g.$$

特别有

$$|\int_A f| \leqslant \int_A |f|.$$

(c)(单调性). 设 B 为开集并且 $B \subset A$. 如果 f 在 A 上是非负的并且是可积的, 那么 f 在 B 上是可积的并且

$$\int_B f \leqslant \int_A f.$$

(d)(可加性). 设 A 和 B 是 $\mathbf{R}^n$ 中的开集并且 f 在 $A \cup B$ 上是连续的. 若 f 在 A 和 B 上是可积的, 那么 f 在 $A \cup B$ 和 $A \cap B$ 上是可积的, 并且有

$$\int_{A\cup B} f = \int_A f + \int_B f - \int_{A\cap B} f.$$

注意到, 由前面的约定. 本定理中的积分号始终表示广义积分.

证明 令 C_N 是一列可求积的紧集且它们的并是 A, 而且还使得 $C_N \subset \mathrm{Int} C_{N+1}$ 对所有 N 成立.

(a) 由常义积分的比较性质和线性性质, 有

$$\int_{C_N} |af+bg| \leqslant |a| \int_{C_N} |f| + |b| \int_{C_N} |g|.$$

因为序列 $\int_{C_N}|f|$ 和 $\int_{C_N}|g|$ 都是有界的, 所以 $\int_{C_N}|af+bg|$ 也是有界的. 于是在等式

$$\int_{C_N}(af+bg)=a\int_{C_N}f+b\int_{C_N}g.$$

中取极限可得线性性质成立.

(b) 若 $f(\boldsymbol{x})\leqslant g(\boldsymbol{x})$, 则在下列不等式中取极限即可证明本款成立:

$$\int_{C_N}f\leqslant\int_{C_N}g.$$

(c) 若 D 是 B 的一个可求积的紧子集, 那么 D 也是 A 的一个可求积的紧子集, 因而由定义

$$\int_D f\leqslant\int_A f.$$

由于 D 是任意的, 所以 f 在 B 上是可积的并且 $\int_B f\leqslant\int_A f$.

(d) 令 D_N 是一列可求积的紧集, 它们的并集是 B 且使得 $D_N\subset \mathrm{Int}D_{N+1}$ 对每个 N 成立. 令

$$E_N=C_N\cup D_N,\quad F_N=C_N\cap D_N.$$

那么 E_N 和 F_N 是两列可求积的紧子集, 它们各自的并分别是 $A\cup B$ 和 $A\cap B$, 参看图 15.2.

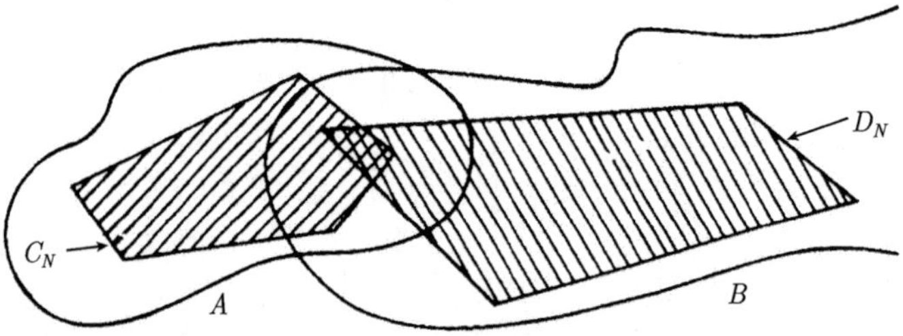

图 15.2

我们来证明 $E_N\subset\mathrm{Int}E_{N+1}$ 和 $F_N\subset\mathrm{Int}F_{N+1}$. 若 $\boldsymbol{x}\in E_N$, 那么 $\boldsymbol{x}$ 或者在 C_N 中或者在 D_N 中. 若为前者, 则 $\boldsymbol{x}$ 的某个邻域包含在 C_{N+1} 中; 若为后者, 则 $\boldsymbol{x}$ 的上述邻域包含在 E_{N+1} 中, 因而 $\boldsymbol{x}\in\mathrm{Int}E_{N+1}$.

类似的, 若 $\boldsymbol{x}\in F_N$, 那么 $\boldsymbol{x}$ 的某个邻域 U 包含在 C_{N+1} 中, 且有 $\boldsymbol{x}$ 的某个邻域 V 包含在 D_{N+1} 中, 因而 $\boldsymbol{x}$ 的邻域 $U\cap V$ 包含在 F_{N+1} 中, 所以有 $\boldsymbol{x}\in\mathrm{Int}F_{N+1}$.

常义积分的可加性告诉我们

$$(*)\qquad \int_{E_N}f=\int_{C_N}f+\int_{D_N}f-\int_{F_N}f.$$

将此等式应用于 $|F|$, 则可以看出 $\int_{E_N} f$ 和 $\int_{F_N} f$ 均以下式为上界:

$$\int_{C_N} |f| + \int_{D_N} |f|.$$

因而 f 在 $A \cup B$ 和 $A \cap B$ 上是可积的. 于是在 $(*)$ 式中取极限就得到所期望的等式. □

现在来建立广义积分与常义积分的联系.

定理 15.4 令 A 是 $\mathbf{R}^n$ 中的一个有界开集, 并且 $f: A \to \mathbf{R}$ 是一个有界连续函数, 那么广义积分 $\int_A f$ 存在; 如果常义积分 $\int_A f$ 也存在, 那么这两个积分相等.

证明 令 Q 是包含 A 的一个矩形.

第一步. 证明 f 的广义积分存在. 选取 M 使得 $|f(\boldsymbol{x})| \leqslant M$ 对于 $\boldsymbol{x} \in A$ 成立. 那么对于 A 的任何一个可求积的紧子集 D, 均有

$$\int_D |f| \leqslant \int_D M \leqslant M \cdot v(Q).$$

因而 f 在 A 上是广义可积的.

第二步. 考虑 f 为非负的情况. 设 f 在 A 上的常义积分存在. 由定义, 它等于函数 f_A 在 Q 上的积分. 若 D 是 A 的一个可求积的紧子集, 那么

$$\begin{aligned} \int_D f &= \int_D f_A \quad (\text{因为在}D\text{上},f = f_A) \\ &\leqslant \int_Q f_A \quad (\text{由单调性}) \\ &= (\text{常义积分}) \int_A f. \end{aligned}$$

因为 D 是任意的, 故由此可知

$$(\text{广义积分}) \int_A f \leqslant (\text{常义积分}) \int_A f.$$

另一方面, 令 P 是 Q 的一个划分并且以 R 表示由 P 决定的一般子矩形. 用 $R_1, \cdots, R_k$ 表示那些位于 A 中的子矩形, 并且令 $D = R_1 \cup \cdots \cup R_k$, 参看图 15.3. 于是,

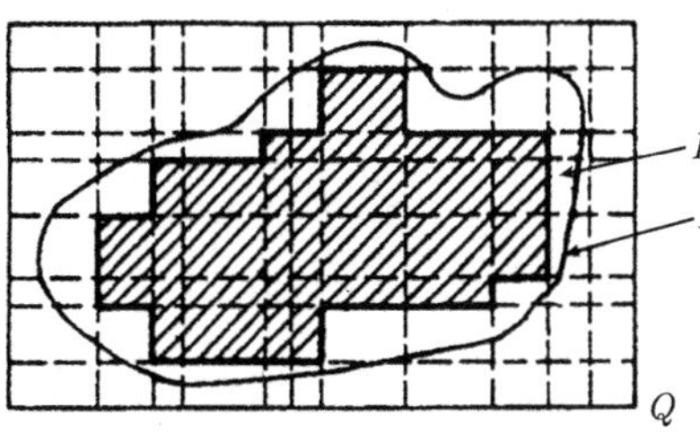

图 15.3

$$L(f_A, P) = \sum_{i=1}^{k} m_{R_i}(f) \cdot v(R_i),$$

因为若 R 包含在 A 中, 则 $m_R(f_A)=m_R(f)$; 若 R 不包含在 A 中, 则 $m_R(f_A)=0$. 另一方面,

$$\begin{aligned}\sum_{i=1}^{k} m_{R_i}(f)\cdot v(R_i) &\leqslant \sum_{i=1}^{k}\int_{R_i} f \quad (\text{由比较性质})\\ &= \int_D f \quad (\text{由可加性})\\ &\leqslant (\text{广义积分})\int_A f\ (\text{由定义})\end{aligned}$$

因为划分 P 是任意的, 因而可以推出

$$(\text{常义积分})\int_A f \leqslant (\text{广义积分})\int_A f.$$

第三步. 现在来考虑一般情况. 如通常那样写成 $f=f_+-f_-$. 因为 f 在 A 上是常义可积的, 故由引理 13.2, f_+ 和 f_- 都是常义可积的, 于是

$$\begin{aligned}(\text{常义积分})\int_A f &= (\text{常义积分})\int_A f_+ - (\text{常义积分})\int_A f_-\ (\text{由线性})\\ &= (\text{广义积分})\int_A f_+ - (\text{广义积分})\int_A f_-\ (\text{由第二步})\\ &= (\text{广义积分})\int_A f.\ (\text{由定义})\end{aligned}$$

□

例 1 若 A 是 $\mathbf{R}^n$ 中的有界开集且 $f:A\to\mathbf{R}$ 是一个有界连续函数, 那么广义积分 $\int_A f$ 存在, 但常义积分 $\int_A f$ 可能不存在. 例如, 令 A 是 §14 例 1 中所构造的 $\mathbf{R}$ 的开子集. 集合 A 是有界的, 但 $\mathrm{Bd}A$ 的测度不为零. 于是虽然广义积分 $\int_A 1$ 存在, 但常义积分 $\int_A 1$ 却不存在.

上面的定理有一个推论如下:

推论 15.5 令 S 是 $\mathbf{R}^n$ 中的一个有界集, 并且 $f:S\to\mathbf{R}$ 是一个有界连续函数. 如果 f 在 S 是常义可积的, 那么

$$(\text{常义积分})\int_S f = (\text{广义积分})\int_{\mathrm{Int}S} f.$$

证明 应用定理 13.6 和 15.4. □

这个推论告诉我们, 对于广义积分所证明的任何定理都与常义积分有着密切的联系. 下一章将要证明的变量替换定理就是一个重要的例子.

我们已对广义积分的定义给出了两种表述, 下一章还将给出另外一种表述. 所有这些定义的表述形式对于不同的理论研究来说都是有用的. 然而实际将它们应

用于计算问题时可能有些使用不便. 有一种表述形式在许多实际场合都是有用的, 在某些例题和习题中, 我们也将用到它, 这便是下面的定理.

***定理 15.6** 令 A 是 $\mathbf{R}^n$ 中的开集且 $f: A \to \mathbf{R}$ 是一个连续函数. 令 $U_1 \subset U_2 \subset \cdots$ 为一列开集且它们的并是 A. 那么 $\int_A f$ 存在当且仅当序列 $\int_{U_N} f$ 存在并且有界, 在此情况下,

$$\int_A f = \lim_{N \to \infty} \int_{U_N} f.$$

证明 如往常一样, 只需考虑 f 为非负的情况即可.

假设积分 $\int_A f$ 存在. 广义积分的单调性蕴涵着 f 在 U_N 上是可积的并且对于每个 N,

$$\int_{U_N} f \leqslant \int_A f.$$

由此可知递增序列 $\int_{U_N} f$ 收敛并且有

$$\lim_{N \to \infty} \int_{U_N} f \leqslant \int_A f.$$

反过来, 设序列 $\int_{U_N} f$ 存在并且有界. 令 D 是 A 的一个可求积的紧子集. 因为 D 被各开集 $U_1 \subset U_2 \subset \cdots$ 覆盖, 所以可被它们当中的有限个覆盖, 因而也就被它们之中的某一个所覆盖, 比方说是 U_M. 那么由定义,

$$\int_D f \leqslant \int_{U_M} f \leqslant \lim_{N \to \infty} \int_{U_N} f.$$

由于 D 是任意的, 所以

$$\int_A f \leqslant \lim_{N \to \infty} \int_{U_N} f. \qquad \square$$

在应用这个定理时, 通常选取 U_N 是可求积的而且 f 在 U_N 上是有界的. 那么积分 $\int_{U_N} f$ 作为常义积分存在 (从而作为广义积分存在) 并且可用熟悉的方法计算. 请看下面的例子.

例 2 令 A 是 $\mathbf{R}^2$ 中由下式定义的开集

$$A = \{(x, y) | x > 1 \text{且} y > 1\}.$$

令 $f(x, y) = \dfrac{1}{x^2 y^2}$ 那么 f 在 A 上是有界的, 但 A 是无界的. 通过置 $C_N = \left[\dfrac{N+1}{N}, N\right]^2$ 并在 C_N 上积分 f, 那么我们就可以利用定理 15.2 来计算 $\int_A f$. 利用

定理 15.6 会更容些, 置 $U_N = (1, N)^2$ 并在 U_N 上积分 f, 参看图 15.4. 集合 U_N 是可求积的; f 在 U_N 上是有界的, 因为 $\overline{U}_N$ 是紧的并且 f 在 $\overline{U}_N$ 上是连续的. 因而 $\int_{U_N}$ 作为常义积分存在, 所以我们可以应用 Fubini 定理. 作计算

$$\int_{U_N} f = \int_{x=1}^{x=N} \int_{y=1}^{y=N} \frac{1}{x^2y^2} = \left(\frac{N-1}{N}\right)^2,$$

从而推出 $\int_A f = 1$.

例 3　令 $B = (0,1)^2$. 如同例 2 令 $f(x,y) = \dfrac{1}{x^2y^2}$. 那么 B 是有界的但 f 在 B 上不是有界的, 实际上, 在 x 轴和 y 轴附近的每一点处 f 都是无界的. 可是若置 $U_N = \left(\dfrac{1}{N}, 1\right)^2$, 那么 f 在 U_N 上是有界的, 参看图 15.5. 作计算

$$\int_{U_N} f = (-1+N)^2.$$

于是可以断定 $\int_B f$ 不存在.

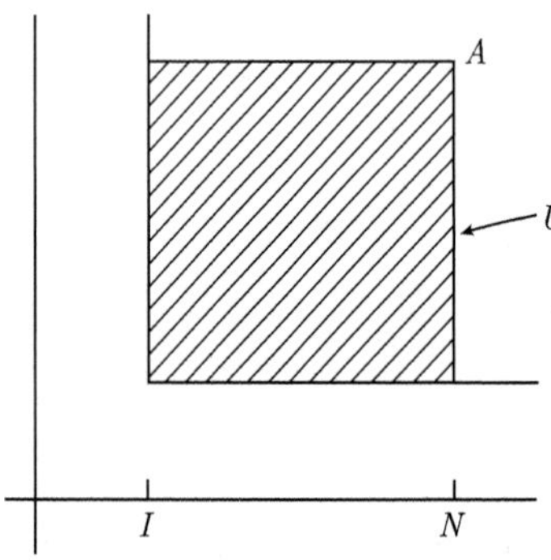

图 15.4

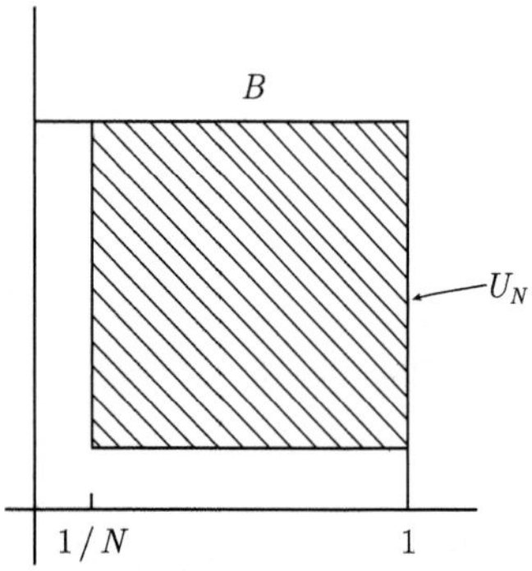

图 15.5

习　题

1. 令 $f: \mathbf{R} \to \mathbf{R}$ 为函数 $f(x) = x$. 证明: 给定 $\lambda \in \mathbf{R}$ 存在 $\mathbf{R}$ 的一列可求长的紧子集 C_N 其并集为 $\mathbf{R}$, 使得对于每个 $N, C_N \subset \mathrm{Int} C_{N+1}$, 并且有

$$\lim_{N\to\infty} \int_{C_N} f = \lambda.$$

请问广义积分 $\int_R f$ 是否存在?

2. 令 A 是 $\mathbf{R}^n$ 中的开集且 $f,g: A\to\mathbf{R}$ 为连续函数. 设 $|f(\boldsymbol{x})|\leqslant g(\boldsymbol{x})$ 对 $\boldsymbol{x}\in A$ 成立. 证明: 若 $\int_A g$ 存在则 $\int_A f$ 也存在. (此结果类似于无穷级数的“比较验敛法”.)

3.(a) 令 A 和 B 是例 2 和例 3 中的集合; 令 $f(x,y)=1/(xy)^{1/2}$. 决定 $\int_A f$ 和 $\int_B f$ 是否存在. 如果任何一个存在, 则将它计算出来.

(b) 令 $C=\{(x,y)|x>0,y>0\}$ 令

$$f(x,y)=1/(x^2+\sqrt{x})(y^2+\sqrt{y}).$$

证明: $\int_C f$ 存在, 但不要试图计算它.

4. 令 $f(x,y)=\dfrac{1}{(y+1)^2}$. 令 A 和 B 分别是 $\mathbf{R}^2$ 中的下列开集:

$$A=\{(x,y)|x>0,x<y<2x\},$$

$$B=\{(x,y)|x>0,x^2<y<2x^2\}.$$

证明: $\int_A f$ 不存在, $\int_B f$ 存在并将它计算出来. 参看图 15.6.

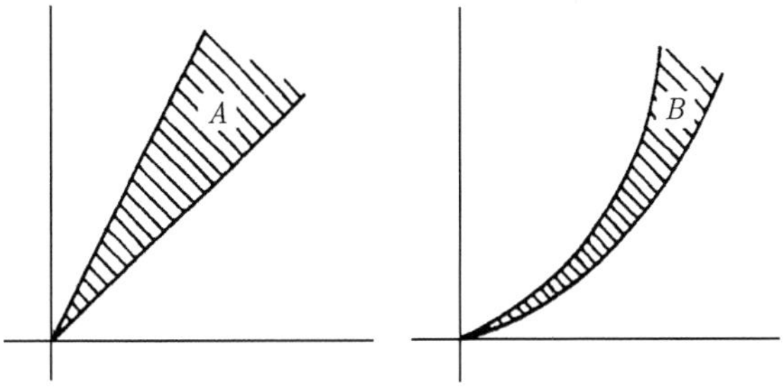

图 15.6

5. 令 $f(x,y)=1/x(xy)^{1/2}$, 其中 $x>0,y>0$. 令

$$A_0=\{(x,y)|0<x<1,x<y<2x\},$$

$$B_0=\{(x,y)|0<x<1,x^2<y<2x^2\}.$$

确定 $\int_{A_0} f$ 和 $\int_{B_0} f$ 是否存在; 若存在, 则计算出来.

6. 令 A 是 $\mathbf{R}^2$ 中由下式定义的集合:

$$A=\left\{(x,y)|x>1,0<y<\frac{1}{x}\right\}.$$

如果积分 $\int_A \dfrac{1}{xy^{1/2}}$ 存在, 则将它计算出来.

*7. 令 A 是 $\mathbf{R}^n$ 中的一个有界集, 且 $f: A\to\mathbf{R}$ 是一个有界连续函数. 令 Q 是包含 A 的一个矩形. 证明

$$\int_A f=\underline{\int_Q}(f_+)_A-\underline{\int_Q}(f_-)_A.$$

*8. 令 A 是 $\mathbf{R}^n$ 中的一个开集. 如果 A 中的每个 x 都有一个邻域使得 $f: A \to \mathbf{R}$ 在该邻域上是有界的, 则称 f 在 A 上是局部有界的. 令 $\mathcal{F}(A)$ 是在 A 上局部有界且除去一个零测度集之外在 A 上连续的所有函数 $f: A \to \mathbf{R}$ 的集合.

(a) 证明若 f 在 A 上连续, 则 $f \in \mathcal{F}(A)$

(b) 证明：若 f 在 $\mathcal{F}(A)$ 中, 那么 f 在 A 的每个紧子集上有界并且广义积分 $\int_A f$ 的定义可以毫不改变地适用.

(c) 证明定理 15.4 对于 $\mathcal{F}(A)$ 中的函数 f 都成立.

(d) 证明：若将定理 15.4 假设条件中的“连续”改为“除在一零测集上之外连续”, 则定理仍然成立.

第四章 变量替换

在计算一元函数的积分时, 最有用的工具之一就是所谓的“换元法则”. 例如在微积分中计算如下的积分时就要用到它:

$$\int_0^1 (2x^2+1)^{10}(4x)dx.$$

作代换 $y=2x^2+1$, 将此积分化为求积分

$$\int_1^3 y^{10}dy.$$

这个积分是容易计算的. (在这里我们使用了微分号“dx”和“dy”.)

本章的意图是用两种方式推广换元法则:

(1) 我们将论述 n 维积分而不是一维积分.

(2) 我们将对广义积分来证明这个规则而不是仅对有界集上的有界函数的积分来证明. 这将要求我们把积分限制在 $\mathbf{R}^n$ 中的开集上. 但是正如推论 15.5 所证明的那样, 这不是一个很严格的限制.

我们把换元规则的广义形式称为变量替换定理.

§16. 单位分解

为了证明变量替换定理, 我们需要重新表述广义积分 $\int_A f$ 的定义. 我们可以通过把集合 A 分解成一些可求积的紧集 C_N, 并取相应积分 $\int_{C_N} f$ 的极限从而求出积分 $\int_A f$. 按照新的方法, 则应将函数 f 分解成若干个函数 f_N, 使其中每个函数在一个紧集之外为零, 再取相应积分 $\int_A f_N$ 的极限. 这种方法有许多优点, 尤其是对于理论研究更为合适. 它将自始至终地出现在本书的剩余部分.

这种方法涉及到本节将要定义的“单位分解”的概念, 这是数学中较近代才产生的一个概念.

我们从几个引理开始.

引理 16.1 令 Q 是 $\mathbf{R}^n$ 中的一个矩形. 则存在一个 C^∞ 函数 $\phi:\mathbf{R}^n\to\mathbf{R}$ 使得当 $\boldsymbol{x}\in\operatorname{Int}Q$ 时, $\phi(\boldsymbol{x})>0$; 否则 $\phi(\boldsymbol{x})=0$.

证明　令 $f:\mathbf{R}\to\mathbf{R}$ 由下式定义

$$f(x)=\begin{cases} e^{-\frac{1}{x}}, & x>0,\\ 0, & \text{其他情形}.\end{cases}$$

那么当 $x>0$ 时 $f(x)>0$. 这是一元分析的标准结果, 因为 f 是 C^∞ 的. (证明概括在习题中.) 定义

$$g(x)=f(x)\cdot f(1-x).$$

那么 g 是 C^∞ 的, 而且对 $0<x<1$, g 是正的, 而在其他点处为零. 参看图 16.1. 最后, 若

$$Q=[a_1,b_1]\times\cdots\times[a_n,b_n],$$

则定义

$$\phi(\boldsymbol{x})=g\left(\frac{x_1-a_1}{b_1-a_1}\right)\cdot g\left(\frac{x_2-a_2}{b_2-a_2}\right)\cdots g\left(\frac{x_n-a_n}{b_n-a_n}\right).$$ □

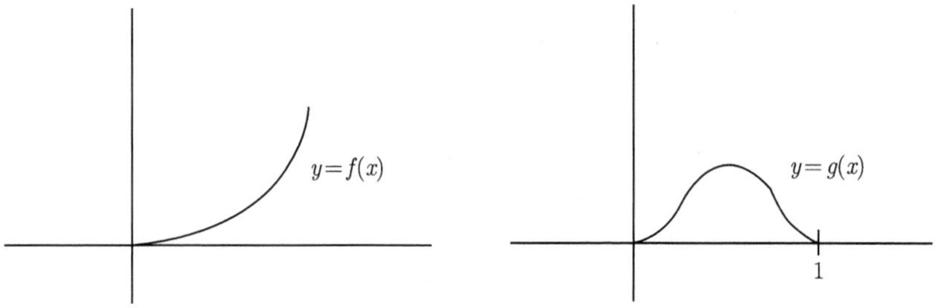

图 16.1

引理 16.2　令 $\mathcal{A}$ 是 $\mathbf{R}^n$ 中的一族开集, 它们的并是 A. 那么存在包含于 A 中的矩形的一个可数族 $Q_1,Q_2,\cdots$, 使得

(1) 集族 $\operatorname{Int}Q_i$ 覆盖 A.

(2) 每个 Q_i 包含在 $\mathcal{A}$ 的一个成员中.

(3) A 的每一点都有一个邻域使得该邻域只与有限个集合 Q_i 相交.

证明　寻求满足 (1) 和 (2) 的矩形 Q_i 并不困难, 较困难的是如何选取它们使之也满足 (3), 即满足所谓的"局部有限性条件".

第一步. 令 $D_1,D_2,\cdots$ 是 A 的一列紧子集, 其并为 A, 并且使得 $D_i\subset\operatorname{Int}D_{i+1}$ 对每个 i 成立. 为了记号的方便, 对 $i\leqslant 0$, 令 D_i 表示空集. 然后对每个 i, 定义

$$B_i=D_i-\operatorname{Int}D_{i-1}.$$

作为 D_i 的子集, 集合 B_i 是有界的, 并且它作为闭集 D_i 和 $\mathbf{R}^n-\operatorname{Int}D_{i-1}$ 的交也是闭的, 因而 B_i 是紧的. 另外, B_i 与闭集 D_{i-2} 不相交, 因为 $D_{i-2}\subset\operatorname{Int}D_{i-1}$. 对

每个 $x \in B_i$, 选取一个以 x 为中心的闭立方体 C_x 使之包含在 A 中并且不与 D_{i-2} 相交. 此外, 还要选取 C_x 充分小使它包含在开集族 $\mathcal{A}$ 的一个成员中, 参看图 16.2.

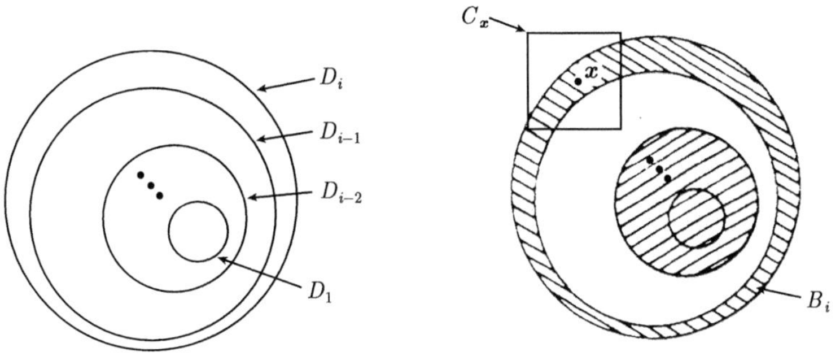

图 16.2

诸立方体 C_x 的内部覆盖 B_i, 从中选取有限个立方体使它们的内部仍能覆盖 B_i. 令 $\mathscr{C}_i$ 表示该立方体的有限族. 参看图 16.3.

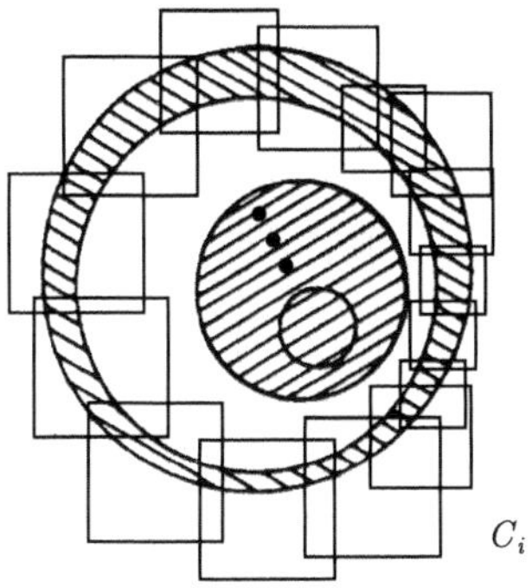

图 16.3

第二步. 令 $\mathscr{C}$ 为集族

$$\mathscr{C} = \mathscr{C}_1 \cup \mathscr{C}_2 \cup \cdots ,$$

那么 $\mathscr{C}$ 是矩形 (实为立方体) 的一个可数族. 我们来证明该集族满足引理的要求.

由构造可知, $\mathscr{C}$ 的每个成员都是包含在集族 $\mathcal{A}$ 的一个成员中的矩形. 我们要证明这些矩形的内部覆盖 A. 给定 $x \in A$, 令 i 是使得 $x \in \operatorname{Int} D_i$ 的最小整数, 那么 x 是集合 $B_i = D_i - \operatorname{Int} D_{i-1}$ 中的元素. 因为属于集族 $\mathscr{C}_i$ 的立方体的内部覆盖 B_i, 所以点 x 位于这些立方体之一的内部.

最后来验证局部有限性条件. 给定 x, 则有 $x \in \operatorname{Int} D_i$ 对某个 i 成立. 由构造可知, 属于各集族 $\mathscr{C}_{i+2}, \mathscr{C}_{i+3}, \cdots$ 之一的每个立方体不与 D_i 相交. 因此开集 $\operatorname{Int} D_i$ 只可能与属于集族 $\mathscr{C}_1, \cdots, \mathscr{C}_{i+1}$ 之一的立方体相交. 因而 x 有一个邻域只与集族

$\mathscr{C}$ 中的有限个立方体相交. □

我们指出, 局部有限性条件对 A 中的每一点 $\boldsymbol{x}$ 成立, 但是对于 $\text{Bd}A$ 中的点 $\boldsymbol{x}$ 不成立. 可以验证, 这种点的每个邻域必与集族 $\mathscr{C}$ 中的无穷多个立方体相交.

定义　若 $\phi : \mathbf{R}^n \to \mathbf{R}$, 那么 ϕ 的支集定义为集合 $\{\boldsymbol{x}|\phi(\boldsymbol{x}) \neq 0\}$ 的闭包并且记为 $\text{supp}\phi$. 换句话说, ϕ 的支集由下列性质描述: 若 $\boldsymbol{x} \notin \text{supp}\phi$, 则 $\boldsymbol{x}$ 有一个邻域使得函数 ϕ 在该邻域上恒为零.

定理 16.3(单位分解的存在性)　令 $\mathcal{A}$ 是 $\mathbf{R}^n$ 中的一个开集族, 且 A 是它们的并. 则存在连续函数 $\phi_i : \mathbf{R}^n \to \mathbf{R}$ 的序列 $\phi_1, \phi_2, \cdots$ 使得:

(1) $\phi_i(\boldsymbol{x}) \geqslant 0$ 对所有 $\boldsymbol{x}$ 成立.

(2) 集合 $S_i = \text{supp}\ \phi_i$ 包含在 A 中.

(3) A 的每一点都有一个邻域只与有限多个集合 S_i 相交.

(4) 对每个 $\boldsymbol{x} \in A, \sum\limits_{i=1}^{\infty} \phi_i(\boldsymbol{x}) = 1$.

(5) 各函数 ϕ_i 都是 C^∞ 的.

(6) 各集合 S_i 都是紧的.

(7) 对于每个 i, 集合 S_i 包含在 $\mathcal{A}$ 的一个成员之中.

满足条件 (1)-(4) 的函数族 $\{\phi_i\}$ 称为 A 上的单位分解. 若它还满足 (5), 则称之为 C^∞ 的; 若它满足 (6), 则称它具有紧支集; 若它满足 (7), 则称它是由集族 $\mathcal{A}$ 决定的或称它是从属于 $\mathcal{A}$ 的.

证明　给定 $\mathcal{A}$ 和 A, 令 $Q_1, Q_2, \cdots$ 是满足引理 16.2 所述条件的 A 中矩形的一个序列. 对每个 i, 令 $\psi_i : \mathbf{R}^n \to \mathbf{R}$ 是一个 C^∞ 函数并且在 $\text{Int}\, Q_i$ 上取正值, 而在别处为零, 那么对所有 $\boldsymbol{x}, \psi_i(\boldsymbol{x}) \geqslant 0$. 而且 $\text{supp}\ \psi_i = Q_i$, 而 Q_i 是 A 的一个紧子集并且包含在 $\mathcal{A}$ 的一个成员中. 最后, A 的每一点都有一个邻域仅与有限个 Q_i 相交. 因而集族 $\{\psi_i\}$ 满足定理中除 (4) 之外的所有条件.

条件 (3) 告诉我们, 对于 $\boldsymbol{x} \in A$, 各数 $\psi_1(\boldsymbol{x}), \psi_2(\boldsymbol{x}), \cdots$ 中只有有限个不为零, 因而级数

$$\lambda(\boldsymbol{x}) = \sum_{i=1}^{\infty} \psi_i(\boldsymbol{x})$$

平凡收敛. 因为每个 $\boldsymbol{x} \in A$ 都有一个邻域使得 $\lambda(\boldsymbol{x})$ 在该邻域上是 C^∞ 函数的有限和, 所以 $\lambda(\boldsymbol{x})$ 是 C^∞ 的. 最后, 对每个 $\boldsymbol{x} \in A, \lambda(\boldsymbol{x}) > 0$. 给定 $\boldsymbol{x}$, 则有一个矩形 Q_i, 其内部包含 $\boldsymbol{x}$, 由此 $\psi_i(\boldsymbol{x}) > 0$. 现在我们定义

$$\phi_i(\boldsymbol{x}) = \psi_i(\boldsymbol{x})/\lambda(\boldsymbol{x}),$$

那么各函数 ϕ_i 满足定理的所有条件. □

条件 (1) 和 (4) 蕴涵着对于每个 $\boldsymbol{x} \in A$, 各数 $\phi_i(\boldsymbol{x})$ 实际构成一个"单位分解", 即它们把单位 1 表示成一些非负数的和. 局部有限性条件 (3) 有这样一个结论: 对包含在 A 中的任何紧集 C, 都有一个包含 C 的开集使得 ϕ_i 在该集合上除对有限个 i 之外恒为零. 为了找到这样一个开集, 用有限多个邻域覆盖 C, 并且使得在每个邻域上除对有限多个 i 之外 ϕ_i 为零, 然后取这个有限邻域族之并.

例 1 令 $f:\mathbf{R} \to \mathbf{R}$ 是由下式定义的函数

$$f(x) = \begin{cases} (1+\cos x)/2, & -\pi \leqslant x \leqslant \pi, \\ 0, & \text{其他}. \end{cases}$$

那么 f 是 C^1 类的. 对每个整数 $m \geqslant 0$, 置 $\phi_{2m+1}(x) = f(x - m\pi)$; 对每个整数 $m \geqslant 1$, 置 $\phi_{2m}(x) = f(x + m\pi)$. 那么函数族 $\{\phi_i\}$ 构成 $\mathbf{R}$ 上的一个单位分解. ϕ_i 的支集 S_i 是一个形如 $[k\pi, (k+2)\pi]$ 的闭区间, 这是一个紧集, 并且 $\mathbf{R}$ 的每一点都有一个邻域, 该邻域至多与集合 S_i 中的三个相交. 请读者自行验证 $\sum \phi_i(x) = 1$. 因而 $\{\phi_i\}$ 是 $\mathbf{R}$ 上的一个单位分解. 参看图 16.4.

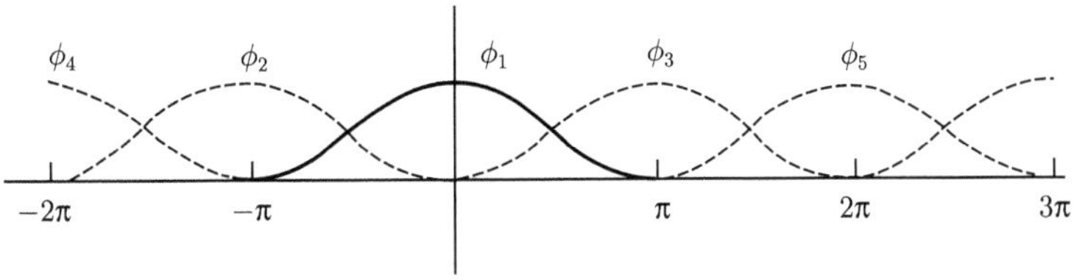

图 16.4

现在我们来考察单位分解和广义积分之间的联系. 为此需要一个预备引理.

引理 16.4 令 A 是 $\mathbf{R}^n$ 中的开集且 $f:A \to \mathbf{R}$ 是一个连续函数. 若 f 在 A 的紧子集 C 之外为零, 那么积分 $\int_A f$和 $\int_C f$ 存在并且相等.

证明 积分 $\int_C f$ 存在是因为 C 是有界的并且在 A 上等于 f 而在 C 外为零的函数 f_C 在整个 $\mathbf{R}^n$ 上是连续的和有界的.

令 C_i 是一列可求积的紧集, 它们的并是 A, 并且使得 $C_i \subset \operatorname{Int} C_{i+1}$ 对每个 i 成立, 那么 C 被有限个集合 $\operatorname{Int} C_i$ 覆盖, 从而被它们之中的某一个, 比方说是 C_M 覆盖. 因为 f 在 C 外为零, 所以对所有 $N \geqslant M$,

$$\int_C f = \int_{C_N} f.$$

将这一事实应用于 $|f|$, 可证明 $\lim \int_{C_N} |f|$ 存在, 因而 f 在 A 上是可积的; 将它应用于 f, 则可证明 $\int_C f = \lim \int_{C_N} f = \int_A f$. □

定理 16.5 令 A 是 $\mathbf{R}^n$ 中的开集且 $f: A \to \mathbf{R}$ 为连续函数. 令 $\{\phi_i\}$ 是 A 上的一个具有紧支集的单位分解. 那么积分 $\int_A f$ 存在当且仅当级数

$$\sum_{i=1}^{\infty}\left[\int_A \phi_i |f|\right]$$

收敛; 在此情况下

$$\int_A f = \sum_{i=1}^{\infty}\left[\int_A \phi_i f\right].$$

注意到, 由上面的引理, 积分 $\int_A \phi_i f$ 存在并且等于常义积分 $\int_{Si} \phi_i f$ (其中$S_i = \operatorname{supp}\phi_i$).

证明 首先考虑 f 在 A 上为非负的情况.

第一步. 假设 f 在 A 上是非负的并且级数 $\sum\left[\int_A \phi_i f\right]$ 收敛. 我们来证明 $\int_A f$ 存在并且

$$\int_A f \leqslant \sum_{i=1}^{\infty}\left[\int_A \phi_i f\right].$$

令 D 是 A 的一个可求积的紧子集. 存在一个 M 使得对所有 $i > M$, 函数 ϕ_i 在 D 上恒为零. 那么对 $\boldsymbol{x} \in D$,

$$f(\boldsymbol{x}) = \sum_{i=1}^{M} \phi_i(\boldsymbol{x}) f(\boldsymbol{x}).$$

于是可以推出

$$\begin{aligned}
\int_D f &= \sum_{i=1}^{M}\left[\int_D \phi_i f\right] \quad (\text{由线性性质}) \\
&\leqslant \sum_{i=1}^{M}\left[\int_{D\cup Si} \phi_i f\right] \quad (\text{由单调性}) \\
&= \sum_{i=1}^{M}\left[\int_A \phi_i f\right] \quad (\text{由上面的引理}) \\
&\leqslant \sum_{i=1}^{\infty}\left[\int_A \phi_i f\right].
\end{aligned}$$

由此可知 f 在 A 上是可积的并且有

$$\int_A f \leqslant \sum_{i=1}^{\infty}\left[\int_A \phi_i f\right].$$

第二步. 假设 f 在 A 上是非负的并设 f 在 A 上是可积的. 我们证明级数 $\sum\left[\int_A \phi_i f\right]$ 收敛. 给定 N, 则有

$$\begin{aligned}\sum_{i=1}^{N}\left[\int_A \phi_i f\right] &= \int_A \left[\sum_{i=1}^{N}\phi_i f\right] \quad \text{(由线性性质)}\\ &\leqslant \int_A f. \quad \text{(由比较性质)}\end{aligned}$$

因而级数 $\sum\left[\int_A \phi_i f\right]$ 收敛, 因为它的部分和有界并且它的和小于或者等于 $\int_A f$.

现在证明了定理对于非负函数 f 成立.

第三步. 考虑任意连续函数 $f: A \to \mathbf{R}$ 的情况. 由定理 15.2, 积分 $\int_A f$ 存在当且仅当积分 $\int_A |f|$ 存在, 并且由第一步和第二步, 当且仅当下列级数收敛时这种情况发生:

$$\sum_{i=1}^{\infty}\left[\int_A \phi_i |f|\right].$$

另一方面, 如果 $\int_A f$ 存在, 那么

$$\begin{aligned}\int_A f &= \int_A f_+ - \int_A f_- \quad \text{(由定义)}\\ &= \sum_{i=1}^{\infty}\left[\int_A \phi_i f_+\right] - \sum_{i=1}^{\infty}\left[\int_A \phi_i f_-\right] \quad \text{(由第一步和第二步)}\\ &= \sum_{i=1}^{\infty}\left[\int_A \phi_i f\right] \quad \text{(由线性性质)},\end{aligned}$$

因为收敛级数可以逐项相加. □

习　　题

1. 证明引理 16.1 中的函数 f 是 C^∞ 的如下: 给定任何整数 $n \geqslant 0$, 用下式定义 $f_n: \mathbf{R} \to \mathbf{R}$

$$f_n(x) = \begin{cases} (e^{-1/x})/x^n, & x > 0,\\ 0, & x \leqslant 0.\end{cases}$$

(a) 证明 f_n 在 0 点连续. [提示: 证明 $a < e^a$ 对所有 a 成立, 然后置 $a = t/2n$ 推出

$$\frac{t^n}{e^t} < \frac{(2n)^n}{e^{t/2}}.$$

置 $t = \dfrac{1}{x}$ 并且让 x 通过正值趋于 0.]

(b) 证明 f_n 是在 0 点可微的.

(c) 证明 $f_n'(x) = f_{n+2}(x) - nf_{n+1}(x)$ 对所有 x 成立.

(d) 证明 f_n 是 C^∞ 的.

2. 证明例 1 中定义的函数构成 $\mathbf{R}$ 上的一个单位分解. [提示: 对所有整数 m, 令 $f_m(x) = f(x - m\pi)$. 证明 $\sum f_{2m}(x) = (1 + \cos x)/2$. 然后求出 $\sum f_{2m+1}(x)$.]

3. (a) 令 S 是 $\mathbf{R}^n$ 的一个任何子集, 令 $\boldsymbol{x}_0 \in S$. 我们称函数 $f : S \to \mathbf{R}$ 在 $\boldsymbol{x}_0$ 点是 C^r 可微的, 假如有 $\boldsymbol{x}_0$ 点在 $\mathbf{R}^n$ 中的一个邻域 U 上定义的一个 C^r 函数 $g : U \to \mathbf{R}$ 使得 g 与 f 在 $U \cap S$ 上一致. 在这种情况下, 证明若 $\phi : \mathbf{R}^n \to \mathbf{R}$ 是一个支集在 U 中的 C^r 函数, 那么函数

$$h(\boldsymbol{x}) = \begin{cases} \phi(\boldsymbol{x})g(\boldsymbol{x}), & \boldsymbol{x} \in U, \\ 0, & \boldsymbol{x} \notin \operatorname{supp} \phi, \end{cases}$$

是完全确定的并且在 $\mathbf{R}^n$ 上是 C^r 的.

(b) 证明下列定理:

定理 如果函数 $f : S \to \mathbf{R}$ 在 S 的每一点 $\boldsymbol{x}_0$ 处 C^r 可微的, 那么 f 能被扩张成一个在 $\mathbf{R}^n$ 的包含 S 的一个开集 A 上定义的 C^r 函数 $h : A \to \mathbf{R}$. [提示: 用适当选取的邻域覆盖 S, 令 A 是它们的并, 再取一个由该邻域族决定的 A 上的 C^∞ 单位分解.]

§17. 变量替换定理

现在来讨论一般变量替换定理, 我们从回顾它在微积分中使用的形式开始. 虽然这种形式通常在一元微积分基本教程中都予以证明, 但是在这里我们仍然给出它的证明.

先回忆一个基本约定: 若 f 在 $[a, b]$ 上是可积的, 则定义

$$\int_b^a f = -\int_a^b f.$$

定理 17.1(换元法则) 记 $I = [a, b]$, 令 $g : I \to \mathbf{R}$ 是一个 C^1 类的函数并且对于 $x \in (a, b), g'(x) \neq 0$. 那么 $g(I)$ 是一个以 $g(a)$ 和 $g(b)$ 为端点的闭区间 J. 如果 $f : J \to \mathbf{R}$ 是连续的, 那么

$$\int_{g(a)}^{g(b)} f = \int_a^b (f \circ g)g',$$

或者等价地有

$$\int_J f = \int_I (f \circ g)|g'|.$$

证明 g' 的连续性和介值定理蕴涵着在整个 (a, b) 上, 要么 $g'(x) > 0$, 要么 $g'(x) < 0$. 因此由中值定理, g 在 I 上或者严格递增, 或者严格递减. 因而 g 是一一的. 在 $g' > 0$ 的情况下, $g(a) < g(b)$, 而在 $g' < 0$ 的情况下, 则有 $g(a) > g(b)$. 无论在哪种情况下, 均令 $J = [c, d]$ 表示以 $g(a)$ 和 $g(b)$ 为端点的区间, 参看图 17.1. 介

值定理蕴涵着 g 把 I 映射到 J 上. 于是复合函数 $f(g(x))$ 对 $[a,b]$ 中的所有 x 都有定义, 从而至少定理有意义.

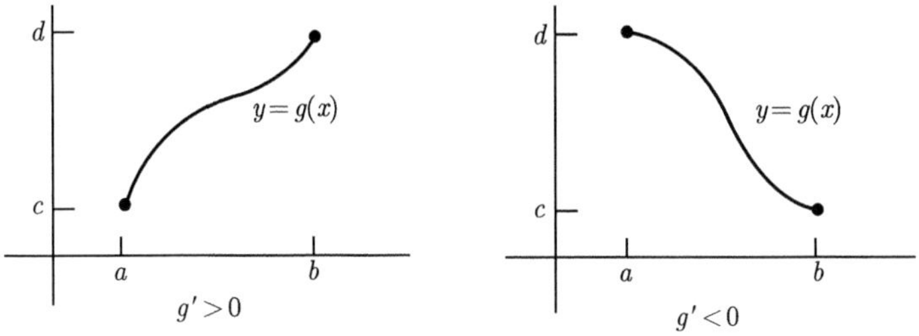

图 17.1

对于 $[c,d]$ 中的 y 定义

$$F(y)=\int_c^y f.$$

因为 f 是连续的, 所以微积分基本定理蕴涵着 $F'(y)=f(y)$. 考虑复合函数 $h(x)=F(g(x))$, 由链规则, 微分这个函数得

$$h'(x)=F'(g(x))\ g'(x)=f(g(x))\ g'(x).$$

因为后一个函数是连续的, 所以用微积分基本定理对其积分, 则有

$$\begin{aligned}\int_{x=a}^{x=b} f(g(x))g'(x) &= h(b)-h(a)=F(g(b))-F(g(a))\\ &=\int_c^{g(b)} f-\int_c^{g(a)} f.\end{aligned}$$

由于 c 或者等于 $g(a)$ 或者等于 $g(b)$, 但是无论在哪种情况下, 这个等式均可写成下列形式

$$(*)\qquad \int_a^b (f\circ g)g'=\int_{g(a)}^{g(b)} f.$$

这就是我们要证明的第一个等式.

在 $g'>0$ 的情况下, $J=[g(a),g(b)]$. 因为在这种情况下 $|g'|=g'$, 所以 $(*)$ 式可以写成下列形式

$$(**)\qquad \int_I (f\circ g)|g'|=\int_J f.$$

在 $g'<0$ 的情况下, $J=[g(b),g(a)]$. 因为在此情况下, $|g'|=-g'$, 所以 $(*)$ 式同样也可以写成 $(**)$ 式的形式. □

例 1　考虑积分

$$\int_{x=0}^{x=1}(2x^2+1)^{10}(4x).$$

令 $f(y)=y^{10}$ 且 $g(x)=2x^2+1$, 那么 $g'(x)=4x$, 并且对于 $0<x<1$, 它取正值, 参看图 17.2. 由换元法得

$$\int_{x=0}^{x=1}(2x^2+1)^{10}(4x)=\int_{x=0}^{x=1}f(g(x))g'(x)=\int_{y=1}^{y=3}f(y)=\int_{y=1}^{y=3}y^{10}.$$

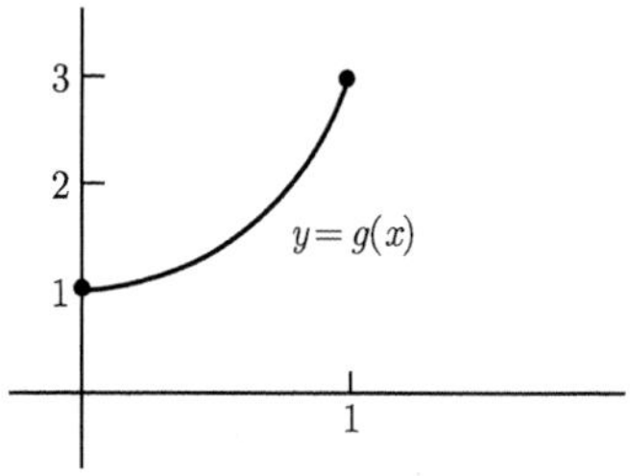

图 17.2

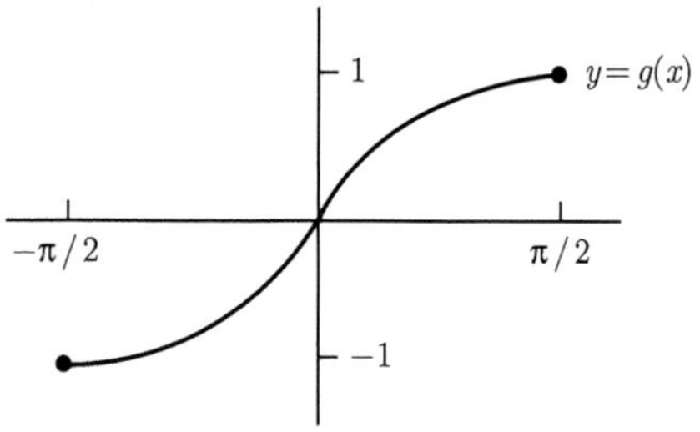

图 17.3

例 2　考虑积分

$$\int_{y=-1}^{y=1}1/(1-y^2)^{1/2}.$$

在微积分中可以如下进行: 对 $-\dfrac{\pi}{2}<x<\dfrac{\pi}{2}$, 置 $y=g(x)=\sin x$. 那么 $g'(x)=\cos x$, 它在 $\left(-\dfrac{\pi}{2},\dfrac{\pi}{2}\right)$ 上为正的并且满足条件 $g\left(-\dfrac{\pi}{2}\right)=-1$ 和 $g\left(\dfrac{\pi}{2}\right)=1$. 参看图 17.3. 若 $f(y)$ 在区间 $[-1,1]$ 上是连续的, 那么由换元法则,

$$\int_{-1}^{1}f=\int_{-\pi/2}^{\pi/2}(f\circ g)g'.$$

将此规则应用于函数 $f(y)=1/(1-y^2)^{1/2}$, 则有

$$\int_{-1}^{1}1/(1-y^2)^{1/2}=\int_{-\pi/2}^{\pi/2}[1/(1-\sin^2 x)^{1/2}]\cos x=\int_{-\pi/2}^{\pi/2}1=\pi.$$

至此, 似乎问题已经解决了. 然而, 其中有一个潜在的问题, 那就是换元法并不适用于这种情况, 因为函数 $f(y)$ 在区间 $-1\leqslant y\leqslant 1$ 上不是连续的. 实际上 f 的积分是一个非正常积分, 因为 f 在区间 $(-1,1)$ 上甚至不是有界的.

正如早已指出的那样, 我们将把代换规则推广到 n 维积分并且对于广义积分而不仅是对正常积分来证明它. 一个原因是在这种背景下, 广义积分反而比正常积分更容易处理. 另一个原因是, 即使在初等问题中人们也往往需要在像例 2 所示的定理 17.1 不适用的情况下来使用代换规则.

若要推广这个规则就必须先弄清在 n 维广义积分中“代换”或“变量替换”是什么. 这便是下列定义.

定义 令 A 是 $\mathbf{R}^n$ 中的开集; 令 $g: A \to \mathbf{R}^n$ 是一个一一的 C^r 类的函数, 并且使得 $\det Dg(\boldsymbol{x}) \neq 0$ 对 $\boldsymbol{x} \in A$ 成立. 那么 g 就称为 $\mathbf{R}^n$ 中的一个变量替换.

一个等价的概念是: 若 A 和 B 是 $\mathbf{R}^n$ 中的开集而 $g: A \to B$ 是一个将 A 映射到 B 上的一一的函数并且使得 g 和 g^{-1} 都是 C^r 类的, 则称 g 是一个 (C^r 类的) 微分同胚. 于是若 g 是一个微分同胚, 那么链规则蕴涵着 Dg 是非奇异的, 因而 $\det Dg \neq 0$, 从而 g 也是一个变量替换. 反过来, 若 $g: A \to \mathbf{R}^n$ 是 $\mathbf{R}^n$ 中的一个变量替换, 那么定理 8.2 告诉我们, 集合 $B = g(A)$ 是 $\mathbf{R}^n$ 中的开集, 并且函数 $g^{-1}: B \to A$ 是 C^r 类的. 因而“微分同胚”和“变量替换”是同一概念的不同说法.

现在来叙述一般的变量替换定理.

定理 17.2(变量替换定理) 令 $g: A \to B$ 是 $\mathbf{R}^n$ 中开集间的微分同胚. 令 $f: B \to \mathbf{R}$ 是一个连续函数. 那么 f 在 B 上是可积的当且仅当函数 $(f \circ g)|\det Dg|$ 是在 A 上可积的, 在此情况下,

$$\int_B f = \int_A (f \circ g)|\det Dg|.$$

注意到在 $n = 1$ 的特殊情况下, 导数 Dg 是元素为 g' 的一个 1×1 矩阵. 因而这个定理包括经典的换元规则作为它的一种特殊情况. 当然它还包含更多的内容, 因为它所涉及的积分是广义积分. 例如, 它证明在例 2 中所作的计算是合理的.

我们将在后面的 §19 来证明这个定理. 目前我们先来说明怎样用它证明通常在多元微积分中所作的计算是合理的.

例 3 令 B 是 $\mathbf{R}^2$ 中由下式定义的开集:

$$B = \{(x, y) | x > 0, y > 0 \text{ 且 } x^2 + y^2 < a^2\}.$$

人们通常用极坐标变换来计算 B 上的积分, 如 $\int_B x^2 y^2$ 等. 极坐标变换 $g: \mathbf{R}^2 \to \mathbf{R}^2$ 是由下式定义的:

$$g(r, \theta) = (r \cos\theta, r \sin\theta).$$

容易验证 $\det Dg(r, \theta) = r$, 而且映射 g 把 (r, θ) 平面上的开矩形

$$A = \left\{(r, \theta) | 0 < r < a, 0 < \theta < \frac{\pi}{2}\right\}$$

一一地映射到 B 上. 因为在 A 上 $\det Dg = r > 0$, 所以 $g: A \to B$ 是一个微分同胚. 参看图 17.4.

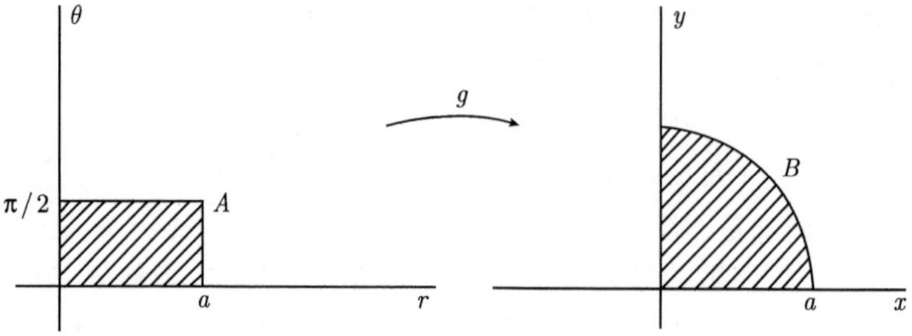

图 17.4

变量替换定理蕴涵着

$$\int_B x^2y^2 = \int_A (r\cos\theta)^2(r\sin\theta)^2 r.$$

因为式子右端无论作为广义积分还是作为正常积分都存在, 所以用 Fubini 定理容易求出它的值.

例 4　假设要在下列开集上来求函数 x^2y^2 的积分:

$$W = \{(x,y)|x^2+y^2 < a^2\}.$$

在这里要使用极坐标将会更复杂一些. 在这种情况下极坐标变换 g 不能在 (r,θ) 平面上的开集与 W 之间定义一个微分同胚. 然而 g 却可以在开集 $U=(0,a)\times(0,2\pi)$ 与 $\mathbf{R}^2$ 的开集

$$V = \{(x,y)|x^2+y^2 < a^2\text{且当}y=0\text{时}x<0\}$$

之间定义一个微分同胚, 参看图 17.5. 集合 V 是由 W 删去非负的 x 轴而构成的. 因为非负 x 轴的测度为零, 所以

$$\int_W x^2y^2 = \int_V x^2y^2.$$

上式右边的积分可以利用极坐标变换表示成 U 上的积分.

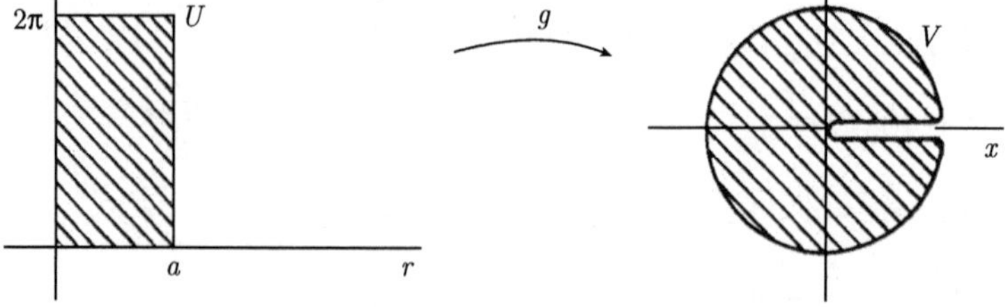

图 17.5

例 5 令 B 是 $\mathbf{R}^3$ 中由下式定义的开集

$$B=\{(x,y,z)|x>0,y>0,x^2+y^2+z^2<a^2\}.$$

人们通常是利用球坐标变换来计算 B 上像 $\int_B x^2y^2$ 这样的积分, 球坐标变换是由下式定义的变换 $g:\mathbf{R}^3\to\mathbf{R}^3$,

$$g(\rho,\phi,\theta)=(\rho\sin\phi\cos\theta,\rho\sin\phi\sin\theta,\rho\cos\phi).$$

于是可以验证 $\det Dg=\rho^2$. 因而当 $0<\phi<\pi$ 且 $\rho\neq 0$ 时, $\det Dg$ 为正. 可以验证变换 g 把开集

$$A=\left\{(\rho,\phi,\theta)|\ 0<\rho<a,\ 0<\phi<\pi,\ 0<\theta<\frac{\pi}{2}\right\}$$

一一地映射到 B 上, 参看图 17.6. 因为在 A 上 $\det Dg>0$, 所以变量替换定理蕴涵着

$$\int_B x^2z=\int_A(\rho\sin\phi\cos\theta)^2(\rho\cos\phi)\rho^2\sin\phi.$$

右边的积分可由 Fubini 定理求出.

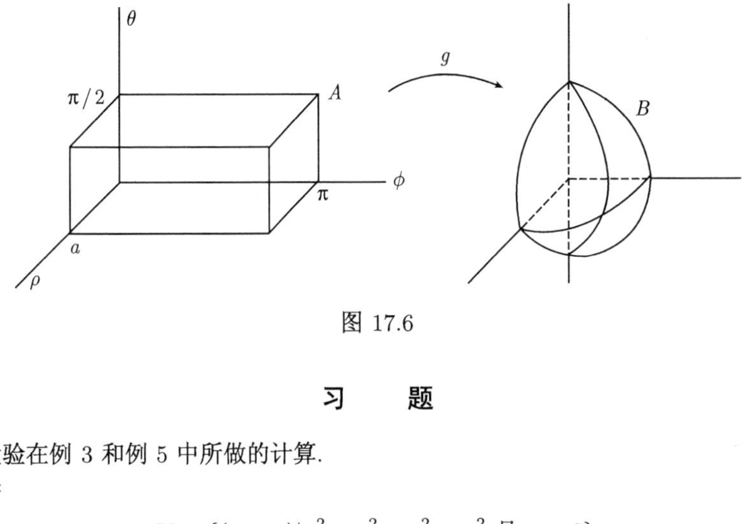

图 17.6

习　题

1. 检验在例 3 和例 5 中所做的计算.

2. 若

$$V=\{(x,y,z)|x^2+y^2+z^2<a^2 \text{ 且 } z>0\},$$

试用球坐标变换把积分 $\int_V z$ 表示成 (ρ,ϕ,θ) 空间中的一个适当集合上的积分, 并证明你的答案是合理的.

3. 令 U 是 $\mathbf{R}^2$ 中所有满足 $\|\boldsymbol{x}\|<1$ 的 $\boldsymbol{x}$ 组成的开集, 对于 $(x,y)\neq\mathbf{0}$, 令 $f(x,y)=\dfrac{1}{x^2+y^2}$. 确定 f 在 $U-\mathbf{0}$和$\mathbf{R}^2-\bar{U}$ 上是否可积, 若可积, 则求出它们的值.

4. (a) 证明：若下列两个积分中的第一个存在, 则

$$\int_{\mathbf{R}^2} e^{-(x^2+y^2)} = \left[\int_{\mathbf{R}} e^{-x^2}\right]^2.$$

(b) 证明上面两个积分中的第一个存在并求出它的值.

5. 令 B 是 $\mathbf{R}^2$ 的第一象限中由双曲线 $xy=1$和$xy=2$ 及两条直线 $y=x$和$y=4x$ 所围成的区域. 求积分 $\int_B x^2y^3$ 的值. [提示：置 $x=u/v$ 且 $y=uv$.]

6. 令 S 是 $\mathbf{R}^3$ 中以 (0, 0, 0)、(1, 2, 3)、(0, 1, 2) 及 (−1, 1, 1) 为顶点的四面体, 求 $\int_S f$ 的值, 其中 $f(x,y,z)=x+2y-z$. [提示：用适当的线性变换 g 作变量替换.]

7. 令 $0<a<b$. 若在 xz 平面内取以 a 为半径, 以 $(b,0,0)$ 为中心的圆周, 并将它绕 z 轴旋转, 则得到一个称为环面的曲面. 如果旋转相应的圆盘而不是圆周, 则得到一个称为实心环的 3 维实体. 求该实心环的体积. 参看图 17.7. [提示：可以直接求解, 但若采用下列柱坐标变换将会更容易些：

$$g(r,\theta,z)=(r\cos\theta, r\sin\theta, z).$$

实心环是所有满足 $(r-b)^2+z^2\leqslant a^2$和$0\leqslant\theta\leqslant 2\pi$ 的点 (r,θ,z) 的集合在变换 g 下的象.]

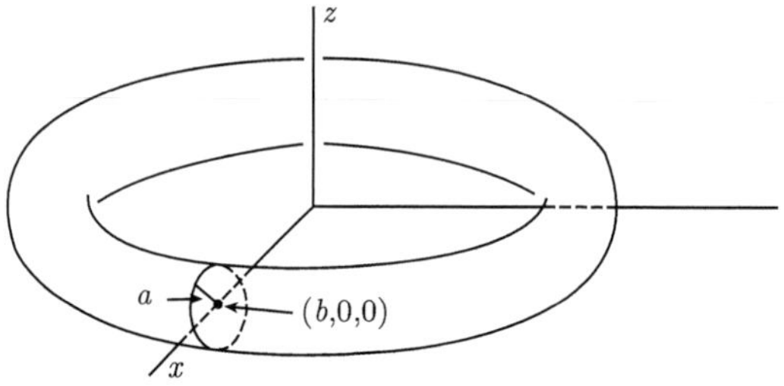

图 17.7

§18. $\mathbf{R}^n$ 中的微分同胚

为了证明变量替换定理, 我们需要获得微分同胚的一些基本性质, 这正是本节所要做的. 第一个基本结果是：一个可求积的紧集在微分同胚下的象也是一个可求积的紧集; 第二个结果是：任何微分同胚都能局部分解成一种称为“本原微分同胚”的特殊类型的微分同胚的复合.

我们从一个预备引理开始.

引理 18.1　令 A 是 $\mathbf{R}^n$ 中的开集而 $g: A\to\mathbf{R}^n$ 是一个 C^1 类的函数. 若 A 的子集 E 在 $\mathbf{R}^n$ 中的测度为零, 那么 $g(E)$ 在 $\mathbf{R}^n$ 中的测度也为零.

证明　第一步. 令 $\varepsilon,\delta>0$. 首先证明若集合 S 在 $\mathbf{R}^n$ 中的测度为零, 那么 S 能被可数个闭立方体覆盖, 其中每个立方体的宽度小于 δ 而且它们的总体积小于 ε.

为了证明这个事实, 只需证明若 Q 是 $\mathbf{R}^n$ 中的一个矩形

$$Q = [a_1, b_1] \times \cdots \times [a_n, b_n],$$

那么 Q 可被有限个立方体覆盖, 其中每个立方的宽度小于 δ 而它们的总体积小于 $2v(Q)$. 选取 $\lambda > 0$ 使得矩形

$$Q_\lambda = [a_1 - \lambda, b_1 + \lambda] \times \cdots \times [a_n - \lambda, b_n + \lambda]$$

的体积小于 $2v(Q)$.

然后选取 N 使得 $1/N$ 小于 δ 和 λ 中较小的一个. 考虑所有形如 m/N 的有理数, 其中 m 为任意整数. 令 c_i 是使 $c_i \leqslant a_i$ 的这种数中最大的一个, 而令 d_i 是使 $d_i \geqslant b_i$ 的这种数中的最小者. 那么 $[a_i, b_i] \subset [c_i, d_i] \subset [a_i - \lambda, b_i + \lambda]$, 参看图 18.1. 令 Q' 是矩形

$$Q' = [c_1, d_1] \times \cdots \times [c_n, d_n],$$

它包含 Q 且被包含在 Q_λ 中. 于是 $v(Q') < 2v(Q)$. Q' 的每个分量区间 $[c_i, d_i]$ 由形如 m/N 的点划分成长度为 $1/N$ 的若干子区间. 那么 Q' 就被划分成一些小矩形, 它们是宽度为 $1/N$(小于 δ) 的立方体. 这些子矩形覆盖 Q. 由定理 10.4, 这些立方体的总体积等于 $v(Q')$.

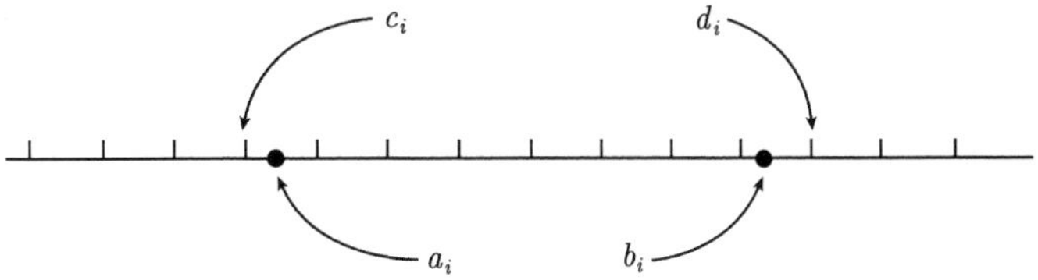

图 18.1

第二步. 令 C 是一个包含在 A 中的闭立方体. 令

$$|Dg(\boldsymbol{x})| \leqslant M, \quad \boldsymbol{x} \in C.$$

我们来证明若 C 的宽度为 w, 那么 $g(C)$ 被包含在 $\mathbf{R}^n$ 中的一个宽度为 $(nM)w$ 的闭立方体内.

令 $\boldsymbol{a}$ 是 C 的中心, 那么 C 由 $\mathbf{R}^n$ 中所有使得 $|\boldsymbol{x} - \boldsymbol{a}| \leqslant w/2$ 的点组成. 于是中值定理蕴涵着给定 $\boldsymbol{x} \in C$, 则在从 $\boldsymbol{a}$ 到 $\boldsymbol{x}$ 的线段上有一点 $\boldsymbol{c}_j$ 使得

$$g_j(\boldsymbol{x}) - g_j(\boldsymbol{a}) = Dg_j(\boldsymbol{c}_j) \cdot (\boldsymbol{x} - \boldsymbol{a}).$$

那么

$$|g_j(\boldsymbol{x}) - g_j(\boldsymbol{a})| \leqslant n|Dg_j(\boldsymbol{c}_j)| \cdot |\boldsymbol{x} - \boldsymbol{a}| \leqslant nM(w/2).$$

由此不等式可知, 若 $\boldsymbol{x} \in C$, 那么 $g(\boldsymbol{x})$ 在由使得不等式

$$|\boldsymbol{y} - g(\boldsymbol{a})| \leqslant nM(w/2)$$

成立的所有 $\boldsymbol{y} \in \mathbf{R}^n$ 组成的立方体内. 正如所期望的那样, 这个立方体的宽度为 $(nM)w$.

第三步. 现在来完成定理的证明. 设 E 是 A 的一个子集且 E 的测度为零. 我们来证 $g(E)$ 的测度为零.

令 C_i 是一列紧集, 它们的并是 A 且使得 $C_i \subset \operatorname{Int} C_{i+1}$ 对每个 i 成立. 令 $E_k = C_k \cap E$, 那么只需证明 $g(E_k)$ 的测度为零即可. 给定 $\varepsilon > 0$, 我们将要用总体积小于 ε 的一些立方体覆盖 $g(E_k)$.

由于 C_k 是紧的, 因而由定理 4.6, 可以选取 $\delta > 0$ 使得 C_k 的 (按确界度量的)δ 邻域在 $\operatorname{Int} C_{k+1}$ 中. 选取 M 使得

$$|Dg(\boldsymbol{x})| \leqslant M, \quad \boldsymbol{x} \in C_{k+1}.$$

利用第一步, 用可数个立方体来覆盖 E_k, 且使每个立方体的宽度小于 δ, 而它们的总体积小于

$$\varepsilon' = \varepsilon/(nM)^n.$$

令 $D_1, D_2, \cdots$ 表示那些实际与 E_k 相交的立方体. 由于 D_i 的宽度小于 δ, 所以它被包含在 C_{k+1} 中. 于是对于 $\boldsymbol{x} \in D_i, |Dg(\boldsymbol{x})| \leqslant M$, 因而由第二步, $g(D_i)$ 在一个宽度为 $nM(D_i\text{的宽})$ 的立方体 D_i' 中. 立方体 D_i 的体积为

$$v(D_i') = (nM)^n(D_i\text{的宽度})^n = (nM)^n v(D_i).$$

因此如所期望的那样, 覆盖 $g(E_k)$ 的各立方体的总体积小于 $(nM)^n\varepsilon' = \varepsilon$. 参看图 18.2. □

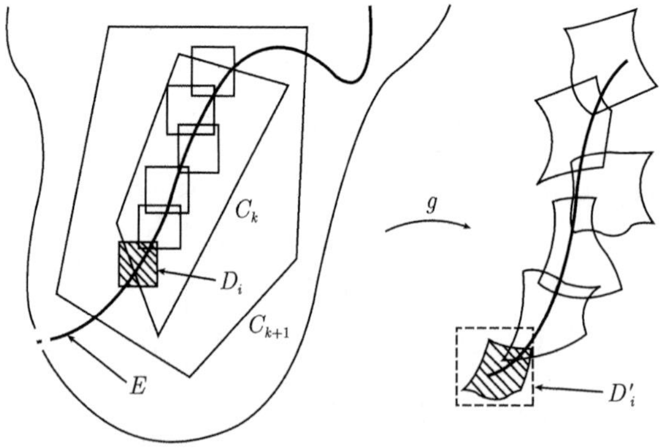

图 18.2

例 1 为了使上面的引理成立, 可微性是必要的. 如果 g 仅仅是连续的, 那么零测度集的象未必是零测度集. 这个事实可以从其象集为整个正方形 $[0,1]^2$ 的连续映射 $f:[0,1]\to[0,1]^2$ 的存在性得出! 这个映射称为充满空间的 Peano 曲线, 在拓扑学中将会研究它. (例如, 参看文献 [M].)

定理 18.2 令 $g:A\to B$ 是一个 C^r 微分同胚, 其中 A 和 B 是 $\mathbf{R}^n$ 中的开集. 令 D 为 A 的紧子集且 $E=g(D)$, 则有

(a) $g(\operatorname{Int}D)=\operatorname{Int}E,\quad g(\operatorname{Bd}D)=\operatorname{Bd}E.$

(b) 若 D 是可求积的, 那么 E 也是可求积的.

假若 $\operatorname{Bd}D\subset A$ 且 $\operatorname{Bd}E\subset B$, 那么当 D 非紧时, 这些结果也成立.

证明 (a) 映射 g^{-1} 是连续的. 因此对于包含在 A 中的任何开集 U, 集合 $g(U)$ 都是包含在 B 中的开集. 特别, $g(\operatorname{Int}D)$ 是 $\mathbf{R}^n$ 中包含在集合 $g(D)=E$ 内的一个开集. 因而

$$g(\operatorname{Int}D)\subset\operatorname{Int}E. \tag{1}$$

类似地, g 将开集 $(\operatorname{Ext}D)\cap A$ 映射到包含在 B 中的一个开集上. 因为 g 是一一的, 所以集合 $g((\operatorname{Ext}D)\cap A)$ 不与 $g(D)=E$ 相交. 因而

$$g((\operatorname{Ext}D)\cap A)\subset\operatorname{Ext}E. \tag{2}$$

由此可知,

$$g(\operatorname{Bd}D)\supset\operatorname{Bd}E. \tag{3}$$

为使 $\boldsymbol{y}\in\operatorname{Bd}E$, 我们证明 $\boldsymbol{y}\in g(\operatorname{Bd}D)$. 因为 D 是紧的且 g 是连续的, 所以集合 E 是紧的. 因此 E 是闭的, 从而它必定包含它的边界点 $\boldsymbol{y}$. 于是 $\boldsymbol{y}\in B$. 令 $\boldsymbol{x}$ 是 A 中使 $g(\boldsymbol{x})=\boldsymbol{y}$ 的点. 由 (1), 点 $\boldsymbol{x}$ 不可能在 $\operatorname{Int}D$ 中, 又由 (2), 它也不可能在 $\operatorname{Ext}D$ 中. 因此 $\boldsymbol{x}\in\operatorname{Bd}D$. 因而 $\boldsymbol{y}\in g(\operatorname{Bd}D)$, 这正是我们所期望的. 参看图 18.3.

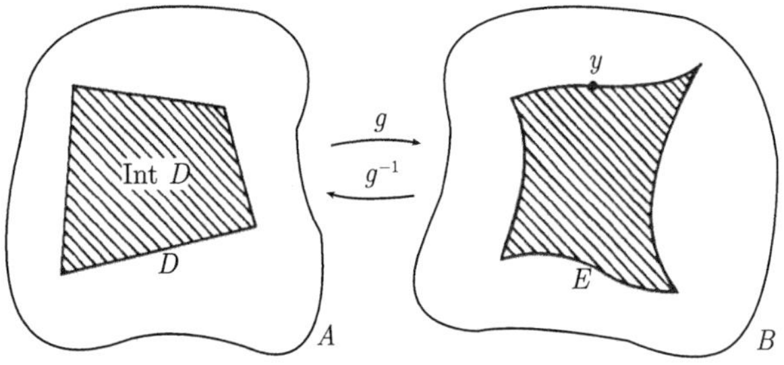

图 18.3

对称性蕴涵着同样这些结果对映射 $g^{-1}: B \to A$ 成立. 特别有

$$(1') \qquad g^{-1}(\operatorname{Int} E) \subset \operatorname{Int} D,$$

$$(3') \qquad g^{-1}(\operatorname{Bd}E) \supset \operatorname{Bd}D.$$

联合 (1) 和 (1′) 则看出 $g(\operatorname{Int} D) = \operatorname{Int} E$; 联合 (3) 和 (3′) 则给出等式 $g(\operatorname{Bd}D) = \operatorname{Bd}E$.

(b) 若 D 是可求积的, 那么 $\operatorname{Bd}D$ 的测度为零. 由上面的引理, $g(\operatorname{Bd}D)$ 的测度也为零. 但 $g(\operatorname{Bd}D) = \operatorname{Bd}E$, 因而 E 是可求积的. □

现在我们来证明 $\mathbf{R}^n$ 中开集之间的任意一个微分同胚均可局部分解成某种特殊类型的微分同胚的"乘积". 这个技巧性的结果在变量替换定理的证明中起着关键的作用.

定义 令 $h: A \to B$ 是由下式给出的 $\mathbf{R}^n (n \geqslant 2)$ 中开集之间的一个微分同胚,

$$h(\boldsymbol{x}) = (h_1(\boldsymbol{x}), \cdots, h_n(\boldsymbol{x})).$$

给定 i, 如果 $h_i(\boldsymbol{x}) = x_i$ 对所有 $\boldsymbol{x} \in A$ 成立, 则称 h 保持第 i 个坐标不变. 若对某个 i, h 保持第 i 个坐标不变, 则称 h 是一个本原微分同胚.

定理 18.3 令 $g: A \to B$ 是 $\mathbf{R}^n (n \geqslant 2)$ 的开集之间的一个微分同胚. 给定 $\boldsymbol{a} \in A$, 则有 $\boldsymbol{a}$ 点的一个包含在 A 中的邻域 U_0 和 $\mathbf{R}^n$ 的开集间的一列微分同胚

$$U_0 \xrightarrow{h_1} U_1 \xrightarrow{h_2} U_2 \longrightarrow \cdots \xrightarrow{h_k} U_k,$$

使得它们的复合 $h_k \circ \cdots \circ h_2 \circ h_1$ 等于 $g|_{U_0}$, 并且使得每个 h_i 都是一个本原微分同胚.

证明 第一步. 首先考虑线性变换的特殊情况. 令 $T: \mathbf{R}^n \to \mathbf{R}^n$ 是线性变换 $T(\boldsymbol{x}) = C \cdot \boldsymbol{x}$, 其中 C 是一个非奇异的 $n \times n$ 矩阵. 我们要证明 T 可以分解成一列非奇异的本原线性变换之积.

其实这是容易的. 由定理 2.4, 矩阵 C 等于若干初等矩阵之积. 对应于初等矩阵的变换, 或为 (1) 两个坐标的对换, 或为 (2) 将第 i 个坐标用其自身加另一个坐标的倍数来代替, 或为 (3) 用一个非零的标量去乘第 i 个坐标. (2) 型和 (3) 型的变换显然是本原的, 因为它们使得除第 i 个以外的所有坐标保持不变. 我们证明 (1) 型的变换是 (2) 型和 (3) 型变换的复合, 从而我们的结论成立. 实际上容易验证下

面的一系列初等运算具有交换第 i 行和第 j 行的作用:

	第i行	第j行
初始状态	a	b
用(第i行) − (第j行)代替(第i行)	$a-b$	b
用 (第j行) + (第i行)代替(第j行)	$a-b$	a
用 (第i行)−(第j行) 代替 (第i行)	$-b$	a
以 (-1) 乘 (第i行)	b	a

第二步. 接下来考虑 g 为平移的情况. 令 $t:\mathbf{R}^n\to\mathbf{R}^n$ 为映射 $t(\boldsymbol{x})=\boldsymbol{x}+\mathbf{c}$, 那么 t 是下列两个本原变换的复合:

$$t_1(\boldsymbol{x})=\boldsymbol{x}+(0,c_2,\cdots,c_n),$$
$$t_2(\boldsymbol{x})=\boldsymbol{x}+(c_1,0,\cdots,0).$$

第三步. 现在考虑 $\boldsymbol{a}=\mathbf{0}, g(\mathbf{0})=\mathbf{0}$且$Dg(\mathbf{0})=I_n$ 的特殊情况. 我们来证明 g 可以局部地分解为两个本原微分同胚的复合.

将 g 写成分量形式

$$g(\boldsymbol{x})=(g_1(\boldsymbol{x}),\cdots,g_n(\boldsymbol{x}))=(g_1(x_1,\cdots,x_n),\cdots,g_n(x_1,\cdots,x_n)).$$

将 $h:A\to\mathbf{R}^n$ 定义为

$$h(\boldsymbol{x})=(g_1(\boldsymbol{x}),\cdots,g_{n-1}(\boldsymbol{x}),x_n).$$

于是 $h(\boldsymbol{o})=\mathbf{0}$, 因为对所有 $i, g_i(\mathbf{0})=0$, 并且

$$Dh(x)=\begin{bmatrix}\partial(g_1, & \cdots, & g_{n-1})/\partial\boldsymbol{x} & \\ 0 & \cdots & 0 & 1\end{bmatrix}.$$

由于矩阵 $\partial(g_1,\cdots,g_{n-1})/\partial\boldsymbol{x}$ 等于矩阵 Dg 的前 $n-1$ 行并且 $Dg(\mathbf{0})=I_n$, 因而有 $Dh(\mathbf{0})=I_n$. 从反函数定理可知, h 是从 $\mathbf{0}$ 点的一个邻域 V_0 到 $\mathbf{R}^n$ 的一个开集 V_1 上的微分同胚, 参看图 18.4. 现在用下式定义 $k:V_1\to\mathbf{R}^n$

$$k(\boldsymbol{y})=(y_1,\cdots,y_{n-1},g_n(h^{-1}(\boldsymbol{y}))).$$

那么 $k(\mathbf{0})=\mathbf{0}$(因为 $h^{-1}(\mathbf{0})=\mathbf{0}$且$g_n(\mathbf{0})=0$). 而且有

$$Dk(y)=\begin{bmatrix}I_{n-1} & 0\\ D(g_n\circ h^{-1})(y) & \end{bmatrix}.$$

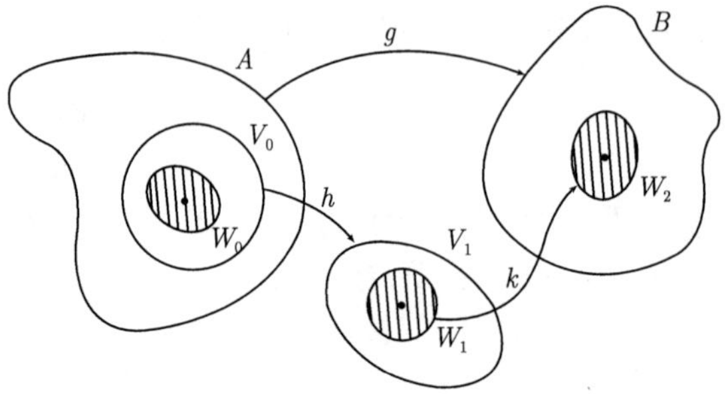

图 18.4

应用链规则计算得

$$D(g_n \circ h^{-1})(\mathbf{0}) = Dg_n(\mathbf{0}) \cdot Dh^{-1}(\mathbf{0}) = Dg_n(\mathbf{0}) \cdot [Dh(\mathbf{0})]^{-1}$$
$$= [0 \cdots 0\ 1] \cdot I_n = [0 \cdots 0\ 1].$$

从而 $Dk(\mathbf{0}) = I_n$. 由此可知, k 是从 $\mathbf{R}^n$ 中 $\mathbf{0}$ 点的一个邻域 W_1 到 $\mathbf{R}^n$ 中的一个开集 W_2 上的微分同胚.

现在令 $W_0 = h^{-1}(W_1)$, 则微分同胚

$$W_0 \xrightarrow{h} W_1 \xrightarrow{k} W_2$$

是本原的. 而且正如我们马上要证明的那样, 它们的复合 $k \circ h$ 等于 $g|W_0$

给定 $\boldsymbol{x} \in W_0$, 令 $\boldsymbol{y} = h(\boldsymbol{x})$, 则由定义,

$$(*) \qquad \boldsymbol{y} = (g_1(\boldsymbol{x}), \cdots, g_{n-1}(\boldsymbol{x}), x_n).$$

于是

$$k(\boldsymbol{y}) = (y_1, \cdots, y_{n-1}, g_n(h^{-1}(\boldsymbol{y}))) \quad (\text{由定义})$$
$$= (g_1(\boldsymbol{x}), \cdots, g_{n-1}(\boldsymbol{x}), g_n(\boldsymbol{x})) \quad (\text{由}(*)\text{式})$$
$$= g(\boldsymbol{x}).$$

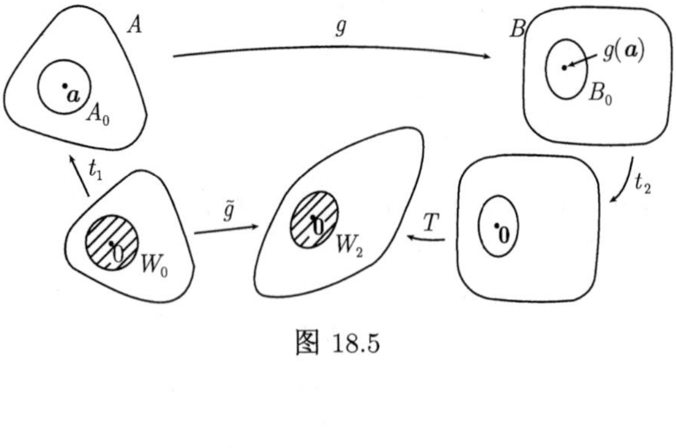

图 18.5

第四步. 现在我们在一般情况下来证明定理.

给定 $g: A \to B$ 并给定 $\boldsymbol{a} \in A$, 令 C 为矩阵 $Dg(\boldsymbol{a})$. 分别用下列各式定义微分同胚 $t_1, t_2, T: \mathbf{R}^n \to \mathbf{R}^n$:

$$t_1(\boldsymbol{x}) = \boldsymbol{x} + \boldsymbol{a}, \quad t_2(\boldsymbol{x}) = \boldsymbol{x} - g(\boldsymbol{a}), \quad T(\boldsymbol{x}) = C^{-1} \cdot \boldsymbol{x}.$$

令 $\tilde{g}$ 是复合微分同胚 $T \circ t_2 \circ g \circ t_1$, 那么 $\tilde{g}$ 是从 $\mathbf{R}^n$ 的开集 $t_1^{-1}(A)$ 到 $\mathbf{R}^n$ 的开集 $T(t_2(B))$ 的微分同胚, 参看图 18.5. 该同胚具有下列性质:

$$\tilde{g}(\mathbf{0}) = \mathbf{0} \quad \text{且} \quad D\tilde{g}(\mathbf{0}) = I_n;$$

其中的第一个等式从定义得出, 而第二个等式可从链规则得出, 因为 $DT(\mathbf{0}) = C^{-1}$ 且 $Dt_i = I_n$对$i = 1,2$ 成立.

由第三步, 存在一个包含 $\mathbf{0}$ 点且包含在 $t_1^{-1}(A)$ 中的开集 W_0 使得 $\tilde{g}|W_0$ 能分解成两个本原微分同胚的复合. 令 $W_2 = \tilde{g}(W_0)$, 令

$$A_0 = t_1(W_0), \quad B_0 = t_2^{-1}T^{-1}(W_2),$$

那么 g 把 A_0 映射到 B_0 上且 $g|A_0$ 等于下列复合同胚

$$A_0 \xrightarrow{t_1^{-1}} W_0 \xrightarrow{\tilde{g}} W_2 \xrightarrow{T^{-1}} T^{-1}(W_2) \xrightarrow{t_2^{-1}} B_0.$$

由第一步和第二步, 映射 t_1^{-1}, t_2^{-1} 及 T^{-1} 中的每一个均可分解为本原变换的复合. 因而定理成立. □

习　题

1. (a) 若 $f: \mathbf{R}^2 \to \mathbf{R}^1$ 是 C^1 类映射, 证明 f 不是一一的. [提示: 若 $Df(\boldsymbol{x}) = \mathbf{0}$ 对所有 $\boldsymbol{x}$ 成立, 则 f 为常数. 若 $Df(\boldsymbol{x}_0) \neq \mathbf{0}$, 则应用隐函数定理.]

(b) 若 $f: \mathbf{R}^1 \to \mathbf{R}^2$ 是 C^1 类映射, 证明 f 不能将 $\mathbf{R}^1$ 映满 $\mathbf{R}^2$. 实际上可以证明 $f(\mathbf{R}^1)$ 不包含 $\mathbf{R}^2$ 的任何开集.

*2. 证明定理 18.3 的一种推广, 其中"h 是本原的"解释为 h 保持除一个坐标以外的所有坐标不变. [提示: 首先证明若 $\boldsymbol{a} = \mathbf{0}, g(\mathbf{0}) = \mathbf{0}$且$Dg(\mathbf{0}) = I_n$, 则 g 可以局部分解成 $k \circ h$, 其中

$$h(\boldsymbol{x}) = (g_1(\boldsymbol{x}), \cdots, g_{i-1}(\boldsymbol{x}), x_i, g_{i+1}(\boldsymbol{x}), \cdots, g_n(\boldsymbol{x}))$$

而 k 保持除第 i 个坐标以外的所有坐标不动, 此外, $h(\mathbf{0}) = k(\mathbf{0}) = \mathbf{0}$且$Dh(\mathbf{0}) = Dk(\mathbf{0}) = I_n$. 然后用归纳法进行.]

3. 令 A 是 $\mathbf{R}^m$ 中的开集且 $g: A \to \mathbf{R}^n$. 设 S 是 A 的一个子集, 若对 S 中的 $\boldsymbol{x}, \boldsymbol{y}$且$\boldsymbol{x} \neq \boldsymbol{y}$, 则函数

$$\lambda(\boldsymbol{x}, \boldsymbol{y}) = |g(\boldsymbol{x}) - g(\boldsymbol{y})| / |\boldsymbol{x} - \boldsymbol{y}|$$

是有界的, 则称 g 在 S 上满足 Lipschitz 条件. 如果 A 的每一点都有一个邻域使得 g 在该邻域上满足 Lipschitz 条件, 则称 g 满足局部 Lipschitz 条件.

(a) 证明: 若 g 是 C^1 类映射, 则 g 满足局部 Lipschitz 条件.

(b) 证明: 若 g 满足局部 Lipschitz 条件, 那么 g 是连续的.

(c) 举例说明 (a) 和 (b) 的逆不成立.

(d) 令 g 满足局部 Lipschitz 条件, 证明: 若 C 是 A 的一个紧子集, 那么 g 在 C 上满足 Lipschitz 条件. [提示: 证明 $C \times C$ 中的对角线 $\triangle$ 有一个邻域 V 使得 λ 在 $V - \triangle$ 上是有界的.]

4. 令 A 是 $\mathbf{R}^n$ 中的开集且 $g: A \to \mathbf{R}^n$ 满足局部 Lipschitz 条件. 证明: 若 A 的子集 E 在 $\mathbf{R}^n$ 中的测度为零, 那么 $g(E)$ 在 $\mathbf{R}^n$ 中的测度也为零.

5. 令 A 和 B 是 $\mathbf{R}^n$ 中的开集且 $g: A \to B$ 是一个将 A 映射到 B 上的一一映射.

(a) 证明定理 18.2 的 (a) 款在 g 和 g^{-1} 都连续的假设条件下成立.

(b) 证明定理 18.2 的 (b) 款在 g 满足局部 Lipschitz 条件且 g^{-1} 连续的条件下成立.

§19. 变量替换定理的证明

现在我们来证明一般变量替换定理. 首先证明定理的必要性部分. 它可以叙述成下列引理.

引理 19.1　令 $g: A \to B$ 是 $\mathbf{R}^n$ 中的开集之间的微分同胚. 那么对于每一个在 B 上可积的连续函数 $f: B \to \mathbf{R}$, 函数 $(f \circ g)|\det Dg|$ 是在 A 上可积的, 并且有

$$\int_B f = \int_A (f \circ g)|\det Dg|.$$

证明　将证明分成几步进行. 通过这些步骤就可将证明依次化为比较简单的情况.

第一步. 令 $g: U \to V$ 和 $h: V \to W$ 都是 $\mathbf{R}^n$ 的开集之间的微分同胚. 我们来证明若引理对 g 和 h 成立, 那么对 $h \circ g$ 也成立.

设 $f: W \to \mathbf{R}$ 是一个在 W 上可积的连续函数. 从上面的假设可知

$$\int_W f = \int_V (f \circ h)|\det Dh| = \int_U (f \circ h \circ g)|(\det Dh) \circ g||\det Dg|;$$

上式中的第二个积分存在并且等于第一个积分是因为引理对 h 成立; 第三个积分存在且等于第二个积分是因为引理对 g 成立. 为了证明引理对 $h \circ g$ 成立, 只需证明

$$|(\det Dh) \circ g||\det Dg| = |\det D(h \circ g)|.$$

这个结果可以链规则得出. 因为

$$D(h \circ g)(\boldsymbol{x}) = Dh(g(\boldsymbol{x})) \cdot Dg(\boldsymbol{x}),$$

由此则如我们所期望的那样有

$$\det D(h\circ g)=[(\det Dh)\circ g]\cdot[\det Dg].$$

第二步. 设对每个 $\boldsymbol{x}\in A$, 都有 $\boldsymbol{x}$ 的一个包含在 A 中的邻域 U 使得引理对微分同胚 $g:U\to V$(其中 $V=g(U)$) 和所有其支集是 V 的紧子集的连续函数 $f:V\to\mathbf{R}$ 成立. 那么我们来证明引理对 g 成立.

粗略地说, 这段阵述说明若引理对 g 和具有紧支集的函数 f 局部成立, 那么它对 g 和整个 f 成立.

这正是证明中需要用到单位分解的地方. 把 A 写成一族开集 U_α 的并, 而且使得若 $V_\alpha=g(U_\alpha)$, 则引理对于微分同胚 $g:U_\alpha\to V_\alpha$ 和所有其支集为 V_α 的紧子集的连续函数 $f:V_\alpha\to\mathbf{R}$ 成立. 诸开集 V_α 之并等于 B. 选取 B 上由集族 $\{V_\alpha\}$ 决定的并且具有紧支集的单位分解 $\{\phi_i\}$.

我们要证明集族 $\{\phi_i\circ g\}$ 是 A 上的具有紧支集的单位分解. 参看图 19.1.

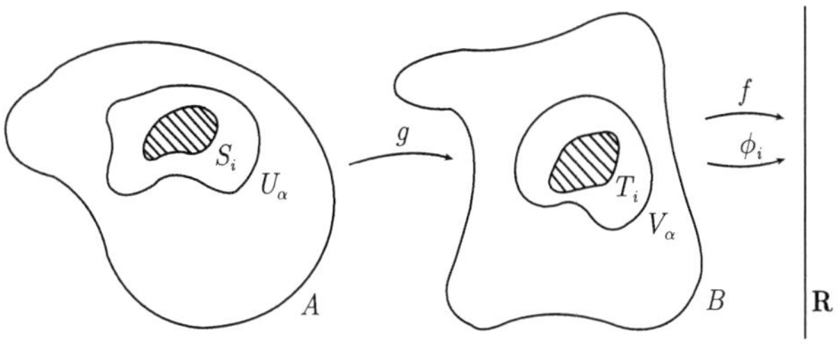

图 19.1

首先注意到, 对 $\boldsymbol{x}\in A, \phi_i(g(\boldsymbol{x}))\geqslant 0$. 其次我们证明 $\phi_i\circ g$ 具有紧支集. 令 $T_i=\operatorname{supp}\phi_i$. 集合 $g^{-1}(T_i)$ 是紧的, 这是因为 T_i 是紧的且 g^{-1} 是连续的. 此外, $\phi_i\circ g$ 在 $g^{-1}(T_i)$ 之外为零. 闭集 $S_i=\operatorname{supp}(\phi_i\circ g)$ 包含在 $g^{-1}(T_i)$ 中, 因而 S_i 是紧的. 第三, 我们来验证局部有限性条件. 令 $\boldsymbol{x}$ 是 A 的一点. $\boldsymbol{y}=g(\boldsymbol{x})$ 点有一个邻域 W 仅与有限个 T_i 相交. 那么集合 $g^{-1}(W)$ 是一个包含 $\boldsymbol{x}$ 点的开集并且至多与那些和 T_i 具有相同指标的 S_i 相交. 第四, 注意到

$$\sum\phi_i(g(\boldsymbol{x}))=\sum\phi_i(\boldsymbol{y})=1.$$

因而 $\{\phi_i\circ g\}$ 是 A 上的一个单位分解.

现在来完成第二步的证明. 设 $f:B\to\mathbf{R}$ 是连续的并且在 B 上是可积的, 则由定理 16.5,

$$\int_B f=\sum_{i=1}^{\infty}\left[\int_B\phi_i f\right].$$

给定 i, 选取 α 使得 $T_i \subset V_\alpha$. 函数 $\phi_i f$ 在 B 上是连续的并且在紧集 T_i 之外为零. 于是由引理 16.4,

$$\int_B \phi_i f = \int_{Ti} \phi_i f = \int_{V_\alpha} \phi_i f.$$

由假设, 本引理对 $g: U_\alpha \to V_\alpha$ 和函数 $\phi_i f$ 成立. 因此

$$\int_{V_\alpha} \phi_i f = \int_{U_\alpha} (\phi_i \circ g)(f \circ g)|\det Dg|.$$

因为上式右边的被积函数在紧集 S_i 之外为零, 因而可再次应用引理 16.4 得到

$$\int_B \phi_i f = \int_A (\phi_i \circ g)(f \circ g)|\det Dg|.$$

然后对 i 求和则得到下列等式

$$(*) \qquad \int_B f = \sum_{i=1}^{\infty} \left[\int_A (\phi_i \circ g)(f \circ g)|\det Dg| \right].$$

因为 $|f|$ 在 B 上可积, 所以若始终以 $|f|$ 代替 f, 则 $(*)$ 式仍然成立. 由于 $\{\phi_i \circ g\}$ 是 A 上的一个单位分解, 所以从定理 16.5 可知 $(f \circ g)|\det Dg|$ 是在 A 上可积的, 于是将 $(*)$ 式应用于函数 f 得到

$$\int_B f = \int_A (f \circ g)|\det Dg|.$$

第三步. 证明引理对 $n = 1$ 成立.

令 $g: A \to B$ 是 $\mathbf{R}^1$ 中的开集之间的微分同胚. 给定 $x \in A$, 令 I 是 A 中的一个闭区间, 其内部包含 x, 再令 $J = g(I)$. 那么 J 是 $\mathbf{R}^1$ 中的一个区间, 而且 g 将 $\operatorname{Int} I$ 映射到 $\operatorname{Int} J$ 上 (参看定理 17.1 和 18.2). 因为 x 是任意的, 所以由第二步, 只需证明引理对于微分同胚 $g: \operatorname{Int} I \to \operatorname{Int} J$ 和支集是 $\operatorname{Int} J$ 的紧子集的任何连续函数 $f: \operatorname{Int} J \to \mathbf{R}$ 成立. 即需要验证等式

$$(**) \qquad \int_{\operatorname{Int} J} f = \int_{\operatorname{Int} I} (f \circ g)|g'|.$$

其实, 这是容易的. 首先通过令 f 在 $\operatorname{Bd} J$ 上为零而将 f 扩张成 J 上的连续函数. 那么按正常积分, $(**)$ 式等价于

$$\int_J f = \int_I (f \circ g)|g'|.$$

而此式可从定理 17.1 得出.

第四步. 令 $n > 1$. 为了证明引理对 $\mathbf{R}^n$ 的开集之间的任何微分同胚 $g: A \to B$ 成立, 我们说明只需证明它对 $\mathbf{R}^n$ 的开集间的本原微分同胚 $h: U \to V$ 成立即可.

设引理对 $\mathbf{R}^n$ 中的所有本原微分同胚成立. 令 $g: A \to B$ 是 $\mathbf{R}^n$ 中的任意一个微分同胚. 给定 $\boldsymbol{x} \in A$, 则存在 $\boldsymbol{x}$ 的一个邻域 U_0 和一列本原微分同胚

$$U_0 \xrightarrow{h_1} U_1 \xrightarrow{h_2} \cdots \xrightarrow{h_k} U_k,$$

它们的复合等于 $g|U_0$. 因为引理对于每个微分同胚 h_i 成立, 所以由第一步可知它对 $g|U_0$ 成立. 那么因为 $\boldsymbol{x}$ 是任意的, 故从第二步可知, 它对 g 成立.

第五步. 证明如果引理在 $n-1$ 维情况下成立, 那么它在 n 维情况下也成立. 于是本步即可完成引理证明.

鉴于第四步, 只需证明引理对 $\mathbf{R}^n$ 中开集之间的本原微分同胚 $h: U \to V$ 成立即可. 为了记号上的方便, 假设 h 保持最后一个坐标不变.

令 $p \in U, q = h(p)$. 选取一个包含在 V 中且其内部包含 q 的矩形 Q; 令 $S = h^{-1}(Q)$. 由定理 18.2, 映射 h 定义一个从 $\operatorname{Int} S$ 到 $\operatorname{Int} Q$ 的微分同胚. 因为 p 是任意的, 所以只需证明引理对微分同胚 $h: \operatorname{Int} S \to \operatorname{Int} Q$ 与支集为 $\operatorname{Int} Q$ 的紧子集的任何连续函数 $f: \operatorname{Int} Q \to \mathbf{R}$ 成立即可. 参看图 19.2.

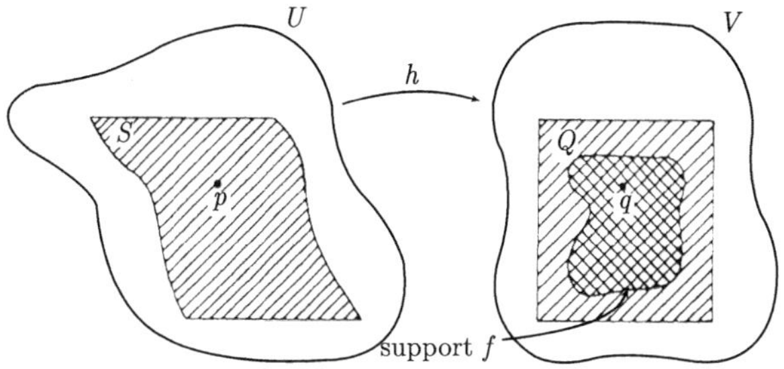

图 19.2

由于 $(f \circ h)|\det Dh|$ 在 $\operatorname{Int} S$ 的一个紧子集之外为零, 从而由引理 16.4 可知它在 $\operatorname{Int} S$ 上是可积的. 我们需要证明

$$\int_{\operatorname{Int} Q} f = \int_{\operatorname{Int} S} (f \circ h)|\det Dh|.$$

这是一个包含广义积分的等式. 因为这些积分作为常义积分存在, 所以由定理 15.4, 它等价于常义积分下的相应等式.

通过令 f 在 $\operatorname{Int} Q$ 之外为零而将它扩张到 $\mathbf{R}^n$ 上, 并且定义一个函数 $F: \mathbf{R}^n \to \mathbf{R}$ 使它在 $\operatorname{Int} S$ 上等于 $(f \circ h)|\det Dh|$ 而在 $\operatorname{Int} S$ 之外为零. 那么 f 和 F 都是连续的, 而且我们所期望的等式等价于

$$\int_Q f = \int_S F.$$

矩形 Q 具有 $Q = D \times I$ 的形式, 其中 D 是 $\mathbf{R}^{n-1}$ 中的矩形而 I 是 $\mathbf{R}$ 中的一个闭区间. 因为 S 是紧的, 所以它在子空间 $\mathbf{R}^{n-1} \times 0$ 上的射影是紧的. 从而包含在一个形如 $E \times 0$ 的集合中, 其中 E 是 $\mathbf{R}^{n-1}$ 中的一个矩形. 因为 h 保持最后一个坐标不变, 所以集合 S 包含在矩形 $E \times I$ 之中, 参看图 19.3.

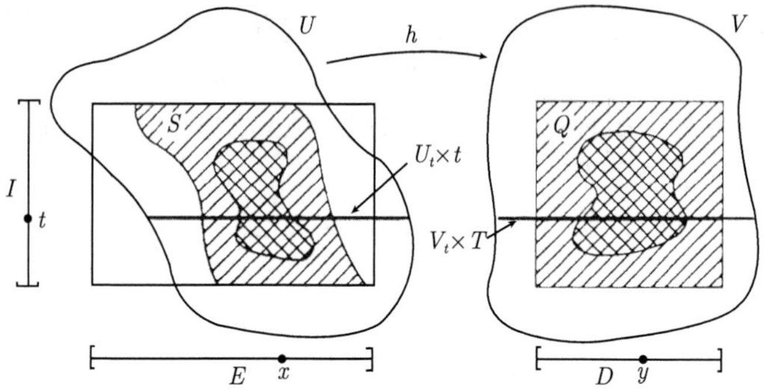

图 19.3

因为 F 在 S 之外为零, 因而我们所期望的等式可以写成下列形式

$$\int_Q f = \int_{E\times I} F,$$

由 Fubini 定理, 它又等价于下列等式

$$\int_{t\in I}\int_{\boldsymbol{y}\in D} f(\boldsymbol{y},t) = \int_{t\in I}\int_{\boldsymbol{x}\in E} F(\boldsymbol{x},t).$$

只需证明内层积分相等就行了. 下面我们就来做这件事.

U 和 V 与 $\mathbf{R}^{n-1} \times t$ 的交集分别是形如 $U_t \times t$ 和 $V_t \times t$ 的集合, 其中 U_t 和 V_t 是 $\mathbf{R}^{n-1}$ 中的开集. 类似地, S 与 $\mathbf{R}^{n-1} \times t$ 的交具有 $S_t \times t$ 的形式, 其中 S_t 是 $\mathbf{R}^{n-1}$ 中的一个紧集. 因为 F 在 S 之外为零, 所以内层积分相等就等价于下列等式

$$\int_{\boldsymbol{y}\in D} f(\boldsymbol{y},t) = \int_{\boldsymbol{x}\in S_t} F(\boldsymbol{x},t),$$

由引理 16.4, 这又等价于

$$\int_{\boldsymbol{y}\in V_t} f(\boldsymbol{y},t) = \int_{\boldsymbol{x}\in U_t} F(\boldsymbol{x},t).$$

这是一个 $(n-1)$ 维积分的等式, 因而归纳假设适用于它.

微分同胚 $h: U \to V$ 具有下列形式

$$h(\boldsymbol{x},t) = (k(\boldsymbol{x},t),t),$$

其中 $k : U \to \mathbf{R}^{n-1}$ 为某个 C^1 函数. h 的导数形如

$$Dh = \begin{bmatrix} \partial k/\partial \boldsymbol{x} & \partial k/\partial t \\ 0\cdots 0 & 1 \end{bmatrix},$$

因而 $\det Dh = \det \dfrac{\partial k}{\partial \boldsymbol{x}}$. 对于固定的 t, 映射 $\boldsymbol{x} \to k(\boldsymbol{x}, t)$ 是一个将 U_t 一一地映射到 V_t 上的 C^1 映射. 因为 $\det \dfrac{\partial k}{\partial \boldsymbol{x}} = \det Dh \neq 0$, 所以这个映射实际上是 $\mathbf{R}^{n-1}$ 的开集之间的微分同胚.

应用归纳假设, 则对固定的 t 就有

$$\int_{\boldsymbol{y}\in V_t} f(\boldsymbol{y}, t) = \int_{\boldsymbol{x}\in U_t} f(k(\boldsymbol{x}, t), t) \left|\det \frac{\partial k}{\partial \boldsymbol{x}}\right|.$$

对 $\boldsymbol{x} \in U_t$, 右边的被积函数等于

$$f(h(\boldsymbol{x}, t))|\det Dh| = F(\boldsymbol{x}, t).$$

从而引理成立. □

现在来证明变量替换定理中的充分性部分.

引理 19.2 令 $g : A \to B$ 是 $\mathbf{R}^n$ 的开集之间的微分同胚, 并且 $f : B \to \mathbf{R}$ 为连续函数. 如果 $(f \circ g)|\det Dg|$ 是在 A 上可积的, 那么 f 在 B 上也是可积的.

证明 把刚才证明的引理应用于微分同胚 $g^{-1} : B \to A$. 函数 $F = (f \circ g)|\det Dg|$ 在 A 上连续, 并且由假设它在 A 上可积, 故从引理 19.1 可知函数

$$(F \circ g^{-1})|\det Dg^{-1}|$$

是在 B 上可积的. 但这个函数等于 f. 因为若 $g(\boldsymbol{x}) = \boldsymbol{y}$, 那么由定理 7.4,

$$(D(g^{-1}))(\boldsymbol{y}) = [Dg(\boldsymbol{x})]^{-1},$$

因而

$$(F \circ g^{-1})(\boldsymbol{y}) \cdot |(\det D(g^{-1}))(\boldsymbol{y})| = F(\boldsymbol{x}) \cdot |1/\det Dg(\boldsymbol{x})| = f(\boldsymbol{y}).$$ □

例 1 如果变量替换定理中的两个积分恰好作为常义积分都存在, 那么定理则蕴涵着这两个常义积分相等. 然而这两个积分中可能只有一个作为常义积分存在, 或者两个作为常义积分都不存在, 例如, 考虑 §17 的例 2. 若应用于由 $g(x) = \cos x$ 给出的微分同胚 $g : (-\frac{\pi}{2}, \frac{\pi}{2}) \to (-1, 1)$, 则变量替换定理蕴涵着

$$\int_{(-1,1)} 1/(1 - y^2)^{1/2} = \int_{(-\frac{\pi}{2}, \frac{\pi}{2})} 1.$$

其中, 右边的积分作为常义积分存在, 但左边的积分作为常义积分不存在.

习 题

1. 令 A 是 $\mathbf{R}^2$ 中由曲线 $x^2-xy+2y^2=1$ 所界定的区域. 试将积分 $\int_A xy$ 表示成 $\mathbf{R}^2$ 中以 $\mathbf{0}$ 点为中心的单位球上的积分. [提示：完成配方.]

2. (a) 把 $\mathbf{R}^3$ 中位于曲面 $z=x^2+2y^2$ 以下并且位于平面 $z=2x+by+1$ 以上的几何形体的体积表示成某个适当的函数在 $\mathbf{R}^2$ 中以 $\mathbf{0}$ 点为中心的单位圆盘上的积分.

(b) 求该几何体的体积.

3. 令 $\pi_k:\mathbf{R}^n\to\mathbf{R}$ 是由 $\pi_k(\boldsymbol{x})=x_k$ 定义的第 k 个投影函数. 令 S 是 $\mathbf{R}^n$ 中的一个具有非零体积的可求积的集合. S 的形心定义为 $\mathbf{R}^n$ 中满足如下条件的一点 $\boldsymbol{c}(S)$：对于每个 $k, \boldsymbol{c}(S)$ 的第 k 个坐标由下式给出

$$c_k(S)=\frac{1}{v(S)}\int_S \pi_k.$$

如果变换

$$h(x)=(x_1,\cdots,x_{k-1},-x_k,x_{k+1},\cdots,x_n)$$

将 S 映射到其自身上, 则称 S 关于 $\mathbf{R}^n$ 的子空间 $x_k=0$ 是对称的.

4. 求 $\mathbf{R}^3$ 中半径为 a 的上半球的形心 (参看 §17 习题 2).

5. 令 A 是 $\mathbf{R}^{n-1}$ 中的一个可求积的开集. 在 $\mathbf{R}^n$ 中给定一个使 $p_n>0$ 的点 $\boldsymbol{p}$, 令 S 是 $\mathbf{R}^n$ 中由下式定义的子集

$$S=\{\boldsymbol{x}|\boldsymbol{x}=(1-t)\boldsymbol{a}+t\boldsymbol{p}, \text{其中}\boldsymbol{a}\in A\times 0\text{且}0<t<1\}.$$

那么 S 是 $\mathbf{R}^n$ 中连接 $\boldsymbol{p}$ 点与 $A\times 0$ 的各点的所有开线段之并, 其闭包称为以 $\bar{A}\times 0$ 为底以 $\boldsymbol{p}$ 为顶点的锥. 图 19.4 说明了 $n=3$ 的情形.

(a) 定义 $A\times(0,1)$ 与 S 间的一个微分同胚 g.

(b) 求出用 $v(A)$ 表示 $v(S)$ 的关系式.

*(c) 证明 S 的形心 $\boldsymbol{c}(S)$ 位于连接 $\boldsymbol{c}(A)$ 和 $\boldsymbol{p}$ 的线段上, 并用 $\boldsymbol{c}(A)$ 和 $\boldsymbol{p}$ 将 $\boldsymbol{c}(S)$ 表示出来

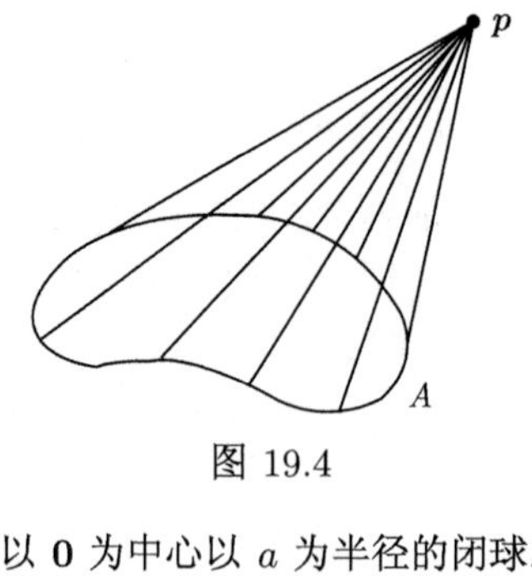

图 19.4

*6. 令 $B^n(a)$ 表示 $\mathbf{R}^n$ 中以 $\mathbf{0}$ 为中心以 a 为半径的闭球.

(a) 证明对于某个常数 λ_n,

$$v(B^n(a))=\lambda_n a^n.$$

那么 $\lambda_n = v(B^n(1))$.

(b) 计算 λ_1和λ_2.

(c) 求出用 λ_{n-2} 表示 λ_n 的递推关系.

(d) 求出 λ_n 的公式. [提示: 根据 n 为偶数还是奇数, 分两种情况考虑.]

*7. (a) 利用 λ_n, λ_{n-1} 及 a 求出上半球

$$B_+^n(a) = \{\boldsymbol{x} | \boldsymbol{x} \in B^n(a) \text{且} x_n \geqslant 0\}$$

的形心, 其中 $\lambda_n = v(B^n(1))$.

(b) 用 $\boldsymbol{c}(B_+^{n-2}(a))$ 表示 $\boldsymbol{c}(B_+^n(a))$.

§20. 变量替换的应用

一、行列式的意义

现在我们来给出行列式函数的几何解释.

定理 20.1 令 A 是一个 $n \times n$ 矩阵且 $h: \mathbf{R}^n \to \mathbf{R}^n$ 为线性变换 $h(\boldsymbol{x}) = A \cdot \boldsymbol{x}$. 令 S 是 $\mathbf{R}^n$ 中的一个可求积集并且 $T = h(S)$. 那么

$$v(T) = |\det A| \cdot v(S).$$

证明 首先考虑 A 为非奇异的情况. 此时 h 是 $\mathbf{R}^n$ 到其自身的微分同胚, h 将 $\operatorname{Int} S$ 映射到 $\operatorname{Int} T$ 上, 并且 T 是可求积的. 由变量替换定理得

$$v(T) = v(\operatorname{Int} T) = \int_{\operatorname{Int} T} 1 = \int_{\operatorname{Int} S} |\det Dh|.$$

从而

$$v(T) = \int_{\operatorname{Int} S} |\det A| = |\det A| \cdot v(S).$$

现在考虑 A 为奇异的情况. 这时 $\det A = 0$. 我们来证明 $v(T) = 0$, 因为 S 是有界的, 所以 T 也是有界的. 变换 h 把 $\mathbf{R}^n$ 映射到一个维数小于 n 的 p 维线性子空间 V 上, 且 V 在 $\mathbf{R}^n$ 中的测度为零. 那么 $\bar{T}$ 是闭的和有界的而且它在 $\mathbf{R}^n$ 中的测度为零. 函数 1_T 是连续的而且在 $\bar{T}$ 之外为零, 因而积分 $\int_T 1$ 存在并且为零. □

这个定理给出了 $|\det A|$ 的一种解释. 它是线性变换 $h(\boldsymbol{x}) = A \cdot \boldsymbol{x}$ 所产生的体积改变的因子.

定义 令 $\boldsymbol{a}_1, \cdots, \boldsymbol{a}_k$ 是 $\mathbf{R}^n$ 中的线性无关向量. 我们把 k 维平行六面体 $\mathcal{P} = \mathcal{P}(\boldsymbol{a}_1, \cdots, \boldsymbol{a}_k)$ 定义为 $\mathbf{R}^n$ 中满足下式的所有点 $\boldsymbol{x}$ 的集合:

$$\boldsymbol{x} = c_1\boldsymbol{a}_1 + \cdots + c_k\boldsymbol{a}_k,$$

其中标量系数 c_i 满足 $0 \leqslant c_i \leqslant 1$. 各向量 $\boldsymbol{a}_1, \cdots, \boldsymbol{a}_k$ 称为 $\mathcal{P}$ 的边.

通过几个草图既可使人相信二维平行六面体就是通常所说的平行四边形, 三维平行六面体就是平常的平行六面体. 参看图 20.1, 其中画出了 $\mathbf{R}^2$ 和 $\mathbf{R}^3$ 中的平行四边形及 $\mathbf{R}^3$ 中的三维平行六面体.

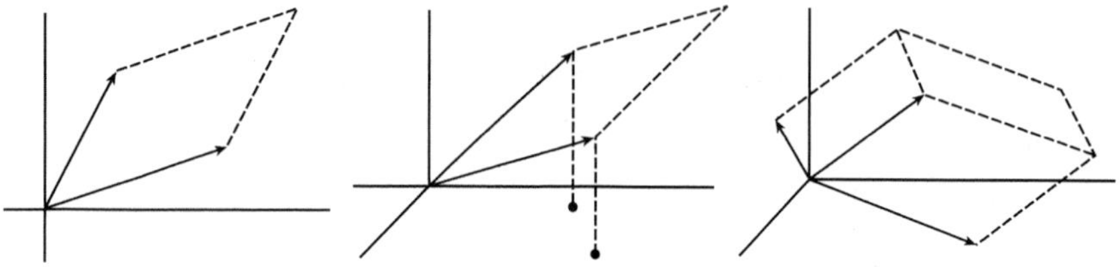

图 20.1

最后我们来定义 $\mathbf{R}^n$ 中的 k 维平行六面体的"k 维体积". 在 $k=n$ 的情况下, 如同 §14 中所定义的那样, 已有体积的概念, 并且满足下列定理中的公式.

定理 20.2　令 $\boldsymbol{a}_1, \cdots, \boldsymbol{a}_n$ 是 $\mathbf{R}^n$ 中的 n 个线性无关的向量. 令 $A = [\boldsymbol{a}_1 \cdots \boldsymbol{a}_n]$ 是以 $\boldsymbol{a}_1, \cdots, \boldsymbol{a}_n$ 为列的 $n \times n$ 矩阵. 那么

$$v(\mathcal{P}(\boldsymbol{a}_1, \cdots, \boldsymbol{a}_n)) = |\det A|.$$

证明　考虑由 $h(\boldsymbol{x}) = A \cdot \boldsymbol{x}$ 给出的线性变换. 那么 h 把单位基向量 $\boldsymbol{e}_1, \cdots, \boldsymbol{e}_n$ 映射成向量 $\boldsymbol{a}_1, \cdots, \boldsymbol{a}_n$, 因为由直接计算, $A \cdot \boldsymbol{e}_j = \boldsymbol{a}_j$. 此外, h 把单位立方体 $I^n = [0,1]^n$ 映射成平行六面体 $\mathcal{P}(\boldsymbol{a}_1, \cdots, \boldsymbol{a}_n)$. 由上面的定理,

$$v(\mathcal{P}(\boldsymbol{a}_1, \cdots, \boldsymbol{a}_n)) = |\det A| \cdot v(I^n) = |\det A|. \qquad \square$$

例 1　在微积分中已研究过上述公式的三维形式, 并且知道以 $\boldsymbol{a}$, $\boldsymbol{b}$, $\boldsymbol{c}$ 为边的平行六面体体积 (包括符号在内) 是由下列三重标量积给出的:

$$\boldsymbol{a} \cdot (\boldsymbol{b} \times \boldsymbol{c}) = \det[\boldsymbol{a}\ \boldsymbol{b}\ \boldsymbol{c}].$$

(如平常一样, 这里将 $\boldsymbol{a}$, $\boldsymbol{b}$, $\boldsymbol{c}$ 写成列矩阵的形式.) 而且我们还知道, 三重标积的符号依赖于三元组 $\boldsymbol{a}$, $\boldsymbol{b}$, $\boldsymbol{c}$ 为"右手系"还是"左手系". 现在我们把一个向量组构成右手系或左手系的概念推广到 $\mathbf{R}^n$, 实际上是推广到任意有限维的向量空间.

定义　令 V 是一个 n 维向量空间. V 中的线性无关向量构成的 n 元组 $(\boldsymbol{a}_1, \cdots, \boldsymbol{a}_n)$ 称作空间 V 的一个标架. 在 $\mathbf{R}^n$ 中, 如果

$$\det[\boldsymbol{a}_1 \cdots \boldsymbol{a}_n] > 0,$$

则称这种标架为一个右手系; 否则称之为左手系. $\mathbf{R}^n$ 中所有右手标架的集合称为 $\mathbf{R}^n$ 的一个定向; 同样所有左手标架的集合也是 $\mathbf{R}^n$ 的一个定向. 更一般地, 选取一

个线性同构 $T:\mathbf{R}^n \to V$, 并且定义 V 的一个定向是由形如 $(T(\boldsymbol{a}_1),\cdots,T(\boldsymbol{a}_n))$ 的所有标架组成, 并且其中这些标架要使得 $(\boldsymbol{a}_1,\cdots,\boldsymbol{a}_n)$ 为 $\mathbf{R}^n$ 的右手标架; 而 V 的另一个定向是由那些使得 $(\boldsymbol{a}_1,\cdots,\boldsymbol{a}_n)$ 为左手系的相应标架组成. 因而 V 有两个定向, 其中任何一个称为另一个向相反定向.

容易看出, 这个概念是完全确定的 (不依赖于变换 T 的选取). 注意到在任意 n 维向量空间中虽有完全确定的定向概念, 但没有完全确定的"右手系"的概念.

例 2 在 $\mathbf{R}^1$ 中, 一个标架是由一个非零的数组成的. 若该数是正的, 则它是一个右手标架; 若该数为负的, 则构成一个左手标架. 在 $\mathbf{R}^2$ 中, 若需将 $\boldsymbol{a}_1$ 按逆时针方向旋转一个小于 π 的角而使它的指向与 $\boldsymbol{a}_2$ 相同, 那么标架 $(\boldsymbol{a}_1,\boldsymbol{a}_2)$ 是一个右手系 (参看习题). 在 $\mathbf{R}^3$ 中, 若按从 $\boldsymbol{a}_1$ 到 $\boldsymbol{a}_2$ 的方向旋转右手的四指而使母指指向 $\boldsymbol{a}_3$ 的方向, 则标架 $(\boldsymbol{a}_1,\boldsymbol{a}_2,\boldsymbol{a}_3)$ 为右手系 (参看图 20.2).

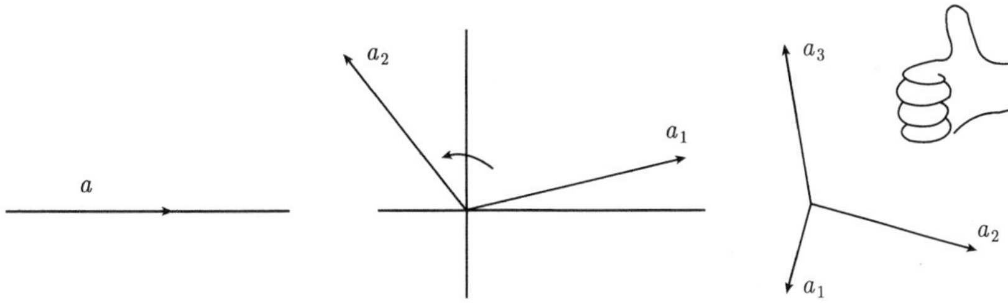

图 20.2

证明这种说法合理的一种方法是指明若标架 $(\boldsymbol{a}_1(t),\boldsymbol{a}_2(t),\boldsymbol{a}_3(t))$ 作为 $t(0\leqslant t\leqslant 1)$ 的函数是连续变化的, 并且当 $t=0$ 时为右手标架, 那么它对所有 t 均为右手标架. 由介值定理, 函数 $\det[\boldsymbol{a}_1\ \boldsymbol{a}_2\ \boldsymbol{a}_3]$ 不可能改变符号, 那么由于标架 $(\boldsymbol{e}_1,\boldsymbol{e}_2,\boldsymbol{e}_3)$ 满足右螺旋法则且满足条件 $\det[\boldsymbol{e}_1\ \boldsymbol{e}_2\ \boldsymbol{e}_3]>0$, 所以在三维空间中相应于右螺旋的任何位置上的标架也都满足同样的条件.

现在我们来得出行列式符号的另一种解释.

定理 20.3 令 C 是一个非奇异的 $n\times n$ 矩阵, $h:\mathbf{R}^n\to\mathbf{R}^n$ 是线性变换 $h(\boldsymbol{x})=C\cdot\boldsymbol{x}$, $(\boldsymbol{a}_1,\cdots,\boldsymbol{a}_n)$ 是 $\mathbf{R}^n$ 中的一个标架. 若 $\det C>0$, 那么标架

$$(\boldsymbol{a}_1,\cdots,\boldsymbol{a}_n) \quad 和 \quad (h(\boldsymbol{a}_1),\cdots,h(\boldsymbol{a}_n))$$

属于 $\mathbf{R}^n$ 的同一定向; 若 $\det C<0$, 则它们属于 $\mathbf{R}^n$ 的相反定向.

如果 $\det C>0$, 则称 h 是保持定向的; 若 $\det C<0$, 则称 h 是相反定向的.

证明 对每个 i, 令 $\boldsymbol{b}_i=h(\boldsymbol{a}_i)$. 那么

$$C\cdot[\boldsymbol{a}_1\cdots\boldsymbol{a}_n]=[\boldsymbol{b}_1\cdots\boldsymbol{b}_n].$$

因而

$$(\det C)\cdot\det[\boldsymbol{a}_1\cdots\boldsymbol{a}_n]=\det[\boldsymbol{b}_1\cdots\boldsymbol{b}_n].$$

如果 $\det C>0$, 那么 $\det[\boldsymbol{a}_1\cdots\boldsymbol{a}_n]$ 与 $\det[\boldsymbol{b}_1\cdots\boldsymbol{b}_n]$ 同号; 如果 $\det C<0$, 那么它们反号. □

二、等距变换下体积的不变性

定义　如果 $\mathbf{R}^n$ 中的向量组 $\boldsymbol{a}_1,\cdots,\boldsymbol{a}_k$ 满足 $\langle\boldsymbol{a}_i,\boldsymbol{a}_j\rangle=0$ 对 $i\neq j$ 成立, 则称该向量组构成一个正交系; 若还满足附加条件 $\langle\boldsymbol{a}_i,\boldsymbol{a}_i\rangle=1$ 对所有 i 成立, 则称它们构成一个规范正交系. 如果向量 $\boldsymbol{a}_1,\cdots,\boldsymbol{a}_k$ 是一个非零正交向量组, 那么向量 $\boldsymbol{a}_1/\|\boldsymbol{a}_1\|,\cdots,\boldsymbol{a}_k/\|\boldsymbol{a}_k\|$ 就构成一个规范正交系.

非零正交向量组 $\boldsymbol{a}_1,\cdots,\boldsymbol{a}_k$ 总是线性无关的. 因为给定等式

$$d_1\boldsymbol{a}_1+\cdots+d_k\boldsymbol{a}_k=\mathbf{0},$$

取两边对 $\boldsymbol{a}_i$ 的点乘积, 则得等式 $d_i\langle\boldsymbol{a}_i,\boldsymbol{a}_i\rangle=0$, 因为 $\boldsymbol{a}_i\neq 0$; 所以这就蕴涵着 $d_i=0$.

从而 $\mathbf{R}^n$ 中由 n 个非零向量组成的正交向量组是 $\mathbf{R}^n$ 的一个基. 向量组 $\boldsymbol{e}_1,\cdots,\boldsymbol{e}_n$ 就是 $\mathbf{R}^n$ 的这样一个基, 当然还有许多其他的基.

定义　如果 $n\times n$ 矩阵 A 的列组成一个规范正交组, 则称 A 是一个正交矩阵. 可以验证, 该条件等价于矩阵等式

$$A^{\mathrm{T}}\cdot A=I_n.$$

如果 A 是正交的, 那么 A 是一个方阵而且 A^{T} 是 A 的一个左逆, 由此可知, A^{T} 也是 A 的右逆. 因而 A 是正交矩阵当且仅当 A 是非奇异的并且 $A^{\mathrm{T}}=A^{-1}$.

注意到若 A 是正交的, 则 $\det A=\pm1$, 这是因为

$$(\det A)^2=(\det A^{\mathrm{T}})(\det A)=\det(A^{\mathrm{T}}\cdot A)=\det I_n=1.$$

正交矩阵的集合构成近世代数中的所谓“群”. 这就是下列定理的实质.

定理 20.4　令 A, B, C 均为 $n\times n$ 正交矩阵, 那么

(a) $A\cdot B$ 是正交的.

(b) $A\cdot(B\cdot C)=(A\cdot B)\cdot C$.

(c) 存在一个正交矩阵 I_n 使得 $A\cdot I_n=I_n\cdot A=A$ 对所有正交矩阵 A 成立.

(d) 给定 A, 则有一个正交矩阵 A^{-1} 使得 $A\cdot A^{-1}=A^{-1}\cdot A=I_n$.

证明　为验证 (a), 只需作如下计算即可明了:

$$(A\cdot B)^{\mathrm{T}}(A\cdot B)=(B^{\mathrm{T}}\cdot A^{\mathrm{T}})\cdot(A\cdot B)=B^{\mathrm{T}}\cdot B=I_n.$$

条件 (b) 是直接的, 而条件 (c) 从 I_n 为正交矩阵的事实得出. 为验证明 (d), 只需注意到, 因为 A^{T} 等于 A^{-1}, 所以

$$I_n = A \cdot A^{\mathrm{T}} = (A^{\mathrm{T}})^{\mathrm{T}} \cdot A^{\mathrm{T}} = (A^{-1})^{\mathrm{T}} \cdot A^{-1}.$$

因而如所期望的那样, A^{-1} 是正交的. □

定义 若 A 是一个正交矩阵, 那么由

$$h(\boldsymbol{x}) = A \cdot \boldsymbol{x}$$

给出的线性变换 $h : \mathbf{R}^n \to \mathbf{R}^n$ 称为正交变换. 这个条件等价于要求 h 将 $\mathbf{R}^n$ 的基 $\boldsymbol{e}_1, \cdots, \boldsymbol{e}_n$ 映射成 $\mathbf{R}^n$ 的一个规范正交基.

定义 令 $h : \mathbf{R}^n \to \mathbf{R}^n$. 若对所有 $\boldsymbol{x}, \boldsymbol{y} \in \mathbf{R}^n$ 均有

$$\|h(\boldsymbol{x}) - h(\boldsymbol{y})\| = \|\boldsymbol{x} - \boldsymbol{y}\|,$$

则称 h 是一个 (Euclid) 等距变换. 因而等距变换是一个保持 Euclid 度量的映射.

定理 20.5 令 $h : \mathbf{R}^n \to \mathbf{R}^n$ 是一个使得 $h(\mathbf{0}) = \mathbf{0}$ 的映射, 那么

(a) 映射 h 是一个等距变换当且仅当它保持点乘积不变.

(b) 映射 h 是一个等距变换当且仅当它是一个正交变换.

证明 (a) 给定 $\boldsymbol{x}$ 和 $\boldsymbol{y}$, 作计算

(1) $\|h(\boldsymbol{x}) - h(\boldsymbol{y})\|^2 = \langle h(\boldsymbol{x}), h(\boldsymbol{x})\rangle - 2\langle h(\boldsymbol{x}), h(\boldsymbol{y})\rangle + \langle h(\boldsymbol{y}), h(\boldsymbol{y})\rangle$.

(2) $\|\boldsymbol{x} - \boldsymbol{y}\|^2 = \langle \boldsymbol{x}, \boldsymbol{x}\rangle - 2\langle \boldsymbol{x}, \boldsymbol{y}\rangle + \langle \boldsymbol{y}, \boldsymbol{y}\rangle$.

如果 h 保持点乘积不变, 那么 (1) 和 (2) 的右边相等, 因而 h 也能保持 Euclid 距离不变. 反过来, 假设 h 保持 Euclid 距离不变, 那么特别地, 对所有 $\boldsymbol{x}$ 都有

$$\|h(\boldsymbol{x}) - h(\mathbf{0}) = \|\boldsymbol{x} - \mathbf{0}\|,$$

从而有 $\|h(\boldsymbol{x})\| = \|\boldsymbol{x}\|$. 于是 (1) 式右边的首项和末项分别等于 (2) 式的对应项, 而且由假设, (1) 式和 (2) 式的左边相等, 由此可知

$$\langle h(\boldsymbol{x}), h(\boldsymbol{y})\rangle = \langle \boldsymbol{x}, \boldsymbol{y}\rangle,$$

这正是我们所期望的.

(b) 令 $h(\boldsymbol{x}) = A \cdot \boldsymbol{x}$, 其中 A 是正交矩阵, 我们来证明 h 是等距变换. 由 (a), 只需证明 h 保持点乘积不变. 若 (像通常那样) 把 $h(\boldsymbol{x})$ 和 $h(\boldsymbol{y})$ 表示成列矩阵, 那么 $h(\boldsymbol{x})$ 和 $h(\boldsymbol{y})$ 的点乘积可以表示成矩阵的乘积

$$h(\boldsymbol{x})^{\mathrm{T}} \cdot h(\boldsymbol{y}).$$

作计算

$$h(\boldsymbol{x})^{\mathrm{T}} \cdot h(\boldsymbol{y}) = (A \cdot \boldsymbol{x})^{\mathrm{T}} \cdot (A \cdot \boldsymbol{y}) = \boldsymbol{x}^{\mathrm{T}} \cdot A^{\mathrm{T}} \cdot A \cdot \boldsymbol{y} = \boldsymbol{x}^{\mathrm{T}} \cdot \boldsymbol{y}.$$

因而 h 保持点乘积不变. 从而 h 是一个等距变换.

反过来, 令 h 是一个等距变换并且满足 $h(\mathbf{0}) = \mathbf{0}$. 对于每个 i, 令 $\boldsymbol{a}_i$ 为向量 $\boldsymbol{a}_i = h(\boldsymbol{e}_i)$, 令 A 是矩阵 $A = [\boldsymbol{a}_1 \cdots \boldsymbol{a}_n]$. 因为由 (a), h 保持点乘积不变, 所以向量 $\boldsymbol{a}_1, \cdots, \boldsymbol{a}_n$ 是规范正交的. 因而 A 是一个正交矩阵. 我们要证明 $h(\boldsymbol{x}) = A \cdot \boldsymbol{x}$ 对所有 $\boldsymbol{x}$ 成立, 从而完成定理的证明.

因为诸向量 $\boldsymbol{a}_i$ 构成 $\mathbf{R}^n$ 的一个基, 所以对每个 $\boldsymbol{x}$, 向量 $h(\boldsymbol{x})$ 可对 $\boldsymbol{x}$ 的某些实值函数 $\alpha_i(\boldsymbol{x})$ 唯一地写成

$$h(\boldsymbol{x}) = \sum_{i=1}^{n} \alpha_i(\boldsymbol{x}) \boldsymbol{a}_i.$$

因为 $\boldsymbol{a}_i$ 是规范正交的, 所以对每个 j,

$$\langle h(\boldsymbol{x}), \boldsymbol{a}_j \rangle = \alpha_j(\boldsymbol{x}).$$

因为 h 保持点乘积不变, 故对所有 j,

$$\langle h(\boldsymbol{x}), \boldsymbol{a}_j \rangle = \langle h(\boldsymbol{x}), h(\boldsymbol{e}_j) \rangle = \langle \boldsymbol{x}, \boldsymbol{e}_j \rangle = x_j.$$

因而 $\alpha_j(\boldsymbol{x}) = x_j$, 所以有

$$h(\boldsymbol{x}) = \sum_{i=1}^{n} x_i \boldsymbol{a}_i = [\boldsymbol{a}_1 \cdots \boldsymbol{a}_n] \begin{bmatrix} x_1 \\ \vdots \\ x_n \end{bmatrix} = A \cdot \boldsymbol{x}.$$ □

定理 20.6 令 $h : \mathbf{R}^n \to \mathbf{R}^n$. 那么 h 是一个等距变换当且仅当它是一个正交变换后接一个平移变换的复合, 即当且仅当 h 具有下列形式

$$h(\boldsymbol{x}) = A \cdot \boldsymbol{x} + \boldsymbol{p},$$

其中 A 是一个正交矩阵.

证明 给定 h, 令 $\boldsymbol{p} = h(\mathbf{0})$, 并且定义 $k(\boldsymbol{x}) = h(\boldsymbol{x}) - \boldsymbol{p}$. 那么由直接计算得

$$\|k(\boldsymbol{x}) - k(\boldsymbol{y})\| = \|h(\boldsymbol{x}) - h(\boldsymbol{y})\|.$$

因而 k 是一个等距变换当且仅当 h 是等距变换.

由于 $k(\mathbf{0}) = \mathbf{0}$, 所以映射 k 是等距变换当且仅当 $k(\boldsymbol{x}) = A \cdot \boldsymbol{x}$, 其中 A 是正交矩阵. 然而这种情况当且仅当 $h(\boldsymbol{x}) = A \cdot \boldsymbol{x} + \boldsymbol{p}$ 时才会发生. □

定理 20.7 令 $h:\mathbf{R}^n\to\mathbf{R}^n$ 是一个等距变换. 如果 S 是 $\mathbf{R}^n$ 中的一个可求积的集合. 那么集合 $T=h(S)$ 是可求积的并且 $v(T)=v(S)$.

证明 h 是一个形如 $h(\boldsymbol{x})=A\cdot\boldsymbol{x}+\boldsymbol{p}$ 的映射, 其中 A 是一个正交矩阵. 那么 $Dh(\boldsymbol{x})=A$, 并且由变量替换定理可得

$$v(T)=|\det A|\cdot v(S)=v(S).$$ □

习 题

1. 证明: 若 h 是一个正交变换, 那么 h 把每一个规范正交组映射成规范正交组.
2. 寻求一个保持体积不变但不是等距变换的线性变换 $h:\mathbf{R}^n\to\mathbf{R}^n$.
3. 令 V 是任意一个向量空间, 证明 V 的两个定向是完全确定的.
4. 考虑 $\mathbf{R}^3$ 中使得下式成立的向量 $\boldsymbol{a}_i$:

$$[\boldsymbol{a}_1\ \boldsymbol{a}_2\ \boldsymbol{a}_3\ \boldsymbol{a}_4]=\begin{bmatrix}1&0&1&1\\1&0&1&1\\1&1&2&0\end{bmatrix}.$$

令 V 是由 $\boldsymbol{a}_1$ 和 $\boldsymbol{a}_2$ 张成的 $\mathbf{R}^3$ 的子空间. 证明 $\boldsymbol{a}_3$ 和 $\boldsymbol{a}_4$ 也同样张成 V, 并且标架 $(\boldsymbol{a}_1,\boldsymbol{a}_2)$ 和 $(\boldsymbol{a}_3,\boldsymbol{a}_4)$ 属于 V 的相反定向.

5. 给定 θ 和 ϕ, 令

$$a_1=(\cos\theta,\sin\theta),\quad a_2=(\cos(\theta+\phi),\sin(\theta+\phi)).$$

证明: 当 $0<\phi<\pi$ 时, $(\boldsymbol{a}_1,\boldsymbol{a}_2)$ 是右手系, 当 $-\pi<\phi<0$ 时为左手系. 试问当 ϕ 等于 0 或 π 时将会发生什么情况?

第五章　流　　形

我们已经研究过 Euclid 空间中有界集的体积. 如果 A 是 $\mathbf{R}^k$ 中的有界可求积集, 那么它的体积定义为

$$v(A)=\int_A 1.$$

当 $k=1$ 时通常将 $v(A)$ 称作 A 的长度; 当 $k=2$ 时, 一般将 $v(A)$ 称为 A 的面积.

在微积分中不仅研究 $\mathbf{R}^1$ 的子集的长度, 而且还要研究 $\mathbf{R}^2$ 和 $\mathbf{R}^3$ 中的光滑曲线的长度; 不仅研究 $\mathbf{R}^2$ 的子集的面积, 而且还要研究 $\mathbf{R}^3$ 中光滑曲面的面积. 本章中我们将引进与曲线和曲面相类似的几何对象, 通常将它们称为 $\mathbf{R}^n$ 中的 k 维流形, 并且定义这种几何对象的 k 维体积. 我们还将定义 k 维流形上的标量函数关于 k 维体积的积分, 从而推广了微积分中关于曲线积分和曲面积分的概念.

§21.　k 维平行六面体的体积

我们从研究平行六面体开始. 令 $\mathcal{P}$ 是 $\mathbf{R}^n$ 中的一个 k 维平行六面体, 其中 $k<n$. 我们要定义 $\mathcal{P}$ 的 k 维体积. (它的 n 维体积当然为零, 因为它被包含在 $\mathbf{R}^n$ 的一个 k 维子空间之内, 而该子空间的 n 维测度为零.) 那么该如何进行定义呢? 有两个合理的条件是这种体积函数应当满足的. 我们知道 $\mathbf{R}^n$ 的正交变换保持 n 维体积不变, 那么要求它也保持 k 维体积不变是合理的. 其次, 若平行六面体恰巧在 $\mathbf{R}^n$ 的子空间 $\mathbf{R}^k\times\mathbf{0}$ 中, 那么要求它的 k 维体积与通常 $\mathbf{R}^k$ 中的 k 维平行六面体的体积一致也是合理的. 正如我们将要看到的那样, 这两个"合理"条件完全决定了 k 维体积.

我们将从线性代数中的一个结果开始, 该结果也许你已经熟悉.

引理 21.1　令 W 是 $\mathbf{R}^n$ 的一个 k 维线性子空间, 则 $\mathbf{R}^n$ 有一个规范正交基, 其前 k 个元素恰好构成 W 的一个基.

证明　由定理 1.2, $\mathbf{R}^n$ 有一个基 $\boldsymbol{a}_1,\cdots,\boldsymbol{a}_n$, 它的前 k 个元素恰好构成 W 的一个基. 有一种标准程序从这些向量构造一个正交向量组 $\boldsymbol{b}_1,\cdots,\boldsymbol{b}_n$, 并且使得对于每个 i, 向量组 $\boldsymbol{b}_1,\cdots,\boldsymbol{b}_i$ 与向量组 $\boldsymbol{a}_1,\cdots,\boldsymbol{a}_i$ 张成同一空间. 该程序称为 Gram-Schmidt 方法. 现在来回顾一下这种方法.

给定 $\boldsymbol{a}_1,\cdots,\boldsymbol{a}_n$, 置

$$\boldsymbol{b}_1=\boldsymbol{a}_1,$$

$$\boldsymbol{b}_2 = \boldsymbol{a}_2 - \lambda_{21}\boldsymbol{b}_1,$$

而对一般的 i,

$$\boldsymbol{b}_i = \boldsymbol{a}_i - \lambda_{i1}\boldsymbol{b}_1 - \lambda_{i2}\boldsymbol{b}_2 - \cdots - \lambda_{i,i-1}\boldsymbol{b}_{i-1},$$

其中 λ_{ij} 为待定标量. 至于这些标量取什么值是无关紧要的, 但我们注意到, 对每 j, 向量 $\boldsymbol{a}_j$ 是向量 $\boldsymbol{b}_1, \cdots, \boldsymbol{b}_j$ 的线性组合, 从而对每个 j, 向量 $\boldsymbol{b}_j$ 可以写成向量 $\boldsymbol{a}_1, \cdots, \boldsymbol{a}_j$ 的线性组合 (证明可用数学归纳法进行). 这两个事实蕴涵着对于每个 i, 向量组 $\boldsymbol{a}_1, \cdots, \boldsymbol{a}_i$ 与向量组 $\boldsymbol{b}_1, \cdots, \boldsymbol{b}_i$ 张成 $\mathbf{R}^n$ 的同一个子空间, 而且由此可知向量 $\boldsymbol{b}_1, \cdots, \boldsymbol{b}_n$ 是线性无关的, 因为它们是 n 个向量并且正如刚才所指出的那样, 它们张成 $\mathbf{R}^n$. 特别, 各 $\boldsymbol{b}_i$ 中无一为零.

现在我们指出, 实际上标量 λ_{ij} 可以选取得使各向量 $\boldsymbol{b}_i$ 相互正交. 可用归纳法来证明这个结论. 如果向量 $\boldsymbol{b}_1, \cdots, \boldsymbol{b}_{i-1}$ 是相互正交的, 那么只需用每个向量 $\boldsymbol{b}_j (j = 1, \cdots, i-1)$ 对 $\boldsymbol{b}_i$ 的表达式两边作点乘积, 则得

$$\langle \boldsymbol{b}_i, \boldsymbol{b}_j \rangle = \langle \boldsymbol{a}_i, \boldsymbol{b}_j \rangle - \lambda_{ij} \langle \boldsymbol{b}_j, \boldsymbol{b}_j \rangle.$$

因为 $\boldsymbol{b}_j \neq 0$, 故有唯一的一个 λ_{ij} 值使该等式右边为零. 对于标量 λ_{ij} 的这种取法, 向量 $\boldsymbol{b}_i$ 与每个向量 $\boldsymbol{b}_1, \cdots, \boldsymbol{b}_{i-1}$ 正交.

一旦有了各非零向量 $\boldsymbol{b}_i$, 只需用它的模 $\|\boldsymbol{b}_i\|$ 去除即可求出我们所期望的 $\mathbf{R}^n$ 的规范正交基. □

定理 21.2 令 W 是 $\mathbf{R}^n$ 的一个 k 维线性子空间, 则存在一个正交变换 $h : \mathbf{R}^n \to \mathbf{R}^n$ 把 W 映射为 $\mathbf{R}^n$ 的子空间 $\mathbf{R}^k \times \mathbf{0}$.

证明 选取 $\mathbf{R}^n$ 的一个规范正交基 $\boldsymbol{b}_1, \cdots, \boldsymbol{b}_n$ 使得其中的前 k 个基元 $\boldsymbol{b}_1, \cdots, \boldsymbol{b}_k$ 构成 W 的一个基. 令 $g : \mathbf{R}^n \to \mathbf{R}^n$ 是线性变换 $g(\boldsymbol{x}) = B \cdot \boldsymbol{x}$, 其中 B 是这样一个矩阵, 它的相继各列依次是 $\boldsymbol{b}_1, \cdots, \boldsymbol{b}_n$. 那么 g 是一个正交变换, 并且对所有 $i, g(\boldsymbol{e}_i) = \boldsymbol{b}_i$. 特别, g 把以 $\boldsymbol{e}_i, \cdots, \boldsymbol{e}_k$ 为基的子空间 $\mathbf{R}^k \times \mathbf{0}$ 映射到 W 上. 于是 g 的逆就是我们要寻求的变换. □

下面我们就来得出 k 维体积的概念.

定理 21.3 存在唯一的这样一个函数 V, 它对每一个由 $\mathbf{R}^n$ 的元素组成的 k 元组 $(\boldsymbol{x}_1, \cdots, \boldsymbol{x}_k)$ 指派一个非负数并且使得

(1) 如果 $h : \mathbf{R}^n \to \mathbf{R}^n$ 是一个正交变换, 那么

$$V(h(\boldsymbol{x}_1), \cdots, h(\boldsymbol{x}_k)) = V(\boldsymbol{x}_1, \cdots, \boldsymbol{x}_k).$$

(2) 如果 $\boldsymbol{y}_1, \cdots, \boldsymbol{y}_k$ 属于 $\mathbf{R}^n$ 的子空间 $\mathbf{R}^k \times \mathbf{0}$, 因而有

$$\boldsymbol{y}_i = \begin{bmatrix} \boldsymbol{z}_i \\ \mathbf{0} \end{bmatrix}, \boldsymbol{z}_i \in \mathbf{R}^k,$$

那么

$$V(\boldsymbol{y}_1,\cdots,\boldsymbol{y}_k)=|\det[\boldsymbol{z}_1\cdots\boldsymbol{z}_k]|.$$

当且仅当向量 $\boldsymbol{x}_1,\cdots,\boldsymbol{x}_k$ 线性相关时函数 V 为零. 此外函数 V 还满足下列等式

$$V(\boldsymbol{x}_1,\cdots,\boldsymbol{x}_k)=[\det(X^{\mathrm{T}}\cdot X)]^{1/2},$$

其中 X 是 $n\times k$ 矩阵 $X=[\boldsymbol{x}_1\cdots\boldsymbol{x}_k]$.

我们常将 $V(\boldsymbol{x}_1,\cdots,\boldsymbol{x}_k)$ 简记为 $V(X)$.

证明 给定 $X=[\boldsymbol{x}_1\cdots\boldsymbol{x}_k]$, 定义

$$F(X)=\det(X^{\mathrm{T}}\cdot X).$$

第一步. 如果 $h:\mathbf{R}^n\to\mathbf{R}^n$ 是由 $h(\boldsymbol{x})=A\cdot\boldsymbol{x}$ 给出的一个正交变换, 其中 A 是一个正交矩阵, 那么

$$F(A\cdot X)=\det((A\cdot X)^{\mathrm{T}}\cdot(A\cdot X))=\det(X^{\mathrm{T}}\cdot X)=F(X).$$

而且, 如果 Z 是一个 $k\times k$ 矩阵且 Y 是 $n\times k$ 矩阵

$$Y=\begin{bmatrix}Z\\ \mathbf{0}\end{bmatrix},$$

那么

$$F(Y)=\det\left([Z^{\mathrm{T}}\mathbf{0}]\cdot\begin{bmatrix}Z\\ \mathbf{0}\end{bmatrix}\right)=\det(Z^{\mathrm{T}}\cdot Z)=\det{}^2 Z.$$

第二步. 由上式可知 F 是非负的. 对于 $\mathbf{R}^n$ 中给定的 $\boldsymbol{x}_1,\cdots,\boldsymbol{x}_k$, 令 W 是 $\mathbf{R}^n$ 的一个包含这些向量的 k 维子空间. (如果各 $\boldsymbol{x}_i$ 是线性无关的, 那么 W 是唯一的.) 令 $h(\boldsymbol{x})=A\cdot\boldsymbol{x}$ 是 $\mathbf{R}^n$ 的一个将 W 映射到子空间 $\mathbf{R}^k\times\mathbf{0}$ 上的正交变换, 那么 $A\cdot X$ 具有下列形式

$$A\cdot X=\begin{bmatrix}Z\\ \mathbf{0}\end{bmatrix},$$

因而 $F(X)=F(A\cdot X)=\det^2 Z\geqslant 0$. 注意到 $F(X)=0$ 当且仅当 Z 的各列是线性相关的, 而且当且仅当向量 $\boldsymbol{x}_1,\cdots,\boldsymbol{x}_k$ 线性相关时这种情况才会发生.

第三步. 现在定义 $V(X)=(F(X))^{1/2}$. 从第一步的计算可知 V 满足条件 (1) 和 (2), 又从第二步的计算得知 V 由这两个条件唯一地确定. □

定义 如果 $\boldsymbol{x}_1,\cdots,\boldsymbol{x}_k$ 是 $\mathbf{R}^n$ 中的线性无关向量, 那么就将平行六面体 $\mathcal{P}=\mathcal{P}(\boldsymbol{x}_1,\cdots,\boldsymbol{x}_k)$ 的 k 维体积定义为正数 $V(\boldsymbol{x}_1,\cdots,\boldsymbol{x}_k)$.

例 1 考虑 $\mathbf{R}^3$ 中的两个线性无关向量 $\boldsymbol{a}$ 和 $\boldsymbol{b}$, 并令 X 表示矩阵 $X=[\boldsymbol{a}\ \boldsymbol{b}]$. 那么 $V(X)$ 是以 $\boldsymbol{a}$ 和 $\boldsymbol{b}$ 为边的平行四边形的面积. 令 θ 是由 $\langle \boldsymbol{a},\boldsymbol{b}\rangle=\|\boldsymbol{a}\|\|\boldsymbol{b}\|\cos\theta$ 定义的 $\boldsymbol{a}$ 与 $\boldsymbol{b}$ 之间的夹角. 那么

$$\begin{aligned}(V(X))^2=\det(X^{\mathrm{T}}\cdot X)&=\det\begin{bmatrix}\|\boldsymbol{a}\|^2 & \langle \boldsymbol{a},\boldsymbol{b}\rangle\\ \langle \boldsymbol{b},\boldsymbol{a}\rangle & \|\boldsymbol{b}\|^2\end{bmatrix}\\&=\|\boldsymbol{a}\|^2\|\boldsymbol{b}\|^2(1-\cos^2\theta)=\|\boldsymbol{a}\|^2\|\boldsymbol{b}\|^2\sin^2\theta.\end{aligned}$$

图 21.1 说明为什么在微积分中把这个数解释成以 $\boldsymbol{a}$ 和 $\boldsymbol{b}$ 为边的平行四边形的面积.

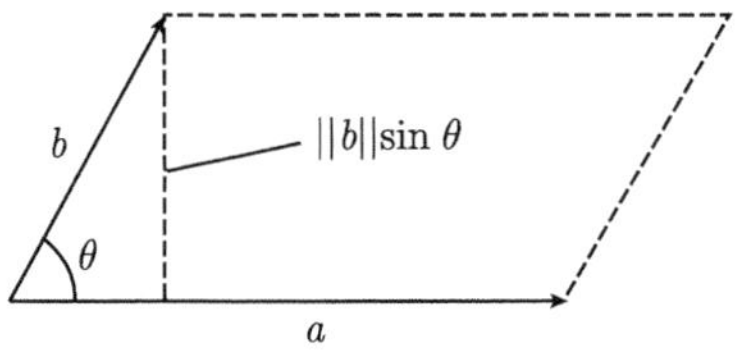

图 21.1

在微积分中还研究过以 $\boldsymbol{a}$ 和 $\boldsymbol{b}$ 为边的平行四边形的另一个面积公式. 若 $\boldsymbol{a}\times\boldsymbol{b}$ 是由下式定义的 $\boldsymbol{a}$ 与 $\boldsymbol{b}$ 的叉乘积

$$\boldsymbol{a}\times\boldsymbol{b}=\det\begin{bmatrix}a_2 & b_2\\ a_3 & b_3\end{bmatrix}\boldsymbol{e}_1-\det\begin{bmatrix}a_1 & b_1\\ a_3 & b_3\end{bmatrix}\boldsymbol{e}_2+\det\begin{bmatrix}a_1 & b_1\\ a_2 & b_2\end{bmatrix}\boldsymbol{e}_3,$$

那么从微积分中获悉数值 $\|\boldsymbol{a}\times\boldsymbol{b}\|$ 就等于 $\mathcal{P}(\boldsymbol{a},\boldsymbol{b})$ 的面积. 通过直接验证下式可知其合理性:

$$\|\boldsymbol{a}\|^2\|\boldsymbol{b}\|^2-\langle \boldsymbol{a},\boldsymbol{b}\rangle^2=\|\boldsymbol{a}\times\boldsymbol{b}\|^2.$$

该验证工作往往留给读者作为习题, 这是一个很不错的练习.

正如 $\mathbf{R}^3$ 中的平行四边形一样, $\mathbf{R}^n$ 中的 k 维平行六面体也有两个不同的 k 维体积公式. 第一个是在上面的定理中所给出的公式. 它对于理论研究而言是很方便的. 但有时对于计算来说却不能令人满意. 第二个是刚才讨论过的叉积公式的推广, 实际上它常常更便于应用. 现在就来导出这个公式, 在某些例题和习题中将会用到它.

定义 令 $\boldsymbol{x}_1,\cdots,\boldsymbol{x}_k$ 是 $\mathbf{R}^n$ 中的向量, $k\leqslant n$. 令 X 表示矩阵 $X=[\boldsymbol{x}_1\cdots\boldsymbol{x}_k]$. 如果 $I=(i_1,\cdots,i_k)$ 是整数的 k 元组且使得 $1\leqslant i_1<i_2<\cdots<i_k\leqslant n$, 则称 I 是出自集合 $\{1,\cdots,n\}$ 的一个递增 k 元组, 而且用

$$X_I \quad 或 \quad X(i_1,\cdots,i_k)$$

表示由 X 的第 $i_1, \cdots, i_k$ 行构成的 X 的 $k \times k$ 阶子矩阵.

更一般地, 如果 I 是出自集合 $\{1, \cdots, n\}$ 的任何整数 k 元组, 不必相异也不必按任何特定次序排列, 仍用同一符号表示各行依次是 X 的第 $i_1, \cdots, i_k$ 行的 $k \times k$ 矩阵. 当然按这种意义它未必是 X 的子矩阵.

*__定理 21.4__　令 X 是一个 $n \times k$ 矩阵, $k \leqslant n$. 那么

$$V(X) = \left[\sum_{[I]} \det{}^2 X_I\right]^{1/2},$$

其中符号 $[I]$ 表示对所有出自集合 $\{1, \cdots, n\}$ 的递增 k 元组求和.

这个定理可以看作关于 k 维体积的毕德哥拉斯定理, 它说明 $\mathbf{R}^n$ 中的 k 维平行六面体 $\mathcal{P}$ 的体积的平方等于将 $\mathcal{P}$ 投影到 $\mathbf{R}^n$ 的各个 k 维坐标平面上而得到的各 k 维平行六面体的体积的平方和.

证明　令 X 为 $n \times k$ 阶矩阵. 令

$$F(X) = \det(X^{\mathrm{T}} \cdot X), \quad G(X) = \sum_{[I]} \det{}^2 X_I.$$

要证明本定理等价于证明对所有 X 都有 $F(X) = G(X)$ 成立.

第一步. 证明当 $k = 1$ 或 $k = n$ 时定理成立. 若 $k = 1$, 则 X 就是以 $\lambda_1, \cdots, \lambda_n$ 为元素的列矩阵, 那么

$$F(X) = \sum (\lambda_i)^2 = G(x).$$

如果 $k = n$, 则定义 G 的和式只有一项, 并且

$$F(X) = \det{}^2 X = G(X).$$

第二步. 如果 $X = [\boldsymbol{x}_1 \cdots \boldsymbol{x}_k]$ 并且各 $\boldsymbol{x}_i$ 是正交的, 那么

$$F(X) = \|\boldsymbol{x}_1\|^2 \|\boldsymbol{x}_2\|^2 \cdots \|\boldsymbol{x}_k\|^2.$$

$X^{\mathrm{T}} \cdot X$ 的一般元是 $\boldsymbol{x}_i^{\mathrm{T}} \cdot \boldsymbol{x}_j$, 这正是 $\boldsymbol{x}_i$ 与 $\boldsymbol{x}_j$ 的点乘积. 因而若各 $\boldsymbol{x}_i$ 相互正交, 那么 $X^{\mathrm{T}} \cdot X$ 是以 $\|\boldsymbol{x}_i\|^2$ 为对角线元的对角矩阵.

第三步. 考虑下列两种初等列运算, 其中 $j \neq l$,

(1) 交换第 j 列和第 l 列.

(2) 用第 j 列加上第 l 列乘以 c 来代替第 j 列.

我们来证明无论将这两种运算中的哪一种应用于 X, 均不改变 F 或 G 的值.

给定一个与初等矩阵 E 相对应的初等行运算, 那么 $E \cdot X$ 等于将这个初等行运算应用于 X 而得到的矩阵. 通过将 X 转置并左乘以 E, 然后再转置回来, 就可

以算出对 X 施行相应初等列运算的结果. 因而对 X 施行初等列运算而得到的矩阵为

$$(E\cdot X^{\mathrm{T}})^{\mathrm{T}}=X\cdot E^{\mathrm{T}}.$$

由此可知这两种运算确实不改变 F 的值. 事实上, 因为对这两种运算而言 $\det E=\pm 1$, 故有

$$\begin{aligned}F(X\cdot E^{\mathrm{T}})&=\det(E\cdot X^{\mathrm{T}}\cdot X\cdot E^{\mathrm{T}})=(\det E)(\det(X^{\mathrm{T}}\cdot X))(\det E^{\mathrm{T}})\\&=F(X).\end{aligned}$$

这两种运算也不改变 G 的值. 注意到若将这两种初等列运算之一应用于 X, 然后再删去除第 $i_1,\cdots,i_k$ 行之外的所有行结果与先删去除第 $i_1,\cdots,i_k$ 行以外的所有行, 然后再应用相应的初等列运算所得的结果是相同的. 这意味着

$$(X\cdot E^{\mathrm{T}})_I=X_I\cdot E^{\mathrm{T}}.$$

于是可以算出

$$\begin{aligned}G(X\cdot E^{\mathrm{T}})&=\sum_{[I]}\det{}^2(X\cdot E^{\mathrm{T}})_I=\sum_{[I]}\det{}^2(X_I\cdot E^{\mathrm{T}})\\&=\sum_{[I]}(\det{}^2X_I)(\det{}^2E^{\mathrm{T}})=G(X).\end{aligned}$$

第四步. 为了证明定理对于给定阶数的所有矩阵成立, 我们来说明只需证明对于在矩阵的底行中可能除最后一个元素之外其余元素为零并且它的各列构成一个正交组的特殊情况下定理成立即可.

给定 X, 如果 X 的最后一行有一个非零元, 那么就可以用特定类型的初等运算把矩阵变成下列形式

$$D=\begin{bmatrix} & * & \\ 0\cdots 0 & \lambda \end{bmatrix},$$

其中 $\lambda\neq 0$. 如果 X 的最后一行没有非零元. 那么它已经具有这种形式, 其中 $\lambda=0$. 现在对这个矩阵的列向量组应用 Gram-Schmidt 程序. 第一列保持原状. 在一般步骤中, 将第 j 列用它自身减去前面各列与标量的乘积来代替. 因而 Gram-Schmidt 程序只包含 (2) 型的初等列运算. 在此过程中最后一行的零元素保持不变. 当程序终止时, 矩阵的各列是正交的而且矩阵仍然具有 D 的形式.

第五步. 对 n 用归纳法完成定理的证明.

如果 $n=1$, 那么 $k=1$ 并且符合第一步的情况. 如果 $n=2$, 那么 $k=1$ 或者 $k=2$, 于是也适用于第一步的情况. 现在假设定理对行数少于 n 的矩阵成立, 并证

明对 $n \times k$ 的矩阵成立. 鉴于第一步, 只需考虑 $1 < k < n$ 的情况即可. 根据第四步. 可设在 X 的最后一行中的所有元素可能除最后一个之外全部为零, 而且 X 的列是正交的. 那么 X 具有下列形式

$$X = \begin{bmatrix} \boldsymbol{b}_1 & \cdots & \boldsymbol{b}_{k-1} & \boldsymbol{b}_k \\ 0 & \cdots & 0 & \lambda \end{bmatrix},$$

其中 $\mathbf{R}^{n-1}$ 的各向量 b_i 是正交的, 这是因为 X 的各列是 $\mathbf{R}^n$ 中的正交向量. 为了记号方便, 令 B 和 C 分别表示如下矩阵:

$$B = [\boldsymbol{b}_1 \cdots \boldsymbol{b}_k], \quad C = [\boldsymbol{b}_1 \cdots \boldsymbol{b}_{k-1}].$$

用 B 和 C 算出 $F(X)$ 如下:

$$\begin{aligned} F(X) &= \|\boldsymbol{b}_1\|^2 \cdots \|\boldsymbol{b}_{k-1}\|^2(\|\boldsymbol{b}_k\|^2 + \lambda^2) \quad (\text{由第二步}) \\ &= F(B) + \lambda^2 F(C). \end{aligned}$$

为了计算 $G(X)$, 按 i_k 的值把 $G(X)$ 的定义中的和式分为两部分,

$$(*) \qquad G(X) = \sum_{i_k < n} \det{}^2 X_I + \sum_{i_k = n} \det{}^2 X_I.$$

于是若 $I = (i_1, \cdots, i_k)$ 是满足 $i_k < n$ 的递增 k 元组, 则 $X_I = B_I$. 因此, $(*)$ 式中的第一个和式等于 $G(B)$. 另一方面, 若 $i_k = n$, 则算出

$$\det X(i_1, \cdots, i_{k-1}, n) = \pm\lambda \det C(i_1, \cdots, i_{k-1}).$$

由此可知 $(*)$ 式中的第二个和式等于 $\lambda^2 G(C)$. 于是

$$G(X) = G(B) + \lambda^2 G(C).$$

由归纳假设可知, $F(B) = G(B), F(C) = G(C)$. 由此可知 $F(X) = G(X)$. □

习　题

1. 令

$$X = \begin{bmatrix} 1 & 0 & 0 \\ 0 & 1 & 0 \\ 0 & 0 & 1 \\ a & b & c \end{bmatrix}.$$

(a) 求 $X^{\mathrm{T}} \cdot X$.

(b) 求 $V(X)$.

2. 令 $\boldsymbol{x}_1, \cdots, \boldsymbol{x}_k$ 是 $\mathbf{R}^n$ 中的向量. 证明

$$V(\boldsymbol{x}_1, \cdots, \lambda\boldsymbol{x}_i, \cdots, \boldsymbol{x}_k) = |\lambda| V(\boldsymbol{x}_1, \cdots, \boldsymbol{x}_k).$$

3. 令 $h: \mathbf{R}^n \to \mathbf{R}^n$ 是由 $h(\boldsymbol{x}) = \lambda\boldsymbol{x}$ 定义的函数. 若 $\mathcal{P}$ 是 $\mathbf{R}^n$ 中的一个 k 维平行六面体. 求用 $\mathcal{P}$ 的体积表示 $h(\mathcal{P})$ 的体积的关系式.

4. (a) 利用定理 21.4 验证例 1 中所述的最后一个等式.

(b) 通过直接计算验证该等式.

5. 证明下列定理:

定理 令 W 是一个带内积的 n 维向量空间. 那么存在 W 的向量 k 元组的唯一一个实值函数 $V(\boldsymbol{x}_1, \cdots, \boldsymbol{x}_k)$ 使得

(i) 交换 $\boldsymbol{x}_i$ 和 $\boldsymbol{x}_j$, 不改变 V 的值.

(ii) 用 $\boldsymbol{x}_i + c\boldsymbol{x}_j (j \neq i)$ 代替 $\boldsymbol{x}_i$, 不改变 V 的值.

(iii) 以 $\lambda\boldsymbol{x}_i$ 代替 $\boldsymbol{x}_i$, 则 V 的值乘以 $|\lambda|$.

(iv) 若各 $\boldsymbol{x}_i$ 是规范正交的, 则 $V(\boldsymbol{x}_1, \cdots, \boldsymbol{x}_k) = 1$.

证明 (a) 证明唯一性. [提示: 利用 Gram-Schmidt 方法.]

(b) 证明存在性. [提示: 如果 $f: W \to \mathbf{R}^n$ 是一个把规范正交基变为规范正交基的线性变换, 那么 f 把 W 上的内积变成 $\mathbf{R}^n$ 上的点乘积.]

§22. 参数化流形的体积

现在我们来定义什么是 $\mathbf{R}^n$ 中的参数化流形, 并且定义它的体积, 这种定义推广了在微积分中所给出的 $\mathbf{R}^3$ 中的参数曲线的长度和参数曲面的面积的定义.

定义 令 $k \leqslant n$. 令 A 是 $\mathbf{R}^k$ 中的开集并且 $\alpha: A \to \mathbf{R}^n$ 是一个 $C^r(r \geqslant 1)$ 映射. 集合 $Y = \alpha(A)$ 连同映射 α 一起就构成一个所谓 (k 维) 参数化流形. 我们把该参数流形记作 Y_α, 并将 Y_α 的 (k 维) 体积定义为

$$v(Y_\alpha) = \int_A V(D\alpha),$$

假若这个积分存在.

现在我们给出一个巧妙的论证以证明该体积定义是合理的. 设 A 是 $\mathbf{R}^k$ 中的矩形 Q 的内部, 并且假设 $\alpha: A \to \mathbf{R}^n$ 能被扩张成 Q 的邻域上的 C^r 映射. 令 $Y = \alpha(A)$.

令 P 是 Q 的一个划分. 考虑由 P 决定的子矩形之一

$$R = [a_1, a_1 + h_1] \times \cdots \times [a_k, a_k + h_k].$$

于是 R 被 α 映射成包含在 Y 中的一个“曲边矩形”. R 的以 $\boldsymbol{a}$ 和 $\boldsymbol{a}+h_i\boldsymbol{e}_i$ 为端点的边被 α 映射为 $\mathbf{R}^n$ 中的曲线, 连接该曲线的起点到终点的向量是

$$\alpha(\boldsymbol{a}+h_i\boldsymbol{e}_i)-\alpha(\boldsymbol{a}).$$

如我们所知, 这个向量的一阶近似是

$$\boldsymbol{v}_i=D\alpha(\boldsymbol{a})\cdot h_i\boldsymbol{e}_i=\frac{\partial\alpha}{\partial x_i}\cdot h_i.$$

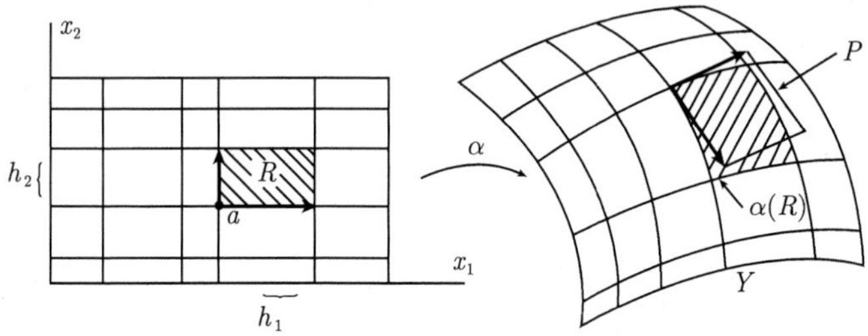

图 22.1

因此就可以考虑以向量 $\boldsymbol{v}_i$ 为边的 k 维平行六面体 $\mathcal{P}$, 在某种意义上它是“曲边矩形” $\alpha(R)$ 的一阶近似. 参看图 22.1, $\mathcal{P}$ 的 k 维体积为

$$V(\boldsymbol{v}_1,\cdots,\boldsymbol{v}_k)=V(\frac{\partial\alpha}{\partial x_1},\cdots,\frac{\partial\alpha}{\partial x_k})\cdot(h_1\cdots h_k)=V(D\alpha(\boldsymbol{a}))\cdot v(R).$$

对所有子矩形 R 上的这种表达式求和, 则得到一个介于函数 $V(D\alpha)$ 关于划分 P 的上和与下和之间的数. 因此这个和是对积分

$$\int_A V(D\alpha)$$

的一种近似. 通过选取适当的划分 P, 可以使这种近似做到要多接近有多么接近.

现在来定义标量函数在参数流形上的积分.

定义　令 A 是 $\mathbf{R}^k$ 中的开集; 令 $\alpha: A\to\mathbf{R}^n$ 是 C^r 映射并且记 $Y=\alpha(A)$. 令 f 是在 Y 的每一点都有定义的实值连续函数. 如果下列积分存在, 则定义 f 在 Y_α 上关于体积的积分为

$$\int_{Y_\alpha} f\mathrm{d}V=\int_A (f\circ\alpha)V(D\alpha).$$

在这里我们通过使用无实质意义的符号 $\mathrm{d}V$ 而回归到微积分的记号以表示对体积的积分. 注意到按这种记法, 则有

$$v(Y_\alpha)=\int_{Y_\alpha}\mathrm{d}V.$$

我们来证明这个积分是参数变换下的不变量.

定理 22.1 令 $g: A \to B$ 是 $\mathbf{R}^k$ 中的开集之间的微分同胚; 令 $\beta: B \to \mathbf{R}^n$ 是一个 C^r 映射, 并且记 $Y = \beta(B)$; 令 $\alpha = \beta \circ g$. 那么 $\alpha: A \to \mathbf{R}^n$ 并且 $Y = \alpha(A)$. 如果 $f: Y \to \mathbf{R}$ 是一个连续函数, 那么 f 在 Y_β 上可积当且仅当它在 Y_α 上可积. 在此情况下,

$$\int_{Y_\alpha} f\mathrm{d}V = \int_{Y_\beta} f\mathrm{d}V.$$

特别地, $v(Y_\alpha) = v(Y_\beta)$.

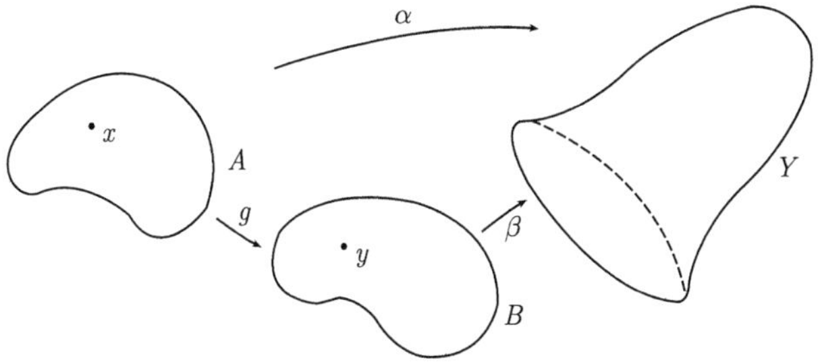

图 22.2

证明 我们必须证明

$$\int_B (f\circ\beta)V(D\beta) = \int_A (f\circ\alpha)V(D\alpha),$$

其中若一个积分存在则另一个积分也存在. 参看图 22.2.

由变量替换定理得知

$$\int_B (f\circ\beta)V(D\beta) = \int_A ((f\circ\beta)\circ g)(V(D\beta)\circ g)|\det Dg|.$$

我们来证明

$$(V(D\beta)\circ g)|\det Dg| = V(D\alpha),$$

从而完成定理的证明. 令 $\boldsymbol{x}$ 表示 A 的一般点并且 $\boldsymbol{y} = g(\boldsymbol{x})$. 由链规则

$$D\alpha(x) = D\beta(y)\cdot Dg(x).$$

那么

$$\begin{aligned}[V(D\alpha(\boldsymbol{x}))]^2 &= \det(Dg(\boldsymbol{x})^{\mathrm{T}}\cdot D\beta(\boldsymbol{y})^{\mathrm{T}}\cdot D\beta(\boldsymbol{y})\cdot Dg(\boldsymbol{x}))\\ &= \det(Dg(\boldsymbol{x}))^2[V(D\beta(\boldsymbol{y}))]^2.\end{aligned}$$

于是所期望的等式成立. □

关于记号的注释. 在本书中当论述关于体积的积分时将使用符号 $\mathrm{d}V$, 以避免与微分算子 d 和将在后续各章中引进的记号 $\int_A \mathrm{d}\omega$ 相混淆. 积分 $\int_A \mathrm{d}V$ 和 $\int_A \mathrm{d}\omega$ 是完全不同的概念. 然而在文献中通常在两种情况下都使用同一符号 d, 所以读者必须从上下文来确定它究竟表达哪种意义.

例 1　令 A 是 $\mathbf{R}^1$ 中的一个开区间; 令 $\alpha: A \to \mathbf{R}^n$ 是一个 C^r 映射并且 $Y = \alpha(A)$. 那么 Y_α 称为 $\mathbf{R}^n$ 中的一条参数曲线, 并且常将它的一维体积称为它的长度. 该长度由下列公式给出

$$v(Y_\alpha) = \int_A V(D\alpha) = \int_A \left[\left(\frac{\mathrm{d}\alpha_1}{\mathrm{d}t}\right)^2 + \cdots + \left(\frac{\mathrm{d}\alpha_n}{\mathrm{d}t}\right)^2\right]^{1/2}.$$

因为 $D\alpha$ 是以各个函数 $\mathrm{d}\alpha_i/\mathrm{d}t$ 为元素的列矩阵. 在 $n = 3$ 的情况下, 作为计算参数曲线弧长的公式, 也许读者已经熟悉该公式.

例 2　考虑参数曲线

$$\alpha(t) = (a\cos t, a\sin t), \quad 0 < t < 3\pi.$$

用例 1 中的公式算出它的长度为

$$\int_0^{3\pi} [a^2\sin^2 t + a^2\cos^2 t]^{1/2} = 3\pi a.$$

参看图 22.3. 因为 α 不是一一的, 所以这个值所度量的并非其象集 (以 a 为半径的圆周) 的实际长度, 而是运动方程为 $\boldsymbol{x} = \alpha(t)(0 < t < 3\pi)$ 的质点所经过的距离. 以后将只限于考虑一一的参数表示以避免此类情况发生.

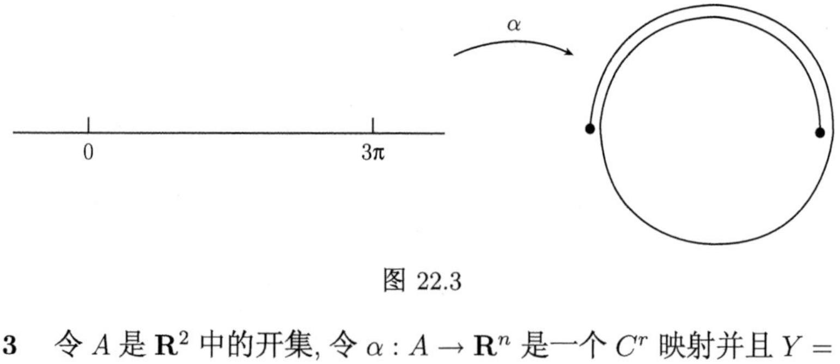

图 22.3

例 3　令 A 是 $\mathbf{R}^2$ 中的开集, 令 $\alpha: A \to \mathbf{R}^n$ 是一个 C^r 映射并且 $Y = \alpha(A)$.Y_α 称为 $\mathbf{R}^n$ 中的参数曲面, 它的二维体积通常称为它的面积.

考虑 $n = 3$ 的情况, 若用 (x, y) 表示 $\mathbf{R}^2$ 的一般点, 那么 $D\alpha = \left[\dfrac{\partial\alpha}{\partial x}\ \dfrac{\partial\alpha}{\partial y}\right]$, 并且有

$$v(Y_\alpha) = \int_A V(D\alpha) = \int_A \left\|\frac{\partial\alpha}{\partial x} \times \frac{\partial\alpha}{\partial y}\right\|.$$

(参看上一节的例 1) 特别, 若 α 具有下列形式

$$\alpha(x,y)=(x,y,f(x,y)),$$

其中 $f:A\to\mathbf{R}$ 是一个 C^r 函数, 那么 Y 明显地是 f 的图象而且有

$$D\alpha=\begin{bmatrix}1 & 0\\ 0 & 1\\ \partial f/\partial x & \partial f/\partial y\end{bmatrix};$$

因而

$$v(Y_\alpha)=\int_A\left[1+\left(\frac{\partial f}{\partial x}\right)^2+\left(\frac{\partial f}{\partial y}\right)^2\right]^{1/2}.$$

读者可以将这些结果看作微积分中给出的曲面的面积分式.

例 4 设 A 是 $\mathbf{R}^2$ 中的开圆盘 $x^2+y^2<a^2$, 并且 f 是下列函数

$$f(x,y)=[a^2-x^2-y^2]^{1/2},$$

那么 f 的图象称为以 a 为半径的半球面, 参看图 22.4.

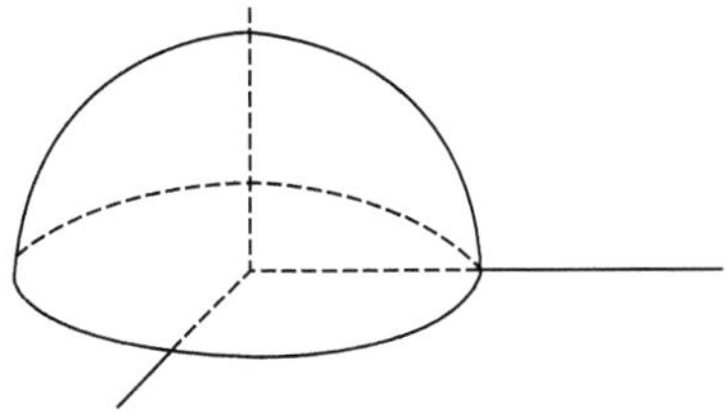

图 22.4

令 $\alpha(x,y)=(x,y,f(x,y))$. 可以验证

$$V(D\alpha)=a/(a^2-x^2-y^2)^{1/2},$$

因而 (用极坐标) 有

$$v(Y_\alpha)=\int_B ar/(a^2-r^2)^{1/2},$$

其中 B 是 (r,θ) 平面上的开集 $(0,a)\times(0,2\pi)$. 这是一个非正常积分, 因而不能使用只对正常积分所证明的 Fubini 定理, 而应在集合 $(0,a_n)\times(0,2\pi)$ 上用 Fubini 定理进行积分, 其中 $0<a_n<a$, 然后令 $a_n\to a$ 取极限, 则有

$$v(Y_\alpha)=\lim_{n\to\infty}(-2\pi a)\left[(a^2-a_n^2)^{1/2}-a\right]=2\pi a^2.$$

另一种避免使用非正常积分来计算该面积的方法在 §25 中给出.

习　题

1. 令 A 是 $\mathbf{R}^k$ 中的开集, $\alpha: A \to \mathbf{R}^n$ 是 C^r 映射并记 $Y = \alpha(A)$. 设 $h: \mathbf{R}^n \to \mathbf{R}^n$ 是一个等距变换且 $Z = h(Y)$, 再令 $\beta = h \circ \alpha$. 证明 Y_α 和 Z_β 有相同的体积.

2. 令 A 是 $\mathbf{R}^k$ 中的开集, $f: A \to \mathbf{R}$ 是 C^r 函数; 令 Y 是 f 在 $\mathbf{R}^{k+1}$ 中的图象, 并且用由 $\alpha(\boldsymbol{x}) = (\boldsymbol{x}, f(\boldsymbol{x}))$ 给出的函数 $\alpha: A \to \mathbf{R}^{k+1}$ 参数化. 将 $v(Y_\alpha)$ 表示成积分形式.

3. 令 A 是 $\mathbf{R}^k$ 中的开集, $\alpha: A \to \mathbf{R}^n$ 为 C^r 映射, 并且记 $Y = \alpha(A)$. 参数流形 Y_α 的形心 $\boldsymbol{c}(Y_\alpha)$ 是 $\mathbf{R}^n$ 中的这样一点, 它的第 i 个坐标由下式给出:

$$c_i(Y_\alpha) = \frac{1}{v(Y_\alpha)} \int_A \pi_i \mathrm{d}V,$$

其中 $\pi_i: \mathbf{R}^n \to \mathbf{R}$ 是第 i 个射影函数.

(a) 求下列参数曲线的形心:

$$\alpha(t) = (a\cos t, a\sin t), \quad 0 < t < \pi.$$

(b) 求 $\mathbf{R}^3$ 中半径为 a 的半球面的形心 (参看例 4).

*4. 下列习题给出了一个强有力的论据以证明我们对体积的定义是合理的. 我们只考虑 $\mathbf{R}^3$ 中的曲面的情形, 但是类似的结果普遍成立.

在 $\mathbf{R}^3$ 中给定三点 $\boldsymbol{a}, \boldsymbol{b}, \boldsymbol{c}$, 令 C 是以 $\boldsymbol{b} - \boldsymbol{a}$ 和 $\boldsymbol{c} - \boldsymbol{a}$ 为列的矩阵. 由 $h(\boldsymbol{x}) = C \cdot \boldsymbol{x} + \boldsymbol{a}$ 给出的变换 $h: \mathbf{R}^2 \to \mathbf{R}^3$ 分别将 $\mathbf{0}, \boldsymbol{e}_1, \boldsymbol{e}_2$ 映射成 $\boldsymbol{a}, \boldsymbol{b}, \boldsymbol{c}$, 集合

$$A = \{(x, y) | x > 0, y > 0, x + y < 1\}$$

在 h 之下的象 Y 称为 $\mathbf{R}^3$ 中以 $\boldsymbol{a}, \boldsymbol{b}, \boldsymbol{c}$ 为顶点的 (开) 三角形. 参看图 22.5. 可以验证参数曲面 Y_n 的面积等于以 $\boldsymbol{b} - \boldsymbol{a}$ 和 $\boldsymbol{c} - \boldsymbol{a}$ 为边的平行四边形的面积的一半.

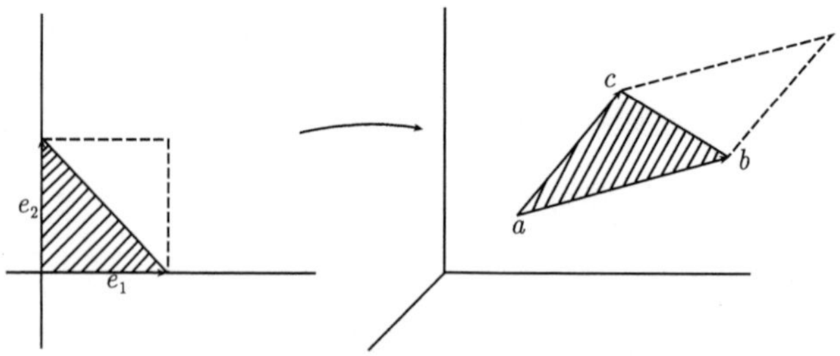

图 22.5

现在令 Q 是 $\mathbf{R}^2$ 中的一个矩形并且 $\alpha: Q \to \mathbf{R}^3$, 设 α 能够扩张成一个在包含 Q 的一个开集上定义的 C^r 映射. 令 P 是 Q 的一个划分. 令 R 是由 P 决定的一个子矩形, 比方说

$$R = [a, a + h] \times [b, b + k].$$

考虑以

$$\alpha(a, b), \alpha(a + h, b) \text{ 和 } \alpha(a + h, b + k)$$

为顶点的三角形 $\Delta_1(R)$ 和以

$$\alpha(a,b), \alpha(a,b+k)\text{和}\alpha(a+h,b+k)$$

为顶点的三角形 $\Delta_2(R)$. 将这两个三角形看作是对“曲边矩形” $\alpha(R)$ 的逼近, 参看图 22.6. 然后定义

$$A(P)=\sum_R [v(\Delta_1(R))+v(\Delta_2(R))],$$

其中求和是在由 P 决定的所有子矩形 R 上进行的. 这个值是逼近于 $\alpha(Q)$ 的多面形折曲面的面积.

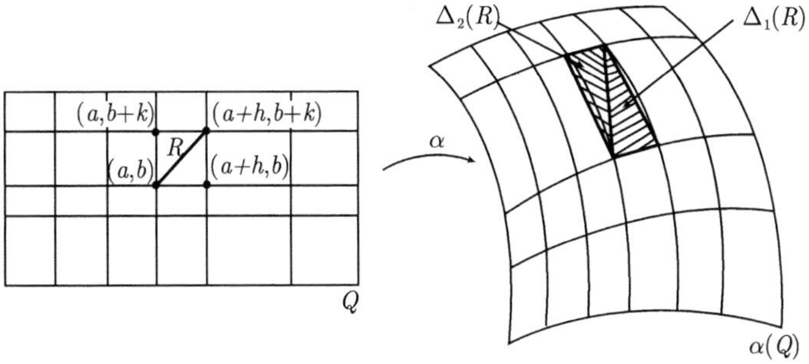

图 22.6

证明下列定理:

定理 令 Q 是 $\mathbf{R}^2$ 中的一个矩形, 令 $\alpha: A\to\mathbf{R}^3$ 是一个在包含 Q 的开集上定义的 C^r 映射. 给定 $\varepsilon>0$, 存在一个 $\delta>0$ 使得对于 Q 的每一个网距小于 δ 的划分 P,

$$\left|A(P)-\int_Q V(D\alpha)\right|<\varepsilon.$$

证明 (a) 给定 Q 的点 $\boldsymbol{x}_1,\cdots,\boldsymbol{x}_6$, 令

$$\mathcal{D}\alpha(x_1,\cdots,x_6)=\begin{bmatrix} D_1\alpha_1(\boldsymbol{x}_1) & D_2\alpha_1(\boldsymbol{x}_4)\\ D_1\alpha_2(\boldsymbol{x}_2) & D_2\alpha_2(\boldsymbol{x}_5)\\ D_1\alpha_3(\boldsymbol{x}_3) & D_2\alpha_3(\boldsymbol{x}_6)\end{bmatrix}.$$

那么矩阵 $\mathcal{D}\alpha$ 恰好是矩阵 $D\alpha$ 而且它的各元素是在 Q 的不同点上赋值的. 证明若 R 是由 P 决定的一个子矩形, 那么存在 R 的点 $\boldsymbol{x}_1,\cdots,\boldsymbol{x}_6$, 使得

$$v(\Delta_1(R))=\frac{1}{2}V(\mathcal{D}\alpha(\boldsymbol{x}_1,\cdots,\boldsymbol{x}_6))\cdot v(R).$$

证明对 $v(\Delta_2(R))$ 也有类似的结果.

(b) 给定 $\varepsilon>0$, 证明可以选取 $\delta>0$ 使得若 $\boldsymbol{x}_i,\boldsymbol{y}_i\in Q$ 并且 $|\boldsymbol{x}_i-\boldsymbol{y}_i|<\delta$ 对于 $i=1,\cdots,6$ 成立, 那么

$$|V(\mathcal{D}\alpha(\boldsymbol{x}_1,\cdots,\boldsymbol{x}_6))-V(\mathcal{D}\alpha(\boldsymbol{y}_1,\cdots,\boldsymbol{y}_6))|<\varepsilon.$$

(c) 完成定理的证明.

§23. $\mathbf{R}^n$ 中的流形

现在流形已成为数学中最重要的一类空间, 它们在微分几何、理论物理以及代数拓扑等邻域中都是有用的. 在本书中我们仅限于研究 Euclid 空间 $\mathbf{R}^n$ 的子流形, 但在最后一章我们将定义抽象流形并且讨论如何把前面的结果推广到抽象流形的情况.

我们先从定义一种特殊流形开始.

定义 令 $k > 0$. 设 M 是 $\mathbf{R}^n$ 的一个具有下列性质的子空间: 对于每一个 $\boldsymbol{p} \in M$, 都有 M 的一个包含 $\boldsymbol{p}$ 点的开集 V 和 $\mathbf{R}^k$ 的一个开集 U, 并且有一个将 U 一一地映射到 V 上的连续映射 $\alpha : U \to V$ 使得

(1) α 是 C^r 的.

(2) $\alpha^{-1} : V \to U$ 是连续的.

(3) 对每一个 $\boldsymbol{x} \in U, D\alpha(\boldsymbol{x})$ 的秩均为 k.

那么我们将 M 称为 $\mathbf{R}^n$ 中的一个 k 维无边 C^r 流形, 并把映射 α 称作 M 上的一个包含 $\boldsymbol{p}$ 点的坐标卡.

现在让我们来考虑该定义中各种条件的几何意义.

例 1 考虑 $k = 1$ 的情况. 如果 α 是 M 上的一个坐标卡, 那么 $D\alpha$ 的秩为 1 的条件仅仅意味着 $D\alpha \neq 0$. 这个条件排除了 M 会有"尖点"和"拐角点"的可能性. 例如, 令 $\alpha : \mathbf{R} \to \mathbf{R}^2$ 由等式 $\alpha(t) = (t^3, t^2)$ 给出, 并且令 M 是 α 的象集. 那么 M 在原点处有尖点 (见图 23.1). 这里 α 是 C^∞ 的而 α^{-1} 是连续的, 但是 $D\alpha$ 在 $t = 0$ 点的秩不为 1.

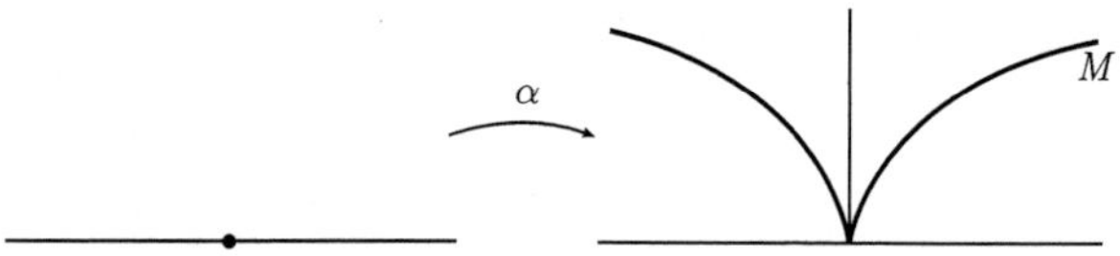

图 23.1

类似地, 令 $\beta : \mathbf{R} \to \mathbf{R}^2$ 由 $\beta(t) = (t^3, |t^3|)$ 给出, 并且令 N 是 β 的象集. 那么 N 在原点处有一个角点 (见图 23.2). 可以验证, 这里 β 是 C^2 的而 β^{-1} 是连续的, 但 $D\beta$ 在 $t = 0$ 点的秩不为 1.

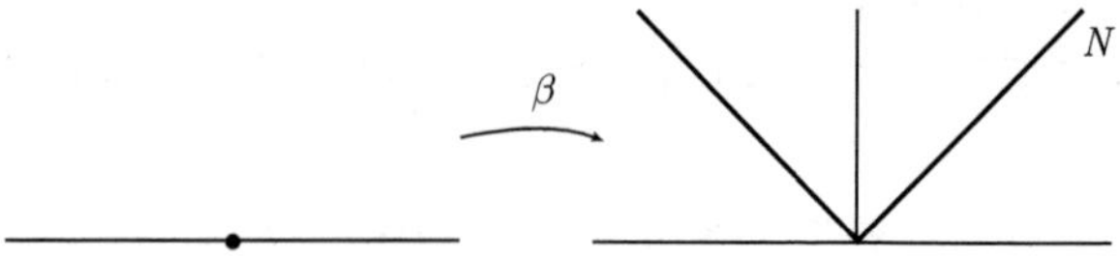

图 23.2

例 2 考虑 $k=2$ 的情况, $D\alpha(\boldsymbol{a})$ 的秩为 2 的条件意味着 $D\alpha$ 的列 $\dfrac{\partial\alpha}{\partial x_1}$ 和 $\dfrac{\partial\alpha}{\partial x_2}$ 在 $\boldsymbol{a}$ 点是线性无关的. 注意到 $\dfrac{\partial\alpha}{\partial x_j}$ 是曲线 $f(t)=\alpha(\boldsymbol{a}+t\boldsymbol{e}_j)$ 的速度向量, 因而它与曲面 M 相切. 于是 $\dfrac{\partial\alpha}{\partial x_1}$ 和 $\dfrac{\partial\alpha}{\partial x_2}$ 张成 M 的一个二维切平面 (参看图 23.3).

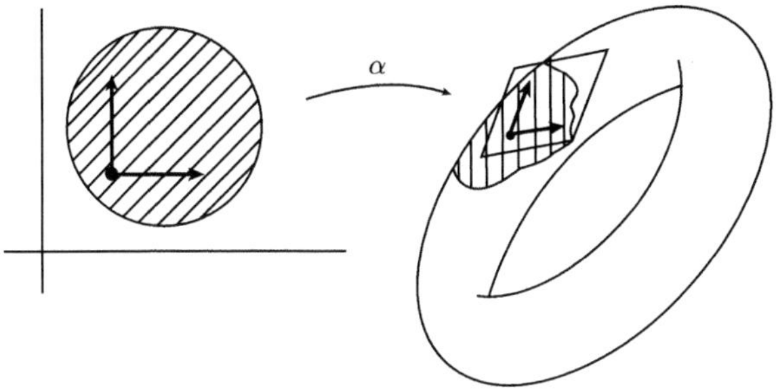

图 23.3

当这个条件不成立时会发生什么情况呢? 作为一个例子我们来考虑由下式给出的函数 $\alpha:\mathbf{R}^2\to\mathbf{R}^3$

$$\alpha(x,y)=(x(x^2+y^2),y(x^2+y^2),x^2+y^2),$$

并且令 M 是 α 的象集. 那么 M 在原点处没有切平面 (参看图 23.4). 映射 α 是 C^∞ 的而 α^{-1} 是连续的, 但是 $D\alpha$ 在 $\mathbf{0}$ 点的秩不等于 2.

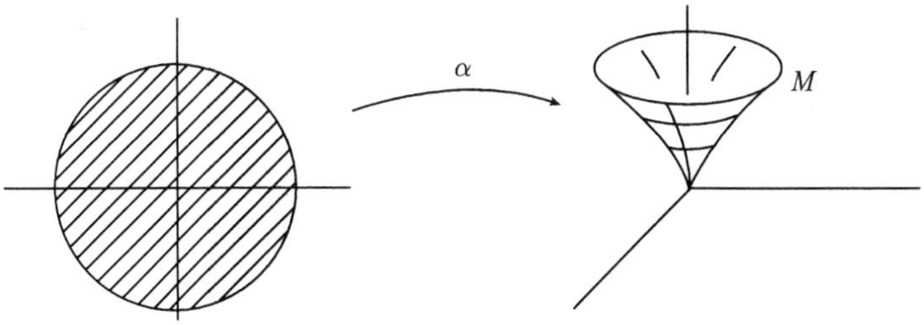

图 23.4

例 3 α^{-1} 为连续的条件也是为排除各种“病态行为”发生的可能性. 例如, 令 α 是映射

$$\alpha(t)=(\sin 2t)(|\cos t|,\sin t), 0<t<\pi,$$

并且令 M 是 α 的象集. 那么 M 是平面上的“8 字形”. 映射 α 是使得 $D\alpha$ 的秩为 1 的 C^1 映射, 而且 α 将区间 $(0,\pi)$ 一一地映射到 M 上. 但是函数 α^{-1} 不是连续的. 因为 α^{-1} 的连续性意味着 α 把 U 中的任何开集 U_0 映射 M 中的一个开集

上. 在这种情况下, 在图 23.5 中画出的较小的区间 U_0 的象不是 M 中的开集. 能够看出 α^{-1} 不连续的另一种方法是注意到 M 中 $\mathbf{0}$ 点附近的点在 α^{-1} 下未必映射成 $\frac{\pi}{2}$ 附近的点.

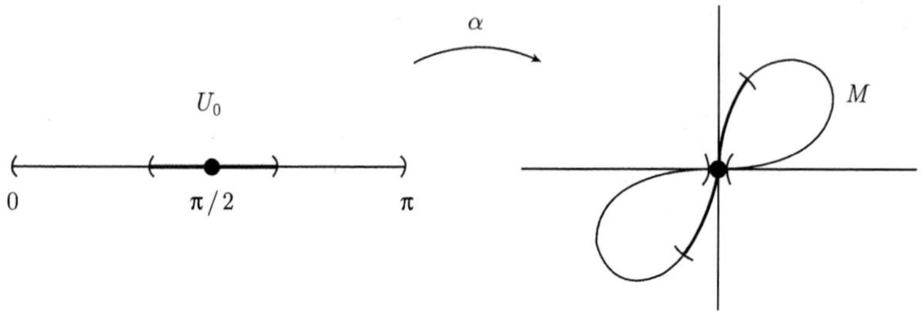

图 23.5

例 4　令 A 是 $\mathbf{R}^k$ 中的开集, 令 $\alpha : A \to \mathbf{R}^n$ 为 C^r 映射并且 $Y = \alpha(A)$. 那么 Y_α 是一个参数化的流形, 但 Y 未必是一个流形. 然而, 若 α 是一一的, α^{-1} 是连续的并且 $D\alpha$ 的秩为 k, 那么 Y 是一个无边流形, 而且实际上 Y 可被单个坐标卡 α 所覆盖.

现在来定义流形的一般概念, 这就必须首先推广在 $\mathbf{R}^k$ 的任意子集上定义的函数的可微性概念.

定义　令 S 是 $\mathbf{R}^k$ 的一个子集并且 $f : S \to \mathbf{R}^n$. 如果 f 能够扩张成一个函数 $g : U \to \mathbf{R}^n$ 而且它在 $\mathbf{R}^k$ 的一个包含 S 的开集 U 上是 C^r 的, 则称 f 在 S 上是 C^r 的.

由此定义可知 C^r 函数的复合是 C^r 的. 设 $S \subset \mathbf{R}^k$ 并且 $f_1 : S \to \mathbf{R}^n$ 是 C^r 的. 再设 $T \subset \mathbf{R}^n, f_1(S) \subset T$, 并且 $f_2 : T \to \mathbf{R}^p$ 是 C^r 的, 那么 $f_2 \circ f_1 : S \to \mathbf{R}^p$ 是 C^r 的. 因为若 g_1 是 f_1 到 $\mathbf{R}^k$ 中的开集 U 上的一个 C^r 扩张而 g_2 是 f_2 到 $\mathbf{R}^n$ 中的开集 V 上的一个 C^r 扩张, 那么 $g_2 \circ g_1$ 是 $f_2 \circ f_1$ 的一个 C^r 扩张, 并且定义在 $\mathbf{R}^k$ 的包含 S 的开集 $g_1^{-1}(V)$ 上.

下列引理说明如果 f 是局部 C^r 的, 那么它整体是 C^r 的.

引理 23.1　令 S 是 $\mathbf{R}^k$ 的一个子集并且 $f : S \to \mathbf{R}^n$. 若对每个 $\boldsymbol{x} \in S$ 都有 $\boldsymbol{x}$ 的一个邻域 $U_{\boldsymbol{x}}$ 和一个在 $U_{\boldsymbol{x}} \cap S$ 上与 f 一致的 C^r 函数 $g_{\boldsymbol{x}} : U_{\boldsymbol{x}} \to \mathbf{R}^n$, 那么 f 在 S 上是 C^r 的.

证明　这个引理曾在 §16 中作为一个习题给出, 这里给出它的一个证明. 用邻域 $U_{\boldsymbol{x}}$ 覆盖 S, 令 A 是这些邻域的并, 令 $\{\phi_i\}$ 是 A 上从属于集族 $\{U_{\boldsymbol{x}}\}$ 的一个 C^r 单位分解. 对于每个 i, 选取一个包含 ϕ_i 的支集的邻域 $U_{\boldsymbol{x}}$, 并且令 g_i 表示 C^r 函数 $g_{\boldsymbol{x}} : U_{\boldsymbol{x}} \to \mathbf{R}^n$. C^r 函数 $\phi_i g_i : U_{\boldsymbol{x}} \to \mathbf{R}^n$ 在 $U_{\boldsymbol{x}}$ 的一个闭子集之外为零. 通过令它在 $U_{\boldsymbol{x}}$ 之外为零而将它扩张成整个 A 上的一个 C^r 函数 h_i. 然后对于每个

$\boldsymbol{x} \in A$, 定义

$$g(\boldsymbol{x}) = \sum_{i=1}^{\infty} h_i(\boldsymbol{x}).$$

A 的每一点都有一个邻域使得 g 在该邻域上是有限个函数 h_i 的和. 因而 g 在该邻域上, 从而在整个 A 上是 C^r 的. 而且, 若 $\boldsymbol{x} \in S$, 那么

$$h_i(\boldsymbol{x}) = \phi_i(\boldsymbol{x}) g_i(\boldsymbol{x}) = \phi_i(\boldsymbol{x}) f(\boldsymbol{x})$$

对每个使 $\phi_i(\boldsymbol{x}) \neq 0$ 的 i 成立. 从而若 $\boldsymbol{x} \in S$,

$$g(\boldsymbol{x}) = \sum_{i=1}^{\infty} \phi_i(\boldsymbol{x}) f(\boldsymbol{x}) = f(\boldsymbol{x}).$$ □

定义 令 $\mathbf{H}^k$ 表示由使得 $x_k \geqslant 0$ 的那些 $\boldsymbol{x} \in \mathbf{R}^k$ 组成的 $\mathbf{R}^k$ 的上半空间. 令 $\mathbf{H}^k_+$ 表示由那些使 $x_k > 0$ 的 $\boldsymbol{x}$ 组成的开上半空间.

我们将对那些在 $\mathbf{H}^k$ 中是开的而在 $\mathbf{R}^k$ 中非开的集合上定义的函数特别感兴趣. 对此我们有下列有用的结果.

引理 23.2 令 U 是 $\mathbf{H}^k$ 中的开集但不是 $\mathbf{R}^k$ 中的开集, 并且 $\alpha : U \to \mathbf{R}^n$ 是一个 C^r 映射. 令 β 是 α 在 $\mathbf{R}^k$ 的一个开集 U' 上定义的一个 C^r 扩张. 那么对 $\boldsymbol{x} \in U$, 导数 $D\beta(\boldsymbol{x})$ 只依赖于函数 α 而不依赖于扩张 β. 由此可知, 我们可以用 $D\alpha(\boldsymbol{x})$ 表示该导数而不会产生歧义.

证明 注意到, 为了计算 $\boldsymbol{x}$ 点的偏导数 $\dfrac{\partial \beta_i}{\partial x_j}$, 我们来构造差商

$$[\beta(\boldsymbol{x} + h\boldsymbol{e}_j) - \beta(\boldsymbol{x})]/h$$

并且取当 h 趋于 0 时的极限. 对于计算而言, 只需令 h 经过正值而趋于 0 即可. 在此情况下, 若 $\boldsymbol{x}$ 在 $\mathbf{H}^k$ 中, 那么 $\boldsymbol{x} + h\boldsymbol{e}_j$ 也在 $\mathbf{H}^k$ 中. 因为在 $\mathbf{H}^k$ 的点上 β 与 α 一致, 所以 $D\beta(\boldsymbol{x})$ 的值只依赖于 α. 参看图 23.6. □

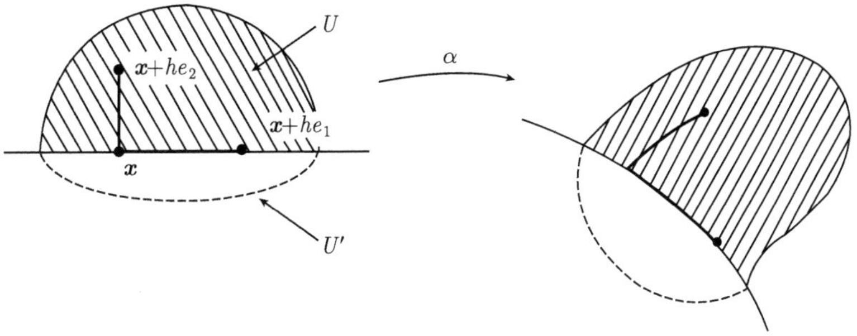

图 23.6

现在来定义流形的概念.

定义 令 $k>0$. $\mathbf{R}^n$ 中的一个 k 维 C^r 流形是 $\mathbf{R}^n$ 的一个具有下列性质的子空间 M: 对于每一个 $\boldsymbol{p}\in M$, 均有 M 的一个包含 $\boldsymbol{p}$ 点的开集 V 与在 $\mathbf{R}^k$ 或 $\mathbf{H}^k$ 中的一个开集 U 以及一个将 U 一一映射到 V 上的连续映射 $\alpha:U\to V$ 并且使得:

(1) α 是 C^r 的,

(2) $\alpha^{-1}:V\to U$ 是连续的,

(3) 对每个 $\boldsymbol{x}\in U, D\alpha(\boldsymbol{x})$ 的秩均为 k.

映射 α 称为 M 上包含 $\boldsymbol{p}$ 点的一个坐标卡.

若将 $\mathbf{R}^n$ 中的离散点集称为 $\mathbf{R}^n$ 中的 0 维流形, 则可将上述定义扩展到 $k=0$ 的情况.

注意到无边流形只是流形的坐标卡的定义域全部都是 $\mathbf{R}^k$ 中的开集的特殊情况.

图 23.7 列举了 $\mathbf{R}^3$ 中的一个二维流形. 图中所画出的是 M 上的两个坐标卡, 其中一个的定义域是 $\mathbf{R}^2$ 中的开集, 而另一个的定义域是 $\mathbf{H}^2$ 中的开集但不是 $\mathbf{R}^2$ 中的开集.

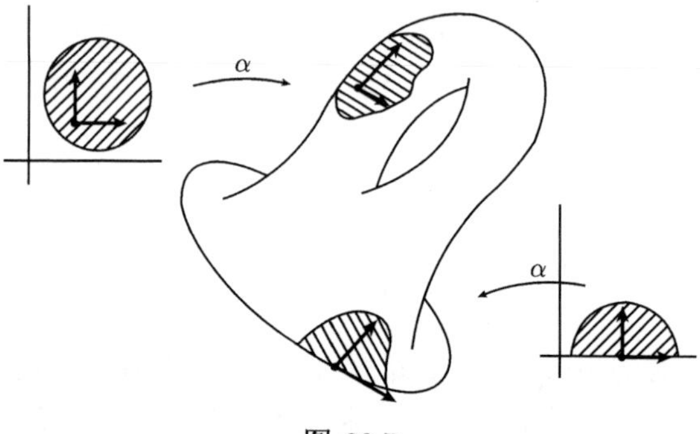

图 23.7

从图中容易看出, 在 k 维流形中有两种类型的点, 一种点具有像 k 维开球那样的邻域, 另一种点不具备这种邻域而是具有 k 维开半球状的邻域. 后一种点构成的集合我们将称之为 M 的边界. 然而要使该定义精确化还需要付出一定的努力. 我们将在下一节来处理这个问题.

我们将以下列基本结果来结束本节.

引理 23.3 令 M 是 $\mathbf{R}^n$ 中的流形且 $\alpha:U\to V$ 是 M 上的坐标卡. 若 U_0 是 U 的一个子集并且在 U 中是开的, 那么 α 在 U_0 上的限制也是 M 上的一个坐标卡.

证明 U_0 在 U 中是开的和 α^{-1} 是连续的, 这就蕴涵着集合 $V_0=\alpha(U_0)$ 在 V 中是开的. 那么 (根据 U 在 $\mathbf{R}^k$ 或 $\mathbf{H}^k$ 中是开的)U_0 在 $\mathbf{R}^k$ 或 $\mathbf{H}^k$ 中是开的, 并且

V_0 在 M 中是开的. 于是映射 $\alpha|_{U_0}$ 是 M 上的一个坐标卡, 它把 U_0 一一地映射到 V_0 上, 并且它还是 C^r 的, 因为 α 是 C^r 的; 其逆是连续的, 只因它是 α^{-1} 的限制; 而且它的导数的秩为 k, 因为 $D\alpha$ 的秩为 k. □

注意到若没有要求 α^{-1} 为连续的条件, 那么这个结果不成立, 例 3 中的映射 α 满足作为一个坐标卡的其他所有条件, 但限制映射 $\alpha|_{U_0}$ 不是 M 上的坐标卡, 因为它的象在 M 中不是开的.

习　题

1. 令 $\alpha : \mathbf{R} \to \mathbf{R}^2$ 为映射 $\alpha(x) = (x, x^2)$, 并且 M 是 α 的象集. 证明 M 是 $\mathbf{R}^2$ 中的一个被单个坐标卡 α 所覆盖的一维流形.

2. 令 $\beta : \mathbf{H}^1 \to \mathbf{R}^2$ 是映射 $\beta(x) = (x, x^2)$, 并且 N 为 β 的象集. 证明 N 是 $\mathbf{R}^2$ 中的一维流形.

3. (a) 证明单位圆周 S^1 是 $\mathbf{R}^2$ 中的一维流形.

(b) 证明由

$$\alpha(t) = (\cos 2\pi t, \sin 2\pi t)$$

给出的函数 $\alpha : [0,1] \to S^1$ 不是 S^1 上的坐标卡.

4. 令 A 是 $\mathbf{R}^k$ 中的开集并且 $f : A \to \mathbf{R}$ 是 C^r 的. 证明 f 的图象是 $\mathbf{R}^{k+1}$ 中的 k 维流形.

5. 证明: 如果 M 是 $\mathbf{R}^m$ 中的一个 k 维无边流形并且 N 是 $\mathbf{R}^n$ 中的一个 l 维流形. 那么 $M \times N$ 是 $\mathbf{R}^{m+n}$ 中的一个 $k+l$ 维流形.

6. (a) 证明 $I = [0,1]$ 是 $\mathbf{R}^1$ 中的一维流形.

(b) $I \times I$ 是 $\mathbf{R}^2$ 中的二维流形吗? 证明答案的正确性.

§24. 流形的边界

本节我们将把流形的边界概念精确化, 并且证明一个在实际构造流形时有用的定理.

首先来导出坐标卡的一个重要性质, 即它们会出现"可微交叠"确切叙述如下:

定理 24.1 令 M 是 $\mathbf{R}^n$ 中的一个 k 维 C^r 流形. 令 $\alpha_0 : U_0 \to V_0$ 和 $\alpha_1 : U_1 \to V_1$ 是 M 上的两个坐标卡, 并且使得 $W = V_0 \cap V_1$ 是非空的. 令 $W_i = \alpha_i^{-1}(W)$. 那么映射

$$\alpha_1^{-1} \circ \alpha_0 : W_0 \to W_1$$

是 C^r 的, 并且它的导数是非奇异的.

典型情况画在图 24.1 中, 通常把 $\alpha_1^{-1} \circ \alpha_0$ 称为两个坐标卡 α_0 和 α_1 之间的转移函数.

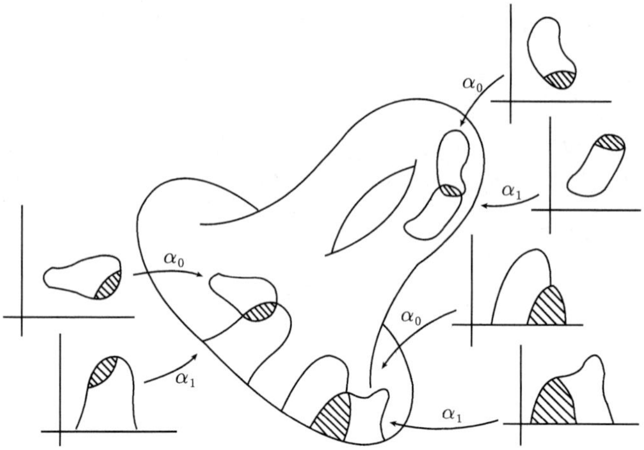

图 24.1

证明 只需证明如果 $\alpha: U \to V$ 是 M 上的一个坐标卡, 那么 $\alpha^{-1}: V \to \mathbf{R}^k$ 作为从 $\mathbf{R}^n$ 的子集 V 到 $\mathbf{R}^k$ 中的映射是 C^r 的. 因为到那时, 由于 α_0 和 α_1^{-1} 是 C^r 的, 从而它们的复合 $\alpha_1^{-1} \circ \alpha_0$ 是 C^r 的. 同理可证 $\alpha_0^{-1} \circ \alpha_1$ 也是 C^r 的. 于是链规则蕴涵着这两个转移函数都具有非奇异的导数.

为证明 α^{-1} 是 C^r 的, (由引理 23.1) 只需证明它是局部 C^r 的. 令 $\boldsymbol{p}_0$ 是 V 的一点, 并且 $\alpha^{-1}(\boldsymbol{p}_0) = \boldsymbol{x}_0$. 我们来证明 α^{-1} 能够扩张成一个在 $\mathbf{R}^n$ 中 $\boldsymbol{p}_0$ 点的一个邻域上定义的 C^r 函数.

首先考虑 U 是 $\mathbf{H}^k$ 中的开集但不是 $\mathbf{R}^k$ 中的开集的情况. 由假设可将 α 扩张成一个把 $\mathbf{R}^k$ 的一个开集 U' 映入 $\mathbf{R}^n$ 中 C^r 映射 β, 由于 $D\alpha(\boldsymbol{x}_0)$ 的秩为 k, 因而这个矩阵有 k 行是线性无关的, 为了方便不妨设前 k 行是线性无关的. 令 $\pi: \mathbf{R}^n \to \mathbf{R}^k$ 将 $\mathbf{R}^n$ 投影到它的前 k 个坐标上, 那么 $g = \pi \circ \beta$ 将 U' 映射到 $\mathbf{R}^k$ 中, 并且 $Dg(\boldsymbol{x}_0)$ 是非奇异的. 由反函数定理, g 是 $\mathbf{R}^k$ 中一个包含 $\boldsymbol{x}_0$ 点的开集 W 与 $\mathbf{R}^k$ 的一个开集之间的一个 C^r 微分同胚. 参看图 24.2.

我们来证明 C^r 类映射 $h = g^{-1} \circ \pi$ 就是我们所期望的 α^{-1} 到 $\boldsymbol{p}_0$ 的一个邻域 A 上的扩张. 首先注意到集合 $U_0 = W \cap U$ 在 U 中是开的, 因而集合 $V_o = \alpha(U_0)$ 在 V 中是开的. 这意味着存在 $\mathbf{R}^n$ 的一个开集 A 使得 $A \cap V = V_0$. 可以选取 A 使之包含在 h 的定义域中 (必要时可取它与 $\pi^{-1}(g(W))$ 的交). 那么 $h: A \to \mathbf{R}^k$ 是 C^r 的, 而且若 $\boldsymbol{p} \in A \cap V = V_0$, 则令 $\boldsymbol{x} = \alpha^{-1}(\boldsymbol{p})$ 并可算出

$$h(\boldsymbol{p}) = h(\alpha(\boldsymbol{x})) = g^{-1}(\pi(\alpha(\boldsymbol{x}))) = g^{-1}(g(\boldsymbol{x})) = \boldsymbol{x} = \alpha^{-1}(\boldsymbol{p}).$$

这正是我们所期望的.

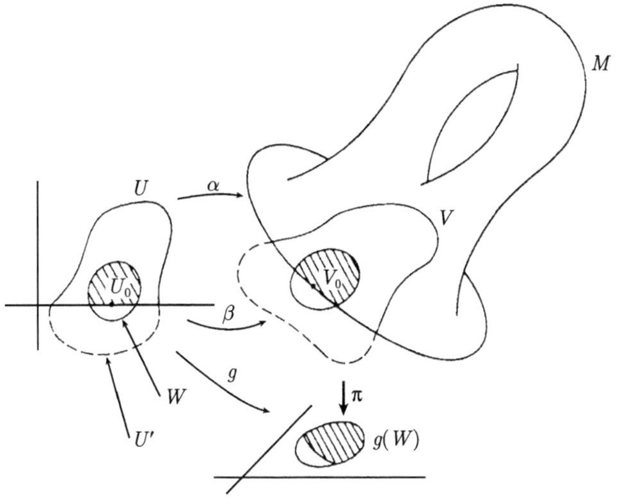

图 24.2

如果 U 是 $\mathbf{R}^k$ 中的开集, 则类似的论证成立. 在这种情况下, 置 $U' = U$ 和 $\beta = \alpha$, 那么上面的论证可以不作任何改变地进行. □

现在我们来定义流形的边界.

定义 令 M 是 $\mathbf{R}^n$ 中的一个 k 维流形且 $\boldsymbol{p} \in M$. 若在 M 有一个包含 $\boldsymbol{p}$ 点的坐标卡 $\alpha : U \to V$ 使得 U 是 $\mathbf{R}^k$ 中的开集, 则称 $\boldsymbol{p}$ 为 M 的内点; 否则称 $\boldsymbol{p}$ 是 M 的边界点. 通常将 M 的边界点的集合记为 ∂M, 并且称之为 M 的边界.

请注意, 这里关于"内部"和"边界"的用法与它们在一般拓扑学中的用法无关. $\mathbf{R}^n$ 的任何子集 S 都有拓扑意义上的内部、外部及边界, 分别记为 $\operatorname{Int} S$、$\operatorname{Ext} S$ 和 $\operatorname{Bd} S$. 对于一个流形 M 而言, 其边界记为 ∂M, 而其内部则记为 $M - \partial M$.

给定 M, 使用下列准则即可容易确定 M 的边界点.

引理 24.2 令 M 是 $\mathbf{R}^n$ 中的一个 k 维流形; 令 $\alpha : U \to V$ 是包含 M 的 $\boldsymbol{p}$ 点的一个坐标卡.

(a) 若 U 是 $\mathbf{R}^k$ 中的开集, 那么 $\boldsymbol{p}$ 是 M 的一个内点.

(b) 若 U 是 $\mathbf{H}^k$ 中的开集且 $\boldsymbol{p} = \alpha(\boldsymbol{x}_0), \boldsymbol{x}_0 \in \mathbf{H}^k_+$, 则 $\boldsymbol{p}$ 是 M 的内点.

(c) 若 U 是 $\mathbf{H}^k$ 中的开集, 并且 $\boldsymbol{p} = \alpha(\boldsymbol{x}_0), \boldsymbol{x}_0 \in \mathbf{R}^{k-1} \times 0$, 那么 $\boldsymbol{p}$ 是 M 的边界点.

证明 (a) 直接从定义得出. (b) 几乎同样容易. 如 (b) 所述, 给定 $\alpha : U \to V$, 令 $U_0 = U \cap \mathbf{H}^k_+$ 且 $V_0 = \alpha(U_0)$. 那么 $\alpha|_{U_0}$ 是一个包含 $\boldsymbol{p}$ 点的坐标卡, 它把 U_0 映射到 V_0 上, 并且 U_0 是 $\mathbf{R}^k$ 中的开集.

现在证明 (c), 令 $\alpha_0 : U_0 \to V_0$ 是一个包含 $\boldsymbol{p}$ 点的坐标卡, U_0 是 $\mathbf{H}^k$ 中的开集, 并且 $\boldsymbol{p} = \alpha_0(\boldsymbol{x}_0), \boldsymbol{x}_0 \in \mathbf{R}^{k-1} \times 0$. 假设有一个包含 $\boldsymbol{p}$ 点的坐标卡 $\alpha_1 : U_1 \to V_1$ 并且

U_1 是 $\mathbf{R}^k$ 中的开集, 那么将导致矛盾.

因为 V_0 和 V_1 都是 M 中的开集, 所以 $W = V_0 \cap V_1$ 也是 M 中的开集. 令 $W_i = \alpha_i^{-1}(W), i = 0, 1$, 那么 W_0 是 $\mathbf{H}^k$ 中的开集并且包含 $\boldsymbol{x}_0$, 而 W_1 是 $\mathbf{R}^k$ 中的开集. 由上面的定理可知, 转移函数

$$\alpha_0^{-1} \circ \alpha_1 : W_1 \to W_0$$

是一个将 W_1 一一地映射到 W_0 上的 C^r 映射并且具有非奇异的导数. 那么从定理 8.2 可知这个映射的象集在 $\mathbf{R}^k$ 中是开的. 但是 W_0 包含在 $\mathbf{H}^k$ 中而且包含 $\mathbf{R}^{k-1} \times 0$ 的点 $\boldsymbol{x}_0$, 因而不是 $\mathbf{R}^k$ 中的开集! 参看图 24.3. □

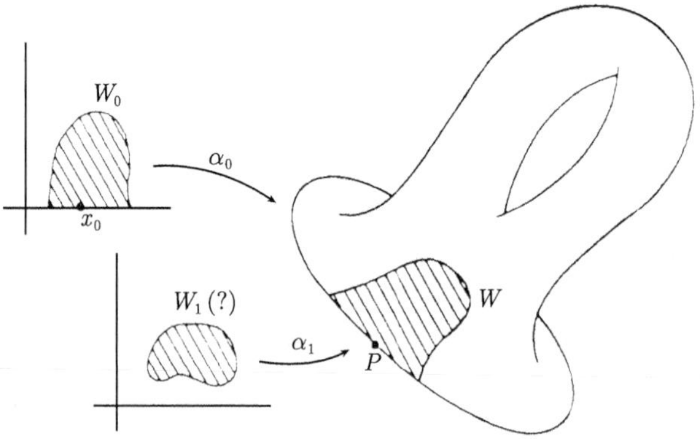

图 24.3

注意到 $\mathbf{H}^k$ 本身是 $\mathbf{R}^k$ 中的 k 维流形, 于是从本引理可知 $\partial\mathbf{H}^k = \mathbf{R}^{k-1} \times 0$.

定理 24.3　令 M 是 $\mathbf{R}^n$ 中的一个 k 维 C^r 流形. 如果 ∂M 是非空的, 那么 ∂M 是 $\mathbf{R}^n$ 中的一个 $k-1$ 维无边 C^r 流形.

证明　令 $\boldsymbol{p} \in \partial M$. 令 $\alpha : U \to V$ 是 M 上包含 $\boldsymbol{p}$ 点的一个坐标卡. 那么 U 是 $\mathbf{H}^k$ 中的开集, 并且 $\boldsymbol{p} = \alpha(\boldsymbol{x}_0)$ 对于某个 $\boldsymbol{x}_0 \in \partial\mathbf{H}^k$ 成立, 由上面的引理, $U \cap \mathbf{H}_+^k$ 的每一点均被 α 映射到 M 的内点, 而 $U \cap (\partial\mathbf{H}^k)$ 的每一点都被映射成 ∂M 的点. 因而 α 在 $U \cap (\partial\mathbf{H}^k)$ 上的限制把这个集合一一地映射到 ∂M 的开集 $V_0 = V \cap \partial M$ 上. 令 U_0 是 $\mathbf{R}^{k-1}$ 的开子集并且使得 $U_0 \times 0 = U \cap \partial\mathbf{H}^k$; 若 $\boldsymbol{x} \in U$ 则定义 $\alpha_0(\boldsymbol{x}) = \alpha(\boldsymbol{x}, 0)$. 那么 $\alpha_0 : U_0 \to V_0$ 是 ∂M 上的一个坐标卡. 因为 α 是 C^r 的, 所以该坐标卡也是 C^r 的, 并且它的导数的秩是 $k-1$, 因为 $D\alpha_0(\boldsymbol{x})$ 仅由矩阵 $D\alpha(\boldsymbol{x}, 0)$ 的前 $k-1$ 列组成. 逆映射 α^{-1} 是连续的, 这是因为它是由连续函数 α^{-1} 在 V_0 上的限制再后接从 $\mathbf{R}^k$ 到它的前 $k-1$ 个坐标上的射影复合而成的. □

此定理证明中所构造的 ∂M 上的坐标卡 α_0 称作是通过限制 M 上的坐标卡 α 而得到的.

最后我们来证明一个实际构造流形时有用的定理.

定理 24.4 令 $\mathcal{O}$ 是 $\mathbf{R}^n$ 中的开集且 $f:\mathcal{O}\to\mathbf{R}$ 是一个 C^r 函数. 令 M 是使得 $f(\boldsymbol{x})=0$ 的点 $\boldsymbol{x}$ 的集合, 而 N 是使得 $f(\boldsymbol{x})\geqslant 0$ 的点的集合. 设 M 是非空的并且 $Df(\boldsymbol{x})$ 在 M 的每一点处的秩是 1. 那么 N 是 $\mathbf{R}^n$ 中的一个 n 维流形而且 $\partial N=M$.

证明 首先设 $\boldsymbol{p}$ 是 N 的一点并且使得 $f(\boldsymbol{p})>0$. 令 U 是 $\mathbf{R}^n$ 中所有使得 $f(\boldsymbol{x})>0$ 的点 $\boldsymbol{x}$ 组成的集合. 令 $\alpha:U\to U$ 为恒等映射. 那么 α(平凡地) 为 N 上包含 $\boldsymbol{p}$ 点的一个坐标卡, 其定义域为 $\mathbf{R}^n$ 中的开集.

现在设 $f(\boldsymbol{p})=0$. 因为 $Df(\boldsymbol{p})$ 不为零, 所以各偏导数 $D_if(\boldsymbol{p})$ 中至少有一个不为零. 不防设 $D_nf(\boldsymbol{p})\neq 0$. 用等式 $F(\boldsymbol{x})=(x_1,\cdots,x_{n-1},f(\boldsymbol{x}))$ 定义 $F:\mathcal{O}\to\mathbf{R}^n$. 那么

$$DF=\begin{bmatrix} I_{n-1} & 0 \\ * & D_nf \end{bmatrix},$$

因而 $DF(\boldsymbol{p})$ 是非奇异的. 由此可知 F 是 $\boldsymbol{p}$ 在 $\mathbf{R}^n$ 中的一个邻域 A 与 $\mathbf{R}^n$ 的一个开集 B 之间的微分同胚. 而且 F 把 N 的开集 $A\cap N$ 映射到 $\mathbf{H}^n$ 的开集 $B\cap\mathbf{H}^n$ 上, 因为 $\boldsymbol{x}\in N$ 当且仅当 $f(\boldsymbol{x})\geqslant 0$. 同时 F 还将 $A\cap M$ 映射到 $B\cap\partial\mathbf{H}^n$ 上, 因为 $\boldsymbol{x}\in M$ 当且仅当 $f(\boldsymbol{x})=0$. 于是 $F^{-1}:B\cap\mathbf{H}^n\to A\cap N$ 就是我们所需要的 N 上的坐标卡. 参看图 24.4. □

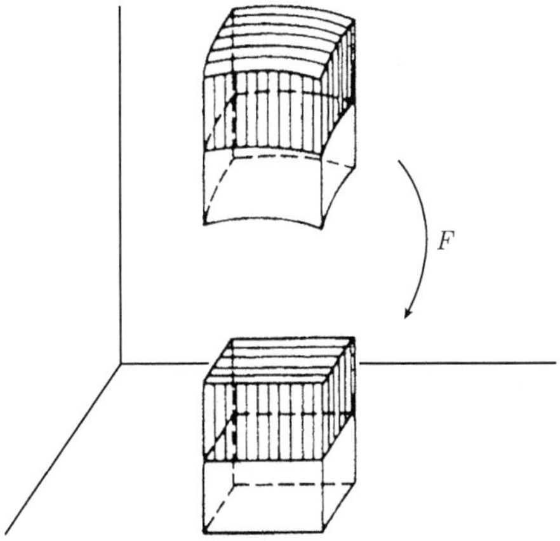

图 24.4

定义 令 $B^n(a)$ 是由 $\mathbf{R}^n$ 的所有使得 $\|\boldsymbol{x}\|\leqslant a$ 的点 $\boldsymbol{x}$ 组成的, 而令 $S^{n-1}(a)$ 是由使得 $\|\boldsymbol{x}\|=a$ 的所有 $\boldsymbol{x}$ 组成的. 分别将它们称为半径为 a 的 n 维球和 $n-1$ 维球面.

推论 24.5 n 维球 $B^n(a)$ 是 $\mathbf{R}^n$ 中的一个 n 维流形, 并且有 $S^{n-1}(a)=\partial B^n(a)$.

证明 将上面的定理应用于函数 $f(\boldsymbol{x}) = a^2 - \|\boldsymbol{x}\|$. 那么

$$Df(\boldsymbol{x}) = [(-2x_1) \cdots (-2x_n)],$$

而且它在 $S^{n-1}(a)$ 的每一点处都不为零. □

习 题

1. 证明实心环是一个三维流形而且它的边界就是环面 T. (参看 §17 的习题.)[提示：用笛卡儿坐标写出 T 的方程并应用定理 24.4.]

2. 证明下列定理：

定理 令 $f : \mathbf{R}^{n+k} \to \mathbf{R}^n$ 是一个 C^r 映射, 令 M 是使得 $f(\boldsymbol{x}) = \mathbf{0}$ 的所有 $\boldsymbol{x}$ 组成的集合. 假设 M 是非空的而且对 $\boldsymbol{x} \in M, Df(\boldsymbol{x})$ 的秩为 n. 那么 M 是 $\mathbf{R}^{n+k}$ 中的 k 维无边流形. 此外, 若 N 是使得

$$f_1(\boldsymbol{x}) = \cdots = f_{n-1}(\boldsymbol{x}) = 0 \text{ 而 } f_n(\boldsymbol{x}) \geqslant 0$$

的所有 $\boldsymbol{x}$ 的集合, 并且在 N 的每一点处矩阵

$$\partial(f_1, \cdots, f_{n-1})/\partial \boldsymbol{x}$$

的秩都是 $n-1$. 那么 N 是一个 $k+1$ 维流形, 并且 $\partial N = M$.

3. 令 $f, g : \mathbf{R}^3 \to \mathbf{R}$ 是 C^r 函数. 在什么条件下可以肯定方程组

$$\begin{cases} f(x,y,z) = 0 \\ g(x,y,z) = 0 \end{cases}$$

的解集是无奇点的光滑曲线 (即无边的一维流形)?

4. 证明由等式

$$E_+^{n-1}(a) = S^{n-1}(a) \cap \mathbf{H}^n$$

定义的 $S^{n-1}(a)$ 的上半球面是一个 $n-1$ 维流形. 它的边界是什么?

5. 令 $\mathcal{O}(3)$ 表示所有 3×3 正交矩阵组成的集合, 并且把它看作 $\mathbf{R}^9$ 的子空间.

(a) 定义一个 C^∞ 函数 $f : \mathbf{R}^9 \to \mathbf{R}^6$ 使得 $\mathcal{O}(3)$ 是方程 $f(\boldsymbol{x}) = \mathbf{0}$ 的解集.

(b) 证明 $\mathcal{O}(3)$ 是 $\mathbf{R}^9$ 中的一个无边的 3 维紧流形. [提示：证明当 $\boldsymbol{x} \in \mathcal{O}(3)$ 时, $Df(\boldsymbol{x})$ 的各行是线性无关的.]

6. 令 $\mathcal{O}(n)$ 表示所有 $n \times n$ 正交矩阵的集合, 并且将它看作 $\mathbf{R}^N$ 的子空间, 其中 $N = n^2$. 证明 $\mathcal{O}(n)$ 是一个无边的紧流形. 请问它的维数是多少?

流形 $\mathcal{O}(n)$ 是 Lie 群的一个特例; $\mathcal{O}(n)$ 在矩阵的乘法运算下是一个群. 同时还是一个 C^∞ 流形, 并且积运算和映射 $A \to A^{-1}$ 都是 C^∞ 映射. 不仅在数学中而且在理论物理中, Lie 群的重要性在日益增加.

§25. 流形上标量函数的积分

现在我们来定义在 $\mathbf{R}^n$ 中的流形 M 上连续的标量函数 f 的积分. 为了简单起见, 我们只限于考虑 M 为紧流形的情况. 利用类似于 §16 中用以处理广义积分的方法便可推广到一般情况.

首先在 f 的支集由单个坐标卡覆盖的情况下来定义它的积分.

定义 令 M 是 $\mathbf{R}^n$ 中的一个紧的 k 维 C^r 流形, 并且 $f: M \to \mathbf{R}^n$ 是一个连续函数. 令 $C = \operatorname{supp} f$, 则 C 是紧的. 设 M 上有一个坐标卡 $\alpha: U \to V$ 使得 $C \subset V$. 于是 $\alpha^{-1}(C)$ 是紧的. 因此, 在必要时用一个较小的开集来代替 U, 因而可以假设 U 是有界的. 我们把 f 在 M 上的积分定义为

$$\int_M f \mathrm{d}V = \int_{\operatorname{Int} U} (f \circ \alpha) V(D\alpha).$$

其中当 U 是 $\mathbf{R}^k$ 中的开集时, $\operatorname{Int} U = U$, 而当 U 是 $\mathbf{H}^k$ 中的开集但不是 $\mathbf{R}^k$ 中的开集时, $\operatorname{Int} U = U \cap \mathbf{H}^k_+$.

容易看出这个积分作为常义积分存在, 从而作为广义积分也存在: 函数 $F = (f \circ \alpha) V(D\alpha)$ 在 U 上连续而在紧集 $\alpha^{-1}(C)$ 之外为零, 因而 F 是有界的. 如果 U 是 $\mathbf{R}^k$ 中的开集, 那么 F 在靠近边界 $\operatorname{Bd} U$ 的每一点 $\boldsymbol{x}_0$ 处为零; 若 U 不是 $\mathbf{R}^k$ 中的开集, 那么 F 在靠近边界 $\operatorname{Bd} U$ 但不在 $\partial \mathbf{H}^k$ 中的每一点为零, 而 $\partial \mathbf{H}^k$ 是 $\mathbf{H}^k$ 中的零测度集. 无论在哪种情况下, F 都是在 U 上可积的, 因而在 $\operatorname{Int} U$ 上也是可积的. 参看图 25.1.

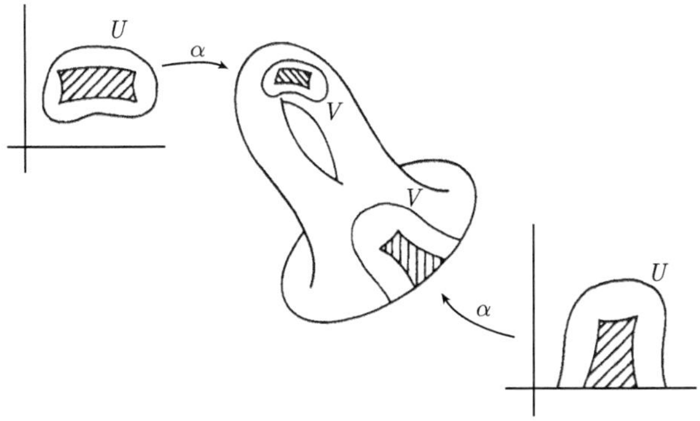

图 25.1

引理 25.1 如果 f 的支集能被单个坐标卡所覆盖, 那么积分 $\int_M f \mathrm{d}V$ 是完全确定的而不依赖于坐标卡的选择.

证明 先证明一个预备性的结果. 令 $\alpha: U \to V$ 是一个包含 f 的支集的坐标卡. 令 W 是 U 中的一个开集并且使得 $\alpha(W)$ 也包含 f 的支集. 那么

$$\int_{\operatorname{Int} W}(f\circ\alpha)V(D\alpha)=\int_{\operatorname{Int} U}(f\circ\alpha)V(D\alpha).$$

在 W 和 V 上两个 (正常) 积分是相等的, 因为被积函数在 W 之外为零; 然后应用定理 13.6.

令 $\alpha_i: U_i \to V_i(i=0,1)$ 是 M 上的坐标卡且使得 V_0 和 V_1 均包含 f 的支集. 我们要证明

$$\int_{\operatorname{Int} U_0}(f\circ\alpha_0)V(D\alpha_0)=\int_{\operatorname{Int} U_1}(f\circ\alpha_1)V(D\alpha_1).$$

令 $W=V_0\cap V_1$ 而 $W_i=\alpha_i^{-1}(W)$. 鉴于上一段的结果, 只需证明以 W_i 代替 $U_i(i=0,1)$ 这个等式仍然成立. 因为 $\alpha_1^{-1}\circ\alpha_0:\operatorname{Int} W_0\to\operatorname{Int} W_1$ 是一个微分同胚, 所以该结果立即从定理 22.1 得出. □

为了一般地定义 $\displaystyle\int_M f\mathrm{d}V$, 需用 M 上的单位分解.

定理 25.2 令 M 是 $\mathbf{R}^n$ 中的一个 k 维 C^r 紧流形. 给定 M 的一个由坐标卡组成的覆盖, 则存在由把 $\mathbf{R}^n$ 映射到 $\mathbf{R}$ 中的 C^∞ 函数 $\phi_1,\cdots,\phi_l$ 组成的一个有限集族使得

(1) 对所有 $\boldsymbol{x}, \phi_i(\boldsymbol{x})\geqslant 0$.

(2) 给定 i, 则 ϕ_i 的支集是紧的并且有一个属于给定覆盖的坐标卡 $\alpha_i: U_i\to V_i$ 使得

$$((\operatorname{supp}\phi_i)\cap M)\subset V_i.$$

(3) $\sum\phi_i(\boldsymbol{x})=1, \boldsymbol{x}\in M$.

我们将函数族 $\{\phi_1,\cdots,\phi_l\}$ 称为 M 上由给定的坐标卡集决定的单位分解.

证明 对每一个属于给定卡集的坐标卡 $\alpha: U\to V$, 选取 $\mathbf{R}^n$ 的一个开集 A_V 使得 $A_V\cap M=V$. 令 A 是各个集合 A_V 的并集. 在 A 上选取一个从属于 A 的这个开覆盖的单位分解. 局部有限性保证了这个单位分解中除了有限个以外的所有函数在 M 上恒为零. 令 $\phi_1,\cdots,\phi_l$ 是那些不恒为零的函数. □

定义 令 M 是 $\mathbf{R}^n$ 中的一个 k 维 C^r 紧流形而 $f: M\to\mathbf{R}$ 是一个连续函数. 在 M 上选取一个由 M 上的所有坐标卡组成的集族所决定的单位分解 $\phi_1,\cdots,\phi_l$. 将 f 在 M 上的积分定义为

$$\int_M f\mathrm{d}V=\sum_{i=1}^{l}\left[\int_M(\phi_i f)\mathrm{d}V\right];$$

并且将 M 的 (k 维) 体积定义为

$$v(M)=\int_M 1\mathrm{d}V.$$

如果 f 的支集恰好在一个坐标卡 $\alpha:U\to V$ 之内, 那么这个定义便与前面的定义一致. 因为在此情况下, 令 $A=\operatorname{Int}U$, 则有

$$\begin{aligned}\sum_{i=1}^{l}\left[\int_M(\phi_i f)\mathrm{d}V\right]&=\sum_{i=1}^{l}\left[\int_A(\phi_i\circ\alpha)(f\circ\alpha)V(D\alpha)\right]\quad(\text{由定义})\\&=\int_A\left[\sum_{i=1}^{l}(\phi_i\circ\alpha)(f\circ\alpha)V(D\alpha)\right]\quad(\text{由线性性})\\&=\int_A(f\circ\alpha)V(D\alpha)\quad\left(\text{因为在}A\text{上},\sum_{i=1}^{l}(\phi_i\circ\alpha)=1\right)\\&=\int_M f\mathrm{d}V\quad(\text{由定义}).\end{aligned}$$

我们还注意到这个定义不依赖于单位分解的选取. 令 $\psi_i,\cdots,\psi_m$ 是另一种单位分解的选择. 因为 $\psi_j f$ 的支集在单个坐标卡中, 因而可以用刚才给出计算方法 (以 $\psi_j f$ 代替 f) 得出

$$\sum_{i=1}^{l}\left[\int_M(\phi_i\psi_j f)\mathrm{d}V\right]=\int_M(\psi_j f)\mathrm{d}V.$$

对 j 求和则有

$$\sum_{j=1}^{m}\sum_{i=1}^{l}\left[\int_M(\phi_i\psi_j f)\mathrm{d}V\right]=\sum_{j=1}^{m}\left[\int_M(\psi_j f)\mathrm{d}V\right].$$

正如所期望的那样, 由对称性这个二重和也等于

$$\sum_{i=1}^{l}\left[\int_M(\phi_i f)\mathrm{d}V\right].$$

积分的线性性可立即得出. 把它正式叙述为下列定理:

定理 25.3 令 M 是 $\mathbf{R}^n$ 中的一个 k 维 C^r 紧流形; 令 $f,g:M\to\mathbf{R}$ 为连续函数. 那么

$$\int_M(af+bg)\mathrm{d}V=a\int_M f\mathrm{d}V+b\int_M g\mathrm{d}V.\qquad\square$$

积分 $\int_M f\mathrm{d}V$ 的这个定义适合于理论研究的需要, 但对于实际应用而言却不能令人满意. 例如, 若要在 $n-1$ 维球面 S^{n-1} 上实际积分一个函数, 则要将 S^{n-1} 适

当划分为一些"片", 并分别在每片曲面上积分, 然后再将所得的结果相加. 下面我们证明一个定理以使这个程序更加精确. 在一些例题和习题中将要用到这一结果.

定义　令 M 是 $\mathbf{R}^n$ 中的一个 k 维 C^r 紧流形. 对 M 的一个子集 D 来说, 如果它能被可数个坐标卡 $\alpha_i : U_i \to V_i$ 覆盖并且使得对每个 i, 集合

$$D_i = \alpha^{-1}(D \cap V_i)$$

在 $\mathbf{R}^k$ 中的测度为零, 则称 D 在 M 中的测度为零.

一个等价的定义则要求对 M 上的任何坐标卡 $\alpha : U \to V$, 集合 $\alpha^{-1}(D\cap V)$ 在 $\mathbf{R}^k$ 中的测度为零, 为了验证个事实, 只需证明对每个 $i, \alpha^{-1}(D \cap V \cap V_i)$ 的测度为零. 而这一点可从集合 $\alpha_i^{-1}(D \cap V \cap V_i)$ 的测度为零得出, 因为它是 D_i 的子集而且 $\alpha^{-1} \circ \alpha_i$ 是 C^r 的.

***定理 25.4**　令 M 是 $\mathbf{R}^n$ 中的一个 k 维 C^r 紧流形. 并且 $f : M \to \mathbf{R}$ 是一个连续函数. 设 $\alpha_i : A_i \to M_i (i = 1, \cdots, N)$ 是 M 上的坐标卡使得 A_i 是 $\mathbf{R}^k$ 中的开集并且 M 是它的开子集 $M_1, \cdots, M_N$ 的不交并, 又设集合 K 是 M 中的一个零测集, 那么

$$(*) \qquad \int_M f\mathrm{d}V = \sum_{i=1}^{N} \left[\int_{A_i} (f \circ \alpha_i) V(D\alpha_i) \right].$$

这个定理说明可以通过把 M 分成若干片使每片都是参数化流形并分别求 f 在每一片上的积分来求积分 $\int_M f\mathrm{d}V$ 的值.

证明　因为 $(*)$ 式两边对于 f 都是线性的, 所以只需在集合 $C = \mathrm{supp} f$ 能够被单个坐标卡 $\alpha : U \to V$ 所覆盖的情况下来证明定理即可. 我们可以假设 U 是有界的. 那么由定义,

$$\int_M f\mathrm{d}V = \int_{\mathrm{Int}\, U} (f \circ \alpha) V(D\alpha).$$

第一步. 令 $W_i = \alpha^{-1}(M_i \cap V)$ 并且 $L = \alpha^{-1}(K \cap V)$. 那么 W_i 是 $\mathbf{R}^k$ 中的开集而 L 是 $\mathbf{R}^k$ 中的零测集, 而且 U 是 L 和 W_i 的不交并. 参看图 25.2 和图 25.3. 首先来证明

$$\int_M f\mathrm{d}V = \sum_i \left[\int_{W_i} (f \circ \alpha) V(D\alpha) \right].$$

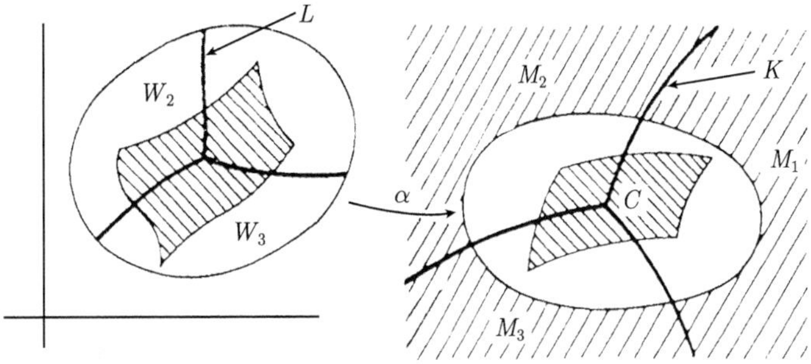

图 25.2

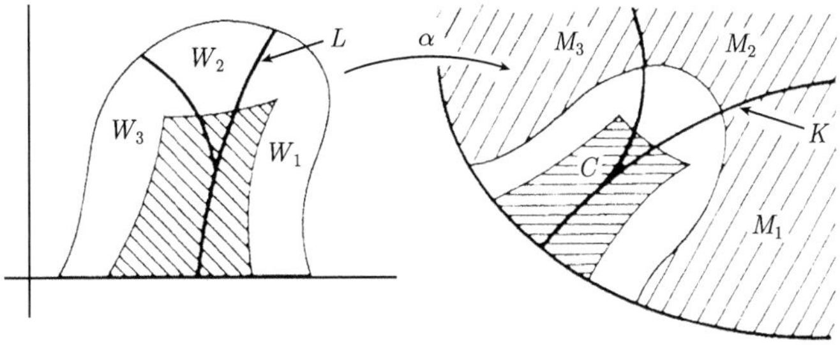

图 25.3

注意到这些在各 W_i 上的积分作为正常积分存在. 因为函数 $F=(f\circ\alpha)V(D\alpha)$ 是有界的, 而且 F 在靠近 $\mathrm{Bd}W_i$ 但不在 L 中的每一点为零. 然后注意到

$$\sum_i\left[\int_{W_i}F\right]=\int_{(\operatorname{Int}U)-L}F\quad(\text{由可加性})$$
$$=\int_{\operatorname{Int}U}F\quad(\text{因为}L\text{的测度为零})$$
$$=\int_M f\mathrm{d}V\quad(\text{由定义}).$$

第二步. 通过证明

$$\int_{W_i}F=\int_{A_i}F_i$$

来完成定理的证明, 其中 $F_i=(f\circ\alpha_i)V(D\alpha_i)$. 参看图 25.4.

映射 $\alpha_i^{-1}\circ\alpha$ 是一个把 W_i 映射到 $\mathbf{R}^k$ 中的开集

$$B_i=\alpha_i^{-1}(M_i\cap V)$$

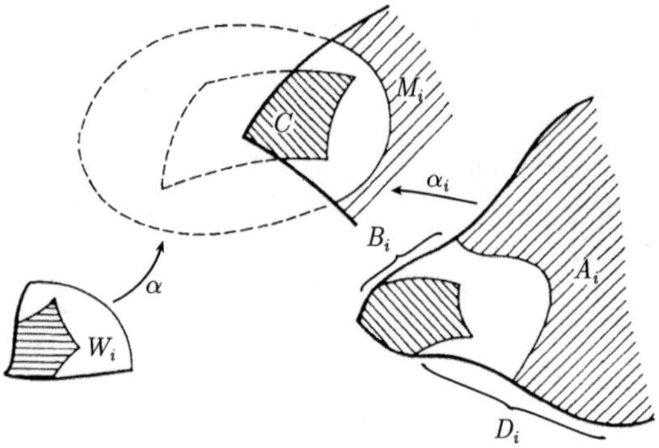

图 25.4

上的微分同胚. 正如在定理 22.1 中那样, 从变量替换定理可知

$$\int_{W_i} F = \int_{B_i} F_i.$$

为了完成定理的证明, 我们来证明

$$\int_{B_i} F_i = \int_{A_i} F_i.$$

这些积分未必是正常积分, 因而需要谨慎对待.

因为 $C = \operatorname{supp} f$ 是 M 中的闭集, 所以集合 $\alpha_i^{-1}(C)$ 是 A_i 中的闭集, 因而它的余集

$$D_i = A_i - \alpha_i^{-1}(C)$$

是 A_i 中的开集从而是 $\mathbf{R}^k$ 中的开集. 函数 F_i 在 D_i 上为零. 利用广义积分的可加性推得

$$\int_{A_i} F_i = \int_{B_i} F_i + \int_{D_i} F_i - \int_{B_i \cap D_i} F_i.$$

最后两个积分为零. □

例 1　考虑 $\mathbf{R}^3$ 中以 a 为半径的二维球面 $S^2(a)$. 我们曾经计算过它的上半开球面的面积为 $2\pi a^2$(参看 §22 的例 4). 由于反射映射 $(x, y, z) \to (x, y, -z)$ 是 $\mathbf{R}^3$ 中的等距变换, 因而下半开球面的面积也是 $2\pi a^2$(参看 §22 的习题). 因为上半球面和下半球面组成除球面上的一个零测度集 (赤道) 之外的整个球面, 由此可知 $S^2(a)$ 的面积是 $4\pi a^2$.

例 2　计算二维球面的面积, 还有另外一种无需涉及非正常积分的方法.

给定 $z_0 \in \mathbf{R}$ 使得 $|z_0| < a$, $S^2(a)$ 与平面 $z = z_0$ 的交是圆周

$$\begin{cases} x^2 + y^2 = a^2 - z_0^2, \\ z = z_0. \end{cases}$$

这个事实启发我们可以用由下式给出的函数 $\alpha : A \to \mathbf{R}^3$ 将 $S^2(a)$ 参数化:

$$\alpha(t,z) = ((a^2 - z^2)^{1/2}\cos t, (a^2 - z^2)^{1/2}\sin t, z),$$

其中 A 是所有满足 $0 < t < 2\pi$ 和 $|z| < a$ 的 (t,z) 组成的集合. 容易验证 α 是一个坐标卡, 而且除了一个大圆弧之外, 它能覆盖整个球面 $S^2(a)$, 而大圆弧在球面上的测度为零. 参看图 25.5. 由上面的定理, 我们可以利用这个坐标卡来计算 $S^2(a)$ 的面积. 因为

$$D\alpha = \begin{bmatrix} -(a^2 - z^2)^{1/2}\sin t & (-z\cos t)/(a^2 - z^2)^{1/2} \\ (a^2 - z^2)^{1/2}\cos t & (-z\sin t)/(a^2 - z^2)^{1/2} \\ 0 & 1 \end{bmatrix},$$

由此可以验证 $V(D\alpha) = a$. 于是 $v(S^2(a)) = \int_A a = 4\pi a^2$.

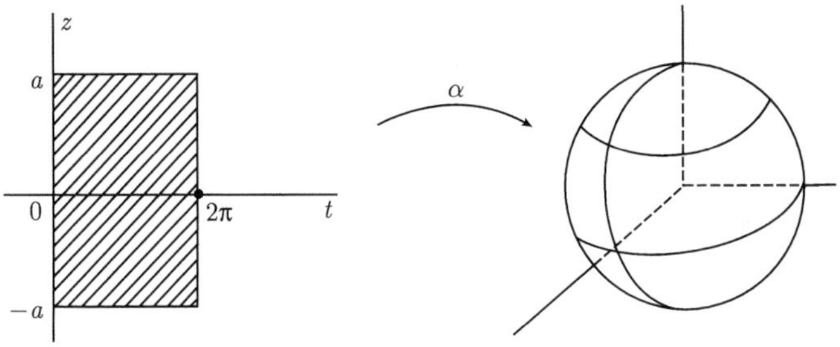

图 25.5

习 题

1. 验证在例 2 中所做的计算.

2. 令 $\alpha(t), \beta(t), f(t)$ 都是 $[0,1]$ 上的 C^1 类实值函数并且 $f(t) > 0$, 设 M 是 $\mathbf{R}^3$ 中的一个二维流形, 并且当 $0 \leqslant t \leqslant 1$ 时它与平面 $z = t$ 的交是圆周

$$\begin{cases} (x - \alpha(t))^2 + (y - \beta(t))^2 = (f(t))^2, \\ z = t; \end{cases}$$

而在其他情况下, 它们的交是空集.

(a) 建立一个求 M 的面积的积分. [提示: 像在例 2 中那样进行.]

(b) 当 α 和 β 为常数且 $f(t) = 1 + t^2$ 时求出积分的值.

(c) 当 f 为常数且 $\alpha(t) = 0, \beta(t) = at$ 时该积分将呈现出什么形式? (该积分不能用初等函数来求值.)

3. 考虑 §17 习题 7 中的环面 T.

(a) 求该环面的面积. [提示: 柱坐标变换把一个柱面映射到 T 上, 利用其截面为圆的事实将柱面参数化.]

(b) 求 T 上满足条件 $x^2+y^2 \geqslant b^2$ 的那一部分的面积.

4. 令 M 是 $\mathbf{R}^n$ 中的一个 k 维紧流形, 而 $h:\mathbf{R}^n \to \mathbf{R}^n$ 是一个等距变换并且记 $N = f(M)$. 再令 $f: N \to \mathbf{R}$ 是一个连续函数. 证明 N 是 $\mathbf{R}^n$ 中的一个 k 维流形而且

$$\int_N f \mathrm{d}V = \int_M (f \circ h) \mathrm{d}V.$$

断定 M 和 N 具有相同的体积.

5. (a) 利用 $B^{n-1}(a)$ 的体积表示出 $S^n(a)$ 的体积. [提示: 按照例 2 的模式.]

(b) 证明对于 $t>0$,

$$v(S^n(t)) = Dv(B^{n+1}(t)).$$

[提示: 利用 §19 习题 6 的结果.]

6. $\mathbf{R}^n$ 中的一个紧流形的形心由像 §22 习题 3 中给出的公式来定义. 证明若 M 关于 $\mathbf{R}^n$ 的子空间 $x_i = 0$ 是对称的, 那么 $c_i(M) = 0$.

*7. 令 $E_+^n(a)$ 表示 $S^n(a)$ 与上半空间 $\mathbf{H}^{n+1}$ 的交. 令 $\lambda_n = v(B^n(1))$.

(a) 利用 λ_n 和 λ_{n-1} 求出 $E_+^n(a)$ 的形心.

(b) 利用 $B_+^{n-1}(a)$ 的形心求出 $E_+^n(a)$ 的形心. (参看 §19 的习题.)

8. 令 M 和 N 分别是 $\mathbf{R}^m$ 和 $\mathbf{R}^n$ 中的无边紧流形.

(a) 令 $f: M \to \mathbf{R}$ 和 $g: N \to \mathbf{R}$ 都是连续函数, 证明

$$\int_{M \times N} f \cdot g \mathrm{d}V = \left[\int_M f \mathrm{d}V\right]\left[\int_N g \mathrm{d}V\right].$$

[提示: 考虑 f 和 g 的支集均被包含在坐标卡中的情况.]

(b) 证明 $v(M \times N) = v(M) \cdot v(N)$.

(c) 求 $\mathbf{R}^4$ 中的二维流形 $S^1 \times S^1$ 的面积.

第六章 微分形式

我们已经相当概括地论述了多元微积分的两大主题 —— 微分和积分. 现在转向第三个论题, 通常称之为“向量积分”, 它的主要定理分别以 Green, Gauss 和 Stokes 的名字命名. 在普通微积分中仅限于讨论 $\mathbf{R}^3$ 中的曲线和曲面, 在本书中我们将更一般地论述 $\mathbf{R}^n$ 中的 k 维流形. 在处理这种一般情况时, 人们发现线性代数和向量运算的概念已经不够用了, 因而必须引进更复杂的概念, 它们构成了多重线性代数这一学科, 这是线性代数的延续.

在本章的前三节, 我们来介绍这一学科的内容. 在这几节中只用到第一章所论述的有关线性代数的材料. 在本章的剩余部分我们将把多重线性代数的概念与第二章中关于微分的结果相结合来定义和研究 $\mathbf{R}^n$ 中的微分形式. 当从 $\mathbf{R}^3$ 过渡到 $\mathbf{R}^n$ 时将要用微分形式及其运算来代替向量场和标量场以及它们的运算 —— 梯度、旋度和散度.

为了处理 $\mathbf{R}^n$ 中广义形式的 Stokes 定理, 下一章将详细论述包括积分、流形和变量替换定理在内的另外一些论题.

§26. 多重线性代数

一、张量

定义 令 V 是一个向量空间. 用 $V^k = V \times \cdots \times V$ 表示由 V 的向量构成的所有 k 元组 $(\boldsymbol{v}_1, \cdots, \boldsymbol{v}_k)$ 的集合. 若对给定的向量 $\boldsymbol{v}_j (j \neq i)$ 由

$$T(\boldsymbol{v}) = f(\boldsymbol{v}_1, \cdots, \boldsymbol{v}_{i-1}, \boldsymbol{v}, \boldsymbol{v}_{i+1}, \cdots, \boldsymbol{v}_k)$$

定义的函数 $T : V \to \mathbf{R}$ 是线性的, 则称函数 $f : V^k \to \mathbf{R}$ 关于第 i 个变量为线性的. 若对每个 i, f 关于第 i 个变量都是线性的, 则称 f 为多重线性的. 这样的函数 f 也称作 V 上的 k 阶张量, 简称 k 张量. 通常将 V 上所有 k 阶张量的集合记为 $\mathcal{L}^k(V)$ 若 $k = 1$, 那么 $\mathcal{L}^1(V)$ 恰好是所有线性变换 $f : V \to \mathbf{R}$ 的集合. 有时将它称作 V 的对偶空间并记为 V^*.

至于如何把张量的这个概念与物理学家和几何学家们使用的张量联系起来留待以后考虑.

定理 26.1　如果定义

$$(f+g)(\boldsymbol{v}_1,\cdots,\boldsymbol{v}_k)=f(\boldsymbol{v}_1,\cdots,\boldsymbol{v}_k)+g(\boldsymbol{v}_1,\cdots,\boldsymbol{v}_k),$$

$$(cf)(\boldsymbol{v}_1,\cdots,\boldsymbol{v}_k)=c(f(\boldsymbol{v}_1,\cdots,\boldsymbol{v}_k)).$$

那么 V 上所有张量的集合构成一个向量空间.

证明　将此证明留作习题. 零张量是在每一个 k 向量组上都取值为零的函数. □

恰如线性变换的情况那样, 多重线性变换也是一旦知道它在基元上的值, 它就被完全确定了. 现在就来证明这一点.

引理 26.2　令 $\boldsymbol{a}_1,\cdots,\boldsymbol{a}_n$ 是 V 的一个基. 若 $f,g:V^k\to\mathbf{R}$ 上 V 上的 k 阶张量, 并且

$$f(\boldsymbol{a}_{i_1},\cdots,\boldsymbol{a}_{i_k})=g(\boldsymbol{a}_{i_1},\cdots,\boldsymbol{a}_{i_k})$$

对取自集合 $\{1,\cdots,n\}$ 的每一个整数的 k 元组 $I=(i_1,\cdots,i_k)$ 成立, 那么 $f=g$.

请注意到这里并不要求各整数 $i_1,\cdots,i_k$ 互不相同或者按任何特定的次序排列.

证明　给定 V 的任意一个 k 向量组 $(\boldsymbol{v}_1,\cdots,\boldsymbol{v}_k)$. 把每一个 V_i 用给定的基表示, 写成

$$\boldsymbol{v}_i=\sum_{j=1}^{n}c_{ij}\boldsymbol{a}_j.$$

然后计算出

$$\begin{aligned}f(\boldsymbol{v}_1,\cdots,\boldsymbol{v}_k)&=\sum_{j_1=1}^{n}c_{1j_1}f(\boldsymbol{a}_{j_1},\boldsymbol{v}_2,\cdots,\boldsymbol{v}_k)\\&=\sum_{j_1=1}^{n}\sum_{j_2=1}^{n}c_{1j_1}c_{2j_2}f(\boldsymbol{a}_{j_1},\boldsymbol{a}_{j_2},\boldsymbol{v}_3,\cdots,\boldsymbol{v}_k).\end{aligned}$$

如此继续下去, 最后得到等式

$$f(\boldsymbol{v}_1,\cdots,\boldsymbol{v}_k)=\sum_{1sj_1,\cdots,j_k\leqslant n}c_{1j_1}c_{2j_2}\cdots c_{kj_k}f(\boldsymbol{a}_{j_1,\cdots},\boldsymbol{a}_{j_k}).$$

同样的计算对 g 也成立. 由此可知, 若 f 和 g 在由基元构成的所有 k 向量组上一致, 那么它们在所有 k 向量组上一致. □

正如一个从 V 到 W 的线性变换可以通过任意指定它在 V 的基元上的值来定义那样, 一个 k 阶张量也可以通过任意指派它在 k 基元组上的值来定义. 这一事实是下列定理的推论.

定理 26.3 令 V 是一个从 $\boldsymbol{a}_1, \cdots, \boldsymbol{a}_n$ 为基的向量空间. 令 $I = (i_1, \cdots, i_k)$ 是一个取自集合 $\{1, \cdots, n\}$ 的整数的 k 元组. 那么存在 V 上的唯一一个 k 阶张量 ϕ_I 使得对于取自集合 $\{1, \cdots, n\}$ 的每一个 k 元组 $J = (j_1, \cdots, j_k)$,

$$(*) \qquad \phi_I(\boldsymbol{a}_{j_1}, \cdots, \boldsymbol{a}_{j_k}) = \begin{cases} 0, & 若 I \neq J, \\ 1, & 若 I = J. \end{cases}$$

诸张量 ϕ_I 构成 $\mathcal{L}^k(V)$ 的一个基.

张量 ϕ_I 称作 V 上对应于基 $\boldsymbol{a}_1, \cdots, \boldsymbol{a}_n$ 的基本 k 张量. 因为它们构成 $\mathcal{L}^k(V)$ 的基, 又因为有 n^k 个取自集合 $\{1, \cdots, n\}$ 的互不相同的 k 元组, 所以空间 $\mathcal{L}^k(V)$ 的维数必定是 n^k. 当 $k = 1$ 时, 由基本张量 $\phi_1, \cdots, \phi_n$ 组成的 V^* 的基称为 V^* 的与 V 的给定基相对偶的基.

证明 唯一性从上面的引理得出. 现在证明存在性如下. 首先考虑 $k = 1$ 的情况. 已知可以通过任意指派其在基元上的值来定义一个线性变换 $\phi_i : V \to \mathbf{R}$. 因而可以由下列等式来定义 ϕ_i :

$$\phi_i(\boldsymbol{a}_j) = \begin{cases} 0, & 若 i \neq j, \\ 1, & 若 i = j. \end{cases}$$

于是这些 ϕ_i 就是所期望的一个阶张量. 在 $k > 1$ 的情况下, 用下式来定义 ϕ_I :

$$\phi_I(\boldsymbol{v}_1, \cdots, \boldsymbol{v}_k) = [\phi_{i_1}(\boldsymbol{v}_1)] \cdot [\phi_{i_2}(\boldsymbol{v}_2)] \cdots [\phi_{i_k}(\boldsymbol{v}_k)].$$

从下列事实可知 ϕ_I 是多重线性的: (1) 每一个 ϕ_i 是线性的; (2) 乘法是可分配的. 容易验证 ϕ_I 在 $(\boldsymbol{a}_{j_1}, \cdots, \boldsymbol{a}_{j_k})$ 上具有上面所要求的性质.

现在证明诸张量 ϕ_I 构成 $\mathcal{L}^k(V)$ 的基. 给定 V 上的一个 k 阶张量 f, 我们来证明它能被唯一地写成各张量 ϕ_I 的线性组合. 对于每个 k 元组 $I = (i_1, \cdots, i_k)$, 令 d_I 是由下式定义的标量:

$$d_I = f(\boldsymbol{a}_{i_1}, \cdots, \boldsymbol{a}_{i_k}).$$

然后考虑 k 阶张量

$$g = \sum_J d_J \phi_J,$$

其中求和是在所有取自集合 $\{1, \cdots, n\}$ 的整数 k 元组 J 上进行的. 由 $(*)$ 式可知 g 在 k 元组 $(\boldsymbol{a}_{i_1}, \cdots, \boldsymbol{a}_{i_k})$ 上的值等于 d_I, 而且由定义, f 在这个 k 元组上的值也同样等于 d_I. 那么上面的引理蕴涵着 $f = g$. 而 f 的这种表示的唯一性从上面的引理得出. □

从这个定理可知, 若对所有 I 给定了 d_I, 则恰好有一个 k 阶张量 f 使得 $f(\boldsymbol{a}_{i_1}, \cdots, \boldsymbol{a}_{i_k}) = d_I$ 对所有 I 成立. 因而一个 k 张量可以通过任意指派它在基元素的 k 元组上的值来定义.

例 1 考虑 $V=\mathbf{R}^n$ 的情况. 令 $\boldsymbol{e}_1,\cdots,\boldsymbol{e}_n$ 是 $\mathbf{R}^n$ 的通常基, 而 $\phi_1,\cdots,\phi_n$ 是 $\mathcal{L}^1(v)$ 的对偶基. 那么若 $\boldsymbol{x}$ 的分量是 $x_1,\cdots x_n$ 则有

$$\phi_i(\boldsymbol{x})=\phi_i(x_1\boldsymbol{e}_1+\cdots+x_n\boldsymbol{e}_n)=x_i.$$

因而 $\phi_i:\mathbf{R}^n\to\mathbf{R}$ 等于到第 i 个坐标上的投影.

更一般地, 给定 $I=(i_1,\cdots,i_k)$, 那么基本张量 ϕ_I 满足等式

$$\phi_I(\boldsymbol{x}_1,\cdots,\boldsymbol{x}_k)=\phi_{i_1}(\boldsymbol{x}_1)\cdots\phi_{i_k}(\boldsymbol{x}_k).$$

记 $X=[\boldsymbol{x}_1\cdots\boldsymbol{x}_k]$, 并且令 x_{ij} 表示位于 X 的第 i 行与第 j 列交汇处的元素. 那么 $\boldsymbol{x}_j$ 是以 $x_{1j},\cdots,x_{nj}$ 为分量的向量. 按这种记号则有

$$\phi_I(\boldsymbol{x}_1,\cdots,\boldsymbol{x}_k)=x_{i_1 1}x_{i_2 2}\cdots x_{i_k k}.$$

因而 ϕ_I 恰好是向量 $\boldsymbol{x}_1,\cdots,\boldsymbol{x}_k$ 的分量构成的一个单项式, 而且 $\mathbf{R}^n$ 上的一般 k 阶张量是这种单项式的线性组合.

由此可知 $\mathbf{R}^n$ 上的一般一阶张量是一个下列形式的函数

$$f(\boldsymbol{x})=d_1x_1+\cdots+d_nx_n,$$

其中 d_i 是一些标量. $\mathbf{R}^n$ 上的二阶张量具有下列形式

$$g(\boldsymbol{x},\boldsymbol{y})=\sum_{i,j=1}^{n}d_{ij}x_ix_j,$$

d_{ij} 是一些标量, 其他可依次类推.

二、张量积

现在我们在 V 上所有张量的集合中引进一个积运算. 一个 k 阶张量与一个 l 阶张量的乘积是一个 $k+l$ 阶的张量.

定义 令 f 是 V 上的一个 k 阶张量而 g 是 V 上的一个 l 阶张量. 我们用下列等式来定义 V 上的一个 $k+l$ 阶张量 $f\otimes g$:

$$f\otimes g(\boldsymbol{v}_1,\cdots,\boldsymbol{v}_{k+1})=f(\boldsymbol{v}_1,\cdots,\boldsymbol{v}_k)\cdot g(\boldsymbol{v}_{k+1},\cdots,V_{k+l}).$$

容易验证函数 $f\otimes g$ 是多重线性的, 并且称之为 f 和 g 的张量积.

下列定理中列举了该乘积运算的若干性质.

定理 26.4 令 f,g,h 都是 V 上的张量, 则下列性质成立:

(1)(结合性). $f\otimes(g\otimes h)=(f\otimes g)\otimes h$.

(2)(齐性). $(cf)\otimes g = c(f\otimes g) = f\otimes(cg)$.

(3)(分配性). 设 f 和 g 是同阶的张量, 那么

$$(f+g)\otimes h = f\otimes h + g\otimes h.$$
$$h\otimes(f+g) = h\otimes f + h\otimes g.$$

(4) 给定 V 的一个基 $\boldsymbol{a}_1,\cdots,\boldsymbol{a}_n$, 那么相应的基本张量 ϕ_I 满足

$$\phi_I = \phi_{i_1}\otimes\phi_{i_2}\otimes\cdots\otimes\phi_{i_k},$$

其中 $I=(i_1,\cdots,i_k)$.

请注意到在第 (4) 款所给出的关于 ϕ_I 的等式中无需任何括号, 因为 $\otimes$ 运算是结合的, 还要注意到这里没有提到交换性, 原因是明显的, 因为它几乎不成立.

证明 这些性质的证明是直接的. 例如只需注意到, 若 f,g,h 的阶数分别为 k,l,m 则有

$$\begin{aligned}&(f\otimes(g\otimes h))(\boldsymbol{v}_1,\cdots,\boldsymbol{v}_{k+l+m})\\ =&f(\boldsymbol{v}_1,\cdots,\boldsymbol{v}_k)\cdot g(\boldsymbol{v}_{k+1},\cdots,\boldsymbol{v}_{k+l})\cdot h(\boldsymbol{v}_{k+l+1},\cdots,\boldsymbol{v}_{k+l+m}),\end{aligned}$$

于是结合性得证. 因为 $(f\otimes g)\otimes h$ 在给定的多元组上的值是相同的. □

三、线性变换的作用

最后, 我们来考察对应于底向量空间的线性变换, 张量将会如何变化.

定义 令 $T:V\to W$ 是一个线性变换. 那么定义对偶变换

$$T^*:\mathcal{L}^k(W)\to\mathcal{L}^k(V)$$

(它是反向变换) 如下: 若 f 在 $\mathcal{L}^k(W)$ 中且 $\boldsymbol{v}_1,\cdots,\boldsymbol{v}_k$ 是 V 中的向量, 那么

$$(T^*f)(\boldsymbol{v}_1,\cdots,\boldsymbol{v}_k) = f(T(\boldsymbol{v}_1),\cdots,T(\boldsymbol{v}_k)).$$

如下列图表所示, T^*f 是变换 $T\times\cdots\times T$ 与变换 f 的复合:

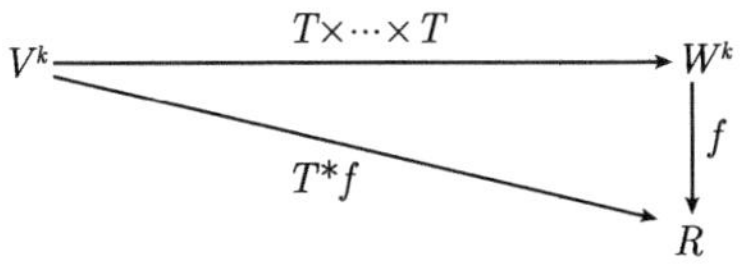

从定义立即可知 T^*f 是多重线性的, 因为 T 是线性的并且 f 是多重线性的. 此外作为一个张量映射, T^* 本身也是线性的, 现在我们就来证明这一点.

定理 26.5　令 $T:V\to W$ 是一个线性变换, 并且令

$$T^*:\mathcal{L}^k(W)\to\mathcal{L}^k(V)$$

是它的对偶变换. 那么

(1)T^* 是线性的.

(2)$T^*(f\otimes g)=T^*f\otimes T^*g$.

(3) 若 $S:W\to X$ 是一个线性变换, 那么 $(S\circ T)^*f=T^*(S^*f)$.

证明　上述结论的证明是直接的. 例如验证 (1) 如下:

$$\begin{aligned}(T^*(af+bg))\,(\boldsymbol{v}_1,\cdots,\boldsymbol{v}_k)&=(af+bg)(T(\boldsymbol{v}_1),\cdots,T(\boldsymbol{v}_k))\\&=af(T(\boldsymbol{v}_1),\cdots,T(\boldsymbol{v}_k))+bg(T(\boldsymbol{v}_1),\cdots,T(\boldsymbol{v}_k))\\&=aT^*f(\boldsymbol{v}_1,\cdots,\boldsymbol{v}_k)+bT^*g(\boldsymbol{v}_1,\cdots,\boldsymbol{v}_k),\end{aligned}$$

从而有 $T^*(af+bg)=aT^*f+bT^*g$. □.

下列图表说明性质 (3) 成立:

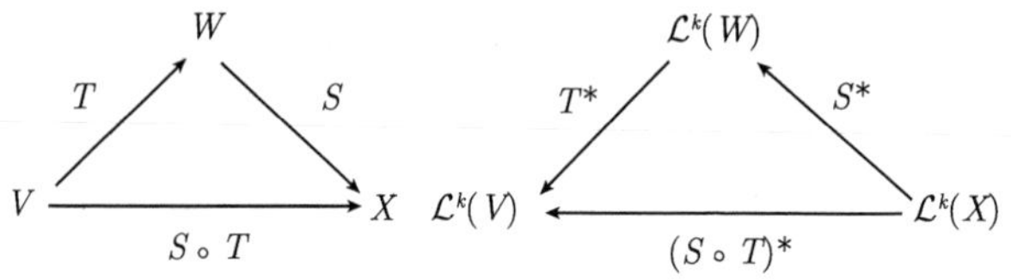

习　　题

1.(a) 证明若 $f,g:V^k\to\mathbf{R}$ 是多重线性的, 则 $af+bg$ 也是多重线性的.

(b) 验证 $\mathcal{L}^k(V)$ 满足向量空间的公理.

2.(a) 证明若 f 和 g 是多重线性的, 那么 $f\otimes g$ 也是多重线性的.

(b) 验证 (定理 26.4) 张量积的基本性质.

3. 验证定理 26.5 的 (2) 和 (3).

4. 确定下列函数中哪些是 $\mathbf{R}^4$ 上的张量, 并将其中为张量者用 $\mathbf{R}^4$ 上的基本张量表示出来:

$$\begin{aligned}f(\boldsymbol{x},\boldsymbol{y})&=3x_1y_2+5x_2x_3,\\g(\boldsymbol{x},\boldsymbol{y})&=x_1y_2+x_2y_4+1,\\h(\boldsymbol{x},\boldsymbol{y})&=x_1y_1-7x_2y_3\end{aligned}$$

5. 对于下列函数重复习题 4 的作法:

$$\begin{aligned}f(\boldsymbol{x},\boldsymbol{y},\boldsymbol{z})&=3x_1x_2z_3-x_3y_1z_4,\\g(\boldsymbol{x},\boldsymbol{y},\boldsymbol{z},\boldsymbol{u},\boldsymbol{v})&=5x_3y_2z_3u_4v_4,\\h(\boldsymbol{x},\boldsymbol{y},\boldsymbol{z})&=x_1y_2z_4+2x_1z_3.\end{aligned}$$

6. 令 f 和 g 是 $\mathbf{R}^4$ 上的下列张量:

$$f(\boldsymbol{x},\boldsymbol{y},\boldsymbol{z}) = 2x_1y_2z_2 - x_2y_3z_1,$$
$$g = \phi_{2,1} - 5\phi_{3,1}$$

(a) 将 $f \otimes g$ 表示成 5 阶基本张量的线性组合.

(b) 将 $f \otimes g(\boldsymbol{x},\boldsymbol{y},\boldsymbol{z},\boldsymbol{u},\boldsymbol{v})$ 表示成一个函数.

7. 证明对有限维空间 V 而言, 定理 26.4 中所述的四条性质唯一地刻画了张量积.

8. 令 f 是 $\mathbf{R}^n$ 上的一阶张量, 那么 $f(\boldsymbol{y}) = A \cdot \boldsymbol{y}$ 对于某个 $1 \times n$ 矩阵 A 成立. 如果 $T : \mathbf{R}^m \to \mathbf{R}^n$ 是线性变换 $T(\boldsymbol{x}) = B \cdot \boldsymbol{x}$, 那么 $\mathbf{R}^m$ 上的一阶张量 T^*f 的矩阵是什么矩阵?

§27. 交 错 张 量

本节将介绍我们所关心的一类特殊张量 —— 交错张量, 并且导出它们的若干性质. 为此我们需要关于置换的一些基本事实.

一、置换

定义 令 $k \geqslant 2$. 整数集 $\{1, \cdots, k\}$ 的一个置换是一个将该集合映射为其自身的一一映射. 把所有这种置换的集合记为 S_k. 如果 σ 和 τ 是 S_k 的元素, 那么 $\sigma \circ \tau$ 和 σ^{-1} 也是它的元素. 因而集合 S_k 构成一个群, 称为集合 $\{1, \cdots, k\}$ 上的对称群或置换群. 这个群有 $k!$ 个元素.

定义 给定 $1 \leqslant i < k$, 而且令 e_i 是 S_k 中如下定义的元素: 对于 $j \neq i, i+1$, 则置 $e_i(j) = j$, 并且

$$e_i(i) = i+1, e_i(i+1) = i.$$

我们把 e_i 称为一个初等置换. 注意到 $e_i \circ e_i$ 等于恒等置换, 因而 e_i 是它自身的逆元.

引理 27.1 如果 $\sigma \in S_k$, 那么 σ 是初等置换的复合.

证明 给定 $0 \leqslant i \leqslant k$, 如果对于 $1 \leqslant j \leqslant i, \sigma(j) = j$ 成立, 则称 σ 使前 i 个整数固定不变. 若 $i = 0$, 那么 σ 根本无需固定任何整数; 若 $i = k$, 那么 σ 使所整数 $1, \cdots, k$ 固定不动, 因而 σ 是恒等置换, 而且在此情况下定理成立. 因为对任何 j, 恒等置换等于 $e_j \circ e_j$ 成立.

现在证明若 σ 固定前 $i-1$ 个整数 $(0 < i \leqslant k)$, 那么 σ 可以写成复合置换 $\sigma = \pi \circ \sigma'$, 其中 π 是初等置换的复合, 而 σ' 使前 i 个整数固定不变. 那么由归纳法可知定理成立.

其实证明是容易的. 因为 σ 固定整数 $1, \cdots, i-1$ 又因 σ 是一一的, 所以 σ 在 i 上的值必然是一个不同于 $1, \cdots, i-1$ 的整数. 若 $\sigma(i) = i$, 那么置 $\sigma' = \sigma$ 且 π 等

于恒等置换, 因而结论成立. 若 $\sigma(i) = l > i$, 则置

$$\sigma' = e_i \circ \cdots \circ e_{l-1} \circ \sigma.$$

那么 σ' 固定整数 $1, \cdots, i-1$ 不变, 因为 σ 使这些整数固定不动并且 $e_i, \cdots e_{l-1}$ 也使它们固定不动. 于是 σ' 也使 i 固定不动, 因为 $\sigma(i) = l$ 并且

$$e_i(\cdots(e_{l-1}(l))\cdots) = i.$$

我们可以把定义 σ' 的等式写成下列形式

$$e_{l-1} \circ \cdots \circ e_i \circ \sigma' = \sigma,$$

因而要证明的结论成立. □

定义 令 $\sigma \in S_k$. 考虑取自集合 $\{1, \cdots, k\}$ 并且使得 $i < j$ 而 $\sigma(i) > \sigma(j)$ 的所有整数对 i, j. 将每个这样的整数对称为 σ 的一个逆序. 如果 σ 的逆序个数是奇数, 则规定 σ 的符号为 -1; 若 σ 的逆序数为偶数, 则规定 σ 的符号为 $+1$. 根据 σ 的符号是 -1 或 $+1$ 而分别将 σ 称为奇置换或偶置换. 将 σ 的符号统一记为 $\text{sgn}\sigma$.

引理 27.2 令 $\sigma, \tau \in S_k$.

(a) 若 σ 是 m 个初等置换的复合, 则 $\text{sgn}\sigma = (-1)^m$.

(b) $\text{sgn}(\sigma o \tau) = (\text{sgn}\sigma) \cdot (\text{sgn}\tau)$.

(c) $\text{sgn}\sigma^{-1} = \text{sgn}\sigma$.

(d) 若 $p \neq g$, 设 q 是将 p 和 q 交换且使其他所有整数固定不变的置换. 那么 $\text{sgn}\tau = -1$.

证明 第一步. 对任何 σ,

$$\text{sgn}(\sigma \circ e_l) = -\text{sgn}\sigma.$$

给定 σ, 按如下次序写出 σ 的值:

$$(*) \qquad (\sigma(1), \sigma(2), \cdots, \sigma(l)\sigma(l+1), \cdots, \sigma(k)).$$

令 $\tau = \sigma \circ e_l$, 那么 τ 的相应序列是 k 元数组

$$(**) \qquad \begin{aligned} &(\tau(1), \tau(2), \cdots, \tau(l), \tau(l+1), \cdots, \tau(k)) \\ =&(\sigma(1), \sigma(2), \cdots, \sigma(l+1), \sigma(l), \cdots, \sigma(k)). \end{aligned}$$

σ 和 τ 的逆序数分别是在 $(*)$ 式和 $(**)$ 式中出现的与自然顺序相反的整数对的数目. 我们来比较这两个序列中的逆数个数. 令 $p \neq q$ 比较 $\sigma(p)$ 和 $\sigma(q)$ 在这两个序列中的位置. 如果 p 和 q 都不等于 l 或 $l+1$, 那么 $\sigma(p)$ 和 $\sigma(q)$ 在两个序列中出现

的位置相同, 因而它们在一个序列中构成逆序, 当且仅当它们在另一个序列中也构成逆序. 现在考虑它们中的一个, 比如说 p, 等于 l 或 $l+1$, 而另一个, 即 q, 不等于 l 和 $l+1$ 的情况. 那么在此情况下, $\sigma(q)$ 在两个序列中出现在同一位置, 而 $\sigma(p)$ 在两个序列中是出现相邻的位置. 可是 $\sigma(p)$ 和 $\sigma(q)$ 在一个序列中构成逆序当且仅当它们在另一个序列中也构成逆序这一点仍然成立.

到目前为止, 两个序列中的逆序数仍是相同的. 但是我们注意到, 若 $\sigma(l)$ 和 $\sigma(l+1)$ 在第一个序列中构成一个逆序, 则它们在第二个序列中就不构成逆序, 且反之亦然. 从而序列 $(**)$ 比序列 $(*)$, 或者多一个逆序或者少一个逆序.

第二步. 完成定理的证明. 恒等置换的符号为 $+1$, 由第一步, 若将它依次与 m 个初等置换复合则将 m 次改变它的符号. 因而 (a) 款成立. 为证明 (b) 款, 我们把 σ 写成 m 个初等置换的复合, 把 τ 写成 n 个初等置换的复合. 那么 $\sigma\circ\tau$ 是 $m+n$ 个初等置换的复合, 并且 (b) 可以从等式 $(-1)^{m+n}=(-1)^m(-1)^n$ 得出. 为了验证 (c), 只需注意到, 因为 $\sigma^{-1}\circ\sigma$ 是恒等置换, 所以 $(\mathrm{sgn}\sigma^{-1})(\mathrm{sgn}\sigma)=1$

为证明 (d) 款, 只需计数逆序数. 设 $p<q$. 可将 τ 写成下列次序

$$(1,\cdots,p-1,q,p+1,\cdots,p+6-1,p,p+l+1,\cdots,k),$$

其中 $q=p+l$. 在这个序列中, 数对 $\{q,p+1\},\cdots,\{q,p+l-1\}$ 中的每一个均构成逆序, 并且数对 $\{p+1,p\},\cdots,\{p+l-1,p\}$ 也都构成逆序, 最后, $\{p,q\}$ 也是一个逆序, 因而 τ 有 $2l-1$ 个逆序, 而这是一个奇数. □

二、交错张量

定义 令 f 是 V 上的一个任意的 k 阶张量. 若 σ 是 $\{1,\cdots,k\}$ 的一个置换. 我们用下列等式来定义 f^σ:

$$f^\sigma(\boldsymbol{v}_1,\cdots,\boldsymbol{v}_k)=f(\boldsymbol{v}_{\sigma(1)},\cdots,\boldsymbol{v}_{\sigma(k)}).$$

因为 f 对它的每个变量都线性的, 所以 f^σ 也是如此, 因而 f^σ 是 V 上的一个 k 阶张量. 若对每个初等置换 e 均有 $f^e=f$ 成立, 则称张量 f 是对称的; 若对每个初等置换 e 都有 $f^e=-f$, 则称 f 是交错的 (或反对称的).

换句话说, 如果对所有 i,

$$f(\boldsymbol{v}_1,\cdots,\boldsymbol{v}_{i+1},\boldsymbol{v}_i,\cdots,\boldsymbol{v}_k)=f(\boldsymbol{v}_1,\cdots,\boldsymbol{v}_i,\boldsymbol{v}_{i+1},\cdots,\boldsymbol{v}_k),$$

则称 f 为对称的; 若有

$$f(\boldsymbol{v}_1,\cdots,\boldsymbol{v}_{i+1},\boldsymbol{v}_i,\cdots,\boldsymbol{v}_k)=-f(\boldsymbol{v}_1,\cdots,\boldsymbol{v}_i,\boldsymbol{v}_{i+1},\cdots,\boldsymbol{v}_k),$$

则称 f 是交错的.

虽然对称张量在数学上是重要的, 但是我们在这里并不涉及它们. 我们将主要对交错张量感兴趣.

定义　若 V 是一个向量空间, 则将 V 上 k 阶交错张量的集合记为 $\mathcal{A}^k(V)$. 容易验证两个交错张量的和是交错的, 交错张量乘以标量仍是交错的. 那么 $\mathcal{A}^k(V)$ 是 V 上所有 k 阶张量组成的空间 $\mathcal{L}^k(V)$ 的一个线性子空间. 一阶张量为交错的条件没有意义. 因此我们约定 $\mathcal{A}^1(V) = \mathcal{L}^1(V)$.

例 1　阶数 $k > 1$ 的基本张量不是交错的, 但是它们的某些线性组合是交错的. 例如可以验证张量

$$f = \phi_{i,j} - \phi_{j,i}$$

是交错的. 实际上, 如果 $V = \mathbf{R}^n$ 并且利用 $\mathbf{R}^n$ 的通常基和相应的对偶基, 则函数 f 满足等式

$$f(\boldsymbol{x}, \boldsymbol{y}) = x_i y_j - x_j y_i = \det \begin{bmatrix} x_i & y_i \\ x_j & y_j \end{bmatrix}.$$

这里 $f(\boldsymbol{y}, \boldsymbol{x}) = -f(\boldsymbol{x}, \boldsymbol{y})$ 是明显的. 类似地函数

$$g(x, y, z,) = \det \begin{bmatrix} x_i & y_i & z_i \\ x_j & y_j & z_j \\ x_k & y_k & z_k \end{bmatrix}$$

是 $\mathbf{R}^n$ 上的三阶交错张量. 也可以把 g 写成下列形式

$$g = \phi_{i,j,k} + \phi_{j,k,i} + \phi_{k,i,j} - \phi_{j,i,k} - \phi_{i,k,j} - \phi_{k,j,i}.$$

这个例子暗示交错张量与行列式函数应是密切相关的. 正如我们将要看到的那样, 实际情况确实如此.

现在我们来研究空间 $\mathcal{A}^k(V)$, 特别要求出它的基. 我们先从下列引理开始.

引理 27.3　令 f 是 V 上的一个 k 阶张量, 令 $\sigma, \tau \in S_k$.

(a) 变换 $f \to f^\sigma$ 是从 $\mathcal{L}^k(V)$ 到 $\mathcal{L}^k(V)$ 的一个线性变换. 它具有下述性质: 对所有 σ, τ,

$$(f^\sigma)^\tau = f^{\tau\circ\sigma}.$$

(b) 张量 f 是交错的当且仅当 $f^\sigma = (\operatorname{sgn}\sigma) f$ 对所有 σ 成立. 如果 f 是交错的, 并且 $\boldsymbol{v}_p = \boldsymbol{v}_q$ 对于 $p \neq q$ 成立, 那么 $f(\boldsymbol{v}_1, \cdots, \boldsymbol{v}_k) = 0$.

证明　(a) 线性性质是直接的. 它只说明 $(af + bg)^\sigma = af^\sigma + bg^\sigma$. 为了完成

(a) 款的证明, 特作如下计算:

$$\begin{aligned}(f^\sigma)^\tau(\boldsymbol{v}_1,\cdots,\boldsymbol{v}_k) &= f^\sigma(\boldsymbol{v}_{\tau(1)},\cdots,\boldsymbol{v}_{\tau(k)})\\ &= f^\sigma(\boldsymbol{w}_1,\cdots,\boldsymbol{w}_k)\quad (\text{其中}\boldsymbol{w}_i=\boldsymbol{v}_{\tau(i)})\\ &= f(\boldsymbol{w}_{\sigma(1)},\cdots,\boldsymbol{w}_{\sigma(k)})\\ &= f(\boldsymbol{v}_{\tau(\sigma(1))},\cdots,\boldsymbol{v}_{\tau(\sigma(k))})\\ &= f^{\tau\circ\sigma}(\boldsymbol{v}_1,\cdots\boldsymbol{v}_k).\end{aligned}$$

(b) 给定一个任意置换 σ, 并将它写成初等置换的复合

$$\sigma=\sigma_1\circ\sigma_2\circ\cdots\circ\sigma_m,$$

其中每个 σ_i 都是一个初等置换. 那么

$$\begin{aligned}f^\sigma &= f^{\sigma_1\circ\cdots\circ\sigma_m}\\ &= ((\cdots(f^{\sigma_m})\cdots)^{\sigma_2})^{\sigma_1}\quad (\text{由}(a))\\ &= (-1)^m f\quad (\text{因为}f\text{是交错的})\\ &= (\operatorname{sgn}\sigma)f.\end{aligned}$$

现在设 $\boldsymbol{v}_p=\boldsymbol{v}_q$ 对于 $p\neq q$ 成立. 令 τ 是交换 p 和 q 的置换. 因为 $\boldsymbol{v}_p=\boldsymbol{v}_q$, 所以有

$$f^\tau(\boldsymbol{v}_1,\cdots,\boldsymbol{v}_k)=f(\boldsymbol{v}_1,\cdots,\boldsymbol{v}_k).$$

另一方面, 因为 $\operatorname{sgn}\tau=-1$, 所以又有

$$f^\tau(\boldsymbol{v}_1,\cdots,\boldsymbol{v}_k)=-f(\boldsymbol{v}_1,\cdots,V_k).$$

由此可知, $f(\boldsymbol{v}_1,\cdots,\boldsymbol{v}_k)=0$. □

现在我们来求出 $\mathcal{A}^k(V)$ 的一个基. 在 $k=1$ 的情况下, 无需作任何事情, 因为 $\mathcal{A}^1(V)=\mathcal{L}^1(V)$. 而在 $k>n$ 的情况下, 空间 $\mathcal{A}^k(V)$ 是平凡的. 因为任何 k 阶张量 f 都是由它在基的 k 元组上的值唯一决定的. 如果 $k>n$, 那么必有某个基元在 k 元组中重复出现. 因此, 若 f 是交错的, 那么 f 在 k 元组上的值必然为零.

最后我们来考虑 $1<k\leqslant n$ 的情况. 首先证明一个交错张量 f 完全是由它在那些指标按递增次序排列的 k 基元组上的值决定的. 然后证明 f 在这种 k 元组上的值可被任意指派.

引理 27.4 令 $\boldsymbol{a}_1,\cdots,\boldsymbol{a}_n$ 是 V 的一个基. 若 f,g 是 V 上的 k 阶交错张量, 并且对取自集合 $\{1,\cdots,n\}$ 的每一个递增的整数 k 元组 $I=(i_1,\cdots,i_k)$ 都有

$$f(\boldsymbol{a}_{i_1},\cdots,\boldsymbol{a}_{i_k})=g(\boldsymbol{a}_{i_1},\cdots,\boldsymbol{a}_{i_k}),$$

那么 $f=g$.

证明　鉴于引理 26.2, 只需证明 f 和 g 在任意 k 基元组 $(\boldsymbol{a}_{j_1},\cdots,\boldsymbol{a}_{j_k})$ 上都有相同的值. 令 $J=(j_1,\cdots,j_k)$.

若有两个指标, 比方说 j_p 和 j_q 是相同的, 那么由上面的引理, f 和 g 在该 k 元组上的值为零. 如果所有指标都不同, 令 σ 是 $\{1,\cdots,k\}$ 的一个置换且使得 k 元组 $I=(j_{\sigma(1)},\cdots,j_{\sigma(k)})$ 是递增的. 那么

$$\begin{aligned} f(\boldsymbol{a}_{i_1},\cdots,\boldsymbol{a}_{i_k}) &= f^\sigma(\boldsymbol{a}_{j_1},\cdots,\boldsymbol{a}_{j_k}) \quad (\text{由}f^\sigma\text{的定义}) \\ &= (\mathrm{sgn}\sigma)f(\boldsymbol{a}_{j_1},\cdots,\boldsymbol{a}_{j_k}) \quad (\text{因为}f\text{是交错的}). \end{aligned}$$

类似的等式对 g 也成立. 因为 f 和 g 在 k 元组 $(\boldsymbol{a}_{i_1},\cdots,\boldsymbol{a}_{i_k})$ 上一致, 所以它们在 k 元组 $(\boldsymbol{a}_{j_1},\cdots,\boldsymbol{a}_{j_k})$ 上一致. □

定理 27.5　令 V 上一个以 $\boldsymbol{a}_1,\cdots,\boldsymbol{a}_n$ 为基的向量空间. 令 $I=(i_1,\cdots,i_k)$ 是取自集合 $\{1,\cdots,n\}$ 的一个递增 k 元组. 那么在 V 上有唯一的一个 k 阶交错张量 ψ_I 使得对于取自集合 $\{1,\cdots,n\}$ 的每一个递增 k 元组 $J=(j_1,\cdots,j_k)$ 均有下式成立

$$\psi_I(\boldsymbol{a}_{j_1},\cdots,\boldsymbol{a}_{j_k})=\begin{cases} 0, & \text{若}I\neq J, \\ 1, & \text{若}I=J. \end{cases}$$

诸张量 ψ_I 组成 $\mathcal{A}^k(V)$ 的一个基. 事实上, 张量 ψ_I 满足下列公式

$$\psi_I=\sum_\sigma(\mathrm{sgn}\sigma)(\phi_I)^\sigma,$$

其中的和式是在所有 $\sigma\in S_k$ 上求和.

各张量 ψ_I 称作 V 上相应于基 $\boldsymbol{a}_1,\cdots,\boldsymbol{a}_n$ 的 k 阶基本交错张量.

证明　唯一性从上面的引理即可得出. 为了证明存在性, 用定理中所给出的公式定义 ψ_I 并且证明 ψ_I 满足定理的要求.

首先证明 ψ_I 是交错的. 若 $\tau\in S_k$, 可作下列计算

$$\begin{aligned} (\psi_I)^\tau &= \sum_\sigma(\mathrm{sgn}\sigma)((\phi_I)^\sigma)^\tau \quad (\text{由线性性质}) \\ &= \sum_\sigma(\mathrm{sgn}\sigma)(\phi_I)^{\tau\circ\sigma} \\ &= (\mathrm{sgn}\tau)\sum_\sigma(\mathrm{sgn}(\tau\circ\sigma))(\phi_I)^{\tau\circ\sigma} \\ &= (\mathrm{sgn}\tau)\psi_I, \end{aligned}$$

最后一个等式从下列事实得出：当 σ 遍历 S_k 时 $\tau\circ\sigma$ 也同样遍历 S_k.

下面来证明 ψ_I 具有所要求的值. 给定 J, 则有

$$\psi_I(\boldsymbol{a}_{j_1},\cdots,\boldsymbol{a}_{j_k})=\sum_\sigma(\mathrm{sgn}\sigma)\phi_I(\boldsymbol{a}_{j\sigma(1)},\cdots,\boldsymbol{a}_{j\sigma(k)}).$$

其中在等式右边的和式中至多有一项可能不为零, 这就是与使得 $I=(j_{\sigma(1)},\cdots,j_{\sigma(k)})$ 的置换 σ 相对应的那一项. 因为 I 和 J 都是递增的, 所以仅当 $I=J$ 且 σ 为恒等置换时才会出现这种情况. 在此情况下, 上式的值为 1. 若 $I\neq J$, 则所有的项为零.

现在证明 ψ_I 构成 $\mathcal{A}^k(V)$ 的基. 令 f 是 V 上的一个 k 阶交错张量. 我们证明 f 可唯一地写成各张量 ψ_I 的线性组合.

给定 f, 对于取自集合 $\{1,\cdots,n\}$ 的递增 k 元组 $I=(i_1,\cdots,i_k)$ 令 d_I 是下列标量

$$d_I=f(\boldsymbol{a}_{i_1},\cdots,\boldsymbol{a}_{i_k}),$$

然后考虑 k 阶交错张量

$$g=\sum_{[J]}d_J\psi_J,$$

其中记号 $[J]$ 表示和式是在取自集合 $\{1,\cdots,n\}$ 的所有递增 k 元组上求和. 若 I 是一个递增 k 元组, 那么 g 在 k 元组 $(\boldsymbol{a}_{i_1},\cdots,\boldsymbol{a}_{i_k})$ 上的值等于 d_I, 并且 f 在这个 k 元组上的值为同一值 d_I. 因而 $f=g$. f 的这种表达式的唯一性从上面的引理得出. □

这个定理说明, 一旦 V 的基被选定, 那么任意一个 k 阶交错张量 f 就可唯一地写成下列形式

$$f=\sum_{[j]}d_J\psi_J.$$

各系数 d_J 称为 f 关于基 $\{\psi_J\}$ 的分量.

向量空间 $\mathcal{A}^k(V)$ 的维数是多少呢? 若 $k=1$, 那么 $\mathcal{A}^1(V)$ 的维数当然是 n. 一般, 给定 $k>1$, 并且给定 $\{1,\cdots,n\}$ 的任何一个具有 k 个元素的子集, 那么恰好有一个相应的递增 k 元组, 从而也就有一个相应的基本的 k 阶交错张量. 因而 $\mathcal{A}^k(V)$ 的基元素的个数等于从 n 个对象中每次取出 k 个的组合数. 这个数就是二项式系数

$$\begin{pmatrix} n \\ k \end{pmatrix}=\frac{n!}{k!(n-k)!}.$$

上面的定理给出了基本交错张量 ψ_I 的一个公式. 另外还有一个直接用较大的空间 $\mathcal{L}^k(V)$ 的标准基表示 ψ_I 的公式, 将在习题中给出.

最后我们指出交错张量由于底向量空间的线性变换所导致的相应变化规律, 其证明留作习题.

定理 27.6　令 $T : V \to W$ 是一个线性变换. 若 f 是 W 上的交错张量, 那么 T^*f 是 V 上的交错张量. □

三、行列式

现在我们终于能够构造 3×3 阶以上的矩阵的行列式函数了.

定义　令 $\boldsymbol{e}_1, \cdots, \boldsymbol{e}_n$ 是 $\mathbf{R}^n$ 的通常基, 令 $\phi_1, \cdots, \phi_n$ 表示 $\mathcal{L}^1(\mathbf{R}^n)$ 的对偶基. $\mathbf{R}^n$ 上的 n 阶交错张量组成的空间 $\mathcal{A}^n(\mathbf{R}^n)$ 的维数是 1; $\mathbf{R}^n$ 上唯一的 n 阶基本交错张量是 $\psi_{1,\cdots,n}$. 如果 $X = [\boldsymbol{x}_1, \cdots, \boldsymbol{x}_n]$ 是一个 $n \times n$ 矩阵, 则将 X 的行列式定义为

$$\det X = \psi_{1,\cdots,n}(\boldsymbol{x}_1, \cdots, \boldsymbol{x}_n).$$

我们要证明这个函数满足 §2 中所给出的行列式函数的公理. 为了方便, 暂且令 g 表示函数

$$g(X) = \psi_I(\boldsymbol{x}_1, \cdots, \boldsymbol{x}_n),$$

其中 $I = (1, \cdots, n)$. 函数 g 作为 X 的列的函数是多重线性的和交错的. 因此由等式 $f(A) = g(A^T)$ 定义的函数 f 作为矩阵 A 的行的函数是多重线性的和交错的, 而且有

$$f(I_n) = g(I_n) = \psi_I(\boldsymbol{e}_1, \cdots, \boldsymbol{e}_n) = 1$$

因此函数 f 满足行列式函数的公理, 特别, 从定理 2.11 可知 $f(A) = f(A^T)$. 于是 $f(A) = f(A^T) = g((A^T)^T) = g(A)$, 所以正如所期望的那样, g 也满足行列式函数的公理.

从定理 27.5 中所给出的 ψ_I 的公式可以推出行列式函数的一个公式. 如果 $I = (1, \cdots, n)$, 那么可以验证

$$\begin{aligned}\det X &= \sum_\sigma (\operatorname{sgn}\sigma)\phi_I(\boldsymbol{x}_{\sigma(1)}, \cdots, \boldsymbol{x}_{\sigma(n)}) \\ &= \sum_\sigma (\operatorname{sgn}\sigma) x_{1,\sigma(1)} \cdot x_{2,\sigma(2)} \cdots x_{n,\sigma(n)}.\end{aligned}$$

有时用这个公式作为行列式函数的定义.

现在我们可以得出一个公式直接将 ψ_I 表示成 $\mathbf{R}^n$ 的向量 k 元组的函数. 即有下列定理.

定理 27.7　令 ψ_I 是与 $\mathbf{R}^n$ 的对偶基相应的 $\mathbf{R}^n$ 上的基本交错张量, 基中 $I = (i_1, \cdots, i_k)$. 给定 $\mathbf{R}^n$ 的向量 $\boldsymbol{x}_1, \cdots, \boldsymbol{x}_k$, 令 X 表示矩阵 $X = [\boldsymbol{x}_1 \cdots \boldsymbol{x}_k]$. 那么

$$\psi_I(\boldsymbol{x}_1, \cdots, \boldsymbol{x}_k) = \det X_I,$$

其中 X_I 表示其行依次是 X 的第 $i_1, \cdots, i_k$ 行的矩阵.

证明 作计算

$$\psi_I(\boldsymbol{x}_1, \cdots, \boldsymbol{x}_k) = \sum_\sigma (\text{sgn}\sigma)\phi_I(\boldsymbol{x}_{\sigma(1)}, \cdots, \boldsymbol{x}_{\sigma(k)})$$
$$= \sum_\sigma (\text{sgn}\sigma) x_{i_1,\sigma(1)} \cdot x_{i_2,\sigma(2)} \cdots x_{i_k,\sigma(k)}.$$

这恰好是 $\det X_I$ 的公式. □

例 2 考虑空间 $\mathcal{A}^3(\mathbf{R}^4)$. $\mathbf{R}^4$ 上与 $\mathbf{R}^4$ 的对偶基相应的三阶基本交错张量是下列各函数

$$\psi_{i,j,k}(\boldsymbol{x}, \boldsymbol{y}, \boldsymbol{z}) = \det \begin{bmatrix} x_i & y_i & z_i \\ x_j & y_j & z_j \\ x_k & y_k & z_k \end{bmatrix},$$

其中 (i, j, k) 分别等于下列四个三元组之一：$(1,2,3), (1,2,4), (1,3,4)$ 和 $(2,3,4)$. $\mathcal{A}^3(\mathbf{R}^4)$ 的一般元素是这四个函数的线性组合.

关于记号的说明, 在多重线性代数这一学科中有一种称为外积运算的标准构造方法. 它对任何向量空间 W 都指派 W 的"k 重张量积"的某种商. 该商称为 W 的"k 重外积", 并且记为 $\wedge^k(W)$(参看 [Gr],[N]). 如果 V 是一个有限维向量空间, 那么当应用于对偶空间 $V^* = \mathcal{L}^1(V)$ 时, 外积运算就给出一个空间 $\wedge^k(V^*)$, 并且该空间自然同构于 V 上的 k 阶交错张量空间. 由于这个原因, 在数学家们当中相当普遍地混用记号, 把 V 上的 k 阶交错张量空间记作 $\wedge^k(V^*)$(例如参看 [B–G] 和 [G–P]).

不幸的是, 另一些数学家却把 V 上的 k 阶交错张量空间记为 $\wedge^k(V)$ 而不记作 $\wedge^k(V^*)$(参看 [A–M–R], [B], [D]). 也有使用其他记号者 (参看 [F], [S]). 因为这种记号上的混乱, 所以在本书中我们决定使用中性记号 $\mathcal{A}^k(V)$.

习 题

1. 下列张量中哪些是 $\mathbf{R}^4$ 中的交错张量?

$$f(\boldsymbol{x}, \boldsymbol{y}) = x_1y_2 - x_2y_1 + x_1y_1.$$
$$g(\boldsymbol{x}, \boldsymbol{y}) = x_1y_3 - x_3y_2.$$
$$h(\boldsymbol{x}, \boldsymbol{y}) = (x_1)^3(y_2)^3 - (x_2)^3(y_1)^3.$$

2. 令 $\sigma \in S_5$ 是使得

$$(\sigma(1), \sigma(2), \sigma(3), \sigma(4), \sigma(5)) = (3, 1, 4, 5, 2)$$

的置换. 利用引理 27.1 的证明中所给出的程序把 σ 写成初等置换的复合.

3. 令 ψ_I 是 V 上与 V 的基 $\boldsymbol{a}_1, \cdots, \boldsymbol{a}_n$ 相对应的 k 阶基本张量. 若 $j_1, \cdots, j_k$ 是取自集合 $\{1, \cdots, n\}$ 的任意一个整数 k 元组. 那么

$$\psi_I(\boldsymbol{a}_{j_1}, \cdots, \boldsymbol{a}_{j_k})$$

的值是什么?

4. 证明: 若 $T: V \to W$ 是一个线性变换并且 $f \in \mathcal{A}^k(W)$, 那么 $T^* f \in \mathcal{A}^k(V)$.

5. 证明:

$$\psi_I = \sum_{\sigma} (\mathrm{sgn}\sigma) \phi_{i\sigma},$$

其中, 若 $I = (i_1, \cdots, i_k)$, 则令 $I_\sigma = (i_{\sigma(1)}, \cdots, i_{\sigma(k)})$.[提示: 首先证明 $(\phi_{I_\sigma})^\sigma = \phi_I$.]

§28. 楔　　积

就像对一般张量的情况那样, 我们试图在交错张量的集合上定义一种积运算. 即使 f 和 g 是交错的, 积 $f \otimes g$ 一般也不是交错的. 因而需要另作考虑. 其实积的具体定义并不特别重要. 而重要的是它所满足的性质. 在下列定理中就来叙述这些性质.

定理 28.1 令 V 是一个向量空间, 那么就有一个运算, 它对每一个 $f \in \mathcal{A}^k(V)$ 和每一个 $g \in \mathcal{A}^l(V)$ 指派一个元素 $f \wedge g \in \mathcal{A}^{k+l}(V)$ 并且使得下列性质成立:

(1)(结合性). $f \wedge (g \wedge h) = (f \wedge g) \wedge h$.

(2)(齐性). $(cf) \wedge g = c(f \wedge g) = f \wedge (cg)$.

(3)(分配性). 若 f 和 g 的阶数相同, 则有

$$(f+g) \wedge h = f \wedge h + g \wedge h,$$
$$h \wedge (f+g) = h \wedge f + h \wedge g.$$

(4)(反交换性). 如果 f 和 g 的阶数分别为 k 和 l, 那么

$$g \wedge f = (-1)^{kl} f \wedge g.$$

(5) 给定 V 的一个基 $\boldsymbol{a}_1, \cdots, \boldsymbol{a}_n$, 令 ϕ_i 表示 V^* 的对偶基, 并且用 ψ_I 表示相应的基本交错张量. 如果 $I = (i_1, \cdots, i_k)$ 是取自集合 $\{1, \cdots, n\}$ 的递增的整数 k 元组, 那么

$$\psi_I = \phi_{i_1} \wedge \phi_{i_2} \wedge \cdots \wedge \phi_{i_k}.$$

对于有限维的空间 V 来说, 上述五条性质唯一地刻画出楔积 $\wedge$ 的特性. 此外它还具有下列附加性质:

(6) 若 $T: V \to W$ 是一个线性变换, 并且 f 和 g 是 W 上的交错张量, 那么

$$T^*(f \wedge g) = T^* f \wedge T^* g.$$

通常将张量 $f \wedge g$ 称为 f 和 g 的楔积. 注意到性质 (4) 蕴涵着对于奇数阶交错张量 f, 必有 $f \wedge f = 0$.

证明 第一步. 令 F 是 W 上的一个 k 阶张量 (不必是交错的). 为了证明方便起见, 用下式定义一个变换 $A:\mathcal{L}^k(V)\to\mathcal{L}^k(V)$:

$$AF=\sum_\sigma(\mathrm{sgn}\sigma)F^\sigma,$$

其中求和是对所有 $\sigma\in S_k$ 进行的. (有时人们在这个公式中加上一个因子 $1/k!$, 但对于我们的目的而言这不是必须的.) 注意到按这种记法, 基本交错张量可以写成

$$\psi_I=A\phi_I.$$

变换 A 具有下列性质:

(i) A 是线性的.

(ii) AF 是一个交错张量.

(iii) 如果 F 已经是交错的, 那么 $AF=(k!)F$.

下面来验证这些性质. 从映射 $F\to F^\sigma$ 是线性即可推出 A 为线性的; 而 AF 为交错的事实可从下列计算得出:

$$\begin{aligned}(AF)^\tau&=\sum_\sigma(\mathrm{sgn}\sigma)(F^\sigma)^\tau\text{(由线性性质)}\\&=\sum_\sigma(\mathrm{sgn}\sigma)F^{\tau\circ\sigma}\\&=(\mathrm{sgn}\tau)\sum_\sigma(\mathrm{sgn}\tau\circ\sigma)F^{\tau\circ\sigma}\\&=(\mathrm{sgn}\tau)AF.\end{aligned}$$

(这与我们先前在证明 AF 为交错时所作的计算是相同的.) 最后, 如果 F 已经是交错的, 那么对所有 σ, 均有 $F^\sigma=(\mathrm{sgn}\sigma)F$. 由此可知

$$AF=\sum_\sigma(\mathrm{sgn}\sigma)^2F=(k!)F.$$

第二步. 现在来定义楔积 $f\wedge g$. 如果 f 和 g 分别是 V 上的 k 阶和 l 阶的交错张量, 我们定义

$$f\wedge g=\frac{1}{k!l!}A(f\otimes g).$$

那么 $f\wedge g$ 是一个 $k+l$ 阶的交错张量

在这个公式中为什么会出现系数 $\dfrac{1}{k!l!}$ 并不完全清楚. 实际上, 若要使楔积成为结合的, 那么某个这样的系数就将是必需的. 促成人们选择特定系数 $\dfrac{1}{k!l!}$ 的一种原因如下: 将 $f\wedge g$ 的定义写成下列形式

$$(f\wedge g)(\boldsymbol{v}_1,\cdots,\boldsymbol{v}_{k+l})=\frac{1}{k!l!}\sum_\sigma(\mathrm{sgn}\sigma)f(\boldsymbol{v}_{\sigma(1)},\cdots,\boldsymbol{v}_{\sigma(k)})\cdot g(\boldsymbol{v}_{\sigma(k+1)},\cdots\boldsymbol{v}_{\sigma(k+l)}).$$

然后考虑和式中的一个单项, 比方说

$$(\mathrm{sgn}\sigma)f(\boldsymbol{v}_{\sigma(1)},\cdots,\boldsymbol{v}_{\sigma(k)})\cdot g(\boldsymbol{v}_{\sigma(k+1)},\cdots,\boldsymbol{v}_{\sigma(k+l)}).$$

和式中的其余各项都可以从该项通过置换其中的向量 $\boldsymbol{v}_{\sigma(1)},\cdots,\boldsymbol{v}_{\sigma(k)}$ 以及置换向量 $\boldsymbol{v}_{\sigma(k+1)},\cdots,\boldsymbol{v}_{\sigma(k+l)}$ 而得到. 在进行这些置换时, 因子 $(\mathrm{sgn}\sigma)$ 当然要随之改变. 但因 f 和 g 是交错的, 所以 f 和 g 的值通过乘以相同的符号而改变. 因而所有这些项恰好都具有相同的值. 而这样的项有 $k!l!$ 个. 所以用这个数去除和式以消除这种冗余效应是合理的.

第三步. 结合性是最难验证的性质, 因而暂且将它推迟. 为验证齐性而作如下计算:

$$\begin{aligned}(cf)\wedge g &= A((cf)\otimes g)/k!l!\\ &= A(c(f\otimes g))/k!l! \quad (\text{由}\otimes\text{的齐性})\\ &= cA(f\otimes g)/k!l! \quad (\text{由}A\text{的线性})\\ &= c(f\wedge g).\end{aligned}$$

可用类似的计算来验证齐性的另一半. 类似地分配性也可从 $\otimes$ 的分配性和 A 的线性得出:

第四步. 现在来验证反交换性. 事实上, 我们将证明一个稍微更一般些的结果. 令 F 和 G 分别是 k 阶和 l 阶的张量 (不必是交错的), 我们证明

$$A(F\otimes G)=(-1)^{kl}A(G\otimes F).$$

首先令 π 是 $(1,\cdots,k+l)$ 的置换并且使得

$$(\pi(1),\cdots,\pi(k+l))=(k+1,\cdots,k+l,1,\cdots,k).$$

那么 $\mathrm{sgn}\pi=(-1)^{kl}$. (计数逆序个数!) 容易看出 $(G\otimes F)^{\pi}=F\otimes G$, 因为

$$\begin{aligned}(G\otimes F)^{\pi}(\boldsymbol{v}_1,\cdots,\boldsymbol{v}_{k+l})&=G(\boldsymbol{v}_{k+1},\cdots,\boldsymbol{v}_{k+l})\cdot F(\boldsymbol{v}_1,\cdots,\boldsymbol{v}_k),\\ (F\otimes G)(\boldsymbol{v}_1,\cdots,\boldsymbol{v}_{k+l})&=F(\boldsymbol{v}_1,\cdots,\boldsymbol{v}_k)\cdot G(\boldsymbol{v}_{k+1},\cdots,\boldsymbol{v}_{k+l}),\end{aligned}$$

然后作计算:

$$\begin{aligned}A(F\otimes G)&=\sum_{\sigma}(\mathrm{sgn}\sigma)(F\otimes G)^{\sigma}\\ &=\sum_{\sigma}(\mathrm{sgn}\sigma)((G\otimes F)^{\pi})\sigma\\ &=(\mathrm{sgn}\pi)\sum_{\sigma}(\mathrm{sgn}\sigma\circ\pi)(G\otimes F)^{\sigma\circ\pi}\\ &=(\mathrm{sgn}\pi)A(G\otimes F),\end{aligned}$$

因为 $\sigma\circ\pi$ 像 σ 一样也遍历 S_{k+l} 的所有元素.

第五步. 现在来验证结合性. 证明需要分几步进行. 其中第一步为:

令 F 和 G 分别是 k 阶和 l 阶张量 (不必是交错的) 并且使得 $AF=0$ 那么 $A(F\otimes G)=0$.

为了证明这一结果成立, 我们来考虑 $A(F\otimes G)$ 的表达式中的一项, 比如说是

$$(\mathrm{sgn}\sigma)F(\boldsymbol{v}_{\sigma(1)},\cdots,\boldsymbol{v}_{\sigma(k)})\cdot G(\boldsymbol{v}_{\sigma(k+1)},\cdots,\boldsymbol{v}_{\sigma(k+l)}).$$

把 $A(F\otimes G)$ 表达式中所有那样像此项那样所包含的最后一个因子相同的项结合在一起, 则这些项可以写成下列形式

$$(\mathrm{sgn}\sigma)\left[\sum_{\sigma}(\mathrm{sgn}\tau)F(\boldsymbol{v}_{\sigma(\tau(1))}),\cdots,\boldsymbol{v}_{\sigma(\tau(k))})\right]\cdot G(\boldsymbol{v}_{\sigma(k+1)},\cdots,\boldsymbol{v}_{\sigma(k+l)}).$$

其中 τ 遍历 $\{1,\cdots,k\}$ 的所有置换. 于是方括号中的表达式恰好是

$$AF(\boldsymbol{v}_{\sigma(1)},\cdots,\boldsymbol{v}_{\sigma(k)}),$$

由假设它为零. 因此该组中的项互相抵消.

同样的论证也适合于每一组包含同一最后因子的项. 从而可以断定 $A(F\otimes G)=0$.

第六步. 令 F 是一个任意张量而 h 是一个 m 阶的交错张量. 我们来证

$$(AF)\wedge h=\frac{1}{m!}A(F\otimes h).$$

若令 F 为 k 阶张量, 那么所要证明的等式可以写成

$$\frac{1}{k!m!}A((AF)\otimes h)=\frac{1}{m!}A(F\otimes h).$$

由 A 的线性和 $\otimes$ 的分配性说明该式与下列二式中的每一个等价:

$$A\{(AF)\otimes h-(k!)F\otimes h\}=0,$$
$$A\{[AF-(k!)F]\otimes h\}=0.$$

鉴于第五步, 若能证明

$$A[AF-(k!)F]=0,$$

则该等式成立. 但这立即可以变换 A 的性质 (iii) 得出, 因为 AF 是一个 k 阶交错张量.

第七步. 令 f,g,h 分别是 k,l,m 阶的交错张量, 我们证明

$$(f\wedge g)\wedge h=\frac{1}{k!l!m!}A((f\otimes g)\otimes h).$$

为了方便令 $F = f \otimes g$, 则由定义得

$$f \wedge g = \frac{1}{k!l!} AF,$$

从而有

$$\begin{aligned}(f \wedge g) \wedge h &= \frac{1}{k!l!}(AF) \wedge h \\ &= \frac{1}{k!l!m!} A(F \otimes h)(\text{由第六步}) \\ &= \frac{1}{k!l!m!} A((f \otimes g) \otimes h).\end{aligned}$$

第八步. 最后我们来验证结合性. 令 f, g, h 如第七步所述, 那么

$$\begin{aligned}(k!l!m!)(f \wedge g) \wedge h &= A((f \otimes g) \otimes h) && (\text{由第七步}) \\ &= A(f \otimes (g \otimes h)) && (\text{由} \otimes \text{的结合性}) \\ &= (-1)^{k(l+m)} A((g \otimes h) \otimes f) && (\text{由第四步}) \\ &= (-1)^{k(l+m)} (l!m!k!)(g \wedge h) \wedge f && (\text{由第七步}) \\ &= (k!l!m!) f \wedge (g \wedge h) && (\text{由反交换性}).\end{aligned}$$

第九步. 验证性质 (5). 实际上, 我们将证明一个更为一般的结果. 我们来证明对任何一族一阶张量 $f_1, \cdots, f_k$ 都有

$$(*) \qquad A(f_1 \otimes \cdots \otimes f_k) = f_1 \wedge \cdots \wedge f_k.$$

性质 (5) 是一个直接推论, 因为

$$\psi_I = A\phi_I = A(\phi_{i_1} \otimes \cdots \otimes \phi_{i_k}).$$

对 $k = 1$ 公式 $(*)$ 是平凡的. 假设它对 $k - 1$ 成立, 我们来证它对 k 成立. 置 $F = f : \otimes \cdots \otimes f_{k-1}$, 那么由归纳假设,

$$\begin{aligned}A(F \otimes f_k) &= (1!)(AF) \wedge f_k(\text{由第六步}) \\ &= (f_1 \wedge \cdots \wedge f_{k-1}) \wedge f_k.\end{aligned}$$

第十步. 验证唯一性. 实际上, 在 V 是有限维空间的情况下就是要说明如何仅用性质 (1) – (5) 即可计算楔积. 令 ϕ_i 和 ψ_I 如性质 (5) 中所述. 给定交错张量 f 和 g, 可用基本交错张量将它们唯一地写成

$$f = \sum_{[I]} b_I \psi_I, \quad g = \sum_{[J]} c_J \psi_J.$$

其中 I 和 J 分别是取自集合 $\{1, \cdots, n\}$ 的递增 k 元组和递增 l 元组. 分配性和齐性蕴涵着

$$f \wedge g = \sum_{[I]} \sum_{[J]} b_I c_J \psi_I \wedge \psi_J.$$

因此为了计算 $f \wedge g$, 只需知道如何计算下列形式的楔积即可;

$$\psi_I \wedge \psi_J = (\phi_{i_1} \wedge \cdots \wedge \phi_{i_k}) \wedge (\phi_{j_1} \wedge \cdots \wedge \phi_{j_l}).$$

为此, 我们要使用结合性和从反交换性得出的简单规则

$$\phi_i \wedge \phi_j = -\phi_j \wedge \phi_i \quad \text{和} \quad \phi_i \wedge \phi_i = 0.$$

由此可知, 若两个指标 I 和 J 相同, 则楔积 $\psi_I \wedge \psi_J$ 为零. 否则, 它等于 $k+l$ 阶基本交错张量 ψ_K 乘以符号 $(\mathrm{sgn}\pi)$, 其中指标 K 是 $k+l$ 元组 (I, J) 按递增顺序重新排列而得到的, 而 π 是为实现该重排所需要的置换.

第十一步. 通过验证性质 (6) 来完成定理的证明. 令 $T: V \to W$ 是一个线性变换而 F 是 W 上的任意张量 (不必是交错的). 容易验证 $T^*(F^\sigma) = (T^*F)^\sigma$. 因为 T^* 是线性的, 那么由此可知, $T^*(AF) = A(T^*F)$.

现在令 f 和 g 分别是 W 上的 k 阶和 l 阶的交错张量, 并作计算

$$\begin{aligned} T^*(f \wedge g) &= \frac{1}{k!l!} T^*(A(f \otimes g)) \\ &= \frac{1}{k!l!} A(T^*(f \otimes g)) \\ &= \frac{1}{k!l!} A((T^*f) \otimes (T^*g)) \quad (\text{由定理 } 26.5) \\ &= (T^*f) \wedge (T^*g). \end{aligned}$$

□

我们以此定理来结束对多重线性代数的研究. 当然这个学科中还有更多的内容 (例如参看 [N] 或 [Gr]). 但这些就是我们所需要的全部内容. 实际上, 我们所需要的仅仅是本节和上节中所讨论的交错张量及其性质.

我们注意到在某些教科书中 (如 [G–P] 中) 使用了稍微不同的楔积定义. 在那种定义中用系数 $\dfrac{1}{(k+l)!}$ 代替了 $\dfrac{1}{k!l!}$. 可以验证对于系数的这种选择同样得到一个结合运算. 实际上, 在定理 28.1 中所列出的全部性质除 (5) 之外均保持不变. 而性质 (5) 的变化只是在关于 ψ_I 的表达式右边加入了一个因子 $k!$

习　　题

1. 令 $\boldsymbol{x}, \boldsymbol{y}, \boldsymbol{z} \in \mathbf{R}^5$, 并且令

$$\begin{aligned} F(\boldsymbol{x}\boldsymbol{y}\boldsymbol{z}) &= 2x_2y_2z_1 + x_1y_5z_4, \\ G(\boldsymbol{x}, \boldsymbol{y}) &= x_1y_3 + x_3y_1, \\ h(\boldsymbol{w}) &= w_1 - 2w_3. \end{aligned}$$

(a) 写出用基本交错张量表示 AF 和 AG 的表达式. [提示: 用基本张量表示 F 和 G 并用前面证明中的第九步计算 $A\phi_I$].

(b) 用基本交错张量表示 $(AF)\wedge h$.

(c) 将 $(AF)(\boldsymbol{x},\boldsymbol{y},\boldsymbol{z})$ 表示成一个函数.

2. 若 G 是对称的. 证明 $AG=0$. 问其逆是否成立?

3. 证明: 如果 $f_1,\cdots,f_k$ 分别是 $l_1,\cdots,l_k$ 阶的交错张量, 那么,

$$\frac{1}{l_1!\ldots l_k!}A(f_1\otimes\cdots\otimes f_k)=f_1\wedge\cdots\wedge f_k.$$

4. 令 $\boldsymbol{x}_1,\cdots,\boldsymbol{x}_k$ 是 $\mathbf{R}^n$ 中的向量, 而 X 为矩阵 $X=[\boldsymbol{x}_1,\cdots\boldsymbol{x}_k]$. 若 $I=(i_1,\cdots,i_k)$ 是取自集合 $\{1,\cdots,n\}$ 的任意一个 k 元组, 证明

$$\phi_{i_1}\wedge\cdots\wedge\phi_{i_k}(\boldsymbol{x}_1,\cdots,\boldsymbol{x}_k)=\det X_I.$$

5. 验证 $T^*(F^\sigma)=(T^*F)^\sigma$.

6. 令 $T:\mathbf{R}^m\to\mathbf{R}^n$ 是线性变换 $T(\boldsymbol{x})=B\cdot\boldsymbol{x}$.

(a) 令 ψ_I 是 $\mathbf{R}^n$ 上的一个基本交错张量, 那么 $T^*\psi_I$ 具有下列形式

$$T^*\psi_I=\sum_{[J]}c_J\psi_J,$$

其中 ψ_J 是 $\mathbf{R}^m$ 上的 k 阶基本交错张量. 问各系数 c_J 是什么?

(b) 如果 $f=\sum\limits_{[I]}d_I\psi_I$ 是 $\mathbf{R}^n$ 上的一个 k 阶交错张量, 试将 T^*f 用 $\mathbf{R}^m$ 上的 k 阶基本交错张量表示出来.

§29.　切向量和微分形式

在微积分中我们曾研究过 $\mathbf{R}^3$ 中的向量代数 —— 向量的加法、点乘积、叉乘积等, 还引进了标量场和向量场, 并在标量场和向量场上定义了某些算子, 它们分别是

$$\text{grad } f=\overrightarrow{\nabla}f,\quad \text{cur } l\overrightarrow{F}=\overrightarrow{\nabla}\times\overrightarrow{F},\quad \text{div }\overrightarrow{G}=\overrightarrow{\nabla}\cdot\overrightarrow{G}.$$

这些算子对于表述向量积分法的基本定理是至关重要的.

类似地, 我们在本章中研究了 $\mathbf{R}^n$ 中的张量代数 —— 张量的加法、交错张量、楔积等, 现在我们来引进张量场的概念, 特别是交错张量场, 并且称之为“微分形式”. 下一节我们将在微分形式上引进某种算子, 称之为微分算子 d, 它类似于算子 grad、curl 及 div. 这个算子对于表述与微分形式的积分相关的基本定理是至关重要的, 我们将在下一章来研究这些定理.

首先我们要用比微积分中更复杂的方式来讨论向量场.

一、切向量和切向量场

定义 给定 $\boldsymbol{x} \in \mathbf{R}^n$, 我们将 $\mathbf{R}^n$ 在 $\boldsymbol{x}$ 点的切向量定义为序偶 $(\boldsymbol{x};\boldsymbol{v})$, 其中 $\boldsymbol{v} \in \mathbf{R}^n$. 如果定义

$$(\boldsymbol{x};\boldsymbol{v}) + (\boldsymbol{x};\boldsymbol{w}) = (\boldsymbol{x};\boldsymbol{v}+\boldsymbol{w}),$$
$$c(\boldsymbol{x};\boldsymbol{v}) = (\boldsymbol{x};c\boldsymbol{v}),$$

那么 $\mathbf{R}^n$ 在 $\boldsymbol{x}$ 点的所有向量组成一个向量空间, 称为 $\mathbf{R}^n$ 在 $\boldsymbol{x}$ 点的切空间, 并且记为 $\mathcal{T}_{\boldsymbol{x}}(\mathbf{R}^n)$.

在这个定义中, 虽然 $\boldsymbol{x}$ 和 $\boldsymbol{v}$ 都是 $\mathbf{R}^n$ 中的元素, 但是它们却扮演着不同的角色. 我们把 $\boldsymbol{x}$ 看作度量空间 $\mathbf{R}^n$ 中的点, 并将它表示成一个"点"; 而把 $\boldsymbol{v}$ 看作向量空间 $\mathbf{R}^n$ 中的向量, 并用一个"箭号"表示. 我们把 $(\boldsymbol{x};\boldsymbol{v})$ 表示成一个以 $\boldsymbol{x}$ 为起点的箭号, 而把集合 $\mathcal{T}_{\boldsymbol{x}}(\mathbf{R}^n)$ 描述为所有以 $\boldsymbol{x}$ 为起点的箭号的集合, 当然它恰好是集合 $\boldsymbol{x} \times \mathbf{R}^n$.

当 $\boldsymbol{x} \neq \boldsymbol{y}$ 时, 我们不能试图构作和 $(\boldsymbol{x};\boldsymbol{v}) + (\boldsymbol{y};\boldsymbol{w})$.

定义 令 (a,b) 是 $\mathbf{R}$ 中的一个开区间, 且 $\gamma:(a,b) \to \mathbf{R}^n$ 是一个 C^r 映射. 我们把 γ 相应于参数值 t 的速度向量定义为向量 $(\gamma(t);D\gamma(t))$.

我们把这个向量表示成 $\mathbf{R}^n$ 中以 $\boldsymbol{p}=\gamma(t)$ 为起点的箭号 (参看图 29.1). 对速度向量的这种观点当然是微积分中熟知概念的重新表述. 如果

$$\gamma(t) = x(t)\boldsymbol{e}_1 + y(t)\boldsymbol{e}_2 + z(t)\boldsymbol{e}_3$$

是 $\mathbf{R}^3$ 中的一条参数曲线, 那么在微积分中将它的速度向量定义为

$$D\gamma(t) = \frac{dx}{dt}\boldsymbol{e}_1 + \frac{dy}{dt}\boldsymbol{e}_2 + \frac{dz}{dt}\boldsymbol{e}_3.$$

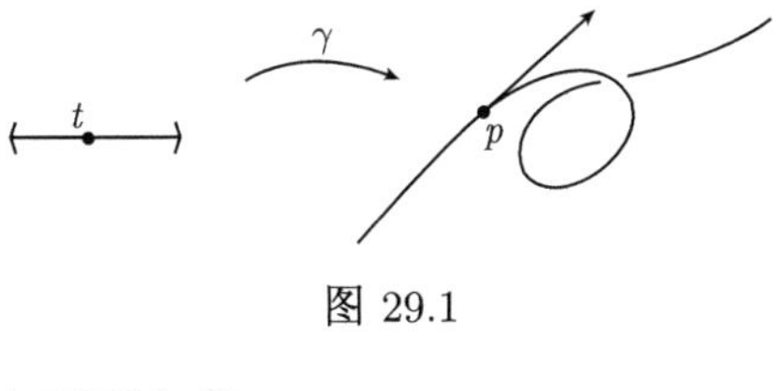

图 29.1

更一般地, 我们给出下列定义.

定义 令 A 是 $\mathbf{R}^k$ 或 $\mathbf{H}^k$ 中的开集; 令 $\alpha: A \to \mathbf{R}^n$ 是 C^r 映射并且 $\boldsymbol{x} \in A, \boldsymbol{p} = \alpha(\boldsymbol{x})$. 将线性变换

$$\alpha_*: \mathcal{T}_{\boldsymbol{x}}(\mathbf{R}^k) \to \mathcal{T}_{\boldsymbol{p}}(\mathbf{R}^n)$$

定义为

$$\alpha_*(\boldsymbol{x};\boldsymbol{v}) = (\boldsymbol{p}; D\alpha(\boldsymbol{x})\cdot\boldsymbol{v}),$$

并且称之为由可微映射 α 诱导的变换.

给定 $(\boldsymbol{x},\boldsymbol{v})$, 那么链规则蕴涵着向量 $\alpha_*(\boldsymbol{x};\boldsymbol{v})$ 实际上是曲线 $\gamma(t)=\alpha(\boldsymbol{x}+t\boldsymbol{v})$ 上相应于参数值 t 的速度向量 (参看图 29.2).

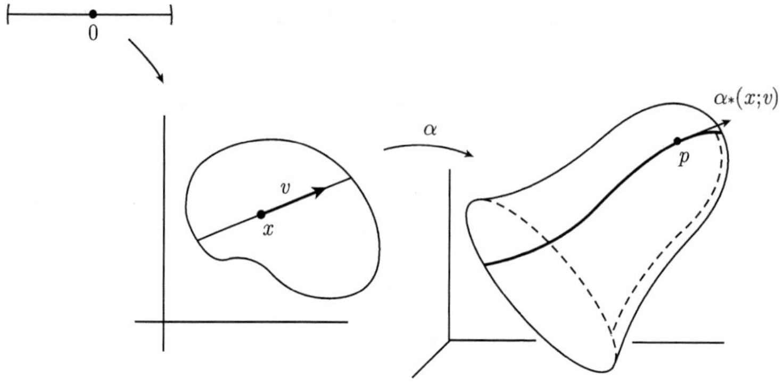

图 29.2

为了后面的应用, 我们指出变换 α_* 的下列形式上的性质.

引理 29.1　令 A 是 $\mathbf{R}^k$ 或 $\mathbf{H}^k$ 中的开集且 $\alpha: A\to\mathbf{R}^m$ 是 C^r 映射; 令 B 是 $\mathbf{R}^m$ 或 $\mathbf{H}^m$ 中包含 $\alpha(A)$ 的开集, 且 $\beta: B\to\mathbf{R}^n$ 是 C^r 映射. 那么

$$(\beta\circ\alpha)_*=\beta_*\circ\alpha_*.$$

证明　这个公式恰好就是链规则. 令 $\boldsymbol{y}=\alpha(\boldsymbol{x})$ 且 $\boldsymbol{z}=\beta(\boldsymbol{y})$. 作计算

$$\begin{aligned}(\beta\circ\alpha)_*(\boldsymbol{x};\boldsymbol{v})&=(\beta(\alpha(\boldsymbol{x}));D(\beta\circ\alpha)(\boldsymbol{x})\cdot\boldsymbol{v})\\&=(\beta(\boldsymbol{y});D\beta(\boldsymbol{y})\cdot D\alpha(\boldsymbol{x})\cdot\boldsymbol{v})\\&=\beta_*(\boldsymbol{y};D\alpha(\boldsymbol{x})\cdot\boldsymbol{v})=\beta_*(\alpha_*(\boldsymbol{x};\boldsymbol{v})).\end{aligned}$$

□

在下列图表中表明了这些映射及其诱导变换.

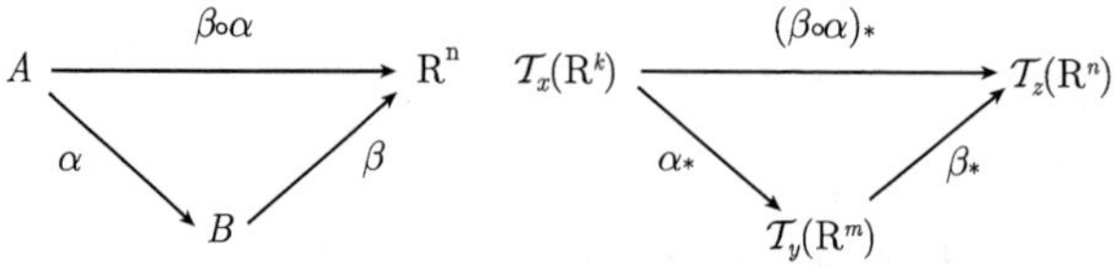

定义　若 A 是 $\mathbf{R}^n$ 中的开集, 而 A 上的切向量场是一个连续函数 $F: A\to\mathbf{R}^n\times\mathbf{R}^n$ 且使得对每个 $\boldsymbol{x}\in A$, $F(\boldsymbol{x})\in\mathcal{T}_{\boldsymbol{x}}(\mathbf{R}^n)$, 那么 F 具有 $F(\boldsymbol{x})=(\boldsymbol{x};f(\boldsymbol{x}))$ 的形式, 其中 $f: A\to\mathbf{R}^n$. 如果 F 是 C^r 的, 则称它是一个 C^r 的切向量场.

现在我们来定义流形的切向量, 在第七章中将会用到这些概念.

定义 令 M 是 $\mathbf{R}^n$ 中的一个 k 维 C^r 流形. 若 $\boldsymbol{p}\in M$, 选取一个包含 $\boldsymbol{p}$ 点的坐标卡 $\alpha: U\to V$, 其中 U 是 $\mathbf{R}^k$ 或 $\mathbf{H}^k$ 中的开集. 令 $\boldsymbol{x}$ 是 U 中使得 $\alpha(\boldsymbol{x})=\boldsymbol{p}$ 的一点, 所有形如 $\alpha_*(\boldsymbol{x};\boldsymbol{v})$(其中 $\boldsymbol{v}$ 是 $\mathbf{R}^k$ 中的向量) 的向量的集合称为 M 在 $\boldsymbol{p}$ 点的切空间, 并且记为 $\mathcal{T}_{\boldsymbol{p}}(M)$. 换句话说

$$\mathcal{T}_{\boldsymbol{p}}(M)=\alpha_*(\mathcal{T}_{\boldsymbol{x}}(\mathbf{R}^k)).$$

不难证明 $\mathcal{T}_{\boldsymbol{p}}(M)$ 是 $\mathcal{T}_{\boldsymbol{p}}(\mathbf{R}^n)$ 的一个完全确定的线性子空间, 它不依赖于 α 的选取. 因为 $\mathbf{R}^k$ 是由向量 $\boldsymbol{e}_1,\cdots,\boldsymbol{e}_k$ 张成的, 所以空间 $\mathcal{T}_{\boldsymbol{p}}(M)$ 是由下列向量张成的:

$$(\boldsymbol{p};D\alpha(\boldsymbol{x})\cdot\boldsymbol{e}_j)=(\boldsymbol{p};\partial\alpha/\partial x_j),j=1,\cdots,k$$

因为 $D\alpha$ 的秩为 k, 所以这些向量是线性无关的, 从而它们构成 $\mathcal{T}_{\boldsymbol{p}}(M)$ 的一个基. 典型情况画在图 29.3 中.

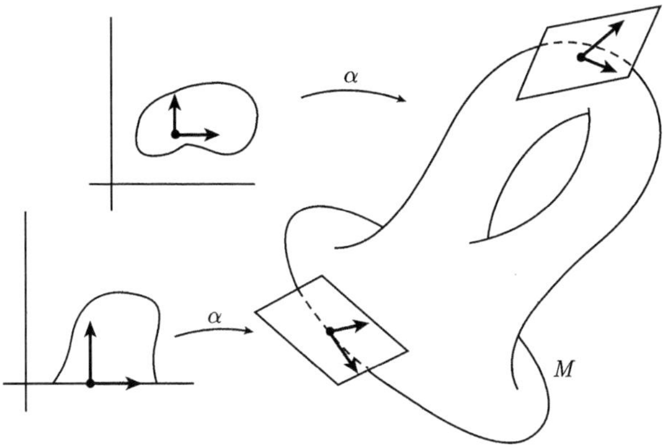

图 29.3

我们将切空间 $\mathcal{T}_{\boldsymbol{p}}(M)(\boldsymbol{p}\in M)$ 的并记为 $\mathcal{T}(M)$, 并且称之为 M 的切丛. M 的切向量场是一个连续函数 $F: M\to\mathcal{T}(M)$ 并且使得对于每一点 $\boldsymbol{p}\in M$, 均有 $F(\boldsymbol{p})\in T_{\boldsymbol{p}}(M)$.

二、张量场

定义 令 A 是 $\mathbf{R}^n$ 中的一个开集. A 上的 k 阶张量场是对每一个 $\boldsymbol{x}\in A$ 指派一个在向量空间 $\mathcal{T}_{\boldsymbol{x}}(\mathbf{R}^n)$ 上定义的 k 阶张量的一个函数 ω, 即对每个 $\boldsymbol{x}$.

$$\omega(\boldsymbol{x})\in\mathcal{L}^k(\mathcal{T}_{\boldsymbol{x}}(\mathbf{R}^n)).$$

因而 $\omega(\boldsymbol{x})$ 本身是一个将 $\mathbf{R}^n$ 在 $\boldsymbol{x}$ 点的切向量的 k 元组映射到 $\mathbf{R}$ 中的函数, 它在给定 k 元组上的值可以写成下列形式

$$\omega(\boldsymbol{x})((\boldsymbol{x};\boldsymbol{v}_1),\cdots,(\boldsymbol{x};\boldsymbol{v}_k)).$$

该函数作为 $(\boldsymbol{x},\boldsymbol{v}_1,\cdots,\boldsymbol{v}_k)$ 的函数要求是连续的, 如果它是 C^r 的则称 ω 是一个 C^r 张量场. 如果恰好对每个 $\boldsymbol{x},\omega(\boldsymbol{x})$ 都是 k 阶交错张量, 那么就将 ω 称为 A 上的 k 阶微分形式 (或简称为形式).

更一般地, 若 M 是 $\mathbf{R}^n$ 中的一个 m 维流形, 则定义 M 上的 k 阶张量场是一个对每个 $\boldsymbol{p}\in M$ 指派 $\mathcal{L}^k(\mathcal{T}_{\boldsymbol{p}}(M))$ 中的一个元素的函数 ω. 若对每个 $\boldsymbol{p},\omega(\boldsymbol{p})$ 实际上都是交错的, 则将 ω 称为 M 上的微分形式.

如果 ω 是在 $\mathbf{R}^n$ 的一个包含 M 的开集上定义的张量场, 那么 ω 当然可以限制成定义在 M 上的一个张量场, 因为 M 的每一个切向量也是 $\mathbf{R}^n$ 的切向量. 反过来, M 上的任何张量场也可以扩张成一个在 $\mathbf{R}^n$ 的某个包含 M 的开集上定义的张量场, 然而证明注定是不平凡的. 为了简单起见, 本书仅限于考虑那些在 $\mathbf{R}^n$ 的开集上定义的张量场.

定义　令 $\boldsymbol{e}_1,\cdots,\boldsymbol{e}_n$ 是 $\mathbf{R}^n$ 的通常基, 那么就将 $(\boldsymbol{x};\boldsymbol{e}_1),\cdots,(\boldsymbol{x};\boldsymbol{e}_n)$ 称为 $\mathcal{T}_{\boldsymbol{x}}(\mathbf{R}^n)$ 的通常基, 并且利用下式来定义 $\mathbf{R}^n$ 上的 1 形式 $\widetilde{\phi}_i$:

$$\widetilde{\phi}_i(\boldsymbol{x})(\boldsymbol{x};\boldsymbol{e}_j)=\begin{cases}0, & \text{若} i\neq j,\\ 1, & \text{若} i=j.\end{cases}$$

并将形式 $\widetilde{\phi}_1,\cdots,\widetilde{\phi}_n$ 称为 $\mathbf{R}^n$ 上的基本 1 形式. 类似地, 给定一个取自集合 $\{1,\cdots,n\}$ 的递增 k 元组 $I=(i_1,\cdots,i_k)$, 则将 $\mathbf{R}^n$ 上的 k 形式 $\widetilde{\psi}_I$ 定义为

$$\widetilde{\psi}_I(x)=\widetilde{\phi}_{i_1}(x)\wedge\cdots\wedge\widetilde{\phi}_{i_k}(x).$$

各个形式 $\widetilde{\psi}_I$ 称为 $\mathbf{R}^n$ 上的基本 k 形式.

注意到对于每个 $\boldsymbol{x}$, 一阶张量 $\widetilde{\phi}_1(\boldsymbol{x}),\cdots,\widetilde{\phi}_n(\boldsymbol{x})$ 组成 $\mathcal{L}^1(\mathcal{T}_{\boldsymbol{x}}(\mathbf{R}^n))$ 对一个基, 并且这个基对偶于 $\mathcal{T}_{\boldsymbol{x}}(\mathbf{R}^n)$ 的通常基, 而且 k 阶张量 $\widetilde{\psi}_I(x)$ 是 $\mathcal{T}_{\boldsymbol{x}}(\mathbf{R}^n)$ 上相应的基本交错张量.

$\widetilde{\phi}_i$ 和 $\widetilde{\psi}_I$ 为 C^∞ 的事实可立即从下列等式得出:

$$\begin{aligned}&\widetilde{\phi}_i(\boldsymbol{x})(\boldsymbol{x};\boldsymbol{v})=v_i\\&\widetilde{\psi}_I(\boldsymbol{x})((\boldsymbol{x};\boldsymbol{v}_1),\cdots,(\boldsymbol{x};\boldsymbol{v}_k))=\det X_I,\end{aligned}$$

其中 X 是矩阵 $X=[\boldsymbol{v}_1\cdots\boldsymbol{v}_k]$.

如果 ω 是在 $\mathbf{R}^n$ 的一个开集 A 上定义的 k 形式, 则 k 阶张量 $\omega(\boldsymbol{x})$ 可唯一地写成下列形式.

$$\omega(\boldsymbol{x})=\sum_{[I]}b_I(\boldsymbol{x})\widetilde{\psi}_I(\boldsymbol{x}),$$

其中 $b_I(\boldsymbol{x})$ 是某些标量函数. 并将这些函数称为 ω 关于 $\mathbf{R}^n$ 上的标准基本形式的分量.

引理 29.2 令 ω 是 $\mathbf{R}^n$ 的开集 A 上的 k 形式, 那么 ω 是 C^r 的, 当且仅当它的各分量 b_I 是 A 上的 C^r 函数.

证明 给定 ω, 用基本形式将它表为

$$\omega = \sum_{[I]} b_I \widetilde{\psi}_I.$$

各函数 $\widetilde{\psi}_I$ 是 C^r 的. 因此, 若各函数 b_I 是 C^r 的, 那么函数 ω 也是 C^r 的. 反过来, 若 ω 作为 $(\boldsymbol{x}, \boldsymbol{v}_1, \cdots, \boldsymbol{v}_k)$ 的函数是 C^r 的, 那么特别地, 给定一个取自集合 $\{1, \cdots, n\}$ 的递增 k 元组 $I = (j_1, \cdots, j_k)$, 则函数

$$\omega(\boldsymbol{x})((\boldsymbol{x}; \boldsymbol{e}_{j_1}), \cdots, (\boldsymbol{x}; \boldsymbol{e}_{j_k}))$$

作为 $\boldsymbol{x}$ 的函数是 C^r 的. 但这个函数等于 $b_J(\boldsymbol{x})$. □

引理 29.3 在 $\mathbf{R}^n$ 的开集 A 上, 令 ω 和 η 是 k 形式, 而 θ 是 l 形式. 如果 ω, η, θ 都是 C^r 的, 那么 $a\omega + b\eta$ 和 $\omega \wedge \theta$ 也是 C^r 的.

证明 $a\omega + b\eta$ 为 C^r 的是直接的. 因为它是 C^r 函数的线性组合. 为证明 $\omega \wedge \theta$ 是 C^r 的, 我们可以利用定理 28.1 的证明中所给出的楔积公式, 也可以利用上面的定理. 记

$$\omega = \sum_{[I]} b_I \widetilde{\psi}_I, \qquad \theta = \sum_{[J]} c_J \widetilde{\psi}_J,$$

其中 I 和 J 分别是取自集合 $\{1, \cdots, n\}$ 的递增 k 元组和 l 元组. 那么

$$\omega \wedge \theta = \sum_{[I]} \sum_{[J]} b_I c_J \widetilde{\psi}_I \wedge \widetilde{\psi}_J.$$

为了用基本交错张量表示 $(\omega \wedge \theta)(\boldsymbol{x})$, 将带有重复指标的项略去, 把剩下的项按指标递增的次序排列并且合并同类项. 从而可以看出 $\omega \wedge \theta$ 的每个分量都是形如 $b_I\, c_J$ 的函数之和 (带符号 ± 1), 因而 $\omega \wedge \theta$ 的分量函数都是 C^r 的. □

三、零阶微分形式

接下来, 我们不仅需要处理 $\mathbf{R}^n$ 中的张量场, 而且还需要处理标量场. 把标量场作为零阶微分形式来对待将是方便的.

定义 若 A 是 $\mathbf{R}^n$ 中的开集, 而 $f: A \to \mathbf{R}$ 是 C^r 函数, 则将 f 称为 A 上的标量场, 也把 f 称作零阶微分形式.

两个这样的函数之和仍然是这样的函数, 这样的函数与标量的乘积也是一个这样的函数. 我们将两个 0 形式 f 和 g 的楔积定义为 $f \wedge g = f \cdot g$, 这恰好是实值函数的普通积. 更一般地, 用下列规则来定义 0 形式 f 和 k 形式 ω 的楔积:

$$(\omega \wedge f)(\boldsymbol{x}) = (f \wedge \omega)(\boldsymbol{x}) = f(x) \cdot \omega(\boldsymbol{x}).$$

这恰好是张量 $\omega(\boldsymbol{x})$ 和标量 $f(\boldsymbol{x})$ 的普通乘积.

注意到楔积的所有形式上的代数性质都成立. 结合性、齐性及分配性都是直接的, 而反交换性成立是因为标量场为 0 阶形式:

$$f \wedge g = (-1)^0 g \wedge f, \qquad f \wedge \omega = (-1)^0 \omega \wedge f.$$

约定. 今后我们将用拉丁字母如 f, g, h 等表示 0 形式, 而用希腊字母如 ω, η, θ 等表示 k 形式 $(k > 0)$.

习 题

1. 令 $\gamma : \mathbf{R} \to \mathbf{R}^n$ 是 C^r 映射. 证明曲线 γ 相应于参数值 t 的速度向量是 $\gamma_*(t; \boldsymbol{e}_1)$

2. 若 A 是 $\mathbf{R}^k$ 中的开集且 $\alpha : A \to \mathbf{R}^n$ 是 C^r 映射, 证明 $\alpha_*(\boldsymbol{x}; \boldsymbol{v})$ 是曲线 $\gamma(t) = \alpha(\boldsymbol{x} + t\boldsymbol{v})$ 相应于参数值 $t = 0$ 的速度向量.

3. 令 M 是 $\mathbf{R}^n$ 中的一个 k 维 C^r 流形且 $\boldsymbol{p} \in M$. 证明 M 在 $\boldsymbol{p}$ 点的切空间是完全确定的, 它不依赖于坐标卡的选取.

4. 令 M 是 $\mathbf{R}^n$ 中的一个 k 维 C^r 流形, 而 $\boldsymbol{p} \in M - \partial M$.

(a) 证明: 若 $(\boldsymbol{p}; \boldsymbol{v})$ 是 M 的一个切向量, 则有一条其象集在 M 中的参数曲线 $\gamma : (-\varepsilon, \varepsilon) \to \mathbf{R}^n$ 使得 $(\boldsymbol{p}; \boldsymbol{v})$ 等于 γ 相应于参数值 $t = 0$ 的速度向量 (参看图 29.4).

(b) 证明其逆命题. [提示: 回想到对于任何坐标卡 α, 映射 α^{-1} 是 C^r 的. 参看定理 24.1.]

5. 令 M 是 $\mathbf{R}^n$ 中的一个 k 维 C^r 流形且 $\boldsymbol{q} \in \partial M$.

(a) 如果 $(\boldsymbol{q}, \boldsymbol{v})$ 是 M 在 $\boldsymbol{q}$ 点的一个切向量, 则有一条参数曲线 $\gamma : (-\varepsilon, \varepsilon) \to \mathbf{R}^n$, 其中 γ 将 $[-\varepsilon, 0]$ 或 $[0, \varepsilon]$ 映入 M 中, 使得 $(\boldsymbol{q}, \boldsymbol{v})$ 等于 γ 相应于参数值 $t = 0$ 的速度向量.

(b) 证明其逆命题.

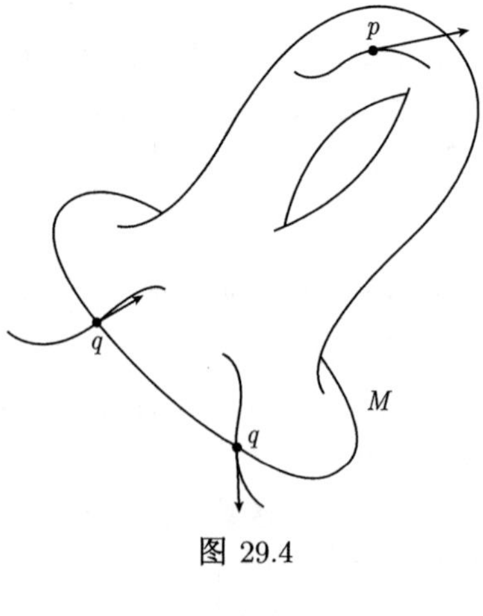

图 29.4

§30. 微 分 算 子

现在我们要在微分形式上引进一种算子 d. 一般, 当把这个算子 d 应用于 k 形式时, 则得出一个 $k+1$ 形式. 先从对 0 形式定义算子 d 开始.

一、零形式的微分

在 $\mathbf{R}^n$ 的一个开集 A 上, 0 形式是一个函数 $f: A \to \mathbf{R}$. f 的微分 df 是 A 上的一个 1 形式, 即对每个 $\boldsymbol{x} \in A$, 它是从 $\mathcal{T}_{\boldsymbol{x}}(\mathbf{R}^n)$ 到 $\mathbf{R}$ 的一个线性变换. 我们在第二章曾研究过这样一种线性变换, 并将它称为"f 在 $\boldsymbol{x}$ 点关于向量 $\boldsymbol{v}$ 的导数". 现在我们把这个概念看作在 A 上定义的一个 1 形式.

定义 令 A 是 $\mathbf{R}^n$ 中的一个开集. 而 $f: A \to \mathbf{R}$ 是一个 C^r 函数. 我们利用下列公式定义 A 上的一个 1 形式 df:

$$df(\boldsymbol{x})(\boldsymbol{x};\boldsymbol{v}) = f'(\boldsymbol{x};\boldsymbol{v}) = Df(\boldsymbol{x}) \cdot \boldsymbol{v}.$$

并且将 1 形式 df 称作 f 的微分. 它作为 $\boldsymbol{x}$ 和 $\boldsymbol{v}$ 的函数是 C^r 的.

定理 30.1 算子 d 在 0 形式上是线性的.

证明 令 $f, g: A \to \mathbf{R}$ 是 C^r 映射且 $h = af + bg$, 那么

$$Dh(\boldsymbol{x}) = aDf(x) + bDg(\boldsymbol{x}),$$

因而

$$dh(\boldsymbol{x})(\boldsymbol{x};\boldsymbol{v}) = adf(\boldsymbol{x})(\boldsymbol{x};\boldsymbol{v}) + bdg(\boldsymbol{x})(\boldsymbol{x};\boldsymbol{v}).$$

因此正如我们所期望的那样, $dh = a(df) + b(dg)$. □

利用算子 d, 可以得出表示 $\mathbf{R}^n$ 中的基本 1 形式 $\widetilde{\phi}_i$ 的一种新方法.

引理 30.2 令 $\widetilde{\phi}_1, \cdots, \widetilde{\phi}_n$ 是 $\mathbf{R}^n$ 中的基本 1 形式, 令 $\pi_i: \mathbf{R}^n \to \mathbf{R}$ 是由下式定义的第 i 个投影函数:

$$\pi_i(x_1, \cdots, x_n) = x_i.$$

那么 $d\pi_i = \widetilde{\phi}_i$.

证明 因为 π_i 是一个 C^∞ 函数, 所以 $d\pi_i$ 是一个 C^∞ 的 1 形式. 作计算

$$d\pi_i(\boldsymbol{x})(\boldsymbol{x};\boldsymbol{v}) = D\pi_i(\boldsymbol{x}) \cdot \boldsymbol{v} = [0 \cdots 0\ 1\ 0 \cdots 0] \begin{bmatrix} v_1 \\ \vdots \\ v_n \end{bmatrix} = v_i.$$

因而 $d\pi_i = \widetilde{\phi}_i$. □

在本学科中现在通常对记号有点混用, 表示第 i 个投影函数不是用 π_i 而是用 x_i. 那么按这种记号, $\widetilde{\phi}_i$ 等于 dx_i. 今后我们将使用这种记号, 并作如下约定.

约定. 若以 $\boldsymbol{x}$ 表示 $\mathbf{R}^n$ 的一般点, 则用符号 x_i 表示把 $\mathbf{R}^n$ 映射到 $\mathbf{R}$ 的第 i 个投影函数. 那么 dx_i 等于 $\mathbf{R}^n$ 中的基本 1 形式 $\widetilde{\phi}_i$. 若 $I=(i_1,\cdots,i_k)$ 是取自集合 $\{1,\cdots,n\}$ 的递增 k 元组, 那么我们引进记号

$$dx_I = dx_i \wedge \cdots \wedge dx_{i_k}$$

来表示 $\mathbf{R}^n$ 中的基本 k 形式 $\widetilde{\psi}_I$. 于是一般 k 形式就能唯一地写成下列形式

$$\omega = \sum_{[I]} b_I dx_I,$$

其中 b_I 是某些标题函数.

当然 dx_i 和 dx_I 分别由下列两式所刻画:

$$dx_i(\boldsymbol{x})(\boldsymbol{x};\boldsymbol{v}) = v_i,$$
$$dx_I(\boldsymbol{x})((\boldsymbol{x};\boldsymbol{v}_1),\cdots,(\boldsymbol{x};\boldsymbol{v}_k)) = \det\ X_I.$$

其中 X 为矩阵 $X=[\boldsymbol{v}_1\cdots\boldsymbol{v}_k]$.

为了方便, 我们把这个记号扩展到取自集合 $\{1,\cdots,n\}$ 的任意 k 元组 $J=(j_1,\cdots,j_k)$ 并且令

$$dx_J = dx_{j_1} \wedge \cdots \wedge dx_{j_k}.$$

注意到由于 dx_j 是一个 0 形式的微分, 所以 dx_J 不表示某个形式的微分, 而表示一些基本 1 形式的楔积.

评注. 我们为什么把用 x_i 代替 π_i 称为记号的混用呢? 其理由是: 正常, 我们是用像 f 这样的单个字母表示函数, 而用符号 $f(x)$ 表示函数在 x 点的值. 即 f 代表定义函数的规则, 而 $f(x)$ 表示 f 的值域中的一个元素. 将函数与函数值混淆便是记号的混用.

然而这种记号上的混用是相当普遍的. 应该说"由等式 $f(x)=x^3+2x+1$ 定义的函数 f"时, 我们却常说"函数 x^3+2x+1", 应该说"指数函数"时, 却常说"函数 e^x".

在这里我们也在做着同样的事情. 第 i 个投影函数在 $\boldsymbol{x}$ 点的值是 x_i, 当我们用 x_i 表示投影函数自身时, 就混用了记号. 然而这种用法是标准的, 而且我们将遵循这种用法.

如果 f 是一个 0 形式, 那么 df 就是一个 1 形式, 因而可以表示成基本 1 形式的线性组合. 其表达式是我们熟悉的结果:

定理 30.3 令 A 是 $\mathbf{R}^n$ 中的一个开集, 令 $f: A \to \mathbf{R}$ 是一个 C^r 映射. 那么

$$df = (D_1 f)dx_1 + \cdots + (D_n f)dx_n.$$

特别, 若 f 是一个常函数, 则 $df = 0$.

若用 Leibnitz 做记号, 则这个等式呈现为下列形式

$$df = \frac{\partial f}{\partial x_1}dx_1 + \cdots + \frac{\partial f}{\partial x_n}dx_n.$$

这个公式有时出现在微积分教科书中, 但其意义不同于这里的解释.

证明 计算等式两边在切向量 $(\boldsymbol{x};\boldsymbol{v})$ 上的值, 则由定义得

$$df(\boldsymbol{x})(\boldsymbol{x};\boldsymbol{v}) = Df(\boldsymbol{x}) \cdot \boldsymbol{v},$$

而

$$\sum_{i=1}^{n} Dif(\boldsymbol{x})dx_i(\boldsymbol{x})(\boldsymbol{x};\boldsymbol{v}) = \sum_{i=1}^{n} Dif(\boldsymbol{x})v_i.$$

所以定理成立. □

如果 f 是 C^r 的, 那么 df 仅为 C^{r-1} 的, 但这是很不方便的. 因为这意味着在给出任何论证时必须始终关注需要保证多少阶的可微性. 为了避免这些麻烦, 我们将作如下的约定.

约定. 今后我们只限于考虑流形、映射、向量场及形式等均为 C^∞ 的情形.

二、k 形式的微分

现在我们定义一般微分算子 d, 在某种意义上, 它是方向导数的推广. 使得这个事实变得明显的公式出现在习题中, 我们没有用这个公式来定义 d, 而是用随后的定理中所给出的它的正式性质来刻划 d.

定义 如果 A 是 $\mathbf{R}^n$ 中的一个开集, 令 $\Omega^k(A)$ 表示 A 上所有 C^∞ 的 k 形式组成的集合. 两个这样的 k 形式之和是另一个 k 形式, 一个 k 形式与标量的乘积仍是一个 k 形式. 容易看出 $\Omega^k(A)$ 满足向量空间的公理, 并且称之为 A 上的 k 形式构成的线性空间.

定理 30.4 令 A 是 $\mathbf{R}^n$ 中的一个开集, 则存在唯一的一个对 $k \geqslant 0$ 有定义的线性变换

$$d: \Omega^k(A) \to \Omega^{k+1}(A)$$

使得

(1) 如果 f 是一个 0 形式, 则 df 是 1 形式

$$df(\boldsymbol{x})(\boldsymbol{x};\boldsymbol{v}) = Df(\boldsymbol{x}) \cdot \boldsymbol{v}.$$

(2) 如果 ω 和 η 分别是 k 阶和 l 阶形式, 那么

$$d(\omega \wedge \eta) = d\omega \wedge \eta + (-1)^k \omega \wedge d\eta.$$

(3) 对每一个形式 ω, 均有

$$d(d\omega) = 0.$$

我们把 d 称作微分算子, 而把 $d\omega$ 称为 ω 的微分.

证明　第一步. 验证唯一性. 首先证明条件 (2) 和 (3) 蕴涵着对任何形式 $\omega_1, \cdots, \omega_k$ 均有

$$d(d\omega_1 \wedge \cdots \wedge d\omega_k) = 0.$$

若 $k = 1$ 则该等式是 (3) 的结论. 假设它对 $k-1$ 成立, 置 $\eta = (d\omega_2 \wedge \cdots \wedge d\omega_k)$ 并用条件 (2) 作计算

$$d(d\omega_1 \wedge \eta) = d(d\omega_1) \wedge \eta \pm d\omega_1 \wedge d\eta.$$

由 (3) 可知第一项为零, 而由归纳假设知第二项为零.

现在来证明对于任何 k 形式 ω 来说, 形式 $d\omega$ 完全是由 d 在 0 形式上的值决定的, 而这些值是由 (1) 指定的. 因为 d 是线性的, 所以只需考虑 $\omega = f dx_I$ 的情况即可. 由刚才证明的结果算出

$$\begin{aligned} d\omega = d(f dx_I) &= d(f \wedge dx_I) \\ &= df \wedge dx_I + f \wedge d(dx_I) \qquad (\text{由}(2)) \\ &= df \wedge dx_I. \end{aligned}$$

因而 $d\omega$ 是由 d 在 0 形式 f 上的值决定的.

第二步. 现在来定义 d. 它在 0 形式上的值由 (1) 指定. 刚才所作的计算告诉我们如何对正数阶的形式定义 d. 如果 A 是 $\mathbf{R}^n$ 中的一个开集并且 ω 是 A 上 k 阶形阶, 那么可将 ω 唯一地写成下列形式

$$\omega = \sum_{[I]} f_I dx_I,$$

并且定义

$$d\omega = \sum_{[I]} df_I \wedge dx_I.$$

我们来验证 $d\omega$ 是 C^∞ 的. 为此首先算出

$$d\omega = \sum_{[I]} \left[\sum_{j=1}^{n} (D_j f) dx_j \right] \wedge dx_I.$$

为将 $d\omega$ 表示成基本 $k+1$ 形式的线性组合, 可按下列办法进行: 首先把 j 与 k 元组 I 中的某个指标相同的那些项删去, 其次, 对剩下项重新排列 dx_i 使得指标成递增次序. 第三, 合并同类项. 通过这种办法可以看出 $d\omega$ 的每个分量是函数 $D_j f_I$ 的线性组合, 因而是 C^∞ 的, 所以 $d\omega$ 是 C^∞ 的 (注意如果 ω 只是 C^r 的, 那么 $d\omega$ 就应当是 C^{r-1} 的.)

下面证明对 $k>0, d$ 在 k 形式上是线性的. 令

$$\omega = \sum_{[I]} f_I dx_I \text{和} \eta = \sum_{[I]} g_I dx_I$$

是 k 形式, 那么

$$\begin{aligned} d(a\omega + b\eta) &= d\sum_{[I]}(af_I + bg_I)dx_I \\ &= \sum_{[I]} d(af_I + bg_I) \wedge dx_I \ (\text{由定义}) \\ &= \sum_{[I]}(adf_I + bdg_I) \wedge dx_I \ (\text{因为}d\text{对 0 形式是线性的}) \\ &= ad\omega + bd\eta. \end{aligned}$$

第三步. 现在证明若 J 是取自集合 $\{1, \cdots, n\}$ 的整数构成的任意 k 元组. 那么

$$d(f \wedge dx_J) = df \wedge dx_J.$$

若 J 中有两个指标相同. 那么这个公式肯定成立, 因为在此情况下, $dx_J = 0$. 从而我们假设 J 中的指标都是相异的. 令 I 是将 J 的指标按递增次序重排而得到的 k 元组, 而 π 是所涉及的置换. 楔积的反交换性蕴涵着 $dx_I = (\text{sgn}\pi)dx_J$. 因为 d 是线性的而楔积是齐性的, 所以公式 $d(f \wedge dx_I) = df \wedge dx_I$(由定义可知此公式成立) 蕴涵着

$$(\text{sgn}\pi)d(f \wedge dx_J) = (\text{sgn}\pi)df \wedge dx_J.$$

因而我们所期望的结果成立.

第四步. 在 $k=0$ 和 $l=0$ 的情况下验证性质 (2). 作计算

$$\begin{aligned} d(f \wedge g) &= \sum_{j=1}^{n} D_j(f, g)dx_J \\ &= \sum_{j=1}^{n}(D_j f).gdx_j + \sum_{j=1}^{n} f \cdot (D_j g)dx_j \\ &= (df) \wedge g + f \wedge (dg). \end{aligned}$$

第五步. 对一般情况验证性质 (2). 首先考虑两个形式的阶数都是正的情况. 因为所期望的等式两边对 ω 和 η 都是线性的. 所以只需考虑

$$\omega = f dx_I \text{和} \eta = g dx_J$$

的情况. 作计算

$$\begin{aligned} d(\omega \wedge \eta) &= d(fg dx_I \wedge dx_J) \\ &= d(fg) \wedge dx_I \wedge dx_J \text{ (由第三步)} \\ &= (df \wedge g + f \wedge dg) \wedge dx_I \wedge dx_I \text{ (由第四步)} \\ &= (df \wedge dx_J) \wedge (g \wedge dx_J) + (-1)^k (f \wedge dx_I) \wedge (dg \wedge dx_J) \\ &= d\omega \wedge \eta + (-1)^k \omega \wedge d\eta. \end{aligned}$$

符号 $(-1)^k$ 的出现是由于 dx_I 为 k 形式而 dg 为 1 形式.

最后, 在 k 或 l 为零的情况下, 证明可像刚才给出的论证那样进行. 当 $k=0$ 时, 包含 dx_I 的项从等式中消失, 而当 $l=0$ 时, 含 dx_J 的项消失. 我们将细节留给读者去完成.

第六步. 我们来证明如果 f 是一个 0 形式, 则 $d(df)=0$. 计算得

$$\begin{aligned} d(df) &= d\sum_{j=1}^{n} D_j f dx_j \\ &= \sum_{j=1}^{n} d(D_j f) \wedge dx_j \text{(由定义)} \\ &= \sum_{j=1}^{n}\sum_{i=1}^{n} D_i D_j f dx_i \wedge dx_j. \end{aligned}$$

为将此式写成标准形式, 把 $i=j$ 的所有项略去, 并将其余的项合并得

$$d(df) = \sum_{i<j} (D_i D_j f - D_j D_i f) dx_i \wedge dx_j.$$

于是由混合偏导数相等就蕴涵着 $d(df)=0$.

第七步. 我们来证明若 ω 为 k 形式 $(k>0)$ 则 $d(d\omega)=0$. 因为 d 是线性的, 所以只需考虑 $\omega = f dx_I$ 的情况, 那么由性质 (2),

$$d(d\omega) = d(df \wedge dx_I) = d(df) \wedge dx_I - df \wedge d(dx_I).$$

于是由第六步 $d(df)=0$, 并且由定义

$$d(dx_I) = d(1) \wedge dx_I = 0.$$

从而有 $d(d\omega)=0$. □

定义 令 A 是 $\mathbf{R}^n$ 中的一个开集, 如果 A 上的一个 0 形式 f 在 A 上为常值, 则称 f 在 A 上是恰当的; 对于 A 上的 k 形式 ω(这里 $k>0$), 如果存在 A 上的一个 $k-1$ 形式 θ 使得 $\omega=d\theta$, 则称 ω 在 A 上是恰当的, 如果 A 上的 $k(\geqslant 0)$ 形式 ω 满足 $d\omega=0$, 则称 ω 是闭的.

每一个恰当形式都是闭的, 因为若 f 为常值的, 那么 $df=0$, 而如果 $\omega=d\theta$, 那么 $d\omega=d(d\theta)=0$. 反之, 如果 A 为整个 $\mathbf{R}^n$ 或者更一般地 A 是 $\mathbf{R}^n$ 的一个"星凸的"子集, 则 A 上的每个闭形式在 A 上是恰当的 (参看第八章). 但是正如我们将看到的那样, 其逆一般不成立. 如果 A 上的每一个闭 k 形式在 A 上也是恰当的, 则称 A 是 k 维同调平凡的. 我们将在第八章进一步探究这个概念.

例 1 令 A 是 $\mathbf{R}^2$ 中所有使得 $x\neq 0$ 的点 (x,y) 组成的开集, 对于 $(x,y)\in A$, 置 $f(x,y)=x/|x|$. 那么 f 在 A 上是 C^∞ 的并且在 A 上 $df=0$, 但是 f 在 A 上不是恰当的. 因为 f 在 A 上不是常数.

例 2 恰当性是我们以前曾遇到过的一个概念. 例如在微分方程中, 若有一个函数 f 使得 $P=\partial f/\partial x$ 和 $Q=\partial f/\partial y$, 则称方程

$$P(x,y)dx+Q(x,y)dy=0$$

是恰当的. 用我们的术语来说, 这只是表示 1 形式 $Pdx+Qdy$ 是 0 形式 f 的微分, 因而它是恰当的.

恰当性还与保守向量场的概念相关. 例如 $\mathbf{R}^3$ 中的向量场

$$\overrightarrow{F}=p\overrightarrow{i}+Q\overrightarrow{j}+R\overrightarrow{k},$$

如果它是某个标量场 f 的散度, 即有

$$P=\partial f/\partial x, Q=\partial f/\partial y, R=\partial f/\partial z,$$

则称该向量场 $\overrightarrow{F}$ 是保守的. 这恰好等同于说形式 $Pdx+Qdy+Rdz$ 是 0 形式 f 的微分.

下一节我们将进一步探讨形式和向量场之间的关系.

习 题

1. 令 A 是 $\mathbf{R}^n$ 中的开集.

(a) 证明 $\Omega^k(A)$ 是一个向量空间.

(b) 证明 A 上所有 C^∞ 向量场的集合是一个向量空间.

2. 考虑 $\mathbf{R}^3$ 中的形式

$$\omega=xydx+3dy-yzdz,$$
$$\eta=xdx-yz^2dy+2xdz,$$

通过直接计算验证

$$d(d\omega)=0 \quad 和 \quad d(\omega\wedge\eta)=(d\omega)\wedge\eta-\omega\wedge d\eta.$$

3. 令 ω 是一个在 $\mathbf{R}^n$ 的开集 A 上定义的 k 形式. 如果 $\omega(\boldsymbol{x})$ 是一个 0 张量, 则称 ω 在 $\boldsymbol{x}$ 点为零.

(a) 证明若 ω 在 $\boldsymbol{x}_0$ 点的一个邻域中的每一点 $\boldsymbol{x}$ 处为零, 那么 $d\omega$ 在 $\boldsymbol{x}_0$ 点为零.

(b) 举例说明: 当 ω 在 $\boldsymbol{x}_0$ 点为零时, $d\omega$ 未必在 $\boldsymbol{x}_0$ 点为零.

4. 令 $A=\mathbf{R}^2-0$, 考虑由下式定义的 A 中的 1 形式:

$$\omega=(xdx+ydy)/(x^2+y^2).$$

(a) 证明 ω 为闭形式.

(b) 证明 ω 在 A 上是恰当的.

*5. 证明下列定理:

定理　令 $A=\mathbf{R}^2-0$, 并且在 A 中令

$$\omega=(-ydx+xdy)/(x^2+y^2).$$

那么在 A 中 ω 是闭的但不是恰当的.

证明　(a) 证明 ω 是闭的.

(b) 令 B 是由 $\mathbf{R}^2$ 删去非负的 x 轴而构成的. 证明对于每个 $(x,y)\in B$, 有唯一适合 $0<t<2\pi$ 的 t 值使得

$$x=(x^2+y^2)^{1/2}\cos t, \qquad y=(x^2+y^2)^{1/2}\sin t.$$

用 $\phi(x,y)$ 表示 t 的这个值.

(c) 证明 ϕ 是 C^∞ 的. [提示: 反正弦函数和反余弦函数分别在区间 $(-\frac{\pi}{2},\frac{\pi}{2})$ 和 $(0,\pi)$ 上是 C^∞ 的.]

(d) 证明 $\omega=d\phi$ 在 B 中成立. [提示: 当 $x\neq 0$ 时 $\tan\phi=y/x$, 而当 $y\neq 0$ 时 $\cot\phi=x/y$.]

(e) 证明如果 g 是 B 上的闭 0 形式, 那么 g 在 B 上为常值 [提示: 用中值定理证明若 $\boldsymbol{a}$ 是 $\mathbf{R}^2$ 中的点 $(-1,0)$, 则对所有 $\boldsymbol{x}\in B$, 均有 $g(\boldsymbol{x})=g(\boldsymbol{a})$].

(f) 证明 ω 在 A 上不是恰当的. [提示: 如果在 A 上 $\omega=df$, 那么 $f-\phi$ 在 B 上为常值. 求 $f(1,y)$ 在 y 经过正值和负值趋向于 0 时的极限值.]

6. 令 $A=\mathbf{R}^n-0$. 令 m 是一个固定的正整数. 考虑 A 中的下列 $n-1$ 形式

$$\eta=\sum_{i=1}^{n}(-1)^{i-1}f_i dx_1\wedge\cdots\wedge\widehat{dx_i}\wedge\cdots\wedge dx_n,$$

其中 $f_i(\boldsymbol{x})=x_i/||\boldsymbol{x}||^m$, 而 $\widehat{dx_i}$ 表示因子 dx_i 被删去.

(a) 计算 $d\eta$.

(b) 当 m 为何值时 $d\eta=0$ 成立?(后面我们将证明 η 不是恰当的.)

*7. 证明下列定理. 该定理将 d 表示为广义的“方向导数”.

定理 令 A 是 $\mathbf{R}^n$ 中的开集并且 ω 是 A 上的一个 $k-1$ 形式. 给定 $\boldsymbol{v}_1, \cdots, \boldsymbol{v}_k \in \mathbf{R}^n$, 定义

$$h(\boldsymbol{x}) = d\omega(\boldsymbol{x})((\boldsymbol{x}; \boldsymbol{v}_1), \cdots, (\boldsymbol{x}; \boldsymbol{v}_k)),$$
$$g_j(\boldsymbol{x}) = \omega(\boldsymbol{x})((\boldsymbol{x}; \boldsymbol{v}_1), \cdots, (\widehat{\boldsymbol{x}; \boldsymbol{v}_j}), \cdots, (\boldsymbol{x}; \boldsymbol{v}_k)),$$

其中以 $\widehat{a}$ 表示分量 a 被删去, 那么

$$h(\boldsymbol{x}) = \sum_{j=1}^{k} (-1)^{j-1} Dg_j(\boldsymbol{x}) \cdot \boldsymbol{v}_j.$$

证明 (a) 令 $X = [\boldsymbol{v}_1 \cdots \boldsymbol{v}_k]$. 对于每个 j, 令 $Y_j = [\boldsymbol{v}_1 \cdots \widehat{\boldsymbol{v}}_j \cdots \boldsymbol{v}_k]$. 给定 $(i, i_1, \cdots, i_{k-1})$, 证明

$$\det X(i, i_1, \cdots, i_{k-1}) = \sum_{j=1}^{k} (-1)^{j-1} v_{ij} \det Y_j(i_1, \cdots, i_{k-1}).$$

(b) 在 $\omega = f dx_I$ 的情况下验证定理成立.

(c) 完成定理的证明.

*§31. 对向量场和标量场的应用

现在终于可以说明我们对张量场, 形式以及微分算子所做的一切确实是 $\mathbf{R}^3$ 中所熟悉的向量分析到 $\mathbf{R}^n$ 上的推广. 我们在 §38 节证明 Stokes 定理和散度定理的经典形式时将要用到这些结果.

我们知道如果 A 是 $\mathbf{R}^n$ 中的开集, 那么 A 上 k 形式的集合 $\Omega^k(A)$ 是一个线性空间, 并且容易验证 A 上所有 C^∞ 向量场的集合也是一个线性空间. 在这里我们要定义从标量场和向量场到形式的一系列线性变换. 这些变换与算子起着同样的作用, 它们可以把用标量场和向量场的语言写成的定理“改写”为用形式的语言写成的定理. 且反之亦然.

我们从定义 $\mathbf{R}^n$ 中的梯度算子和散度算子开始.

定义 令 A 是 $\mathbf{R}^n$ 中的开集, 而 $f: A \to \mathbf{R}$ 是 A 上的一个标量场. 利用下式定义 A 上的一个相应向量场, 并且称之为 f 的梯度:

$$(\text{grad} f)(\boldsymbol{x}) = (\boldsymbol{x}; D_1 f(\boldsymbol{x}) \boldsymbol{e}_1 + \cdots + D_n f(\boldsymbol{x}) \boldsymbol{e}_n).$$

如果 $G(\boldsymbol{x}) = (\boldsymbol{x}; g(\boldsymbol{x}))$ 是 A 上的一个向量场, 其中 $g: A \to \mathbf{R}^n$ 由下式给出

$$g(\boldsymbol{x}) = g_1(\boldsymbol{x}) \boldsymbol{e}_1 + \cdots + g_n(\boldsymbol{x}) \boldsymbol{e}_n,$$

那么可在 A 上定义一个相应的标量场, 并且称之为 G 的散度如下:

$$(\text{div} G)(\boldsymbol{x}) = D_1 g_1(\boldsymbol{x}) + \cdots + D_n g_n(\boldsymbol{x}).$$

在 $n=3$ 的情况下, 这些公式当然是微积分中所熟悉的. 下列定理说明这些算子是怎样与算子 d 相对应的.

定理 31.1　令 A 是 $\mathbf{R}^n$ 中的一个开集, 那么存在向量空间的同构 α_i 和 β_j 如下列图表所示:

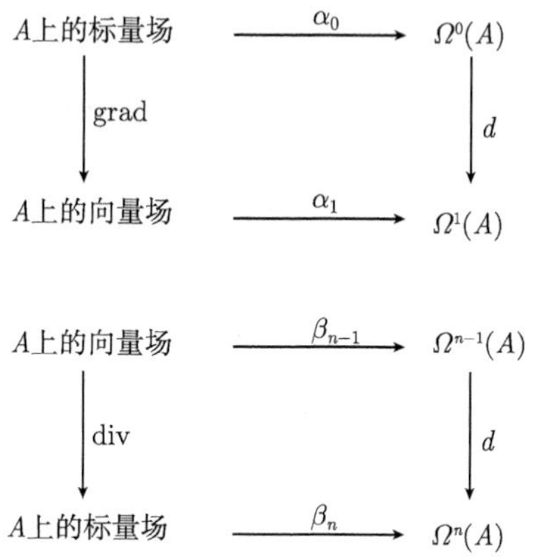

并且使得

$$d\circ\alpha_0=\alpha_1\circ\mathrm{grad}, d\circ\beta_{n-1}=\beta_n\circ\mathrm{div}.$$

证明　令 f 和 h 是 A 上的标量场; 令

$$F(\boldsymbol{x})=(\boldsymbol{x};\sum fi(\boldsymbol{x})\boldsymbol{e}_i)\quad 和\quad G(\boldsymbol{x})=(\boldsymbol{x};\sum g_i(\boldsymbol{x})\boldsymbol{e}_i)$$

是 A 上的向量场. 定义变换 α_i 和 β_j 如下:

$$\begin{aligned}
\alpha_0 f &= f,\\
\alpha_1 F &= \sum_{i=1}^{n} f_i dx_i,\\
\beta_{n-1}G &= \sum_{i=1}^{n}(-1)^{i-1}g_i dx_1\wedge\cdots\wedge\widehat{dx_i}\wedge\cdots\wedge dx_n,\\
\beta_n h &= h dx_1\wedge\cdots\wedge dx_n.
\end{aligned}$$

(通常记号 $\widehat{a}$ 表示因子 a 被删去.) 每个 α_i 和 β_j 均为线性变换, 并且要证明的两个等式成立. 我们将这些事实的证明留作习题. □

一般可以说这个定理就是关于对向量场的应用的全部. 然而在 $\mathbf{R}^3$ 的情况下可能还会提到 "旋度" 算子等.

定义　令 A 是 $\mathbf{R}^3$ 中的开集; 令

$$F(\boldsymbol{x})=(\boldsymbol{x};\sum f_i(\boldsymbol{x})\boldsymbol{e}_i)$$

是 A 上的一个向量场. 我们用下式来定义 A 上的另一个向量场, 并且称之为 F 的旋度:

$$\operatorname{curl}F(\boldsymbol{x}) = (\boldsymbol{x}; (D_2f_3 - D_3f_2)\boldsymbol{e}_1 + (D_3f_1 - D_1f_3)\boldsymbol{e}_2 + (D_1f_2 - D_2f_1)\boldsymbol{e}_3).$$

记忆旋度算子的一种方便技巧是将它看作下列符号行列式的值:

$$\det\begin{bmatrix} \boldsymbol{e}_1 & \boldsymbol{e}_2 & \boldsymbol{e}_3 \\ D_1 & D_2 & D_3 \\ f_1 & f_2 & f_3 \end{bmatrix}$$

对于 $\mathbf{R}^3$ 而言, 上面的定理有下列的加强形式:

定理 31.2 令 A 是 $\mathbf{R}^3$ 中的开集, 则存在如下列图表所示的向量空间同构 α_i 和 β_j:

$$\begin{array}{ccc}
A\text{上的标量场} & \xrightarrow{\alpha_0} & \Omega^0(A) \\
\big\downarrow \text{grad} & & \big\downarrow d \\
A\text{上的向量场} & \xrightarrow{\alpha_1} & \Omega^1(A) \\
\big\downarrow \text{curl} & & \big\downarrow d \\
A\text{上的向量场} & \xrightarrow{\beta_2} & \Omega^2(A) \\
\big\downarrow \text{div} & & \big\downarrow d \\
A\text{上的标量场} & \xrightarrow{\beta_3} & \Omega^3(A)
\end{array}$$

并且使得

$$d \circ \alpha_0 = \alpha_1 \circ \operatorname{grad}, d \circ \alpha_1 = \beta_2 \circ \operatorname{curl}, d \circ \beta_2 = \beta_3 \circ \operatorname{div}.$$

证明 映射 α_i 和 β_j 就是在前面定理的证明中所定义的同构只有第二个等式需要验证, 我们将它留给读者去完成. □

习 题

1. 证明定理 31.1 和定理 31.2.

2 注意到在 $n = 2$ 的情况下, 定理 31.1 给出两个从向量场到 1 形式的映射 α_1 和 β_1. 试比较这两个映射.

3. 令 A 是 $\mathbf{R}^3$ 中的一个开集.

(a) 将等式 $d(d\omega) = 0$ 改写成两个关于 $\mathbf{R}^3$ 中的向量场和标量场的定理.

(b) 将 A 是 k 维同调平凡的条件改写成关于 A 上的向量场和标量场的命题. 考虑 $k = 0, 1, 2$ 的情况.

4. 如果除去向量场和标量场之外还允许使用矩阵场, 那么对于 $\mathbf{R}^4$ 就有一种方法可将关于形式的定理改写成更熟悉的语言. 我们将这种方法概述于此. 其中所包含的复杂情况可以帮助我们理解为什么人们要发明形式语言来处理 $\mathbf{R}^n$ 的一般情况.

如果方阵 B 满足 $B^T = -B$, 则称之为反对称的. 令 A 是 $\mathbf{R}^4$ 中的一个开集. 令 $S(A)$ 是把 A 映入反对称的 4×4 矩阵集的所有 C^∞ 函数 H 的集合. 如果用 $h_{ij}(\boldsymbol{x})$ 表示 $H(\boldsymbol{x})$ 中位于第 i 行第 j 列交汇处的元素. 并用下式定义映射 $\gamma_2 : S(A) \to \Omega^2(A)$,

$$\gamma_2(H) = \sum_{i<j} h_{ij}(x) dx_i \wedge dx_j.$$

(a) 证明 γ_2 是一个线性同构.

(b) 令 $\alpha_0, \alpha_1, \beta_3, \beta_4$ 如定理 31.1 中所定义. 并且像在下列图表中那样定义算子“扭转”和“旋转”:

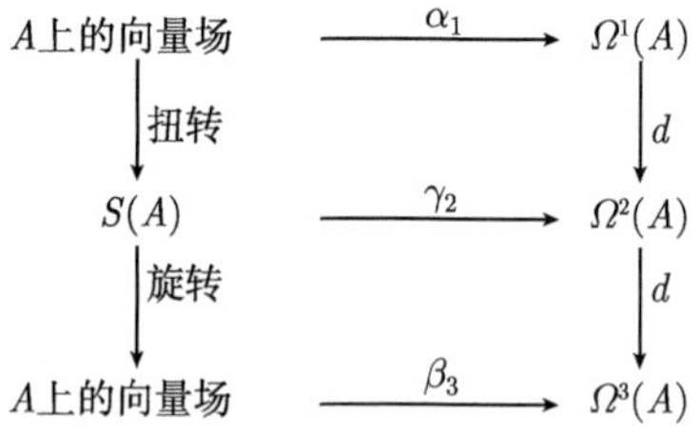

使得

$$d \circ \alpha_1 = \gamma_2 \circ \text{扭转}, d \circ \gamma_2 = \beta_3 \circ \text{旋转}$$

(这两个算子是 $\mathbf{R}^3$ 中的“旋度”算子 (curl) 在 $\mathbf{R}^4$ 中的有趣类似.)

5. 梯度算子, 旋度算子, 散度算子, 以及平移算子 α_i 和 β_j 似乎依赖于 $\mathbf{R}^n$ 的基的选取, 因为定义它们的公式中包含着所涉及的向量关于 $\mathbf{R}^n$ 的基 $\boldsymbol{e}_1, \cdots, \boldsymbol{e}_n$ 的分量, 然而正如下列习题所证明的那样, 实际上它们只依赖于 $\mathbf{R}^n$ 的内积和右手系的概念.

回想到 k 维体积函数 $V(\boldsymbol{x}_1, \cdots, \boldsymbol{x}_k)$ 只依赖于 $\mathbf{R}^n$ 中的内积 (参看 §21 的习题).

(a) 令 $F(\boldsymbol{x}) = (\boldsymbol{x}; f(\boldsymbol{x}))$ 是一个在 $\mathbf{R}^n$ 的开集上定义的向量场. 证明 $\alpha_1 F$ 是使得

$$\alpha_1 F(\boldsymbol{x})(\boldsymbol{x}; \boldsymbol{v}) = \langle f(\boldsymbol{x}), \boldsymbol{v}\rangle$$

的唯一的 1 形式.

(b) 令 $G(\boldsymbol{x}) = (\boldsymbol{x}; g(\boldsymbol{x}))$ 是在 $\mathbf{R}^n$ 的开集上定义的向量场. 证明 $\beta_{n-1}G$ 是唯一使得下式成立的 $n-1$ 形式:

$$\beta_{n-1}G(\boldsymbol{x})((\boldsymbol{x};\boldsymbol{v}_1), \cdots, (\boldsymbol{x}, \boldsymbol{v}_{n-1})) = \varepsilon \cdot V(g(\boldsymbol{x}), \boldsymbol{v}_1, \cdots, \boldsymbol{v}_{n-1}),$$

其中当标架 $g(\boldsymbol{x}), \boldsymbol{v}_1, \cdots, \boldsymbol{v}_{n-1}$ 是右手系时, $\varepsilon = +1$, 否则 $\varepsilon = -1$.

(c) 令 h 是在 $\mathbf{R}^n$ 的一个开集上定义的标量场. 证明 $\beta_n h$ 是唯一使得下式成立的 n 形式:

$$\beta_n h(\boldsymbol{x})((\boldsymbol{x};\boldsymbol{v}_1), \cdots, (\boldsymbol{x};\boldsymbol{v}_1)) = \varepsilon \cdot h(\boldsymbol{x}) \cdot V(\boldsymbol{v}_1, \cdots, \boldsymbol{v}_n),$$

其中若 $(\boldsymbol{v}_1,\cdots,\boldsymbol{v}_n)$ 为右手系, 则 $\varepsilon=+1$; 否则 $\varepsilon=-1$.

(d) 断定梯度算子和散度算子 (若 $n=3$, 则还有旋度算子) 只依赖于 $\mathbf{R}^n$ 中的内积和 $\mathbf{R}^n$ 中的右手系概念. [提示: 算子 d 只依赖于 $\mathbf{R}^n$ 的向量空间结构.]

§32. 可微映射的作用

如果 $\alpha:A\to\mathbf{R}^n$ 是一个 C^∞ 映射, 其中 A 是 $\mathbf{R}^k$ 中的开集, 那么 α 产生一个将 $\mathbf{R}^k$ 在 $\boldsymbol{x}$ 点的切空间映射成 $\mathbf{R}^n$ 在 $\alpha(\boldsymbol{x})$ 点的切空间的线性变换 α_*. 而且我们还知道, 向量空间之间的任何线性变换 $T:V\to W$ 将导致交错张量的对偶变换 $T^*:\mathcal{A}^l(W)\to\mathcal{A}^l(V)$. 把这两个事实结合就可以说明一个 C^∞ 映射 α 是怎样导致形式间的对偶变换的, 并将该对偶变换记为 α^*. 变换 α^* 能够保持附加在形式空间上的所有结构 —— 向量空间结构、楔积及微分算子.

定义 令 A 是 $\mathbf{R}^k$ 中的开集, 而 $\alpha:A\to\mathbf{R}^n$ 是 C^∞ 映射, 令 B 是 $\mathbf{R}^n$ 中包含 $\alpha(A)$ 的一个开集, 那么将形式的对偶变换

$$\alpha^*:\Omega^l(B)\to\Omega^l(A)$$

定义如下: 给定 B 上的一个 0 形式 $f:B\to\mathbf{R}$, 则对每个 $\boldsymbol{x}\in A$, 通过置 $(\alpha^*f)(\boldsymbol{x})=f(\alpha(\boldsymbol{x}))$ 来定义 A 上的一个 0 形式 α^*f. 然后给定 B 上的一个 l 形式 ω(这里 $l>0$), 用下列等式定义 A 上的一个 l 形式 $\alpha^*\omega$:

$$(\alpha^*\omega)(\boldsymbol{x})((\boldsymbol{x};\boldsymbol{v}_1),\cdots,(\boldsymbol{x};\boldsymbol{v}_l))=\omega(\alpha(\boldsymbol{x}))(\alpha_*(\boldsymbol{x};\boldsymbol{v}_1),\cdots,\alpha_*(\boldsymbol{x};\boldsymbol{v}_l))$$

因为 $f,\omega,\alpha,D\alpha$ 都是 C^∞ 的, 所以 α^*f 和 $\alpha^*\omega$ 也是 C^∞ 的. 注意到如果 f,ω 及 α 都是 C^r 的, 那么 α^*f 应为 C^r 的, 但 $\alpha^*\omega$ 却只能是 C^{r-1} 的. 这里再次重申仅限于考虑 C^∞ 映射是方便的.

注意到若 α 是常值映射, 那么 α^*f 也是常值映射, 而 $a^*\omega$ 是 0 张量.

α^* 和对偶线性变换 α_* 之间的关系如下: 给定满足 $\alpha(\boldsymbol{x})=\boldsymbol{y}$ 的一个 C^∞ 映射 $\alpha:A\to\mathbf{R}^n$, 那么它诱导线性变换

$$T=\alpha_*:\mathcal{T}_x(\mathbf{R}^k)\to\mathcal{T}_y(\mathbf{R}^n),$$

这个变换又产生交错张量的一个对偶变换

$$T^*:\mathcal{A}(\mathcal{T}_{\boldsymbol{y}}(\mathbf{R}^n))\to\mathcal{A}^l(\mathcal{T}_{\boldsymbol{x}}(\mathbf{R}^k))$$

如果 ω 是 B 上的 l 形式, 那么 $\omega(\boldsymbol{y})$ 是 $\mathcal{T}_{\boldsymbol{y}}(\mathbf{R}^n)$ 上的交错张量. 因而 $T^*(\omega(y))$ 是 $\mathcal{T}_{\boldsymbol{x}}(\mathbf{R}^k)$ 上的一个交错张量, 并且满足等式

$$T^*(\omega(\boldsymbol{y}))=(\alpha*\omega)(\boldsymbol{x});$$

因为

$$T^*(\omega(\boldsymbol{y}))((\boldsymbol{x};\boldsymbol{v}_1),\cdots,(\boldsymbol{x};\boldsymbol{v}_l)) = \omega(\alpha(\boldsymbol{x}))(\alpha_*(\boldsymbol{x};\boldsymbol{v}_1),\cdots,\alpha_*(\boldsymbol{x};\boldsymbol{v}_l))$$
$$= (\alpha^*\omega)(\boldsymbol{x})((\boldsymbol{x};\boldsymbol{v}_1),\cdots,(\boldsymbol{x};\boldsymbol{v}_l)).$$

这个事实使我们能够把以前关于对偶变换 T^* 的结果改写成关于形式的结果.

定理 32.1 令 A 是 $\mathbf{R}^k$ 中的开集而 $\alpha: A \to \mathbf{R}^m$ 是一个 C^∞ 映射. 令 B 是 $\mathbf{R}^m$ 中包含 $\alpha(A)$ 的一个开集且 $\beta: B \to \mathbf{R}^n$ 是一个 C^∞ 映射, 令 ω, η, θ 是在 $\mathbf{R}^n$ 的一个包含 $\beta(B)$ 的开集 C 上定义的形式, 并且假设 ω 和 η 的阶数相同. 那么变换 a^* 和 β^* 具有下列性质:

(1) $\beta^*(a\omega + b\eta) = a(\beta^*\omega) + b(\beta^*\eta)$.

(2) $\beta^*(\omega \wedge \theta) = \beta^*\omega \wedge \beta^*\theta$.

(3) $(\beta \circ \alpha)^*\omega = \alpha^*(\beta^*\omega)$.

证明 参看图 32.1. 在形式的阶数为正的情况下, (1) 和 (3) 仅仅是用形式的语言来重述定理 26.5, 而性质 (2) 则是定理 28.1 第 (6) 款的重述.

当某些或全部形式的阶数为零时, 验证这些性质只是简单的计算而已, 因而将它留给读者. □

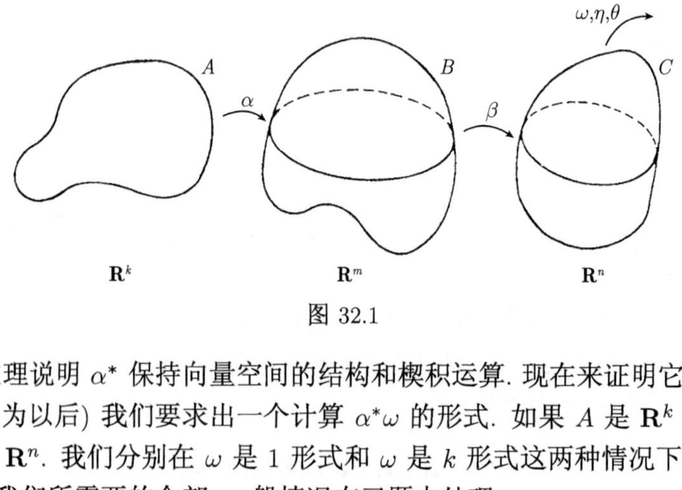

图 32.1

这个定理说明 α^* 保持向量空间的结构和楔积运算. 现在来证明它还保持算子 d. 为此 (也为以后) 我们要求出一个计算 $\alpha^*\omega$ 的形式. 如果 A 是 $\mathbf{R}^k$ 中的开集并且 $\alpha: A \to \mathbf{R}^n$. 我们分别在 ω 是 1 形式和 ω 是 k 形式这两种情况下来导出该公式. 这便是我们所需要的全部. 一般情况在习题中处理.

因为 α^* 是线性的并且保持楔积, 又因为 α^*f 等于 $f \circ \alpha$, 因而剩下对基本 1 形式和基本 k 形式来计算 α^*. 下面就是我们要求的公式.

定理 32.2 令 A 是 $\mathbf{R}^k$ 中的开集, 且 $\alpha: A \to \mathbf{R}^n$ 是一个 C^∞ 映射. 用 $\boldsymbol{x}$ 表示 $\mathbf{R}^k$ 的一般点, 用 $\boldsymbol{y}$ 表示 $\mathbf{R}^n$ 的一般点. 那么 dx_i 和 dy_i 则分别表示 $\mathbf{R}^k$ 中和 $\mathbf{R}^n$ 中的基本 1 形式.

(a)$\alpha^*(dy_i) = d\alpha_i$.

(b) 若 $I=(i_1,\cdots,i_k)$ 是一个取自集合 $\{1,\cdots,n\}$ 的递增 k 元组, 那么

$$\alpha^*(dy_I)=\left(\det\frac{\partial\alpha_I}{\partial x}\right)dx_1\wedge\cdots\wedge dx_k,$$

其中

$$\frac{\partial\alpha_I}{\partial \boldsymbol{x}}=\frac{\partial(\alpha_{i_1},\cdots,\alpha_{i_k})}{\partial(x_i,\cdots,x_k)}.$$

证明 (a) 置 $\boldsymbol{y}=\alpha(\boldsymbol{x})$. 计算 $\alpha^*(dy_i)$ 在一个典型切向量上的值:

$$\begin{aligned}(\alpha^*(dy_i))(\boldsymbol{x})(\boldsymbol{x};\boldsymbol{v})&=dy_i(\boldsymbol{y})(\alpha_*(\boldsymbol{x};\boldsymbol{v}))\\&=(D\alpha(\boldsymbol{x})\cdot\boldsymbol{v})\text{的第}i\text{个分量}\\&=\sum_{j=1}^{k}D_j\alpha_i(\boldsymbol{x})\cdot v_j\\&=\sum_{j=1}^{k}\frac{\partial\alpha_i}{\partial x_j}(\boldsymbol{x})dx_j(\boldsymbol{x})(\boldsymbol{x};\boldsymbol{v}).\end{aligned}$$

由此可知

$$\alpha^*(dy_i)=\sum_{j=1}^{k}\frac{\partial\alpha_i}{\partial x_j}dx_j.$$

由定理 30.3, 上式右边等于 $d\alpha_i$.

(b) $\alpha^*(dy_I)$ 是在 $\mathbf{R}^k$ 的一个开集上定义的 k 形式, 因而它具有下列形式

$$\alpha^*(dy_I)=hdx_1\wedge\cdots\wedge dx_k,$$

其中 h 是某个标量函数. 如果计算这个等式右边在 k 元组 $(\boldsymbol{x};\boldsymbol{e}_1),\cdots,(\boldsymbol{x};\boldsymbol{e}_k)$ 上的值, 则得到函数 $h(\boldsymbol{x})$. 于是从下列计算可知定理成立:

$$\begin{aligned}h(\boldsymbol{x})&=(\alpha^*(dy_I))(\boldsymbol{x})((\boldsymbol{x};\boldsymbol{e}_1),\cdots,(\boldsymbol{x};\boldsymbol{e}_k))\\&=dy_I(\boldsymbol{y})(\alpha_*(\boldsymbol{x};\boldsymbol{e}_1),\cdots,\alpha_*(\boldsymbol{x};\boldsymbol{e}_k))\\&=dy_I(\boldsymbol{y})((\boldsymbol{y};\frac{\partial\alpha}{\partial x_1}),\cdots,(\boldsymbol{y};\frac{\partial\alpha}{\partial x_k}))\\&=\det[D\alpha(\boldsymbol{x})]_I\\&=\det\frac{\partial\alpha_I}{\partial\boldsymbol{x}}.\end{aligned}$$

□

(a) 款中的公式容易记忆. 为了计算 $\alpha^*(dy_i)$, 只需计算 dy_i 并作代换 $y_i=\alpha_i(\boldsymbol{x})$! 注意到可用下式计算 $\alpha^*(dy_I)$:

$$\alpha^*(dy_I)=\alpha^*(dy_{i_1})\wedge\cdots\wedge\alpha^*(dy_{i_k})=d\alpha_{i_1}\wedge\cdots\wedge d\alpha_{i_k},$$

但是当 $k>2$ 时, 这个楔积的计算是很费力的.

定理 32.3　令 A 是 $\mathbf{R}^k$ 中的开集, 而 $\alpha: A \to \mathbf{R}^n$ 是一个 C^∞ 映射. 如果 ω 是在 $\mathbf{R}^n$ 中的一个包含 $\alpha(A)$ 的开集上定义的 l 形式, 那么

$$\alpha^*(d\omega) = d(\alpha^*\omega).$$

证明　令 $\boldsymbol{x}$ 表示 $\mathbf{R}^k$ 中的一般点, 而用 $\boldsymbol{y}$ 表示 $\mathbf{R}^n$ 中的一般点.

第一步. 首先对 0 形式 f 来验证定理, 计算要证等式的左边:

(*)　$\alpha^*(df) = \alpha^*\left(\sum_{i=1}^{n}(D_i f)dy_i\right) = \sum_{i=1}^{n}((D_i f)\circ\alpha)d\alpha_i$. 然后计算欲证等式的右边得

(**)　$d(\alpha^* f) = d(f\circ\alpha) = \sum_{j=1}^{k} D_j(f\circ\alpha)dx_j$.

应用链规则, 置 $\boldsymbol{y} = \alpha(\boldsymbol{x})$, 则有

$$D(f\circ\alpha)(\boldsymbol{x}) = Df(\boldsymbol{y})\cdot D\alpha(\boldsymbol{x});$$

因为 $D(f\circ\alpha)$ 和 Df 是行矩阵, 由此可知

$$\begin{aligned} D_j(f\circ\alpha)(\boldsymbol{x}) &= Df(\boldsymbol{y})\cdot(D\alpha(\boldsymbol{x})\text{的第 } j \text{ 列}) \\ &= \sum_{i=1}^{n} D_i f(\boldsymbol{y})\cdot D_j\alpha_i(\boldsymbol{x}). \end{aligned}$$

因而有

$$D_j(f\circ\alpha) = \sum_{i=1}^{n}((D_i f)\circ\alpha)\cdot D_j\alpha_i.$$

将此结果代入 (**) 式, 则得

$$\begin{aligned} (***)\quad d(\alpha^* f) &= \sum_{j=1}^{k}\sum_{i=1}^{n}((D_i f)\circ\alpha)\cdot D_j\alpha_i dx_j \\ &= \sum_{i=1}^{n}((D_i f)\circ\alpha)d\alpha_i. \end{aligned}$$

比较 (*) 式和 (***) 式, 即可看出 $\alpha^*(df) = d(\alpha^* f)$.

第二步. 对阶数为正的形式来证明定理. 因为 α^* 和 d 是线性的, 所以只需论证 $\omega = f dy_I$ 的情况即可, 其中 $I = (i_1, \cdots, i_k)$ 是取自集合 $\{1, \cdots, n\}$ 的递增 l 元组. 首先作计算

(i)　$\alpha^*(d\omega) = \alpha^*(df\wedge dy_I) = \alpha^*(df)\wedge\alpha^*(dy_I)$.

另一方面,

$$\begin{aligned} \text{(ii)}\quad d(\alpha^*\omega) &= d[\alpha^*(f\wedge dy_I)] = d[(\alpha^* f)\wedge\alpha^*(dy_I)] \\ &= d(\alpha^* f)\wedge\alpha^*(dy_I) + (a^* f)\wedge 0, \end{aligned}$$

因为

$$d(\alpha^*(dy_I)) = d(d\alpha_{i_1} \wedge \cdots \wedge d\alpha_{i_l}) = 0.$$

通过比较 (i) 式和 (ii) 式, 并且利用第一步的结果可知定理成立. □

现在我们已经拥有微分形式的代数与微分算子 d 可供我们使用, 这个代数及算子 d 的基本性质 (概括在本节及 §30 中) 就是今后我们所需要的全部.

正是通过探讨可微映射的作用, 人们开始认识到形式是比向量场更自然的研究对象. 一个 C^∞ 映射 $\alpha : A \to \mathbf{R}^n$(其中 A 是 $\mathbf{R}^k$ 的一个开集) 将会产生切向量的一个线性变换 α_*. 但是没办法能从 α 得到一个将 A 上的向量场映射成 $\alpha(A)$ 上的向量场的变换. 例如假设 $F(\boldsymbol{x}) = (\boldsymbol{x}; f(\boldsymbol{x}))$ 是 A 上的一个向量场. 如果 $\boldsymbol{y}$ 是集合 $B = \alpha(A)$ 中的一点并且使得 $\boldsymbol{y} = \alpha(\boldsymbol{x}_1) = \alpha(\boldsymbol{x}_2)$ 对 A 中的两个不同的点 $\boldsymbol{x}_1, \boldsymbol{x}_2$ 成立. 那么 α_* 在 $\boldsymbol{y}$ 点将产生两个 (可能不同的) 切向量 $\alpha_*(\boldsymbol{x}_1; f(\boldsymbol{x}))$ 和 $\alpha_*(\boldsymbol{x}_2; f(\boldsymbol{x}_2))$! 参看图 32.2.

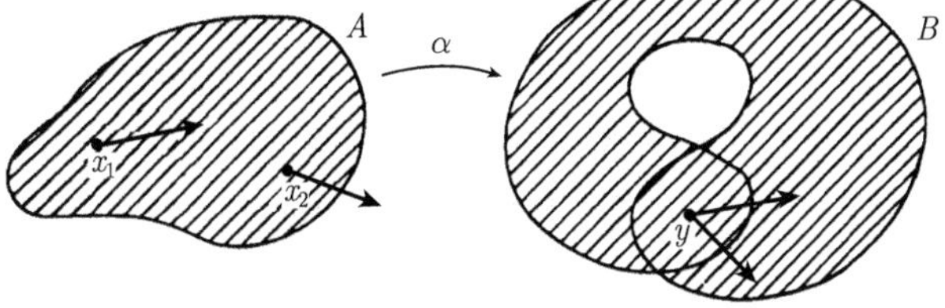

图 32.2

当 $\alpha : A \to B$ 是微分同胚时就不会出现这个问题. 在这种情况下, 可以得到向量场的一个诱导映射 $\widetilde{\alpha}_*$. 对 A 上的向量场 F 指派 B 上的一个由下式定义的向量场 $G = \widetilde{\alpha}_* F$:

$$G(y) = \alpha_*(F(\alpha^{-1}(y))).$$

A 上的一个标量场 h 将产生 B 上由 $k = h \circ \alpha^{-1}$ 定义的标量场 $k = \widetilde{\alpha}_* h$. 然而映射 $\widetilde{\alpha}_*$ 并不是很自然的, 因为它一般不与向量运算中的梯度、旋度、散度等算子交换, 也不能与 §31 中的"平移"算子 α_i 及 β_j 交换 (参看习题).

习 题

1. 分别在 ω 和 η 的阶数为零时和 θ 的阶数为零时证明定理 32.1.
2. 令 $\alpha : \mathbf{R}^3 \to \mathbf{R}^6$ 是一个 C^∞ 映射, 直接证明

$$d\alpha_1 \wedge d\alpha_3 \wedge d\alpha_5 = (\det D\alpha(1,3,5)) dx_1 \wedge dx_2 \wedge dx_3.$$

3. 在 $\mathbf{R}^3$ 中, 令

$$\omega = xydx + 2zdy - ydz.$$

令 $\alpha: \mathbf{R}^2 \to \mathbf{R}^3$ 由下式给出：

$$a(u,v) = (uv, u^2, 3u+v).$$

直接计算 $d\omega, \alpha^*\omega, \alpha^*(d\omega)$ 及 $d(\alpha^*\omega)$.

4. 证明定理 32.2 的 (a) 款等价于公式 $\alpha^*(dy_i) = d(\alpha^* y_i)$, 其中 $y_i: \mathbf{R}^n \to \mathbf{R}$ 是 $\mathbf{R}^n$ 中的第 i 个投影函数.

5. 证明下列计算 $\alpha^*\omega$ 的一般公式：

定理 令 A 是 $\mathbf{R}^k$ 中的开集, $\alpha: A \to \mathbf{R}^n$ 是一个 C^∞ 映射; 用 $\boldsymbol{x}$ 表示 $\mathbf{R}^k$ 的一般点而用 $\boldsymbol{y}$ 表示 $\mathbf{R}^n$ 的一般点; 若 $I = (i_1, \cdots, i_l)$ 是取自集合 $\{1, \cdots, n\}$ 的递增 l 元组. 那么

$$\alpha^*(dy_I) = \sum_{[J]} \left(\det \frac{\partial \alpha_I}{\partial x_J}\right) dx_J.$$

其中 $J = (j_1, \cdots, j_l)$ 是取自集合 $\{1, \cdots, k\}$ 的递增 l 元组, 并且

$$\frac{\partial \alpha_I}{\partial x_J} = \frac{\partial(\alpha_{i_1}, \cdots, \alpha_{i_l})}{\alpha(x_{j_1}, \cdots, x_{j_l})}.$$

*6. 本习题说明 §31 中的变换 α_i 和 β_j 一般不能正常作用于由微分同胚 α 诱导的映射.

令 $\alpha: A \to B$ 是 $\mathbf{R}^n$ 的开集之间的微分同胚. 用 $\boldsymbol{x}$ 表示 A 的一般点. 而用 $\boldsymbol{y}$ 表示 B 的一般点. 若 $F(\boldsymbol{x}) = (\boldsymbol{x}; f(\boldsymbol{x}))$ 是 A 上的一个向量场, 令 $G(\boldsymbol{y}) = \alpha_*(F(\alpha^{-1}(\boldsymbol{y})))$ 是 B 上的对应向量场.

(a) 证明在映射 α^* 之下, 1 形式 $\alpha_1 G$ 和 $\alpha_1 F$ 一般并不对应. 特别, 证明对所有 F, $\alpha^*(\alpha_1 G) = \alpha_1 F$ 当且仅当对于每个 $\boldsymbol{x}, D\alpha(\boldsymbol{x})$ 是正交矩阵. [提示：$\alpha^*(\alpha_1 G) = \alpha_1 F$ 等价于下列等式：

$$D\alpha(\boldsymbol{x})^T \cdot D\alpha(\boldsymbol{x}) \cdot f(\boldsymbol{x}) = f(\boldsymbol{x}).]$$

(b) 证明 $\alpha^*(\beta_{n-1}G) = \beta_{n-1}F$ 对所有 F 成立当且仅当 $\det D\alpha = +1$.[提示：证明等式 $\alpha^*(\beta_{n-1}G) = \beta_{n-1}F$ 等价于 $f(\boldsymbol{x}) = (\det D\alpha(\boldsymbol{x})) \cdot f(\boldsymbol{x})$.]

(c) 若 h 是 A 上的一个标量场, 令 $k = h \circ \alpha^{-1}$ 是 B 上的相应标量场. 证明 $\alpha_*(\beta_n k) = \beta_n h$ 对所有 h 成立当且仅当 $\det D\alpha = +1$.

7. 利用习题 6 证明：如果 α 是 $\mathbf{R}^n$ 的一个保持定向的等距变换, 那么向量场和标量场上的算子 $\widetilde{\alpha_*}$ 与梯度算子和散度算子交换, 若 $n = 3$ 时, 还能与旋度算子交换. (与 §31 的习题 5 相比较.)

第七章 Stokes 定理

在上一章我们已经看到如何将 $\mathbf{R}^3$ 中的标量场和向量场推广为 $\mathbf{R}^n$ 中的 k 形式, 以及如何把梯度、旋度及散度等算子推广成微分算子 d. 现在我们来定义 k 形式在 k 维流形上的积分. 这个概念是 $\mathbf{R}^3$ 中的曲线积分和曲面积分在 n 维空间 $\mathbf{R}^n$ 中的推广. 正如 $\mathbf{R}^3$ 中经典的 Stokes 定理和散度定理要涉及到曲线积分和曲面积分那样, 这些定理的广义形式中要涉及到 k 形式在 k 维流形上的积分.

在这里我们要回想起一个相关的约定, 那就是所有的流形、形式、向量场及标量场等都被假定是 C^∞ 的.

§33. 参数流形上的形式的积分

在第五章我们曾经定义过流形上的标量函数 f 的体积分. 在这里我们遵循类似的程序来定义 k 形式在 k 维流形上的积分. 我们从参数化的流形开始. 首先来考虑一种特殊情况.

定义 令 A 是 $\mathbf{R}^k$ 中的一个开集, 并且 η 是在 A 上定义的一个 k 形式. 那么 η 可被唯一地写成下列形式

$$\eta = f dx_1 \wedge \cdots \wedge dx_k.$$

假如积分 $\int_A f$ 存在, 则将 η 在 A 上的积分定义为

$$\int_A \eta = \int_A f.$$

这个定义似乎是依赖于坐标的, 为了定义 $\int_A \eta$, 用标准基本 1 形式 dx_i 表示 η, 而 dx_i 依赖于 $\mathbf{R}^k$ 的标准基 $\boldsymbol{e}_1, \cdots, \boldsymbol{e}_k$ 的选取. 然而也可以把定义表述成不依赖于坐标的形式. 特别地, 如果 $\boldsymbol{a}_1, \cdots, \boldsymbol{a}_k$ 是 $\mathbf{R}^k$ 的任何一个构成右手系的标准正交基. 那么证明

$$\int_A \eta = \int_{\boldsymbol{x}\in A} \eta(\boldsymbol{x})((\boldsymbol{x};\boldsymbol{a}_1), \cdots, (\boldsymbol{x};\boldsymbol{a}_k))$$

是一个基本练习题. 因而 η 的积分不依赖于 $\mathbf{R}^k$ 的基的选取, 虽然它依赖于 $\mathbf{R}^k$ 的定向.

现在来定义一个 k 形式在一个 k 维参数化流形上的积分.

定义　令 A 是 $\mathbf{R}^k$ 中的一个开集且 $\alpha: A \to \mathbf{R}^n$ 是 C^∞ 的. 集合 $Y = \alpha(A)$ 与映射 α 一起构成参数化流形 Y_α. 如果 ω 是一个在 $\mathbf{R}^n$ 的包含 Y 的开集上定义的 k 形式, 假若积分 $\int_A \alpha^*\omega$ 存在, 则将 ω 在 Y_α 上的积分定义为

$$\int_{Y_\alpha} \omega = \int_A \alpha^*\omega.$$

因为 α^* 和 $\int_A$ 是线性的, 所以这个积分也是线性的.

现在证明积分 (不计符号在内) 是在参数表示下的不变量.

定理 33.1　令 $g: A \to B$ 是 $\mathbf{R}^k$ 中的开集之间的微分同胚, 并假设 $\det Dg$ 在 A 上不改变符号. 令 $\beta: B \to \mathbf{R}^n$ 是一个 C^∞ 映射, 记 $Y = \beta(B)$. 令 $\alpha = \beta \circ g$, 那么 $\alpha: A \to \mathbf{R}^n$ 且 $Y = \alpha(A)$. 如果 ω 是在 $\mathbf{R}^n$ 的一个包含 Y 的开集上定义的 k 形式, 那么 ω 在 Y_β 上是可积的当且仅当它在 Y_α 上是可积的, 在这种情况下,

$$\int_{Y_\alpha} \omega = \pm \int_{Y_\beta} \omega,$$

其中符号与 $\det Dg$ 的符号一致.

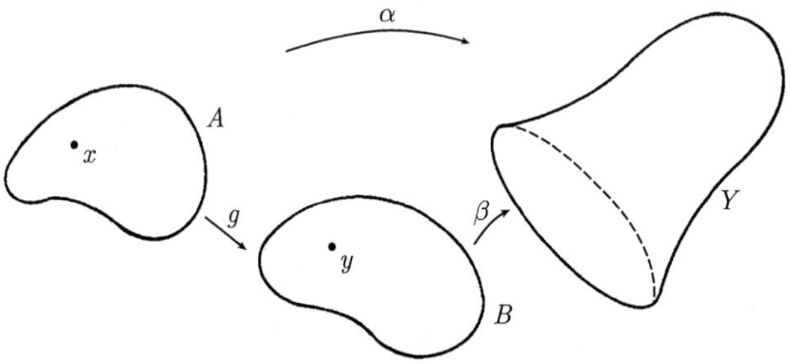

图 33.1

证明　用 $\boldsymbol{x}$ 表示 A 的一般点, 用 $\boldsymbol{y}$ 表示 B 的一般点, 参看图 33.1. 我们要证明

$$\int_A \alpha^*\omega = \varepsilon \int_B \beta^*\omega,$$

其中 $\varepsilon = \pm 1$ 而且与 $\det Dg$ 的符号一致. 若置 $\eta = \beta^*\omega$, 则上式等价于

$$\int_A g^*\eta = \varepsilon \int_B \eta.$$

将 η 写成 $\eta = f dy_1 \wedge \cdots \wedge dy_k$, 那么

$$\begin{aligned} g^*\eta &= (f \circ g) g^*(dy_1 \wedge \cdots \wedge dy_k) \\ &= (f \circ g) \det(Dg) dx_1 \wedge \cdots \wedge dx_k. \end{aligned}$$

(在 $k=n$ 的情况下应用定理 32.2), 于是等式变为下列形式

$$\int_A (f\circ g)\det Dg = \varepsilon \int_B f.$$

从变量替换定理立即可知这个等式成立, 因为 $\det Dg = \varepsilon|\det Dg|$.

我们注意到, 如果 A 是连通的 (即 A 不能写成两个非空开集之并), 那么 $\det Dg$ 在 A 上不改变符号的假设自动满足, 因为使 $\det Dg$ 为正的点的集合是开的, 并且使 $\det Dg$ 为负的点集也是开的.

其实该积分很容易计算, 并且有下列结果:

定理 33.2 令 A 是 $\mathbf{R}^k$ 中的开集并且 $\alpha : A \to \mathbf{R}^n$ 是 C^∞ 的. 记 $Y=\alpha(A)$. 用 $\boldsymbol{x}$ 表示 A 的一般点, 用 $\boldsymbol{z}$ 表示 $\mathbf{R}^n$ 的一般点. 如果

$$\omega = f dz_I$$

是在 $\mathbf{R}^n$ 的一个包含 Y 的开集上定义的 k 形式, 那么

$$\int_{Y_\alpha} \omega = \int_A (f\circ\alpha)\det\left[\frac{\partial \alpha_I}{\partial \boldsymbol{x}}\right].$$

证明 应用定理 32.2, 则有

$$\alpha^*\omega = (f\circ\alpha)\det\left[\frac{\partial \alpha_I}{\partial \boldsymbol{x}}\right] dx_1\wedge\cdots\wedge dx_k.$$

因而定理成立. □

k 形式是一个相当抽象的概念, 而它在参数流形上的积分则更为抽象. 在后面的 §36 中我们将讨论 k 形式及其积分的几何解释, 而这种几何解释将给出一些有助于我们理解的直观意义.

评注 现在我们可以使一元微积分中通用的记号"dx"变得有意义. 如果 $\eta = f dx$ 是在实直线 $\mathbf{R}$ 的一个开区间 $A=(a,b)$ 上定义的 1 形式, 那么由定义

$$\int_A \eta = \int_A f,$$

即

$$\int_A f dx = \int_a^b f,$$

其中等式左边表示一个形式的积分, 而右边则表示一个函数的积分! 由定义, 它们相等. 因而微积分中关于单积分使用的记号"dx", 一旦学过微分形式之后便被赋予了确切的意义.

我们还可以使微积分中用来表示线积分的记号变得有意义. 给定在 $\mathbf{R}^3$ 的开集 A 上定义的一个 1 形式 $Pdx + Qdy + Rdz$, 并且给定一条参数曲线 $\gamma : (a, b) \to A$, 由上面的定理则有公式

$$\int_{C_\gamma} Pdx + Qdy + Rdz = \int_{(a,b)} \left[P(\gamma(t))\frac{d\gamma_1}{dt} + Q(\gamma(t))\frac{d\gamma_2}{dt} + R(\gamma(t))\frac{d\gamma_3}{dt} \right] dt,$$

其中 C 是 γ 的象集. 这恰好就是微积分中所给出的求曲线积分 $\int_C Pdx+Qdy+Rdz$ 的公式. 因而当学过微分形式之后就可使微积分中线积分的记号变得意义更加明确.

然而要弄清在微积分中处理重积分时所使用的记号"$dx\ dy$"的意义则要困难得多. 如果 f 是在 $\mathbf{R}^2$ 的开集 A 上定义的有界连续函数, 则在微积分中通常用下列记号表示 f 在 A 上的积分:

$$\int\int_A f(x, y)dx\ dy.$$

在这里, 符号"$dx\ dy$"没有独立意义, 因为我们对 1 形式定义的唯一积运算是楔积. 为这个记号提供的一种辩解是它像累次积分的记号. 而且实际上, 如果 A 是矩形 $[a, b] \times [c, d]$ 的内部, 则由 Fubini 定理得

$$\int_c^d \left[\int_a^b f(x, y)dx \right] dy = \int_A f.$$

对这个记号的另一种辩解是它类似于 2 形式的积分而且由定义有

$$\int_A f dx \wedge dy = \int_A f.$$

但是当颠倒 x 和 y 的角色时, 就产生了困难. 对于累次积分有

$$\int_a^b \left[\int_c^d f(x, y)dy \right] dx = \int_A f,$$

而对于 2 次形式的积分则有

$$\int_A f dy \wedge dx = -\int_A f.$$

那么在处理符号

$$\int\int_A f(x, y)dy\ dx$$

时应遵循什么规则呢? 无论作哪种选择, 都可能发生混淆. 由于这种原因, 我们将不使用记号"$dx\ dy$".

然而我们可以使用在第五章引进的记号"dV"而不致于产生歧义. 如果 A 在 $\mathbf{R}^k$ 中是开的, 那么可以把 A 看作是由恒等映射 $\alpha: A \to A$ 参数化的流形! 于是

$$\int_{A_\alpha} f \mathrm{d}V = \int_A (f \circ \alpha) V(D(\alpha)) = \int_A f,$$

因为 $D(\alpha)$ 是单位矩阵. 当然这里使用的符号与微分算子 d 没有关系.

习　　题

1. 令 $A = (0,1)^2$, 且 $\alpha :\to \mathbf{R}^3$ 由下式给出

$$\alpha(u,v) = (u, v, u^2 + v^2 + 1).$$

令 Y 是 α 的象集. 求 2 形式 $x_2 dx_2 \wedge dx_3 + x_1 x_3 dx_1 \wedge dx_3$ 在 Y_α 上的积分值.

2. 令 $A = (0,1)^3$, 且 $\alpha : A \to \mathbf{R}^4$ 由下式给出

$$\alpha(s,t,u) = (s, u, t, (2u-t)^2).$$

令 Y 是 α 的象集. 计算 3 形式

$$x_1\ dx_1 \wedge dx_4 \wedge dx_3 + 2x_2\ x_3\ dx_1 \wedge dx_2 \wedge dx_3$$

在 Y_α 上的积分.

3. (a) 令 A 是 $\mathbf{R}^2$ 中的开单位球, 令 $\alpha : A \to \mathbf{R}^3$ 由下式给出

$$\alpha(u,v) = (u, v, [1 - u^2 - v^2]^{1/2}).$$

令 Y 是 α 的象集. 求下列形式在 Y_α 上的积分:

$$(1/||\boldsymbol{x}||^m)(x_1\ dx_2 \wedge dx_3 - x_2\ dx_1 \wedge dx_3 + x_3\ dx_1 \wedge dx_2).$$

(b) 当

$$\alpha(u,v) = (u, v, -[1 - u^2 - v^2]^{1/2})$$

时, 重作 (a).

4. 若 η 是 $\mathbf{R}^k$ 中的一个 k 形式, 并且 $\boldsymbol{a}_1, \cdots, \boldsymbol{a}_k$ 是 $\mathbf{R}^k$ 的一个基. 那么下列两个积分之间是什么关系?

$$\int_A \eta \text{ 和 } \int_{\boldsymbol{x} \in A} \eta(\boldsymbol{x})((\boldsymbol{x}; \boldsymbol{a}_1), \cdots, (\boldsymbol{x}; \boldsymbol{a}_k)).$$

证明如果标架 $(\boldsymbol{a}_1, \cdots, \boldsymbol{a}_k)$ 是规范正交的并且是右手系, 那么两个积分相等.

§34. 可定向流形

我们将要用与定义流形上的标量函数的积分几乎相同的方式来定义 k 形式 ω 在 k 维流形 M 上的积分. 首先考虑 ω 的支集在单个坐标卡 $\alpha : U \to V$ 中的情况. 在这种情况下, 我们定义

$$\int_M \omega = \int_{\operatorname{Int} U} \alpha^* \omega.$$

然而这个积分在参数变换下, 仅当不计符号时才是不变的. 因此为了使积分 $\int_M \omega$ 完全确定就需要对 M 附加条件. 这个条件就是本节将要讨论的可定向性.

定义 令 $g: A \to B$ 是 $\mathbf{R}^k$ 中的开集之间的微分同胚. 如果在 A 上 $\det Dg > 0$, 则称 g 是保持定向的; 如果在 A 上 $\det Dg < 0$, 则称 g 是逆反定向的.

这个定义推广了 §20 给出的定义. 实际上, 在那里 g 是与一个由等式 $g_*(\boldsymbol{x};\boldsymbol{v}) = (g(\boldsymbol{x}); Dg(\boldsymbol{x})\cdot\boldsymbol{v})$ 给出的切空间的线性变换

$$g_*: \mathcal{T}_{\boldsymbol{x}}(\mathbf{R}^k) \to \mathcal{T}_{g(\boldsymbol{x})}(\mathbf{R}^k)$$

相联系的. 那么 g 是保持定向的当且仅当对于每个 $\boldsymbol{x}$, 其矩阵为 Dg 的 $\mathbf{R}^k$ 的线性变换在上面规定的意义下是保持定向的.

定义 令 M 是 $\mathbf{R}^n$ 中的一个 k 维流形. 给定 M 上的坐标卡 $\alpha_i: U_i \to V_i$ $(i = 0, 1)$, 如果 $V_0 \cap V_1$ 是非空的, 则称它们是交叠的; 又若转移函数 $\alpha_1^{-1} \circ \alpha_0$, 是保持定向的, 则称它们是正交叠的. 如果可由每一对都是正交叠的坐标卡 (如果它们确实出现交叠) 所覆盖, 则称 M 是可定向的; 否则称 M 为不可定向的.

定义 令 M 是 $\mathbf{R}^n$ 中的一个 k 维流形. 假设 M 是可定向的. 给定一个覆盖 M 的正交叠坐标卡集, 把 M 上所有与这些坐标卡正交叠的其他坐标卡添加到这个卡集中. 容易看出这个扩展集族中的坐标卡都是互相正交叠的. 我们把这个扩展集族称为 M 的一个定向. 流形 M 连同它的一个定向一起称为一个定向流形.

这种论述对于仅为离散点集的 0 维流形没有意义. 以后我们将要讨论在这种情况下"定向"表示什么意思.

如果 V 是一个 k 维向量空间, 那么 V 也是一个 k 维流形. 这样以来对于 V 的定向就有两种不同的说法. 在 §20 中把 V 的定向定义作 V 上的一族 k 维标架, 而这里则是将它定义作 V 上的一族坐标卡. 但两者之间的联系很容易描述. 在 §20 的意义下给定 V 的一个定向, 则可以指定 V 在当前意义下的一个定向如下: 对属于 V 的已给定向的每一标架 $(\boldsymbol{v}_1, \cdots, \boldsymbol{v}_k)$, 那么使得 $\alpha(\boldsymbol{e}_i) = \boldsymbol{v}_i$ 对每个 i 成立的线性同构 $\alpha: \mathbf{R}^k \to V$ 是 V 上的一个坐标卡. 并且可以验证两个这样的坐标卡是正交叠的, 因而所有这种指派的集合就是 V 在当前意义下的一个定向.

一、$\mathbf{R}^n$ 中的 1 维、$n-1$ 维及 n 维的定向流形

在某些特定的维数下, 定向有一种很容易描述的几何解释. 当 k 等于 $1, n-1$ 或 n 时就会出现这种情况. 在 $k=1$ 的情况下, 可以用切向量场表示定向, 我们现在就来说明这一点.

定义 令 M 是 $\mathbf{R}^n$ 中的一个 1 维定向流形. 在 M 上定义一个相应的单位切向量场如下: 给定点 $\boldsymbol{p} \in M$, 在 M 上选取 $\boldsymbol{p}$ 点的一个属于给定定向的坐标卡

$\alpha: U \to V$. 定义

$$T(\boldsymbol{p}) = (\boldsymbol{p}; D\alpha(t_0)/||D\alpha(t_0)||),$$

其中 t_0 是使得 $\alpha(t_0) = \boldsymbol{p}$ 的参数值. 则将 T 称为对应于 M 的定向的单位切向量场.

注意到 $(\boldsymbol{p}; D\alpha(t_0))$ 是曲线 α 相应于参数值 $t = t_0$ 的速度向量. 那么 $T(\boldsymbol{p})$ 就等于该向量除以它的长度.

现在我们说明 T 是完全确定的. 令 β 是 M 上包含 $\boldsymbol{p}$ 点的另一个属于 M 定向的坐标卡; 令 $\boldsymbol{p} = \beta(t_1)$ 并且 $g = \beta^{-1} \circ \alpha$. 那么 g 是 t_0 的一个邻域与 t_1 的一个邻域之间的微分同胚, 并且有

$$D\alpha(t_0) = D(\beta \circ g)(t_0) = D\beta(t_1) \cdot Dg(t_0).$$

现在 $Dg(t_0)$ 是个 1×1 矩阵. 因为 g 是保持定向的, 所以 $Dg(t_0) > 0$. 于是

$$D\alpha(t_0)/||D\alpha(t_0)|| = D\beta(t_1)/||D\beta(t_1)||.$$

由此可知向量场 T 是 C^∞ 的, 因为 $t_0 = \alpha^{-1}(\boldsymbol{p})$ 是 $\boldsymbol{p}$ 的 C^∞ 函数并且 $D\alpha(t)$ 是 t 的 C^∞ 函数.

例 1 给定一个 1 维定向流形 M 及其相应的单位切向量场 T. 我们常常用在 M 上画箭头的办法来表示 T 的方向. 因而一个 1 维定向流形就产生一条微积分中所说的有向曲线, 参看图 34.1.

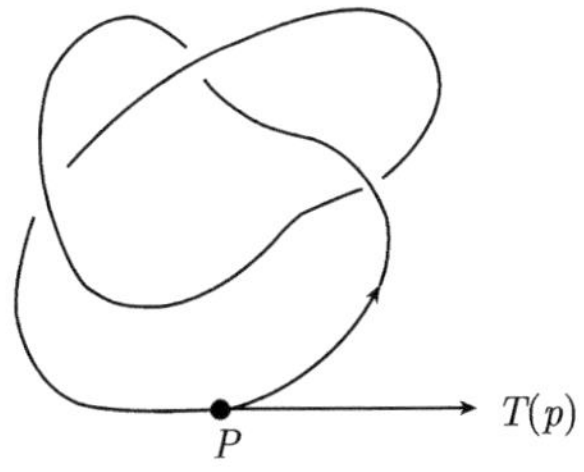

图 34.1

如果 M 有非空的边界则会产生困难. 在图 34.2 中表明了问题所在, 其中 ∂M 由两点 $\boldsymbol{p}$ 和 $\boldsymbol{q}$ 组成. 如果 $\alpha: U \to V$ 是包含 M 的边界点 $\boldsymbol{p}$ 的一个坐标卡, 那么 U 是 $\boldsymbol{H}^1$ 中的开集就意味着相应的单位切向量 $T(\boldsymbol{p})$ 必然从 $\boldsymbol{p}$ 指向 M 内. 类似地, $T(\boldsymbol{q})$ 从 $\boldsymbol{q}$ 指向 M 内. 在所指出的 1 维流形上无法定义 M 上的一个单位切向量场使它在 $\boldsymbol{p}$ 点和 $\boldsymbol{q}$ 点均指向 M 内. 因而 M 应是不可定向的. 无疑这是一种反常情况.

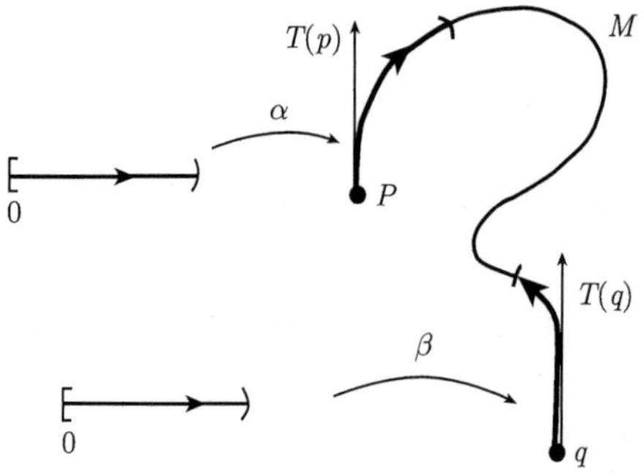

图 34.2

如果允许坐标卡的定义域是 $\mathbf{R}^1, \mathbf{H}^1$ 或左半直线 $\mathbf{L}^1 = \{x|x \leqslant 0\}$ 中的开集, 那么问题就不会出现. 有了这个附加的自由度, 就容易用正交叠的坐标卡来覆盖上例中的流形. 图 34.3 中表示出了三个这样的坐标卡.

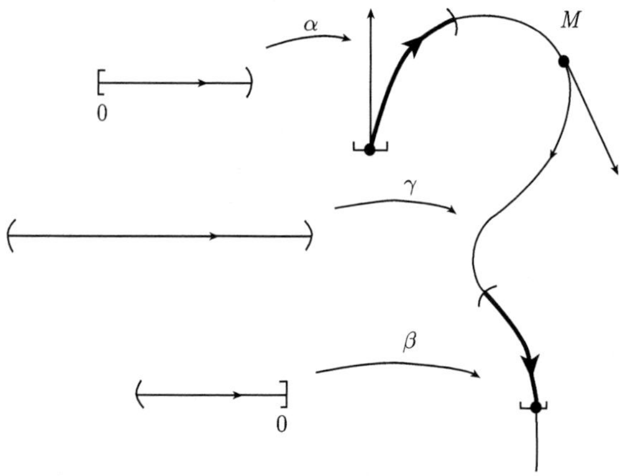

图 34.3

鉴于上面的例子, 今后特作如下约定.

约定　在 M 是一维流形的情况下, 将允许 M 上的坐标卡的定义域是 $\mathbf{R}^1, \mathbf{H}^1$ 或 $\mathbf{L}^1$ 中的开集.

在附加了这个额外自由度的情况下, 每个 1 维流形都是可定向的. 对于这个事实我们将不予证明.

现在我们来考虑 M 是 $\mathbf{R}^n$ 中的 $n-1$ 维流形的情况. 在该情况下, 可以用 M 的单位法向量场来表示 M 的定向.

定义　令 M 是 $\mathbf{R}^n$ 中的一个 $n-1$ 维流形. 若 $\boldsymbol{p} \in M$, 令 $(\boldsymbol{p}, \boldsymbol{n})$ 是 n 维向量空间 $\mathcal{T}_{\boldsymbol{p}}(\mathbf{R}^n)$ 中的一个垂直于 $n-1$ 维线性子空间 $\mathcal{T}_{\boldsymbol{p}}(M)$ 的单位向量. 那么不计符号, $\boldsymbol{n}$ 是唯一确定的. 给定 M 的一个定向, 在 M 上选取包含 $\boldsymbol{p}$ 点的一个属于该

定向的坐标卡, 令 $\alpha(\boldsymbol{x})=\boldsymbol{p}$. 那么矩阵 $D\alpha(\boldsymbol{x})$ 的各列 $\dfrac{\partial\alpha}{\partial x_i}$ 构成 M 在 $\boldsymbol{p}$ 点的切空间的一个基

$$(\boldsymbol{p};\partial\alpha/\partial x_1),\cdots,(\boldsymbol{p};\partial\alpha/\partial x_{n-1}).$$

我们通过要求标架

$$(\boldsymbol{n},\partial\alpha/\partial x_1,\cdots,\partial\alpha/\partial x_{n-1})$$

为右手系, 即矩阵 $[\boldsymbol{n}\quad D\alpha(\boldsymbol{x})]$ 的行列式值为正来指派 $\boldsymbol{n}$ 的符号. 在后面的一节中我们将证明 $\boldsymbol{n}$ 是完全确定的, 并不依赖于 α 的选取, 而且所得到的函数 $\boldsymbol{n}(\boldsymbol{p})$ 是 C^∞ 的. 向量场 $N(\boldsymbol{p})=(\boldsymbol{p};\boldsymbol{n}(\boldsymbol{p}))$ 称作 M 相应于其定向的单位法向量场.

例 2 现在给出一个不可定向的流形的例子. 在图 34.4 中所画出的 $\mathbf{R}^3$ 中的 2 维流形没有连续的单位法向量场. 你可使自己相信这个事实. 该流行称为 Möbius 带.

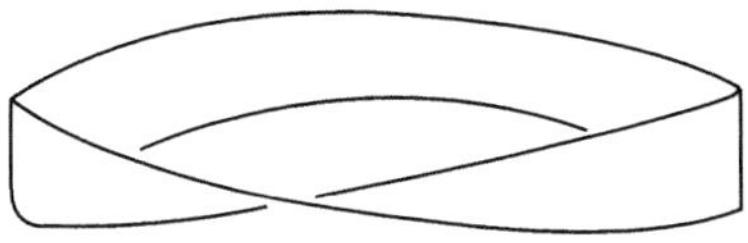

图 34.4

例 3 不可定向 2 维流形的另一个例子是 Klein 瓶. 在 $\mathbf{R}^3$ 中它可以画成图 34.5 所示的自相交曲面. 我们可以像图 34.5 中所表示的那样把 K 看作是通过移动圆周扫描出的曲面. 在 $\mathbf{R}^4$ 中可以将 K 表示成一个不自交的 2 维流形如下：令圆从 C_0 的位置开始, 依次移动到 C_1,C_2 等等. 从位于 $\mathbf{R}^4$ 的子空间 $\mathbf{R}^3\times 0$ 中的圆开始, 当它从 C_0 移到 C_1 等位置时, 让它保留在 $\mathbf{R}^3\times 0$ 中, 然而当圆趋于临界位置时, 也就是当它将要与已产生的曲面部分相交时, 让它逐渐上升到 $\mathbf{R}^3\times\mathbf{H}^1_+$ 中, 直到越过临界位置. 然后慢慢下降, 回到 $\mathbf{R}^3\times 0$ 中并且沿其路线继续下去!

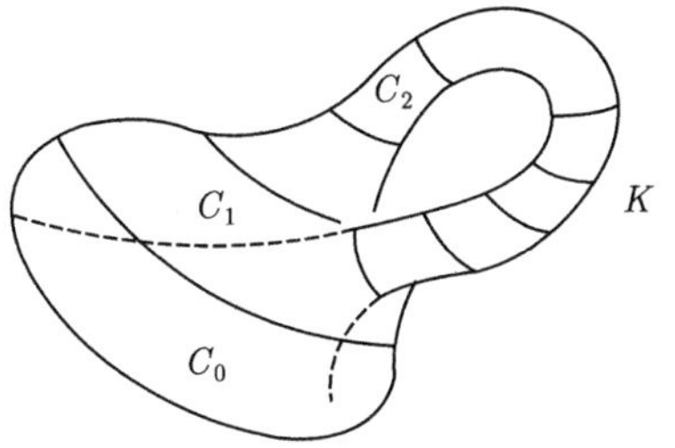

图 34.5

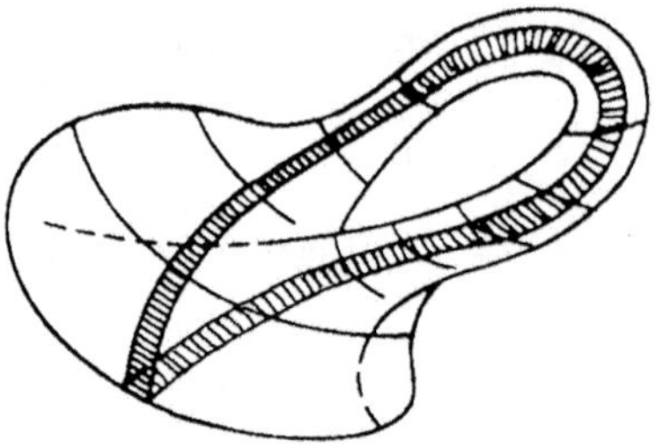

图 34.6

为了看出 K 是不可定向的, 只需注意到 K 包含一个 Möbius 带的拷贝, 参看图 34.6. 若 K 是可定向的, 那么 M 就应该是可定向的 (取 M 上与属于 K 的定向的坐标卡正交叠的所有坐标卡).

最后来考虑 $\mathbf{R}^n$ 中的 n 维流形的情况. 在此情况下, M 不仅是可定向的, 而且它实际上有一个“自然的”定向.

定义　令 M 是 $\mathbf{R}^n$ 中的一个 n 维流形. 若 $\alpha: U \to V$ 是 M 上的一个坐标卡, 那么 $D\alpha$ 是一个 $n \times n$ 矩阵. 定义 M 上的自然定向是由 M 上所有使得 $\det D\alpha > 0$ 的坐标卡组成的. 容易看出两个这样的坐标卡是正交叠的.

我们必须证明 M 可由这样的坐标卡覆盖. 给定 $\boldsymbol{p} \in M$, 令 $\alpha: U \to V$ 是包含 $\boldsymbol{p}$ 点的坐标卡. 现在 U 是 $\mathbf{R}^n$ 中或 $\mathbf{H}^n$ 中的开集: 必要时通过收缩 U, 则可以假设 U 为 ε 开球或者是 ε 开球与 $\mathbf{H}^n$ 的交. 无论在哪种情况下, U 都是连通的, 因而在整个 U 上, $\det D\alpha$ 要么是正的, 要么是负的. 若为前者, 则 α 就是我们所要求的包含 $\boldsymbol{p}$ 点的坐标卡; 若为后者, 则 $\alpha \circ r$ 便是我们所期望的包含 $\boldsymbol{p}$ 点的坐标卡, 其中 $r: \mathbf{R}^n \to \mathbf{R}^n$ 是映射

$$r(x_1, x_2, \cdots, x_n) = (-x_1, x_2, \cdots, x_n).$$

二、流形的相反定向

令 $r: \mathbf{R}^n \to \mathbf{R}^n$ 是反射映射

$$r(x_1, x_2, \cdots, x_n) = (-x_1, x_2, \cdots, x_n).$$

它是其自身的逆. 当 $k > 1$ 时, 映射 r 将 $\mathbf{H}^k$ 映射到 $\mathbf{H}^k$, 而 $k = 1$ 时它将 $\mathbf{H}^1$ 映射为左半直线 $\mathbf{L}^1$.

定义　令 M 是 $\mathbf{R}^m$ 中的一个 k 维定向流形. 如果 $\alpha_i: U_i \to V_i$ 是 M 上的属于 M 定向的坐标卡, 而令 β_i 是坐标卡

$$\beta_i = \alpha_i \circ r: r(U_i) \to V_i.$$

那么 β_i 负交叠于 α_i. 因而它不属于 M 的定向. 然而可以验证各坐标卡 β_i 是互相正交叠的, 因而它们构成 M 的一个定向, 并且称之为由坐标卡 α_i 确定的定向的逆定向或相反定向.

由此可知, 每个 k 维流形至少有两个定向 —— 给定的定向及其相反的定向. 如果 M 是连通的, 那么它只有两个定向 (参看习题). 否则它有两个以上的定向. 例如图 34.7 中所画出的 1 维流形有如图所示的四种定向.

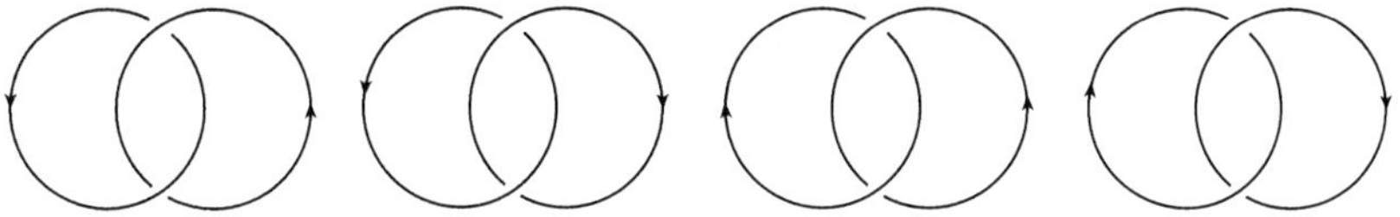

图 34.7

我们注意到, 如果 M 是 1 维定向流形并带有相应的切向量场, 那么反转 M 的定向将导致以 $-T$ 代替 T. 因为若 $\alpha: U \to V$ 是一个属于 M 的定向的坐标卡, 则 $\alpha \circ r$ 属于相反定向. 因为 $(\alpha \circ r)(t) = \alpha(-t)$, 所以 $d(\alpha \circ r)/dt = -d\alpha/dt$.

类似地, 若 M 是 $\mathbf{R}^n$ 中的 $n-1$ 维定向流形并且带有相应的法向量场, 那么反转 M 的定向则导致以 $-N$ 代替 N. 因为若 $\alpha: U \to V$ 属于 M 的定向, 则 $\alpha \circ r$ 属于相反定向. 于是

$$\frac{\partial(\alpha \circ r)}{\partial x_1} = -\frac{\partial \alpha}{\partial x_1}, \quad \frac{\partial(\alpha \circ r)}{\partial x_i} = \frac{\partial \alpha}{\partial x_i} \ (i > 1).$$

而且, 两个标架

$$\left(\boldsymbol{n}, \frac{\partial \alpha}{\partial x_1}, \frac{\partial \alpha}{\partial x_2}, \cdots, \frac{\partial \alpha}{\partial x_{n-1}}\right) \text{和} \left(-\boldsymbol{n}, -\frac{\partial \alpha}{\partial x_1}, \frac{\partial \alpha}{\partial x_2}, \cdots, \frac{\partial \alpha}{\partial x_{n-1}}\right)$$

之中的一个是右手系, 当且仅当另一个也是右手系. 因而如果 n 对应于坐标卡 α, 那么 $-\boldsymbol{n}$ 则对应于坐标卡 $\alpha \circ r$.

三、∂M 的诱导定向

定理 34.1 令 $k > 1$. 如果 M 是一个带非空边界的 k 维可定向流形, 那么 ∂M 是可定向的.

证明 令 $\boldsymbol{p} \in \partial M$, 而 $\alpha: U \to V$ 是一个包含 $\boldsymbol{p}$ 点的坐标卡. 那么在 ∂M 上有一个相应的坐标卡 α_0, 它是通过限制 α 而得到的 (参看 §24) 正式叙述是, 若将 $b: \mathbf{R}^{k-1} \to \mathbf{R}^k$ 定义为

$$b(x_1, \cdots, x_{k-1}) = (x_1, \cdots, x_{k-1}, 0),$$

那么 $\alpha_0 = \alpha \circ b$.

我们来证明如果 α 和 β 是两个包含 $\boldsymbol{p}$ 点且正交叠的坐标卡, 那么它们的限制 α_0 和 β_0 也是包含 $\boldsymbol{p}$ 点并且正交叠的. 令 $g: W_0 \to W_1$ 是转移函数 $g = \beta^{-1} \circ \alpha$, 其中 W_0 和 W_1 是 $\mathbf{H}^k$ 中的开集. 那么 $\det Dg > 0$, 参看图 34.8.

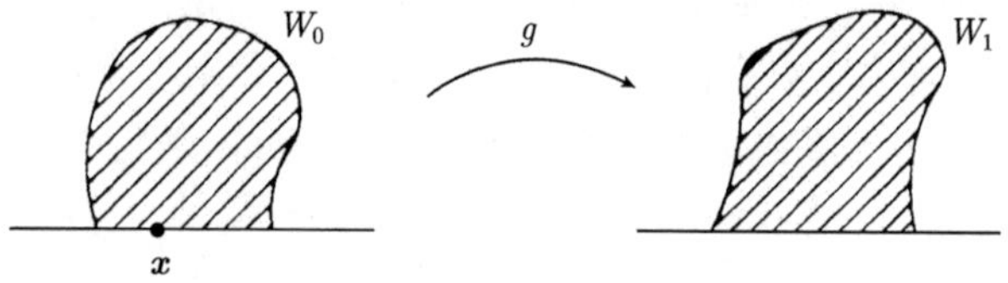

图 34.8

于是如果 $\boldsymbol{x} \in \partial\mathbf{H}^k$, 那么 g 在 $\boldsymbol{x}$ 点的导数矩阵 Dg 的最后一行是

$$Dg_k = [0 \cdots 0 \ \partial g_k/\partial x_k],$$

其中 $\partial g_k/\partial x_k \geqslant 0$. 因为如果在 $\boldsymbol{x}$ 点对于变量 $x_1, \cdots, x_{k-1}$ 中的任何一个被赋与一个增量时, g_k 的值都不改变; 而当对变量 x_k 赋与一个正的增量时, g_k 的将增加. 由此可知, 当 $j < k$ 时 $\partial g_k/\partial x_j$ 为零, 而当 $j = k$ 时, $\partial g_k/\partial x_k$ 是非负的.

因为 $\det Dg \neq 0$, 由此可知, 在 $\partial\mathbf{H}^k$ 的每一点 $\boldsymbol{x}$ 处 $\partial g_k/\partial x_k > 0$. 其次因为 $\det Dg > 0$, 那么由此可知

$$\det \frac{\partial(g_1, \cdots, g_{k-1})}{\partial(x_1, \cdots, x_{k-1})} > 0.$$

但这个矩阵恰好是 ∂M 上的坐标卡 α_0 和 β_0 的转移函数的导数. □

上述定理的证明说明, 给定 M 的一个定向, 只需取属于 M 定向的坐标卡的限制即可得到 ∂M 的一个定向. 然而这种定向并不总是我们想要的定向. 于是我们给出下列定义.

定义　令 M 是带有非空边界的 k 维可定向流形. 给定 M 的一个定向, 那么 ∂M 的相应诱导定向可定义如下: 如果 k 是偶数, 那么诱导定向就是简单限制属于 M 定向的坐标卡而得到的定向; 若 k 为奇数, 那么诱导定向是用这种办法所得 ∂M 的定向的相反定向.

例 4　2 维球面 S^2 和环面 T 都是可定向的 2 维流形. 因为它们都是 $\mathbf{R}^3$ 中某个 3 维可定向流形的边界. 一般, 如果 M 是 $\mathbf{R}^3$ 中一个自然定向的 3 维流形, 那么关于 ∂M 的诱导定向我们知道些什么呢? 原来, ∂M 上从 3 维流形指向外侧的单位法向量场就是 ∂M 的定向. 在这里我们给出一个非正式的论证用以说明这种说法是合理的, 而正式证明留待后面某节中进行.

给定 M, 令 $\alpha: U \to V$ 是 M 上属于 M 的自然定向且包含 ∂M 的点 $\boldsymbol{p}$ 的一个坐标卡. 那么映射

$$(\alpha \circ b)(\boldsymbol{x}) = \alpha(x_1, x_2, 0)$$

给出 ∂M 上的包含 $\boldsymbol{p}$ 点的限制坐标卡. 因为 $\dim M = 3$ 为奇数, 所以 ∂M 的诱导定向与通过限制 M 上的坐标卡所得到的定向是相反的. 因而与 M 的诱导定向相应的 ∂M 的法向量场 $N = (\boldsymbol{p}; \boldsymbol{n})$ 满足标架 $(-\boldsymbol{n}, \partial\alpha/\partial x_1, \partial\alpha/\partial x_2)$ 是右手系的条件.

另一方面, 因为 M 是自然定向的, 所以 $\det D\alpha > 0$. 由此可知 $\left(\dfrac{\partial\alpha}{\alpha x_3}, \dfrac{\partial\alpha}{\partial x_1}, \dfrac{\partial\alpha}{\partial x_2}\right)$ 为右手系. 因而 $-\boldsymbol{n}$ 和 $\dfrac{\partial\alpha}{\partial x_3}$ 位于 M 在 $\boldsymbol{p}$ 点的切平面的同一侧. 因为 $\dfrac{\partial\alpha}{\partial x_3}$ 指向 M 的内部, 所以向量 $\boldsymbol{n}$ 指向 M 的外面, 参看图 34.9.

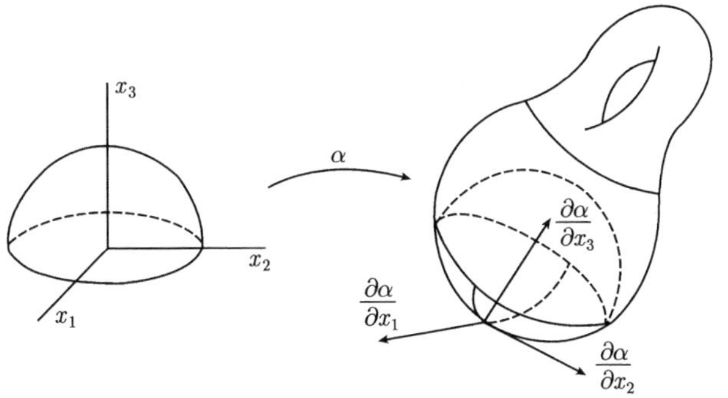

图 34.9

例 5 令 M 是 $\mathbf{R}^3$ 中的一个带非空边界的 2 维流形. 如果 M 是定向的, 我们来给出 ∂M 的诱导定向. 令 N 是 M 上与 M 的定向相应的单位法向量场; 令 T 是与 ∂M 的诱导定向相应的 ∂M 的单位切向量场. 那么 N 与 T 之间的关系如何?

对此我们作出如下的断言: 对于每一点 $\boldsymbol{p} \in \partial M$, 给出 N 和 T. 令 $W(\boldsymbol{p})$ 是垂直于 $N(\boldsymbol{p})$ 和 $T(\boldsymbol{p})$ 的单位向量, 并且选取 $W(\boldsymbol{p})$ 使得 $(N(\boldsymbol{p}), T(\boldsymbol{p}), W(\boldsymbol{p}))$ 成为右手系. 那么 $W(\boldsymbol{p})$ 在 $\boldsymbol{p}$ 点切于 M 并且从 ∂M 指向 M 内.

(在微积分学的 Stokes 定理中通常将它们的关系描述为: “N 和 T 的关系是这样的, 当你按 T 所指的方向沿 ∂M 行走并且使你的头朝向 N 的指向时, 流形 M 始终在你的左边.” 而我们在这里的表述方式比微积中的描述更准确. 参看图 34.10.)

为了验证上述论断, 令 $\alpha : U \to V$ 是 M 上的一个包含 ∂M 的 p 点的坐标卡, 并且属于 M 的定向. 那么坐标卡 $\alpha \circ b$ 属于 ∂M 的定向 (注意到 $\dim M = 2$ 是偶数). 向量 $\dfrac{\partial\alpha}{\partial x_1}$ 表示参数曲线 $\alpha \circ b$ 的速度向量, 因此由定义, 它的指向与单位切向量 T 相同.

另一方面, 向量 $\dfrac{\partial\alpha}{\partial x_2}$ 是以 ∂M 的点 $\boldsymbol{p}$ 为起点并且当参数 t 增加时进入到 M 内的参数曲线的速度向量. 因而由定义, 它从 $\boldsymbol{p}$ 点指向 M 内. 现在 $\dfrac{\partial\alpha}{\partial x_2}$ 未必垂直

于 M. 但是可以选取一个 λ 值使得向量 $\boldsymbol{w} = \dfrac{\partial\alpha}{\partial x_2} + \lambda\dfrac{\partial\alpha}{\partial x_1}$ 垂直于 $\dfrac{\partial\alpha}{\partial x_1}$, 从而垂直于 T. 此时 $\boldsymbol{w}$ 也将指向 M 内, 置 $W(\boldsymbol{p}) = (\boldsymbol{p}; \boldsymbol{w}/||\boldsymbol{w}||)$

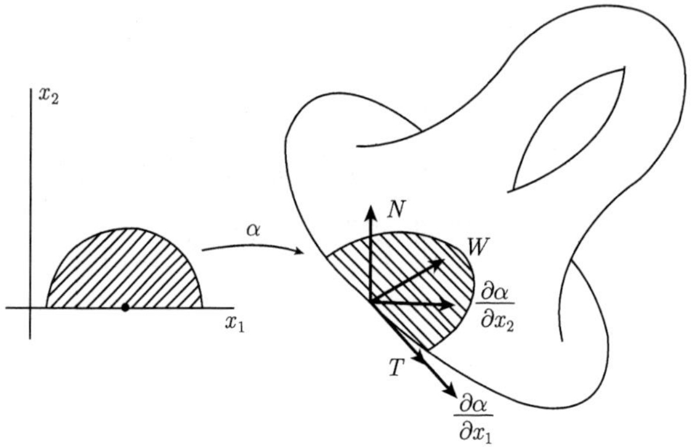

图 34.10

最后, 由定义向量 $N(\boldsymbol{p}) = (\boldsymbol{p}; \boldsymbol{n})$ 是 M 在 $\boldsymbol{p}$ 点的法向量并且使得标架 $\left(\boldsymbol{n}, \dfrac{\partial\alpha}{\partial x_1}, \dfrac{\partial\alpha}{\partial x_2}\right)$ 为右手系. 由直接计算得

$$\det\left[\boldsymbol{n}\ \frac{\partial\alpha}{\partial x_1}\ \frac{\partial\alpha}{\partial x_2}\right] = \det\left[\boldsymbol{n}\ \frac{\partial\alpha}{\partial x_1}\ \boldsymbol{w}\right].$$

由此可知标架 (N, T, W) 为右手系.

习　题

1. 令 M 是 $\mathbf{R}^n$ 中的一个 n 维流形. 令 α, β 是 M 上的坐标卡并且使得 $\det D\alpha > 0, \det D\beta > 0$. 证明如果 α 和 β 确实相交, 那么它们是正交叠的.

2. 令 M 是 $\mathbf{R}^n$ 中的一个 k 维流形, 而且 α, β 是 M 上的坐标卡. 证明如果 α 和 β 是正交叠的, 那么 $\alpha \circ r$ 和 $\beta \circ r$ 也是正交叠的.

3. 令 M 是 $\mathbf{R}^2$ 中的一个与单位切向量场 T 相应的 1 维定向流形. 试描述与 M 的定向相应的单位法向量场.

4. 令 C 是 $\mathbf{R}^3$ 中由下式给出的柱面:

$$C = \{(x, y, z) | x^2 + y^2 = 1, 0 \leqslant z \leqslant 1\}.$$

通过申明由

$$\alpha(u, v) = (\cos 2\pi u, \sin 2\pi u, v)$$

给出的坐标卡 $\alpha : (0, 1)^2 \to C$ 属于 C 的定向而将 C 定向. 参看图 34.11. 试描述与 C 的这个定向相应的单位法向量场, 并且描述相应于 ∂C 的诱导定向的单位切向量场.

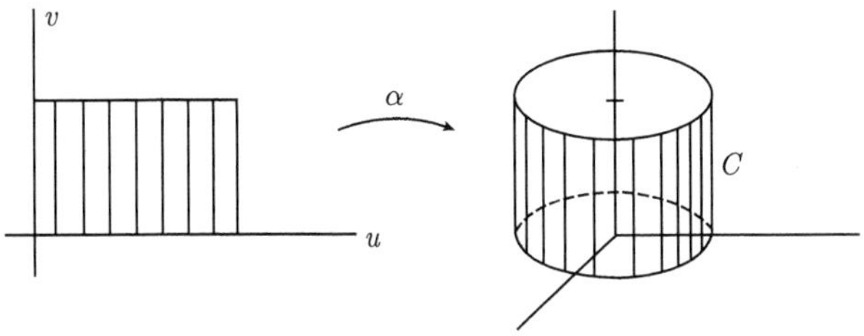

图 34.11

5. 令 M 是在图 34.12 中所画出的 $\mathbf{R}^2$ 中自然定向的 2 维流形. ∂M 的诱导定向对应于一个单位切向量场, 试描述该向量场. ∂M 的诱导定向还对应于一个单位法向量场, 试描述之.

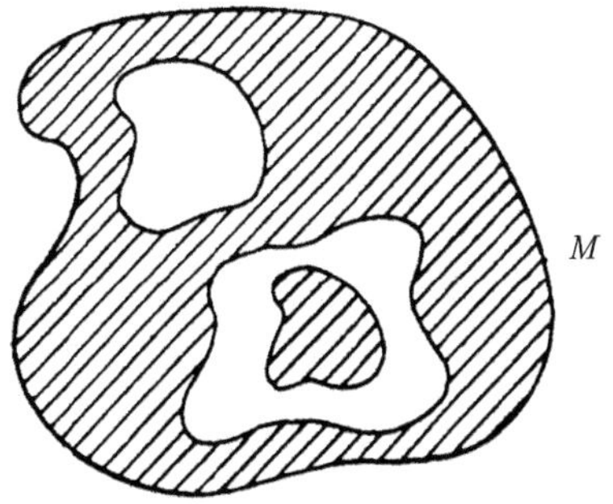

图 34.12

6. 证明: 如果 M 是 $\mathbf{R}^n$ 中的一个可定向的连通 k 维流形, 那么 M 恰有两个定向如下: 选取 M 的一个定向, 它是由一族坐标卡 $\{\alpha_i\}$ 组成的. 令 $\{\beta_j\}$ 是 M 的任意一个定向. 给定 $\boldsymbol{x} \in M$, 选取包含 $\boldsymbol{x}$ 的坐标卡 α_i 和 β_j, 并且当它们在 $\boldsymbol{x}$ 点正交叠时定义 $\lambda(\boldsymbol{x}) = 1$, 而且它们在 $\boldsymbol{x}$ 点负交叠时定义 $\lambda(\boldsymbol{x}) = -1$.

(a) 证明 $\lambda(\boldsymbol{x})$ 是完全确定的而不依赖于 α_i 和 β_j 的选取.

(b) 证明 λ 是连续的.

(c) 证明 λ 为常数.

(d) 证明当 λ 恒等于 -1 时, $\{\beta_j\}$ 给出与 $\{\alpha_i\}$ 相反的定向, 而当 λ 恒等于 1 时则给出相同的定向.

7. 令 M 是 $\mathbf{R}^3$ 中由满足 $1 \leqslant \|\boldsymbol{x}\| \leqslant 2$ 的所有 $\boldsymbol{x}$ 组成的 3 维流形. 将 M 自然定向. 试描述与 ∂M 的诱导定向相应的单位法向量场.

8. 令 $B^n = B^n(1)$ 是 $\mathbf{R}^n$ 中的单位球并且赋与了自然定向. 令 $S^{n-1} = \partial B^n$ 带有诱导的定向. 那么由等式

$$\alpha(\boldsymbol{u}) = (\boldsymbol{u}, [1 - \|\boldsymbol{u}\|^2]^{1/2})$$

给出的坐标卡 $\alpha : \operatorname{Int} B^{n-1} \to S^{n-1}$ 属于 S^{n-1} 的定向吗? 向坐标卡

$$\beta(\boldsymbol{u}) = (\boldsymbol{u}, -[1 - \|\boldsymbol{u}\|^2]^{1/2})$$

是否属于该定向?

§35. 定向流形上形式的积分

现在我们来定义一个 k 形式 ω 在 k 维定向流形上的积分. 这种积分的程序非常类似于 §25 中一个标量函数在流形上的积分过程. 因此我们将略去某些细节.

首先考虑 ω 的支集能由单个坐标卡覆盖的情况.

定义 令 M 是 $\mathbf{R}^n$ 中的一个定向的 k 维紧流形. 令 ω 是在 $\mathbf{R}^n$ 的一个包含 M 的开集上定义的 k 形式. 令 $C = M \cap (\operatorname{supp}\omega)$, 那么 C 是紧的. 假设在 M 上有一个属于 M 定向的坐标卡 $\alpha : U \to V$ 使得 $C \subset V$. 必要时通过用较小的开集代替 U, 那么可以假设 U 是有界的. 我们把 ω 在 M 上的积分定义为

$$\int_M \omega = \int_{\operatorname{Int} U} \alpha^* \omega.$$

其中当 U 是 $\mathbf{R}^k$ 中的开集时, $\operatorname{Int} U = U$, 而当 U 是 $\mathbf{H}^k$ 中的开集但不是 $\mathbf{R}^k$ 中的开集时, $\operatorname{Int} U = U \cap \mathbf{H}^k_+$.

首先我们注意到这个积分作为常义积分存在, 因而作为广义积分是存在的. 因为 α 能够扩张成在 $\mathbf{R}^k$ 的一个开集 U' 上的定义的 C^∞ 映射, $\alpha^*\omega$ 能够扩张成 U' 上的一个 C^∞ 形式. 并且该形式可以写成 $h dx_1 \wedge \cdots \wedge dx_k$, 其中 h 是 U' 上的一个 C^∞ 标量函数. 因而由定义

$$\int_{\operatorname{Int} U} \alpha^* \omega = \int_{\operatorname{Int} U} h.$$

函数 h 在 U 上是连续的而且在紧集 $\alpha^{-1}(C)$ 之外为零, 从而 h 在 U 上是有界的. 如果 U 是 $\mathbf{R}^k$ 中的开集, 那么 h 在 $\operatorname{Bd}U$ 的每一点附近为零; 如果 U 不是 $\mathbf{R}^k$ 中的开集, 那么 h 在 $\operatorname{Bd}U$ 的不在 $\partial\mathbf{H}^k$ 中的每一点附近为零 (而这些点构成 $\mathbf{R}^k$ 中的一个零测度集). 无论在哪种情况下, h 在 U 上都是可积的, 从而在 $\operatorname{Int} U$ 上可积, 参看图 35.1.

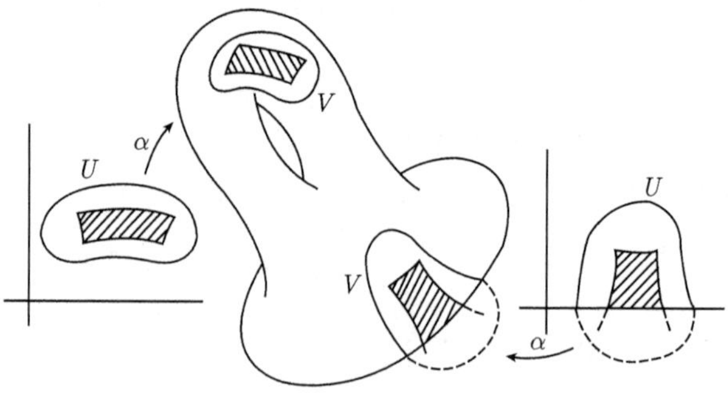

图 35.1

其次我们注意到积分 $\int_M \omega$ 是完全确定的而不依赖于坐标卡 α 的选取. 其证明完全类似于引理 25.1 的证明. 这里要用到转移函数保持定向的附加条件. 因而定理 33.1 所给出的公式中的符号为"正号".

第三, 我们指出这个积分是线性的. 更确切地说, 如果 ω 和 η 的支集与 M 的交能被属于 M 定向的单个坐标卡 $\alpha: U \to V$ 所覆盖, 那么

$$\int_M a\omega + b\eta = a\int_M \omega + b\int_M \eta.$$

这一结果可从 α^* 和 $\int_{\operatorname{Int} U}$ 均为线性的事实立即得出.

最后我们注意到, 若以 $-M$ 表示流形 M 带有相反的定向, 那么

$$\int_{-M} \omega = -\int_M \omega.$$

这个结果从定理 33.1 得出.

为了一般地定义 $\int_M \omega$, 则要用到单位分解.

定义 令 M 是 $\mathbf{R}^n$ 中的一个定向的 k 维紧流形, 而 ω 是在 $\mathbf{R}^n$ 的一个包含 M 的开集上定义的 k 形式. 用属于 M 定向的坐标卡覆盖 M, 则可在 M 上选取一个单位分解 $\phi_1, \cdots, \phi_\ell$, 并且它是从属于 M 上的这族坐标卡的, 参看引理 35.2. 我们把 ω 在 M 上的积分定义为

$$\int_M \omega = \sum_{i=1}^{\ell}\left[\int_M \phi_i \omega\right].$$

当 ω 的支集可由单个坐标卡覆盖时这个定义与先前的定义一致的事实可以从前面积分的线性性质和

$$\omega(\boldsymbol{x}) = \sum_{i=1}^{\ell} \phi_i(\boldsymbol{x})\, \omega(\boldsymbol{x})$$

对每个 $\boldsymbol{x} \in M$ 成立的事实得出. 积分不依赖于单位分解的选取这一事实可以用对积分 $\int_M f dV$ 使用过的论证方法得出. 下列定理也可直接得出.

定理 35.1 令 M 是 $\mathbf{R}^n$ 中的一个定向的 k 维紧流形, 而 ω 和 η 是在 $\mathbf{R}^n$ 的一个包含 M 的开集上定义的 k 形式. 那么

$$\int_M (a\omega + b\eta) = a\int_M \omega + b\int_M \eta.$$

如果 $-M$ 表示 M 带有相反的定向, 那么

$$\int_{-M} \omega = -\int_M \omega. \qquad \square$$

积分的这种定义对于理论研究来说是适宜的, 但并不适合于计算. 像在积分 $\int_M f\mathrm{d}V$ 的情况那样, 求积分 $\int_M \omega$ 的实际作法就是将 M 分片, 分别在各片上积分, 然后再把结果相加. 我们把这种作法正式叙述为一个定理.

*** 定理 35.2** 令 M 是 $\mathbf{R}^n$ 中的一个定向的 k 维紧流形, 而 ω 是在 $\mathbf{R}^n$ 的一个包含 M 的开集上定义的 k 形式. 假设 $\alpha_i : A_i \to M_i (i = 1, \cdots, N)$ 是 M 上的属于 M 定向的坐标卡并且使得 A_i 是 $\mathbf{R}^k$ 中的开集, 而且 M 是它的开子集 $M_1, \cdots, M_N$ 和 M 中的一个零测度集 K 的不交并. 那么

$$\int_M \omega = \sum_{i=1}^{N} \left[\int_{A_i} \alpha_i^* \omega \right].$$

证明 证明几乎是定理 25.4 的证明的拷贝. 另外它也可以从定理 25.4 和定理 36.2 得出, 其细节留给读者. □

习 题

1. 令 M 是 $\mathbf{R}^n$ 中的一个定向的 k 维紧流形, 而 ω 是在 $\mathbf{R}^n$ 的一个包含 M 的开集上定义的 k 形式.

(a) 证明在集合 $C = M \cap (\operatorname{supp} \omega)$ 能被单个坐标卡覆盖的情况下, 积分 $\int_M \omega$ 是完全确定的.

(b) 证明积分 $\int_M \omega$ 一般是完全确定的, 不依赖于单位分解的选取.

2. 证明定理 35.2.

3. 令 S^{n-1} 是 $\mathbf{R}^n$ 中的单位球面, 将它定向并且使得由

$$\alpha(\boldsymbol{u}) = (\boldsymbol{u}, [1 - ||\boldsymbol{u}||^2]^{1/2})$$

给出的坐标卡 $\alpha : A \to S^{n-1}$ 属于该定向, 其中 $A = \operatorname{Int} B^{n-1}$. 令 η 是下列 $n-1$ 形式

$$\eta = \sum_{i=1}^{n} (-1)^{i-1} f_i dx_1 \wedge \cdots \wedge \widehat{dx_i} \wedge \cdots \wedge dx_n$$

其中 $f_i(\boldsymbol{x}) = x_i / ||\boldsymbol{x}||^m$. 形式 η 在 $\mathbf{R}^n - \mathbf{0}$ 上有定义. 证明

$$\int_{S^{n-1}} \eta \neq 0$$

如下:

(a) 令 $\rho : \mathbf{R}^n \to \mathbf{R}^n$ 由下式给出:

$$\rho(x_1, \cdots, x_{n-1}, x_n) = (x_1, \cdots, x_{n-1}, -x_n).$$

令 $\beta = \rho \circ \alpha$. 证明 $\beta : A \to S^{n-1}$ 属于 S^{n-1} 的相反定向. [提示: 映射 $\rho : B^n \to B^n$ 是保持定向的.]

(b) 证明 $\beta^*\eta = -\alpha^*\eta$, 并且断定

$$\int_{S^{n-1}} \eta = 2\int_A \alpha^*\eta.$$

(c) 证明

$$\int_A \alpha^*\eta = \pm\int_A 1/[1-||u||^2]^{1/2} \neq 0.$$

*§36. 形式和积分的几何解释

一个 k 次形式在 k 维定向流形上的积分的概念看起来是很抽象的. 那么能否赋予它直观的意义呢? 在这里我们将讨论如何把它与流形上标量函数的积分联系起来. 而后者是一个更接近于几何直观的概念.

首先来探讨 $\mathbf{R}^n$ 中的交错张量与 $\mathbf{R}^n$ 中的体积函数之间的关系.

定理 36.1 令 W 是 $\mathbf{R}^n$ 的一个 k 维线性子空间, $(\boldsymbol{a}_1,\cdots,\boldsymbol{a}_k)$ 是 W 的一个 k 维规范正交标架, 而 f 是 W 上的一个 k 阶交错张量. 如果 $(\boldsymbol{x}_1,\cdots,\boldsymbol{x}_k)$ 是 W 中的任意一个 k 元组, 那么

$$f(\boldsymbol{x}_1,\cdots,\boldsymbol{x}_k) = \varepsilon V(\boldsymbol{x}_1,\cdots,\boldsymbol{x}_k) f(\boldsymbol{a}_1,\cdots,\boldsymbol{a}_k),$$

其中 $\varepsilon=\pm1$. 如果各 $\boldsymbol{x}_i$ 是线性无关的, 那么当两个标架 $(\boldsymbol{x}_1,\cdots,\boldsymbol{x}_k)$ 和 $(\boldsymbol{a}_1,\cdots,\boldsymbol{a}_k)$ 属于 W 的同一定向时 $\varepsilon=+1$, 否则 $\varepsilon=-1$.

如果各 $\boldsymbol{x}_i$ 是线性相关的, 那么由定理 21.3, $V(\boldsymbol{x}_1,\cdots,\boldsymbol{x}_k)=0$, 于是 ε 的值是无关紧要的.

证明 第一步. 若 $W=\mathbf{R}^k$, 那么定理成立. 在此情况下, k 阶张量 f 是行列式函数的倍数. 因而有一个标量 c 使得对 $\mathbf{R}^k$ 中的所有 k 元组 $(\boldsymbol{x}_1,\cdots,\boldsymbol{x}_k)$, 有

$$f(\boldsymbol{x}_1,\cdots,\boldsymbol{x}_k) = c\det[\boldsymbol{x}_1\cdots\boldsymbol{x}_k].$$

如果各 $\boldsymbol{x}_i$ 是线性相关的, 则由此可知 f 为零. 于是定理平凡地成立. 否则就有

$$f(\boldsymbol{x}_1,\cdots,\boldsymbol{x}_k) = c\det[\boldsymbol{x}_1\cdots\boldsymbol{x}_k] = c\varepsilon_1 V(\boldsymbol{x}_1,\cdots,\boldsymbol{x}_k),$$

其中当 $(\boldsymbol{x}_1,\cdots,\boldsymbol{x}_k)$ 为右手系时, $\varepsilon_1=+1$; 否则 $\varepsilon_1=-1$. 类似地

$$f(\boldsymbol{a}_1,\cdots,\boldsymbol{a}_k) = c\varepsilon_2 V(\boldsymbol{a}_1,\cdots,\boldsymbol{a}_k) = c\varepsilon_2,$$

其中当 $(\boldsymbol{a}_1,\cdots,\boldsymbol{a}_k)$ 为右手系时, $\varepsilon_2=+1$; 否则 $\varepsilon_2=-1$. 由此可得

$$f(\boldsymbol{x}_1,\cdots,\boldsymbol{x}_k) = \left(\frac{\varepsilon_1}{\varepsilon_2}\right) V(\boldsymbol{x}_1,\cdots,\boldsymbol{x}_k) f(\boldsymbol{a}_1,\cdots,\boldsymbol{a}_k),$$

其中若 $(\boldsymbol{x}_1,\cdots,\boldsymbol{x}_k)$ 和 $(\boldsymbol{a}_1,\cdots,\boldsymbol{a}_k)$ 属于 $\mathbf{R}^k$ 的同一定向, 则 $\varepsilon_1/\varepsilon_2=+1$; 否则 $\varepsilon_1/\varepsilon_2=-1$.

第二步. 证明定理普遍成立. 给定 W, 选取一个将 W 映射到 $\mathbf{R}^k\times\mathbf{0}$ 上的正交变换 $h:\mathbf{R}^n\to\mathbf{R}^n$. 令 $k:\mathbf{R}^k\times\mathbf{0}\to W$ 为其逆映射. 因为 f 是 W 上的交错张量, 所以它被映射成 $\mathbf{R}^k\times\mathbf{0}$ 上的一个交错张量 k^*f. 因为 $(h(\boldsymbol{x}_1),\cdots,h(\boldsymbol{x}_k))$ 是 $\mathbf{R}^k\times\mathbf{0}$ 中的 k 元组, 且 $(h(\boldsymbol{a}_1),\cdots,h(\boldsymbol{a}_k))$ 是 $\mathbf{R}^k\times\mathbf{0}$ 中的规范正交 k 元组, 故由第一步, 有

$$(k^*f)(h(\boldsymbol{x}_1),\cdots,h(\boldsymbol{x}_k))=\varepsilon V(h(\boldsymbol{x}_1),\cdots,h(\boldsymbol{x}_k))(k^*f)(h(\boldsymbol{a}_1),\cdots,h(\boldsymbol{a}_k)),$$

其中 $\varepsilon=\pm1$. 因为 V 是经正交变换不变的, 因而如所期望的那样可将这个等式写成

$$f(\boldsymbol{x}_1,\cdots,\boldsymbol{x}_k)=\varepsilon V(\boldsymbol{x}_1,\cdots,\boldsymbol{x}_k)f(\boldsymbol{a}_1,\cdots,\boldsymbol{a}_k).$$

现在假设各 $\boldsymbol{x}_i$ 是线性无关的, 那么各 $h(\boldsymbol{x}_i)$ 是线性无关的, 而且由第一步, 当且仅当 $(h(\boldsymbol{x}_1),\cdots,h(\boldsymbol{x}_k))$ 和 $(h(\boldsymbol{a}_1),\cdots,h(\boldsymbol{a}_k))$ 属于 $\mathbf{R}^k\times\mathbf{0}$ 的同一定向时才有 $\varepsilon=+1$. 由定义, 当且仅当 $(\boldsymbol{x}_1,\cdots,\boldsymbol{x}_k)$ 和 $(\boldsymbol{a}_1,\cdots,\boldsymbol{a}_k)$ 属于 W 的同一定向时这种情况才能发生. □

注意到从这个定理可知, 若 $(\boldsymbol{a}_1,\cdots,\boldsymbol{a}_k)$ 和 $(\boldsymbol{b}_1,\cdots,\boldsymbol{b}_k)$ 是 W 中的两个规范正交标架, 那么

$$f(\boldsymbol{a}_1,\cdots,\boldsymbol{a}_k)=\pm f(\boldsymbol{b}_1,\cdots,\boldsymbol{b}_k),$$

其中的符号依赖于两个标架是否属于 W 的同一定向.

定义　令 M 是 $\mathbf{R}^n$ 中的一个 k 维流形并且 $\boldsymbol{p}\in M$. 如果 M 是定向的, 那么 M 在 $\boldsymbol{p}$ 点的切空间有一个自然的诱导定向, 定义如下: 选取一个属于 M 定向且包含 $\boldsymbol{p}$ 点的坐标卡 $\alpha:U\to V$. 令 $\alpha(\boldsymbol{x})=\boldsymbol{p}$. $\mathcal{T}_{\boldsymbol{p}}(M)$ 中所有形如

$$(\alpha_*(\boldsymbol{x};\boldsymbol{a}_1),\cdots,\alpha_*(\boldsymbol{x};\boldsymbol{a}_k))$$

的 k 维标架的集合 (其中 $(\boldsymbol{a}_1,\cdots,\boldsymbol{a}_k)$ 是 $\mathbf{R}^k$ 中的右手标架) 称为由 M 的定向诱导的 $\mathcal{T}_{\boldsymbol{p}}(M)$ 的自然定向. 容易证明它是完全确定的, 不依赖于 α 的选取.

定理 36.2　令 M 是 $\mathbf{R}^n$ 中的一个定向的 k 维紧流形, 而 ω 是在 $\mathbf{R}^n$ 的一个包含 M 的开集上定义的 k 形式. 令 λ 是 M 上由下式定义的标量函数:

$$\lambda(\boldsymbol{p})=\omega(\boldsymbol{p})((\boldsymbol{p};\boldsymbol{a}_1),\cdots,(\boldsymbol{p};\boldsymbol{a}_k)),$$

其中 $((\boldsymbol{p};\boldsymbol{a}_1),\cdots,(\boldsymbol{p};\boldsymbol{a}_k))$ 是线性空间 $\mathcal{T}_{\boldsymbol{p}}(M)$ 中属于其自然定向的任何规范正交标架. 那么 λ 是连续的并且有

$$\int_M\omega=\int_M\lambda\mathrm{d}V.$$

证明 由线性性质, 只需考虑 ω 的支集能被属于 M 定向的单个坐标卡 $\alpha: U \to V$ 所覆盖的情况即可. 对于某个标量函数 h, 则有

$$\alpha^*\omega = h dx_1 \wedge \cdots \wedge dx_k.$$

令 $\alpha(\boldsymbol{x}) = \boldsymbol{p}$. 利用定理 36.1 对 $h(\boldsymbol{x})$ 作计算如下:

$$\begin{aligned} h(\boldsymbol{x}) &= (\alpha^*\omega)\ (\boldsymbol{x})\ ((\boldsymbol{x};\boldsymbol{e}_1),\cdots,(\boldsymbol{x};\boldsymbol{e}_k)) \\ &= \omega\ (\alpha(\boldsymbol{x}))\ (\alpha_*(\boldsymbol{x};\boldsymbol{e}_1),\cdots,\alpha_*(\boldsymbol{x};\boldsymbol{e}_k)) \\ &= \omega\ (\boldsymbol{p})\ ((\boldsymbol{p};\frac{\partial\alpha}{\partial x_1}),\cdots,(\boldsymbol{p};\frac{\partial\alpha}{\partial x_k})) \\ &= \pm V\ (D\alpha(\boldsymbol{x}))\ \lambda(\boldsymbol{p}), \end{aligned}$$

其中符号为“正号”是因为由定义, 标架

$$\left(\left(\boldsymbol{p};\frac{\partial\alpha}{\partial x_1}\right),\cdots,\left(\boldsymbol{p};\frac{\partial\alpha}{\partial x_k}\right)\right)$$

属于 $\mathcal{T}_{\boldsymbol{p}}(M)$ 的自然定向, 而 $V(D\alpha) \neq 0$ 是因为 $D\alpha$ 的秩为 k. 那么由于 $\boldsymbol{x} = \alpha^{-1}(\boldsymbol{p})$ 是 $\boldsymbol{p}$ 的连续函数, 所以

$$\lambda(\boldsymbol{p}) = h(\boldsymbol{x})/V(D\alpha(\boldsymbol{x}))$$

也是 $\boldsymbol{p}$ 的连续函数. 由此可知

$$\int_M \lambda \mathrm{d}V = \int_{\mathrm{Int}\,U} (\lambda\circ\alpha)V(D\alpha) = \int_{\mathrm{Int}\,U} h.$$

另一方面, 由定义得

$$\int_M \omega = \int_{\mathrm{Int}\,U} \alpha^*\omega = \int_{\mathrm{Int}\,U} h.$$

从而定理成立. □

这个定理告诉我们. 给定了在 $\mathbf{R}^n$ 中的一个包含 k 维定向紧流形 M 的开集上定义的 k 形式 ω, 则存在一个标量函数 λ(它实际上是 C^∞ 的) 使得

$$\int_M \omega = \int_M \lambda \mathrm{d}V.$$

其逆也成立, 但是证明却要困难的得多.

首先证明存在一个在包含 M 的开集上定义的 k 形式 ω_v 使得在 $\mathcal{T}_{\boldsymbol{p}}(M)$ 的属于其自然定向的任何规范正交基上 $\omega_v(\boldsymbol{p})$ 的值为 1. 那么若 λ 是 M 上的任何 C^∞ 函数, 都有

$$\int_M \lambda \mathrm{d}V = \int_M \lambda\omega_v.$$

因而 λ 在 M 上的积分可以解释为形式 $\lambda\omega_v$ 在 M 上的积分. ω_v 称为 M 的体积形式, 因为

$$\int_M \omega_v = \int_M \mathrm{d}V = v(M).$$

然而这种论证只适用于 M 是定向的情况. 如果 M 是不可定向的, 那么标量函数的积分有定义, 但形式的积分没有定义.

关于记号的说明. 有些数学家用符号 $\mathrm{d}V$ 来表示体积形式 ω_v, 而不用符号 $\mathrm{d}V$(参看 §22 中关于记号的说明). 然而这使前面的等式重复多余. 这种习惯可能会引起不易察觉的混乱, 因为 V 不是一个形式, 并且 d 在这里的叙述中并不表示微分算子!

习　题

令 M 是 $\mathbf{R}^n$ 中的一个 k 维流形, 且 $\boldsymbol{p} \in M$. 令 α 和 β 都是包含 $\boldsymbol{p}$ 点的坐标卡并且 $\alpha(\boldsymbol{x}) = \boldsymbol{p} = \beta(\boldsymbol{y})$. 令 $(\boldsymbol{a}_1, \cdots, \boldsymbol{a}_k)$ 是 $\mathbf{R}^k$ 中的一个右手标架. 如果 α 和 β 是正交叠的, 证明 $\mathbf{R}^k$ 中有一个右手标架 $(\boldsymbol{b}_1, \cdots, \boldsymbol{b}_k)$ 使得对每个 i 都有

$$\alpha_*(\boldsymbol{x}; \boldsymbol{a}_i) = \beta_*(\boldsymbol{y}; \boldsymbol{b}_i).$$

断定如果 M 是定向的, 那么 $\mathcal{T}_{\boldsymbol{p}}(M)$ 的自然定向是完全确定的.

§37.　广义 Stokes 定理

现在我们终于可以来论述作为我们全部工作之巅峰的广义 Stokes 定理了. 这是一个关于微分形式积分的普遍定理, 它包括向量积分运算的三个基本定理 —— Green 定理. Stokes 定理和散度定理作为它的特殊情况.

我们先从一个引理开始, 该引理在某种意义下是上述定理的一种非常特殊的情况. 令 I^k 表示 $\mathbf{R}^k$ 中的 k 维单位立方体:

$$I^k = [0,1]^k = [0,1] \times \cdots \times [0,1].$$

那么 $\operatorname{Int} I^k$ 就是开立方体 $(0,1)^k$, 而 $\operatorname{Bd} I^k$ 等于 $I^k - \operatorname{Int} I^k$.

引理 37.1　令 $k > 1$. 令 η 是在 $\mathbf{R}^k$ 的一个包含 k 维单位立方体 I^k 的开集上定义的 $k-1$ 形式. 假设 η 在 $\operatorname{Bb} I^k$ 的可能除去子集 $(\operatorname{Int} I^{k-1}) \times 0$ 的点之外的所有点上为零. 那么

$$\int_{\operatorname{Int} I^k} d\eta = (-1)^k \int_{\operatorname{Int} I^{k-1}} b^*\eta,$$

其中 $b : I^{k-1} \to I^k$ 是由下式定义的映射:

$$b(u_1, \cdots, u_{k-1}) = (u_1, \cdots, u_{k-1}, 0).$$

证明 用 $\boldsymbol{x}$ 表示 $\mathbf{R}^k$ 的一般点, 而用 $\boldsymbol{u}$ 表示 $\mathbf{R}^{k-1}$ 的一般点. 参看图 37.1. 给定 j 适合 $1 \leqslant j \leqslant k$, 令 I_j 表示 $k-1$ 元组

$$I_j = (1, \cdots, \hat{j}, \cdots, k).$$

那么 $\mathbf{R}^k$ 中的典型基本 $k-1$ 形式是

$$dx_{I_j} = dx_1 \wedge \cdots \wedge \widehat{dx_j} \wedge \cdots \wedge dx_k.$$

因为所涉及的积分是线性的而且算子 d 和 b^* 也是线性的, 所以只需在

$$\eta = f dx_{I_j}$$

的特殊情况下来证明引理就行了. 因而在本证明的剩余部分就假定 η 取这个值.

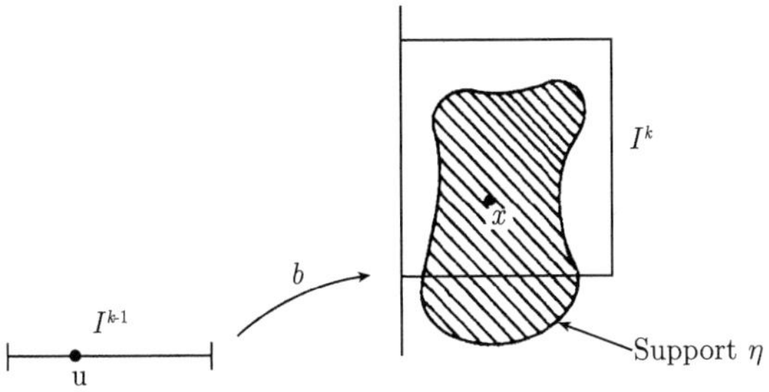

图 37.1

第一步. 计算下列积分

$$\int_{\operatorname{Int} I^k} d\eta.$$

由于

$$d\eta = df \wedge dx_{i_j} = (\sum_{i=1}^{k} D_i f dx_i) \wedge dx_{I_j} = (-1)^{j-1}(D_j f) dx_1 \wedge \cdots \wedge dx_k.$$

于是由 Fubini 定理得

$$\begin{aligned}\int_{\operatorname{Int} I^k} d\eta &= (-1)^{j-1} \int_{\operatorname{Int} I^k} D_j f = (-1)^{j-1} \int_{I^k} D_j f \\ &= (-1)^{j-1} \int_{\boldsymbol{v} \in I^{k-1}} \int_{x_j \in I} D_j f(x_1, \cdots, x_k),\end{aligned}$$

其中 $\boldsymbol{v} = (x_1, \cdots, \widehat{x_j}, \cdots, x_k)$. 利用微积分基本定理求得内层积分为

$$\int_{x_j \in I} D_j f(x_1, \cdots, x_k) = f(x_1, \cdots, 1, \cdots, x_k) - f(x_1, \cdots, 0, \cdots, x_k),$$

其中的 1 和 0 出现在第 j 个位置. 于是形式 η, 从而函数 f, 在 $\text{Bd}I^k$ 的可能除了开底面 $(\text{Int}\, I^{k-1} \times 0)$ 之外的所有点上为零. 当 $j < k$ 时, 这意味着上面等式的右边为零, 而当 $j = k$ 时, 它等于

$$-f(x_1, \cdots, x_{k-1}, 0).$$

于是我们推出下列结果:

$$\int_{\text{Int}\, I^k} d\eta = \begin{cases} 0, & j < k, \\ (-1)^k \displaystyle\int_{I^{k-1}} (f \circ b), & j = k. \end{cases}$$

第二步. 现在来计算定理中的另一个积分. 映射 $b: \mathbf{R}^{k-1} \to \mathbf{R}^k$ 的导数为

$$Db = \begin{bmatrix} I_{k-1} \\ 0 \end{bmatrix}.$$

因此由定理 32.2 得

$$\begin{aligned} b^*(dx_{I_j}) &= [\det Db(1, \cdots, \hat{j}, \cdots, k)] du_1 \wedge \cdots \wedge du_{k-1} \\ &= \begin{cases} 0, & j < k, \\ du_1 \wedge \cdots \wedge du_{k-1}, & j = k. \end{cases} \end{aligned}$$

因而推出

$$\int_{\text{Int}\, I^{k-1}} b^*\eta = \begin{cases} 0 & j < k, \\ \displaystyle\int_{\text{Int}\, I^{k-1}} (f \circ b), & j = k. \end{cases}$$

将此式与第一步末尾的等式比较即得本定理成立 □

定理 37.2(Stokes 定理)　设 $k > 1$. 令 M 是 $\mathbf{R}^n$ 中的一个定向的 k 维紧流形. 若 ∂M 是非空的, 则给出 ∂M 的诱导定向. 令 ω 是一个在包含 M 的 $\mathbf{R}^n$ 的开集上定义的 $k-1$ 形式. 那么当 ∂M 非空时,

$$\int_M d\omega = \int_{\partial M} \omega;$$

而当 ∂M 为空集时, $\displaystyle\int_M d\omega = 0$.

证明　第一步. 首先用精心挑选的坐标卡来覆盖 M. 第一种情况, 先假设 $\boldsymbol{p} \in M - \partial M$. 选取一个属于 M 定向的坐标卡 $\alpha: U \to V$ 使得 U 是 $\mathbf{R}^k$ 中的开集并且包含单位立方体 I^k, 而且还要使得 α 将 I^k 中的一点映射成 $\boldsymbol{p}$ 点. (如果从包含 $\boldsymbol{p}$ 点且属于 M 定向的任意一个坐标卡 $\alpha: U \to V$ 开始, 那么前面的 α, 经过在 $\mathbf{R}^k$ 中的平移和延伸就可以得到一个符合要求的坐标卡.) 令 $W = \text{Int}\, I^k$ 并且

记 $Y=\alpha(W)$. 那么映射 $\alpha:W\to Y$ 仍然是一个属于 M 的定向并且包含 $\boldsymbol{p}$ 点的坐标卡, 而且 $W=\operatorname{Int}I^k$ 是 $\mathbf{R}^k$ 中的开集, 参看图 37.2. 我们就选取这个包含 $\boldsymbol{p}$ 的特殊坐标卡.

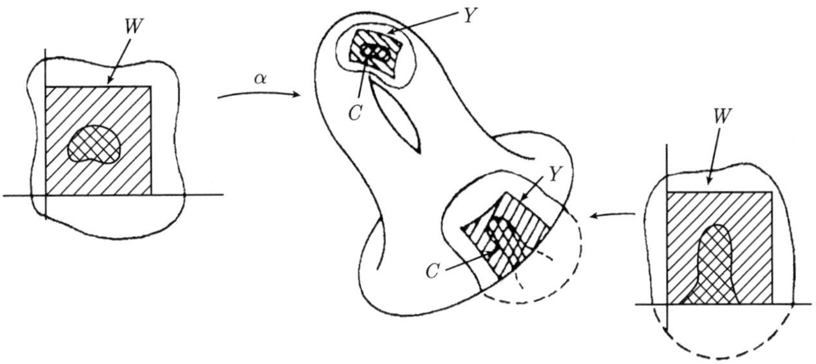

图 37.2

第二种情况. 假设 $\boldsymbol{p}\in\partial M$. 选取一个属于 M 定向的坐标卡 $\alpha:U\to V$ 使得 U 是 $\mathbf{H}^k$ 中的开集并且包含 I^k, 而且还使 α 将 $(\operatorname{Int}I^{k-1})\times 0$ 的一点映射到 $\boldsymbol{p}$ 点. 令

$$W=(\operatorname{Int}I^k)\cup((\operatorname{Int}I^{k-1})\times 0),$$

并记 $Y=\alpha(W)$. 那么映射 $\alpha:W\to Y$ 仍然是属于 M 的定向并且包含 $\boldsymbol{p}$ 点的坐标卡. 而 W 是 $\mathbf{H}^k$ 中的开集但不是 $\mathbf{R}^k$ 中的开集.

我们将把由各坐标卡 $\alpha:W\to Y$ 组成的 M 的覆盖用来计算定理中所涉及到的积分. 注意到在每一种情况下, 如果需要, 映射 α 均可扩张成在 $\mathbf{R}^k$ 的一个包含 I^k 的开集上定义的 C^∞ 函数.

第二步. 因为算子 d 和所涉及的积分都是线性的, 所以只需在 ω 是一个 $k-1$ 形式并且使得集合 $C=M\cap(\operatorname{supp}\omega)$ 能被单个坐标卡 $\alpha:W\to Y$ 所覆盖的特殊情况下来证明定理成立就行了. 因为 $d\omega$ 的支集包含在 ω 的支集中, 所以 $M\cap(\operatorname{supp}d\omega)$ 包含在 C 中, 因而它被同一坐标卡所覆盖.

用 η 表示形式 $\alpha^*\omega$. 必要时可以不改变记号而将形式 η 扩张成在 $\mathbf{R}^k$ 的一个包含 I^k 的开集上定义的 C^∞ 形式. 而且, η 在 $\operatorname{Bd}I^k$ 的可能除去底面 $(\operatorname{Int}I^{K-1})\times 0$ 之外的所有点上为零, 因而前面引理的假设被满足.

第三步. 现在来证明当 C 能被在第一种情况下所构造的那种类型的一个坐标卡 $\alpha:W\to Y$ 覆盖时定理成立. 这里 $W=\operatorname{Int}I^k$ 而且 Y 不与 ∂M 相交. 下面来计算所论及的积分. 由于 $\alpha^*d\omega=d\alpha^*\omega=d\eta$, 故有

$$\int_M d\omega=\int_{\operatorname{Int}I^k}\alpha^*d\omega=\int_{\operatorname{Int}I^k}d\eta=(-1)^k\int_{\operatorname{Int}I^{k-1}}b^*\eta.$$

在这里我们用到了上面的引理, 在该情况下, 形式 η 在 $\operatorname{Int} I^k$ 之外为零. 特别地, η 在 $I^{k-1}\times 0$ 上为零, 因而 $b^*\eta=0$, 于是 $\int_M d\omega=0$.

现在可知定理的成立. 如果 ∂M 是空集, 那么这就是我们要证明的等式; 若 ∂M 非空, 那么等式

$$\int_M d\omega=\int_{\partial M}\omega$$

平凡成立. 因为 ω 的支集与 ∂M 不相交, 所以 ω 在 ∂M 上的积分为零.

第四步. 现在证明当 C 能被在第二种情况下所构造的那样一个坐标卡 $\alpha: W\to Y$ 覆盖时定理成立. 此时 W 是 $\mathbf{H}^k$ 中的开集但不是 $\mathbf{R}^k$ 中的开集, 而且 Y 与 ∂M 相交. 这是有 $W=\operatorname{Int} I^k$. 如前作计算

$$\int_M d\omega=\int_{\operatorname{Int} I^k} d\eta=(-1)^k\int_{\operatorname{Int} I^{k-1}} b^*\eta.$$

下面再来计算积分 $\int_{\partial M}\omega$. 集合 $\partial M\cap(\operatorname{supp}\omega)$ 能被 ∂M 上的坐标卡

$$\beta=\alpha\circ b:\operatorname{Int} I^{k-1}\to Y\cap\partial M$$

覆盖. 而该坐标卡是通过限制 α 而得到的. 当 k 是偶数时, β 属于 ∂M 的诱导定向, 而当 k 为奇数时, 属于其相反定向. 如果要用 β 计算 ω 在 ∂M 上的积分, 那么当 k 为奇数时就必须将积分取相反的符号. 因而有

$$\int_{\partial M}\omega=(-1)^k\int_{\operatorname{Int} I^{k-1}}\beta^*\omega.$$

由于 $\beta^*\omega=b^*(\alpha^*\omega)=b^*\eta$, 所以定理成立. □

上面我们已对维数 k 大于 1 的流形证明了 Stokes 定理. 那么当 $k=1$ 时情况如何呢? 当 ∂M 是空集时, 不存在问题, 已经证明了 $\int_M d\omega=0$. 然而当 ∂M 为非空集合时则面临下列问题: 0 维流形的“定向”表示什么意思? 如何计算 0 形式在 0 维定向流形上的积分?

为了看出在这种情况下, Stokes 定理将呈现什么形式, 首先来考虑一种特殊情况.

定义　令 M 是 $\mathbf{R}^n$ 中的一个 1 维流形. 假设有一个将 $[a,b]$ 映射到 M 上的 C^∞ 映射 $\alpha:[a,b]\to M$, 并且使得 $D\alpha(t)\neq 0$ 对所有 t 成立, 则将 M 称为 $\mathbf{R}^n$ 中的一条光滑的弧. 如果 M 是定向的, 并且坐标卡 $\alpha|_{(a,b)}$ 属于该定向, 那么就称 $\boldsymbol{p}$ 为 M 的起点, 而称 $\boldsymbol{q}$ 为 M 的终点, 参看图 37.3.

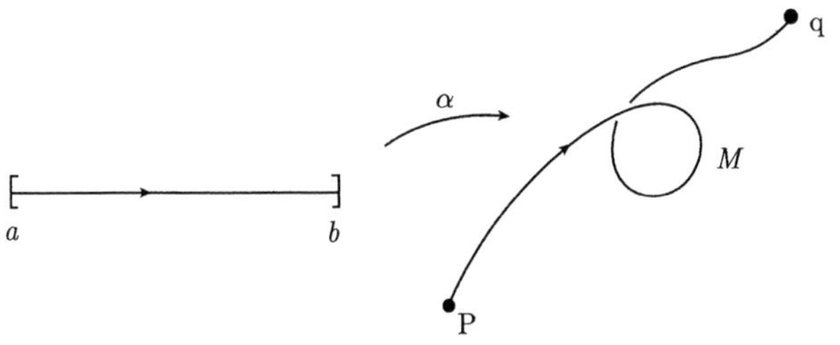

图 37.3

***定理 37.3** 令 M 是 $\mathbf{R}^n$ 中的一个 1 维流形, 而 f 是在包含 M 的一个开集上定义的 0 形式. 如果 M 是一条以 $\boldsymbol{p}$ 为起点, 以 $\boldsymbol{q}$ 为终点的弧. 那么

$$\int_M df = f(\boldsymbol{q}) - f(\boldsymbol{p}).$$

证明 令 $\alpha : [a,b] \to M$ 如上面的定义中所述. 那么 $\alpha : (a,b) \to M - \boldsymbol{p} - \boldsymbol{q}$ 是除去一个零测度集之外能覆盖整个 M 的坐标卡. 由定理 35.2,

$$\int_M df = \int_{(a,b)} \alpha^*(df).$$

由于

$$\alpha^*(df) = d(f \circ \alpha) = D(f \circ \alpha)dt,$$

其中 t 表示 $\mathbf{R}$ 中的一般点. 那么由微积分的基本定理,

$$\int (a,b)\alpha^*(df) = \int_{(a,b)} D(f \circ \alpha) = f(\alpha(b)) - f(\alpha(a)).$$ □

这一结果为表述 1 维流形的 Stokes 定理提供了一种导向.

定义 $\mathbf{R}^n$ 中的 0 维紧流形 N 是 $\mathbf{R}^n$ 的一个有限点集 $\{\boldsymbol{x}_1, \cdots, \boldsymbol{x}_m\}$. 我们规定 N 的定向是将 N 映射到两点集 $\{-1, 1\}$ 的函数 ε. 如果 f 是一个在 $\mathbf{R}^n$ 的包含 N 的开集上定义的 0 形式, 则把 f 在定向流形 N 上的积分定义为

$$\int_N f = \sum_{i=1}^m \varepsilon(\boldsymbol{x}_i) f(\boldsymbol{x}_i).$$

定义 如果 M 是 $\mathbf{R}^n$ 中的一个带有非空边界的 1 维定向流形. 对于 $\boldsymbol{p} \in M$, 若在 M 上有一个包含 $\boldsymbol{p}$ 点且属于 M 定向的坐标卡 $\alpha : U \to V$, 其中 U 是 $\mathbf{H}^1$ 中的开集, 那么通过置 $\varepsilon(\boldsymbol{p}) = -1$ 来定义 ∂M 的诱导定向. 否则将置 $\varepsilon(\boldsymbol{p}) = +1$. 参看图 37.4.

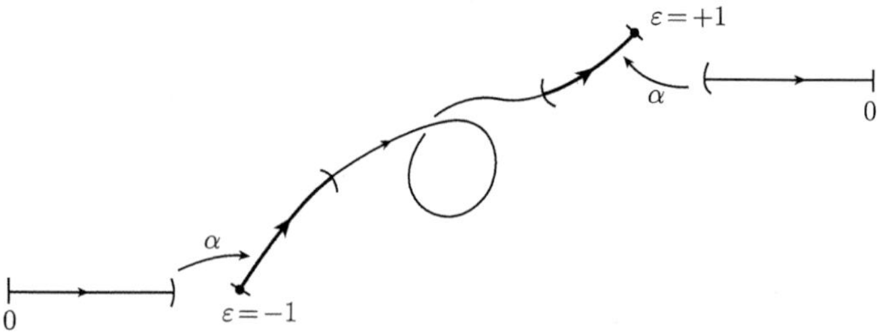

图 37.4

利用这些定义, 则 Stokes 定理可表为下列形式, 其证明留作习题.

定理 37.4(一维 Stokes 定理)　令 M 是 $\mathbf{R}^n$ 中的一个定向的 1 维紧流形. 如果 ∂M 是非空的, 则给出它的诱导向定. 令 f 是在 $\mathbf{R}^n$ 的一个包含 M 的开集上定义的 0 形式. 那么当 ∂M 为非空集时,

$$\int_M df = \int_{\partial M} f;$$

而当 ∂M 为空集时, $\int_M df = 0$. □

习　题

1. 证明 1 维流形的 Stoks 定理. [提示: 用属于 M 的定向且形如 $\alpha : W \to Y$ 的坐标卡来覆盖 M, 其中 W 是 $(0,1), [0,1), (-1,0]$ 三种区间之一. 证明当集合 $M \cap (\mathrm{supp} f)$ 能被这些坐标卡之一覆盖时定理成立.]

2. 假设有一个在 $\mathbf{R}^n - \mathbf{0}$ 中定义的 $n-1$ 形式 η 使得 $d\eta = 0$ 并且

$$\int_{S^{n-1}} \eta \neq 0.$$

证明 η 不是恰当的. (对于这样一个 η 的存在性, 参看 §30 的习题及 §35 或 §38 的习题.)

3. 证明下列定理:

定理(Green 定理)　令 M 是 $\mathbf{R}^2$ 中的一个自然定向的 2 维紧流形, 并且给出了 ∂M 的诱导定向. 令 $Pdx + Qdy$ 是在 $\mathbf{R}^2$ 的一个包含 M 的开集上定义 1 形式. 那么

$$\int_{\partial M} Pdx + Qdy = \int_M (D_1Q - D_2P)dx \wedge dy.$$

4. 令 M 是 $\mathbf{R}^3$ 中由使得

$$4(x_1)^2 + (x_2)^2 + 4(x_3)^2 = 4 \text{ 且 } x_2 \geqslant 0$$

的所有点 $\boldsymbol{x}$ 组成的 2 维流形. 那么 ∂M 是由使得

$$(x_1)^2 + (x_3)^2 = 1 \text{ 且 } x_2 = 0$$

的所有点组成的圆周. 参看图 37.5. 映射

$$\alpha(u,v)=(u,2[1-u^2-v^2]^{1/2},v),U^2+v^2<1,$$

是 M 上的一个覆盖 $M-\partial M$ 的坐标卡. 将 M 定向使得 α 属于该定向, 并且给出 ∂M 的诱导定向.

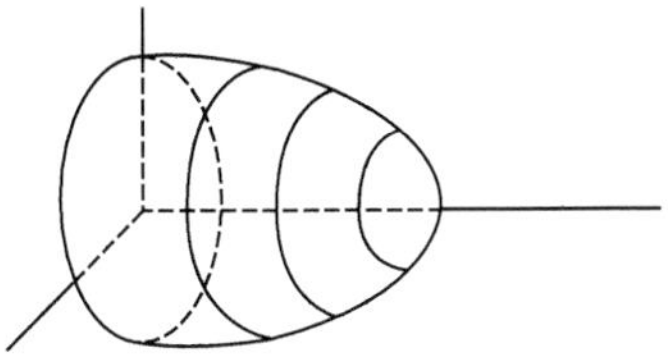

图 37.5

(a) 与 M 的定向相对应的是什么法向量? 哪个切向量对应于 ∂M 的诱导定向?

(b) 令 ω 是 1 形式 $\omega=x_2dx_1+3x_1dx_3$, 直接计算积分 $\int_{\partial M\omega}$ 的值.

(c) 通过表示成在 (u,v) 平面的单位圆盘上的积分而直接计算 $\int_M d\omega$.

5. 3 维球 $B^3(r)$ 是 $\mathbf{R}^3$ 中的一个 3 维流形. 将它自然定向并且给出 $S^2(r)$ 的诱导定向. 设 ω 是在 $\mathbf{R}^3-\mathbf{0}$ 中定义的一个 2 形式并且使得对每个 $r>0$,

$$\int_{S^2(r)\omega}=a+(b/r).$$

(a) 给定 $0<c<d$, 令 M 是 $\mathbf{R}^3$ 中由满足 $c\leqslant\|\boldsymbol{x}\|\leqslant d$ 的所有 $\boldsymbol{x}$ 组成的并且自然定向的 3 维流形. 计算 $\int_M d\omega$.

(b) 如果 $d\omega=0$, 那么对于 a 和 b, 你能得出什么结论?

(c) 如果 $\omega=d\eta$ 对于 $\mathbf{R}^3-\mathbf{0}$ 中的某个 η 成立. 那么关于 a 和 b 你又有何结论?

6. 令 M 是 $\mathbf{R}^3$ 中的一个无边的 $k+\ell+1$ 维定向流形. 令 ω 是一个 k 形式, 而 η 是一个 ℓ 形式, 并且二者都是在 $\mathbf{R}^n$ 的一个包含 M 的开集上定义的. 证明

$$\int_M\omega\wedge d\eta=a\int_M d\omega\wedge\eta$$

对于某个 a 成立, 并且确定出 a 的值. (假设 M 是紧的.)

*§38. 对向量分析的应用

一般从 §31 的讨论可知, 在某些情况下, 即当 $k=0,1,n-1,n$ 时, k 次微分形式在 $\mathbf{R}^n$ 中可以解释成标量场或向量场. 在这里我们将说明对于形式的积分也可以作类似的解释. 在某些情况下, Stokes 定理也可以用标量场或向量场来解释. 一般 Stokes 定理的这些版本包含了向量积分的经典定理.

我们将逐一考虑各种情况.

一、$\mathbf{R}^n$ 中一维流形的梯度定理

首先我们要用向量场的语言来解释 1 形式的积分. 如果 F 是在 $\mathbf{R}^n$ 的开集上定义的向量场, 那么 F 在"平移映射" α_1 之下对应于某个 1 形式 ω(参看定理 31.1). 结果是, ω 在 1 维定向流形上的积分等于向量场 F 的切向分量关于 1 维体的积分. 这就是下列引理的实质内容.

引理 38.1　令 M 是 $\mathbf{R}^n$ 中的一个定向的 1 维紧流形, 而 T 是相应于该定向的 M 的单位切向量场. 令

$$F(\boldsymbol{x}) = (\boldsymbol{x}; f(\boldsymbol{x})) = (\boldsymbol{x}; \sum f_i(\boldsymbol{x})\boldsymbol{e}_i)$$

是在 $\mathbf{R}^n$ 的一个包含 M 的开集上定义的向量场, 它对应于 1 形式

$$\omega = \sum f_i dx_i.$$

那么

$$\int_M \omega = \int_M \langle F, T\rangle ds.$$

在这里我们使用经典记号"ds"而不是使用"dV"来表示对 1 维体积 (弧长) 的积分, 只是为了使定理更像是向量积分的经典定理.

注意到. 若以 $-M$ 代替 M, 则积分 $\int_M \omega$ 将改变符号. 这种替代具有以 $-T$ 替代 T 的效果, 因而积分 $\int_M \langle F, T\rangle \mathrm{d}s$ 也改变符号.

证明　我们将给出本引理的两个证明, 其中第一个证明基于 §36 的结果, 而第二个证明却不依赖于此.

第一个证明. 由定理 36.2, 我们有

$$\int_M \omega = \int_M \lambda ds,$$

其中 $\lambda(\boldsymbol{p})$ 是 $\omega(\boldsymbol{p})$ 在 $\mathcal{T}_{\boldsymbol{p}}(M)$ 的一个规范正交基上的值, 而这个基属于该切空间的自然定向. 在目前的情况下, 切空间是 1 维的并且 $T(\boldsymbol{p})$ 就是这样一个规范正交基. 令 $T(\boldsymbol{p}) = (\boldsymbol{p}; t)$. 因为 $\omega = \sum f_i dx_i$, 所以

$$\omega(\boldsymbol{p})(\boldsymbol{p}; t) = \sum f_i(\boldsymbol{p}) t_i(\boldsymbol{p}).$$

因而

$$\lambda(\boldsymbol{p}) = \langle F(\boldsymbol{p}), T(\boldsymbol{p})\rangle.$$

从而定理成立.

第二个证明. 因为所论及的积分分别对 ω 和 F 是线性的, 所以只需在集合 $C = M \cap (\mathrm{supp}\omega)$ 位于属于 M 定向的单个坐标卡 $\alpha : U \to V$ 中的情况下来证明本引理就行了. 在此情况下, 我们来计算两个积分. 令 t 表示 $\mathbf{R}$ 中的一般点. 那么

$$\begin{aligned}\alpha^*\omega &= \sum_{i=1}^{n}(f_i \circ \alpha)d\alpha_i = \sum_{i=1}^{n}(f_i \circ \alpha)(D\alpha_i)dt \\ &= \langle f \circ \alpha, D\alpha \rangle dt.\end{aligned}$$

由此可得

$$\int_M \omega = \int_{\mathrm{Int}\,U} \alpha^*\omega = \int_{\mathrm{Int}\,U} \langle f \circ \alpha, D\alpha \rangle.$$

另一方面,

$$\begin{aligned}\int_M \langle F, T \rangle \mathrm{d}s &= \int_{\mathrm{Int}\,U} \langle F \circ \alpha, T \circ \alpha \rangle \cdot V(D\alpha) \\ &= \int_{\mathrm{Int}\,U} \langle f \circ \alpha, D\alpha/\|D\alpha\| \rangle \cdot V(D\alpha) \\ &= \int_{\mathrm{Int}\,U} \langle f \circ \alpha, D\alpha \rangle,\end{aligned}$$

因为

$$V(D\alpha) = [\det(D\alpha^{\mathrm{T}} \cdot D\alpha)]^{1/2} = \|D\alpha\|.$$

于是引理成立. □

定理 38.2(梯度定理) 令 M 是 $\mathbf{R}^n$ 中的一个 1 维紧流形, 而 T 是 M 的一个单位切向量场. 令 f 是在包含 M 的一个开集上定义的一个 C^∞ 函数. 如果 ∂M 为空集, 那么

$$\int_M \langle \mathrm{grad} f, T \rangle ds = 0;$$

如果 ∂M 是由点 $\boldsymbol{x}_1, \cdots, \boldsymbol{x}_m$ 组成的, 当 T 在 $\boldsymbol{x}_i$ 点指向 M 内部时, 取 $\varepsilon_i = -1$, 否则取 $\varepsilon_i = +1$, 那么

$$\int_M \langle \mathrm{grad} f, T \rangle ds = \sum_{i=1}^{m} \varepsilon_i f(\boldsymbol{x}_i).$$

证明 由定理 31.1, 1 形式 df 对应于向量场 $\mathrm{grad} f$. 因此由上面的引理,

$$\int_M \mathrm{d}f = \int_M \langle \mathrm{grad} f, T \rangle ds.$$

于是定理可从 Stokes 定理的 1 维形式得出. □

二、$\mathbf{R}^n$ 中 $n-1$ 维流形的散度定理

现在我们用向量场的语言来解释 $n-1$ 形式在 $n-1$ 维定向流形上的积分. 首先必须验证我们先前曾叙述过的一个结果, 即 M 的一个定向决定 M 的一个单位法向量场. 回顾 §34 曾给出的下列定义.

定义　令 M 是 $\mathbf{R}^n$ 中的一个 $n-1$ 维定向流形. 给定 $\boldsymbol{p}\in M$, 令 $(\boldsymbol{p};\boldsymbol{n})$ 是 $\mathcal{T}_{\boldsymbol{p}}(\mathbf{R}^n)$ 中的一个垂直于 $n-1$ 维线性子空间 $\mathcal{T}_{\boldsymbol{p}}(M)$ 的单位向量. 如果 $\alpha: U\to V$ 是 M 上包含 $\boldsymbol{p}$ 点且属于 M 定向的一个坐标卡, 而且满足 $\alpha(\boldsymbol{x})=\boldsymbol{p}$. 选取 $\boldsymbol{n}$ 使得

$$\left(\boldsymbol{n},\frac{\partial\alpha}{\partial x_1}(\boldsymbol{x}),\cdots,\frac{\partial\alpha}{\partial x_{n-1}}(\boldsymbol{x})\right)$$

为右手系. 则将向量场 $N(\boldsymbol{p})=(\boldsymbol{p};\boldsymbol{n}(\boldsymbol{p}))$ 称为相应于 M 定向的单位法向量场.

我们要证明 $N(\boldsymbol{p})$ 是完全确定的而且是 C^∞ 的. 为了证明它是完全确定的, 令 β 是包含 $\boldsymbol{p}$ 且属于 M 定向的另一个坐标卡, 令 $g=\beta^{-1}\circ\alpha$ 是转移函数并且记 $g(\boldsymbol{x})=\boldsymbol{y}$. 因为 $\alpha=\beta\circ g$, 所以有

$$D\alpha(\boldsymbol{x})=D\beta(\boldsymbol{y})\cdot Dg(\boldsymbol{x}).$$

那么对任何 $\boldsymbol{v}\in\mathbf{R}^n$ 都有

$$[\boldsymbol{v}\ D\alpha(\boldsymbol{x})]=[\boldsymbol{v}\ D\beta(\boldsymbol{y})]\begin{bmatrix}1 & 0\\ 0 & Dg(\boldsymbol{x})\end{bmatrix}.$$

(其中 $D\alpha$ 和 $D\beta$ 是 $n\times(n-1)$ 矩阵, 所以式中的三个矩阵都是 $n\times n$ 阶矩阵.) 由此可知

$$\det[\boldsymbol{v}\ D\alpha(\boldsymbol{x})]=\det[\boldsymbol{v}\ D\beta(\boldsymbol{y})]\cdot\det Dg(\boldsymbol{x}).$$

因为 $\det Dg>0$, 所以推出 $[\boldsymbol{v}\ D\alpha(\boldsymbol{x})]$ 的行列式为正值当且仅当 $[\boldsymbol{v}\ D\beta(\boldsymbol{y})]$ 的行列式为正值.

为证明 N 是 C^∞ 的, 我们需要求出它的一个公式. 为了看清动机, 我们来考虑 $n=3$ 的情况.

例 1　在 $\mathbf{R}^3$ 中给定两个向量 $\boldsymbol{a}$ 和 $\boldsymbol{b}$, 那么从微积分中知道它们的叉乘积 $\boldsymbol{c}=\boldsymbol{a}\times\boldsymbol{b}$ 垂直于 $\boldsymbol{a}$ 和 $\boldsymbol{b}$, 标架 $(\boldsymbol{c},\boldsymbol{a},\boldsymbol{b})$ 为右手系, 而且 $\|\boldsymbol{c}\|$ 等于 $V(\boldsymbol{a},\boldsymbol{b})$. 当然向量 $\boldsymbol{c}$ 的各分量如下:

$$c_1=\det\begin{bmatrix}a_2 & b_2\\ a_3 & b_3\end{bmatrix},\quad c_2=-\det\begin{bmatrix}a_1 & b_1\\ a_3 & b_3\end{bmatrix},\quad c_3=\det\begin{bmatrix}a_1 & b_1\\ a_2 & b_2\end{bmatrix}.$$

由此可知, 如果 M 是 $\mathbf{R}^3$ 中的一个 2 维定向流形, $\alpha: U\to V$ 是 M 上的一个属于 M 定向的坐标卡. 并且置

$$\boldsymbol{c}=\frac{\partial\alpha}{\partial x_1}\times\frac{\partial\alpha}{\partial x_2},$$

那么向量 $\boldsymbol{n}=\boldsymbol{c}/||\boldsymbol{c}||$ 就是 M 的相应单位法向量. 参看图 38.1.

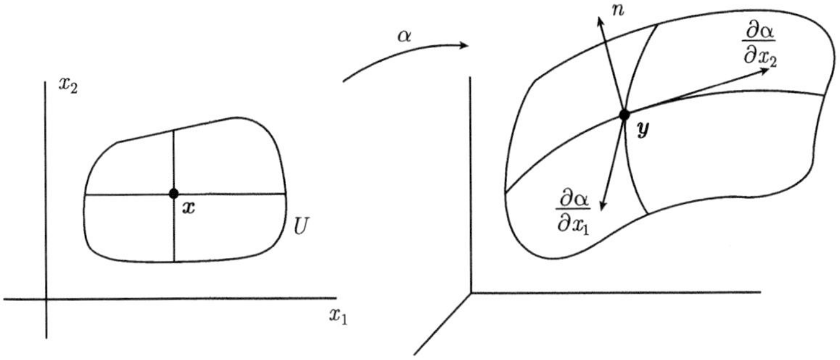

图 38.1

一般有一个与决定 $\boldsymbol{n}$ 的叉乘积公式相类似的公式, 我们现在就来证明这一点.

引理 38.3 给定 $\mathbf{R}^n$ 中的线性无关向量 $\boldsymbol{x}_1,\cdots,\boldsymbol{x}_{n-1}$. 令 X 是 $n\times(n-1)$ 矩阵 $X=[\boldsymbol{x}_1\cdots\boldsymbol{x}_{n-1}]$, 而向量 $\boldsymbol{c}$ 为 $\boldsymbol{c}=\sum c_i\boldsymbol{e}_i$, 其中

$$c_i=(-1)^{i-1}\det X(1,\cdots,\hat{i},\cdots,n).$$

那么向量 $\boldsymbol{c}$ 具有下列性质:

(1) $\boldsymbol{c}$ 是非零向量并且垂直于每一个 $\boldsymbol{x}_i$.

(2) 标架 $(\boldsymbol{c},\boldsymbol{x}_1,\cdots,\boldsymbol{x}_{n-1})$ 为右手系.

(3) $||\boldsymbol{c}||=V(X)$.

证明 我们先来作一个预备性的计算. 令 $\boldsymbol{x}_1,\cdots,\boldsymbol{x}_{n-1}$ 为固定向量. 给定 $\boldsymbol{a}\in\mathbf{R}^n$. 计算下列行列式, 按第一列的余子式展开得

$$\det[\boldsymbol{a}\ \boldsymbol{x}_1\cdots\boldsymbol{x}_{n-1}]=\sum_{i=1}^{n}a_i(-1)^{i-1}\det X(1,\cdots,\hat{i},\cdots,n)=\langle\boldsymbol{a},\boldsymbol{c}\rangle.$$

这个等式包含着证明本定理所需要的全部信息.

(1) 置 $\boldsymbol{a}=\boldsymbol{x}_i$, 那么矩阵 $[\boldsymbol{a}\ \boldsymbol{x}_1\cdots{}_{n-1}]$ 有两列相同, 从而它的行列式为零. 因而 $\langle\boldsymbol{x}_i,\boldsymbol{c}\rangle=0$ 对所有 i 成立, 所以 $\boldsymbol{c}$ 正交于每个 $\boldsymbol{x}_i$. 为证明 $\boldsymbol{c}\neq\mathbf{0}$, 我们注意到由于 X 的列张成一个 $n-1$ 维空间, 因而 X 的行也张成一个 $n-1$ 维空间. 因此 X 有 $n-1$ 个行是线性无关的, 比如说除第 i 行以外的各行是线性无关的. 那么 $c_i\neq0$, 从而 $\boldsymbol{c}\neq\mathbf{0}$.

(2) 置 $\boldsymbol{a}=\boldsymbol{c}$. 那么

$$\det[\boldsymbol{c}\ \boldsymbol{x}_1\cdots\boldsymbol{x}_{n-1}]=\langle\boldsymbol{c},\boldsymbol{c}\rangle=||\boldsymbol{c}||^2>0.$$

因而标架 $(\boldsymbol{c},\boldsymbol{x}_1\cdots,\boldsymbol{x}_{n-1})$ 是右手系.

(3) 要证明的等式可从定理 21.4 立即得出. 也可以通过下列的矩阵乘积而得出:

$$[\boldsymbol{c}\ \boldsymbol{x}_1 \cdots \boldsymbol{x}_{n-1}]^T \cdot [\boldsymbol{c}\ \boldsymbol{x}_1 \cdots \boldsymbol{x}_{n-1}] = \begin{bmatrix} ||\boldsymbol{c}||^2 & 0 \\ 0 & X^{\mathrm{T}} \cdot X \end{bmatrix}.$$

两边取行列式并且利用 (2) 中的公式, 则有

$$||\boldsymbol{c}||^4 = ||\boldsymbol{c}||^2 V(X)^2.$$

因为 $||\boldsymbol{c}|| \neq 0$, 所以推出 $||\boldsymbol{c}|| = V(X)$. □

推论 38.4 如果 M 是 $\mathbf{R}^n$ 中的一个 $n-1$ 维定向流形, 那么相应于 M 定向的单位法向量 $N(\boldsymbol{p})$ 是 $\boldsymbol{p}$ 的 C^∞ 函数.

证明 如果$\alpha : U \to v$ 是 M 上包含 $\boldsymbol{p}$ 点的一个坐标卡, 对于 $\boldsymbol{x} \in U$, 令

$$c_i(\boldsymbol{x}) = (-1)^{i-1} \det D\alpha(1, \cdots, \hat{i}, \cdots, n)(\boldsymbol{x}),$$

并且令 $\boldsymbol{c}(\boldsymbol{x}) = \sum c_i(\boldsymbol{x})\boldsymbol{e}_i$. 那么对所有 $\boldsymbol{p} \in V$, 均有

$$N(\boldsymbol{p}) = (\boldsymbol{p}; \boldsymbol{c}(\boldsymbol{x})/||\boldsymbol{c}(\boldsymbol{x})||).$$

其中 $\boldsymbol{x} = \alpha^{-1}(\boldsymbol{p})$. 该函数作为 $\boldsymbol{p}$ 的函数是 C^∞ 的. □

现在我们用向量场的语言来解释 $n-1$ 形式的积分. 如果 G 是 $\mathbf{R}^n$ 上的一个向量场, 那么 G 在"平移映射" β_{n-1} 下对应于 $\mathbf{R}^n$ 上的某个 $n-1$ 形式 (参看定理 31.1). 结果, ω 在 $n-1$ 维定向流形 M 上的积分等于向量场 G 的法向量在 M 上对体积的积分. 这就是下列引理的实质内容.

引理 38.5 令M 是 $\mathbf{R}^n$ 中的一个定向的 $n-1$ 维紧流形, 令 N 是相应的单位法向量场. 令 G 是在 $\mathbf{R}^n$ 的一个包含 M 的开集 U 上定义的向量场. 若用 $\boldsymbol{y}$ 表示 $\mathbf{R}^n$ 的一般点, 则该向量场具有下列形式

$$G(\boldsymbol{y}) = (\boldsymbol{y}; g(\boldsymbol{y})) = (\boldsymbol{y}; \sum g_i(\boldsymbol{y})\boldsymbol{e}_i),$$

并且它对应于下列 $n-1$ 形式

$$\omega = \sum_{i=1}^{n} (-1)^{i-1} g_i dy_1 \wedge \cdots \wedge \widehat{dy_i} \wedge \cdots \wedge dy_n,$$

那么

$$\int_M \omega = \int_M \langle G, N \rangle \mathrm{d}V.$$

请注意到, 若以 $-M$ 代替 M, 则积分 $\int_M \omega$ 改变符号. 这个代换具有以 $-N$ 代替 N 的效果, 因而积分 $\int_M \langle G, N \rangle \mathrm{d}V$ 也改变符号.

证明 我们对这个定理给出两个证明. 第一个证明要依赖于 §36 的结果, 但第二个却不依赖于此.

第一个证明. 由定理 36.2, 有

$$\int_M \omega = \int_M \lambda \mathrm{d}V,$$

其中 $\lambda(\boldsymbol{p})$ 是 $\omega(\boldsymbol{p})$ 在 $\mathcal{T}_{\boldsymbol{p}}(M)$ 的一个属于该切空间的自然定向的规范正交基上的值. 我们通过证明 $\lambda = \langle G, N\rangle$ 来完成这个证明.

令 $(\boldsymbol{p};\boldsymbol{a}_1),\cdots,(\boldsymbol{p};\boldsymbol{a}_{n-1})$ 是 $\mathcal{T}_{\boldsymbol{p}}(M)$ 的一个属于其自然定向的规范正交基. 令 A 是矩阵 $A = [\boldsymbol{a}_1 \cdots \boldsymbol{a}_{n-1}]$ 而 $\boldsymbol{c}$ 为向量 $\boldsymbol{c} = \sum c_i \boldsymbol{e}_i$,

其中

$$c_i = (-1)^{i-1} \det A(1,\cdots,\hat{i},\cdots,n).$$

由上面的引理, 向量 $\boldsymbol{c}$ 正交于每一个 $\boldsymbol{a}_i$, 标架 $(\boldsymbol{c},\boldsymbol{a}_1,\cdots,\boldsymbol{a}_{n-1})$ 为右手系, 并且

$$||\boldsymbol{c}|| = V(A) = [\det(A^{\mathrm{T}}\cdot A)]^{1/2} = [\det\, I_{n-1}]^{1/2} = 1.$$

那么 $N = (\boldsymbol{p};\boldsymbol{c})$ 是 M 在 $\boldsymbol{p}$ 点的相应于 M 定向的单位法向量. 于是由定理 27.7, 则有

$$dy_1 \wedge \cdots \wedge \widehat{dy_i} \wedge \cdots dy_n((\boldsymbol{p};\boldsymbol{a}_1),\cdots,(\boldsymbol{p};\boldsymbol{a}_{n-1})) = \det A(1,\cdots,\widehat{i},\cdots,n).$$

那么

$$\lambda(\boldsymbol{p}) = \sum_{i=1}^{n}(-1)^{i-1} g_i(\boldsymbol{p}) \det A(1,\cdots,\hat{i},\cdots,n) = \sum_{i=1}^{n} g_i(\boldsymbol{p}) \times c_i.$$

因而正如所期望的那样, $\lambda = \langle G, N\rangle$.

第二个证明. 因为定理中所述及的积分分别对于 ω 和 G 是线性的, 所以只需在集合 $C = M \cap (\operatorname{supp}\omega)$ 在属于 M 定向的单个坐标卡 $\alpha: U \to V$ 之中的情况下来证明定理就行了. 由定理 32.2, 我们计算第一个积分如下:

$$\begin{aligned}\int_M \omega &= \int_{\operatorname{Int} U} \alpha^* \omega \\ &= \int_{\operatorname{Int} U} \left[\sum_{i=1}^{n}(-1)^{i-1}(g_i \circ \alpha) \det D\alpha(1,\cdots,\hat{i},\cdots,n)\right].\end{aligned}$$

为了计算第二个积分, 置 $\boldsymbol{c} = \sum c_i \boldsymbol{e}_i$, 其中

$$c_i = (-1)^{i-1} \det D\alpha(1,\cdots,\hat{i},\cdots,n).$$

如果 N 是相应于定向的单位法向量, 那么正如在上面的推论中那样, $N(\alpha(\boldsymbol{x})) = (\alpha(\boldsymbol{x}); \boldsymbol{c}(\boldsymbol{x})/||\boldsymbol{c}(\boldsymbol{x})||)$. 作计算

$$\begin{aligned}\int_M \langle G, N\rangle \mathrm{d}V &= \int_{\mathrm{Int}\,U} \langle G\circ\alpha, N\circ\alpha\rangle \cdot V(D\alpha) \\ &= \int_{\mathrm{Int}\,U} \langle g\circ\alpha, \boldsymbol{c}\rangle \quad (\text{因为}||\boldsymbol{c}|| = V(D\alpha)) \\ &= \int_{\mathrm{Int}\,U} \left[\sum_{i=1}^{n} (g_i\circ\alpha)(-1)^{i-1}\det D\alpha(1,\cdots,\hat{i},\cdots,n)\right].\end{aligned}$$

所以引理成立. □

现在我们用标量场的语言来解释 n 形式的积分. 这种解释恰好是人们所预期的:

引理 38.6 令 M 是 $\mathbf{R}^n$ 中的一个自然定向的 n 维紧流形. 令 $\omega = h dx_1 \wedge \cdots \wedge dx_n$ 是在 $\mathbf{R}^n$ 的一个包含 M 的开集上定义的 n 形式. 那么 h 是相应于标量场的并且有

$$\int_M \omega = \int_M h dV.$$

证明 第一个证明. 利用 §36 的结果则有

$$\int_M \omega = \int_M \lambda dV,$$

其中 λ 是 ω 在 $\mathcal{T}_{\boldsymbol{p}}(M)$ 的一个属于其自然定向的规范正交基上的值. 于是若 $\det D\alpha > 0$, 则 α 属于 M 的定向, 因而 $\mathcal{T}_{\boldsymbol{p}}(M)$ 的自然定向由右手标架组成. $\mathcal{T}_{\boldsymbol{p}}(M) = \mathcal{T}_{\boldsymbol{p}}(\mathbf{R}^n)$ 的通常基就是一个这样的标架, 并且 ω 在这个标架上的值是 h.

第二个证明. 只需考虑集合 $M \cap (\mathrm{supp}\ \omega)$ 能被属于 M 定向的单个坐标卡 $\alpha: U \to V$ 覆盖的情况就即可. 由定义有

$$\int_M \omega = \int_{\mathrm{Int}\,U} \alpha^*\omega = \int_{\mathrm{Int}\,U} (h\circ\alpha)\det D\alpha,$$

$$\int_M h dV = \int_{\mathrm{Int}\,U} (h\circ\alpha) V(D\alpha).$$

现在 $V(D\alpha) = |\det D\alpha| = \det D\alpha$, 因为 α 属于 M 的自然定向. □

我们注意到积分 $\int_M h dV$ 实际是 h 在 $\mathbf{R}^n$ 的有界子集上的常义积分. 因为若 $A = M - \partial M$, 那么 A 是 $\mathbf{R}^n$ 中的开集, 而且恒等映射 $i: A \to A$ 是 M 上的一个属于其自然定向的坐标卡, 并且它能覆盖除一个零测集之外的整个 M. 由定理 25.4,

$$\int_M h dV = \int_A (h\circ i) V(Di) = \int_A h.$$

其中右边的积分是一个正常积分, 它等于 $\int_M h$, 这是因为 ∂M 在 $\mathbf{R}^n$ 中的测度为零.

现在我们来考察对于 $\mathbf{R}^n$ 中自然定向的 n 维流形 M 来说 ∂M 的诱导定向将如何? 我们曾考虑过 §34 例 4 中 $n=3$ 的情况, 现在有一个类似的一般结论:

引理 38.7 令M 是 $\mathbf{R}^n$ 中的一个 n 维流形, 如果 M 是自然定向的, 那么 ∂M 的诱导定向对应于 ∂M 的单位法向量场 N, 而且 N 在 ∂M 的每一点处都是从 M 指向外面.

∂M 在 $\boldsymbol{p}$ 点的内法向量是从 $\boldsymbol{p}$ 点开始并且当参数值增加时向 M 内移动的曲线的速度向量, 而外法向量是它的负向量.

证明 令$\alpha : U \to V$ 是 M 上的一个包含 $\boldsymbol{p}$ 点且属于 M 定向的坐标卡. 那么 $\det D\alpha > 0$. 令 $b : \mathbf{R}^{n-1} \to \mathbf{R}^n$ 是由下式定义的映射:

$$b(x_1, \cdots, x_{n-1}) = (x_1, \cdots, x_{n-1}, 0).$$

映射 $\alpha_0 = \alpha \circ b$ 是 ∂M 上包含 $\boldsymbol{p}$ 点的一个坐标卡; 当 n 为偶数时, 它属于 ∂M 的诱导定向; 而当 n 为奇数时, 它属于其相反定向. 令 N 是 ∂M 上的相应于 ∂M 的诱导定向的单位法向量场. 令 $N(\boldsymbol{p}) = (\boldsymbol{p}; \boldsymbol{n}(\boldsymbol{p}))$. 那么

$$\det[(-1)^n \boldsymbol{n}\ D\alpha_0] > 0,$$

这蕴涵着

$$\det[D\alpha_0\ \boldsymbol{n}] = \det\left[\frac{\partial \alpha}{\partial x_1} \cdots \frac{\partial \alpha}{\partial x_{n-1}}\ \boldsymbol{n}\right] < 0.$$

另一方面, 又有

$$\det D\alpha = \det\left[\frac{\partial \alpha}{\partial x_1} \cdots \frac{\partial \alpha}{\partial x_{n-1}}\ \frac{\partial \alpha}{\partial x_n}\right] > 0.$$

向量 $\partial\alpha/\partial x_n$ 是一条从 ∂M 的一点开始并且当参数值增加时向 M 内运动的曲线的速度向量. 因而 $\boldsymbol{n}$ 是 ∂M 在 $\boldsymbol{p}$ 点的外法向量. □

定理 38.8(散度定理) 令 M 是 $\mathbf{R}^n$ 中的一个 n 维紧流形. 令 N 是 ∂M 的单位法向量场. 如果 G 是一个在 $\mathbf{R}^n$ 的包含 M 的开集上定义的向量场, 那么

$$\int_M (\operatorname{div} G) dV = \int_{\partial M} \langle G, N \rangle dV.$$

其中左边的积分是关于 n 维体积的积分, 而右边的积分则是关于 $n-1$ 维体积的积分.

证明 给定 G, 令 $\omega = \beta_{n-1} G$ 是相应的 $n-1$ 形式. 将 M 自然定向并给出 ∂M 的诱导定向. 那么由定理 38.7, 法向量场 N 对应于 ∂M 的定向, 因而由引理

38.5,

$$\int_{\partial M} \omega = \int_{\partial M} \langle G, N \rangle dV.$$

根据定理 31.1, 标量场 div G 对应于 n 形式 $d\omega$, 即 $d\omega = (\operatorname{div} G) dx_1 \wedge \cdots \wedge \mathrm{d}x_n$. 那么引理 38.6 蕴涵着

$$\int_M d\omega = \int_M (\operatorname{div} G) dV.$$

于是本定理可以从 Stokes 定理得出. □

在 $\mathbf{R}^3$ 中, 有时把散度定理称为 Gauss 定理.

三、$\mathbf{R}^3$ 中 2 维流形的 Stokes 定理

还有一种情况, 当 M 是 $\mathbf{R}^3$ 中的 2 维定向流形时, 我们可以把一般 Stokes 定理转化成一个关于向量场的定理.

定理 38.9(Stokes 定理的经典形式)　令 M 是 $\mathbf{R}^3$ 中的一个可定向的 2 维紧流形. 令 N 是 M 的一个单位法向量场. 令 F 是在包含 M 的一个开集上定义的 C^∞ 向量场. 若 ∂M 为空集, 那么

$$\int_M \langle \operatorname{curl} F, N \rangle dV = 0.$$

若 ∂M 为非空集, 则令 T 是 ∂M 的单位切向量场并且适当选取其方向使得积向量 $W(\boldsymbol{p}) = N(\boldsymbol{p}) \times T(\boldsymbol{p})$ 从 ∂M 指向 M 内, 那么

$$\int_M \langle \operatorname{curl} F, N \rangle dV = \int_{\partial M} \langle F, T \rangle ds.$$

证明　给定 F, 令 $\omega = \alpha_1 F$ 是相应的 1 形式, 那么根据定理 31.2, 向量场 curl F 对应于 2 形式 $d\omega$. 将 M 定向使得 N 对应于单位法向量场. 那么由引理 38.5,

$$\int_M d\omega = \int_M \langle \operatorname{curl} F, N \rangle dV.$$

另一方面, 如果 ∂M 是非空集合, 那么它的诱导定向对应于单位切向量场 T(参看 §34 例 5). 从引理 38.1 可知

$$\int_{\partial M} \omega = \int_{\partial M} \langle F, T \rangle ds.$$

于是本定理可从 Stokes 定理得出. □

习 题

1. 令 G 是 $\mathbf{R}^3-\mathbf{0}$ 上的一个向量场. 令 $S^2(r)$ 是半径为 r, 中心在 $\mathbf{0}$ 点的球面. 令 N_r 是 $S^2(r)$ 的单位法向量, 其指向是离开原点的方向. 如果 $G(\boldsymbol{x})=1/||\boldsymbol{x}||$, 并且 $0<c<d$, 那么对于 $r=c$ 和 $r=d$, 关于积分

$$\int_{S^2(r)}\langle G, N_r\rangle dV$$

的值之间的关系, 你能得出什么结论?

2. 令 G 是一个在 $A=\mathbf{R}^n-\mathbf{0}$ 上定义的向量场, 并且在 A 中 $\mathrm{divG}=0$.

(a) 令 M_1 和 M_2 是 $\mathbf{R}^n$ 中的两个 n 维紧流形, 并且使得原点既包含在 $M_1-\partial M_1$ 中, 也包含在 $M_2-\partial M_2$ 中. 对于 $i=1,2$ 令 N_i 是 ∂M_i 的单位外法向量场, 证明

$$\int_{M_1}\langle G, N_1\rangle dV=\int_{M_2}\langle G, N_2\rangle dV.$$

[提示: 首先考虑 $M_2=B^n(\varepsilon)$ 并且包含在 $M_1-\partial M_1$ 中的情况. 参看图 38.2.]

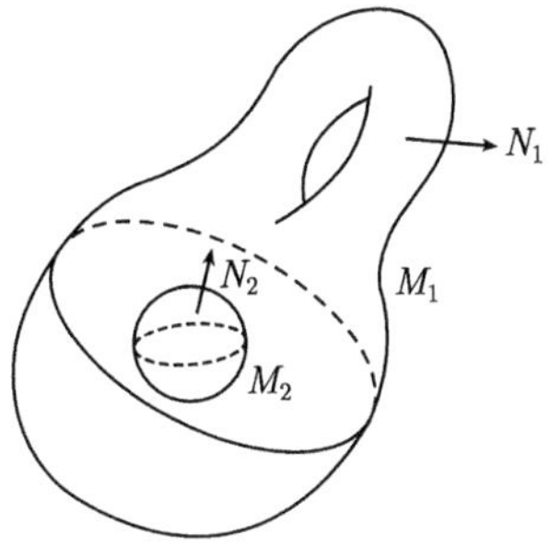

图 38.2

(b) 证明当 M 取遍 $\mathbf{R}^n$ 中原点不在 ∂M 中的所有 n 维紧流形时, 积分

$$\int_{\partial M}\langle G, N\rangle dV$$

只有两种可能的取值, 其中 N 是 ∂M 的单位法向量, 并且其方向是由 M 内指向 M 外.

3. 令 G 是 $B=\mathbf{R}^n-\boldsymbol{p}-\boldsymbol{q}$ 上的一个向量场且使得 $\mathrm{divG}=0$ 在 B 上成立. 当 M 取遍 $\mathbf{R}^n$ 中的使得 $\boldsymbol{p}$ 和 $\boldsymbol{q}$ 不在 ∂M 中的所有 n 维紧流形时, 积分

$$\int_{\partial M}\langle G, N\rangle dV$$

有多少种可能的取值? (其中 N 是 ∂M 的单位法向量并且其方向是从 M 内指向 M 外.)

4. 令 η 是 $A=\mathbf{R}^n-\mathbf{0}$ 中由下式定义的 $n-1$ 形式

$$\eta=\sum_{i=1}^{n}(-1)^{i-1}f_i dx_1\wedge\cdots\wedge\widehat{dx_i}\wedge\cdots\wedge dx_n,$$

其中 $f_i(\boldsymbol{x})=x_i/||\boldsymbol{x}||$. 将单位球 B^n 自然定向, 并给出 $S^{n-1}=\partial B^n$ 的诱导定向. 证明

$$\int_{S^{n-1}}\eta=v(S^{n-1}).$$

[提示: 如果 G 是相应于 η 的向量场, 而 N 是 S^{n-1} 的单位外法向量场, 那么 $\langle G, N\rangle = 1$.]

5. 令 S 是 $\mathbf{R}^3$ 的一个子集, 它是由下列三个集合的并组成的:

(i) z 轴,

(ii) 单位圆 $x^2 + y^2 = 1, z = 0$,

(iii) 适合 $y \geqslant 1$ 的点 $(0, y, 0)$.

令 A 是 $\mathbf{R}^3$ 中的开集 $\mathbf{R}^3 - S$. 令 C_1, C_2, D_1, D_2, D_3 是在图 38.3 中画出的 A 中的 1 维定向流形. 假设 F 是 A 上的一个向量场并且在 A 中满足 $\mathrm{curl} F = 0$, 再设

$$\int_{C_1} \langle F, T\rangle ds = 3, \quad \int_{C_2} \langle F, T\rangle ds = 7.$$

关于积分

$$\int_{Di} \langle F, T\rangle ds, \quad i = 1, 2, 3,$$

你有何结论? 并且验证你的答案.

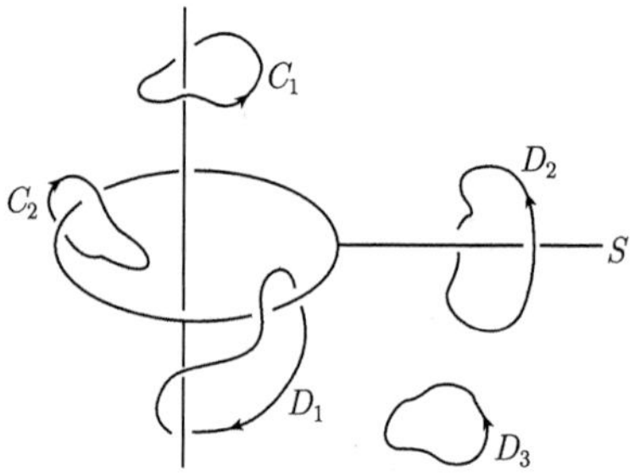

图 38.3

第八章　闭形式和恰当形式

在向量分析对物理学的应用中, 知道 $\mathbf{R}^3$ 中一个给定的向量场 F 是否为一个标量场 f 的梯度常常是重要的. 如果是, 则将 F 称为保守场, 并将函数 f(有时取 $-f$) 称为 F 的势函数. 转换成形式的语言, 这恰好就是判定 $\mathbf{R}^3$ 中给定的一个 1 形式 ω 是否为一个 0 形式的微分, 亦即 ω 是否恰当的问题.

在对物理学的其他应用中, 人们希望知道 $\mathbf{R}^3$ 中一个给定的向量场 G 是否为另一个向量场 F 的旋度. 译成形式的语言这恰好是判定 $\mathbf{R}^3$ 中一个给定的 2 形式 ω 是否为某个 1 形式的微分, 也就是 ω 是否恰当的问题.

在这里我们将研究 $\mathbf{R}^n$ 中的类似问题. 如果 ω 在 $\mathbf{R}^n$ 的一个开集 A 上定义的 k 形式, 那么 ω 为恰当的必要条件是 ω 为闭的, 即 $d\omega = 0$. 这个条件一般不是充分的. 本章中将要探讨为了保证 ω 是恰当的. 需要对 A 或者对 A 和 ω 附加什么条件.

39.　Poincaré 引理

令 A 是 $\mathbf{R}^n$ 中的一个开集. 本节我们将证明, 如果 A 满足一个称为星凸的条件, 那么 A 上的任何闭形式 ω 就会自动成为恰当的. 该结果便是著名的 Poincaré 引理.

我们从一个预备性结果开始.

定理 39.1(Leibnitz 法则)　令 Q 是 $\mathbf{R}^n$ 中的一个矩形, 而 $f: Q\times[a,b]\to\mathbf{R}$ 是一连续函数. 将 f 记为 $f(\boldsymbol{x},t), \boldsymbol{x}\in Q, t\in[a,b]$. 那么函数

$$F(\boldsymbol{x}) = \int_{t=a}^{t=b} f(\boldsymbol{x},t)$$

是在 Q 上连续的. 而且如果 $\partial f/\partial x_j$ 在 $Q\times[a,b]$ 上是连续的, 那么

$$\frac{\partial F}{\partial x_j}(\boldsymbol{x}) = \int_{t=a}^{t=b} \frac{\partial f}{\partial x_j}(\boldsymbol{x},t).$$

这个公式称为在积分号下求微分的 Leibnitz 法则.

证明　第一步. 我们来证明 F 是连续的. 由于矩形 $Q\times[a,b]$ 是紧的, 因此 f 在 $Q\times[a,b]$ 上是一致连续的. 即给定 $\varepsilon>0$, 则有一个 $\delta>0$ 使得当 $|(\boldsymbol{x}_1,t_1)-(\boldsymbol{x}_0,t_0)|<\delta$ 时. 就有

$$|f(\boldsymbol{x}_1,t_1)-f(\boldsymbol{x}_0,t_0)|<\varepsilon.$$

由此可知当 $|\boldsymbol{x}_1-\boldsymbol{x}_0|<\delta$ 时,

$$|F(\boldsymbol{x}_1)-F(\boldsymbol{x}_0)|\leqslant\int_{t=a}^{t=b}|f(\boldsymbol{x}_1,t)-f(\boldsymbol{x}_0,t)|\leqslant\varepsilon(b-a).$$

因而 F 的连续性成立.

第二步. 在 Leibnitz 法则中作积分和求导运算时只涉及变量 x_j 和 t, 而其他所有变量均保持为常数. 因此只需在 $n=1$ 且 Q 为 $\mathbf{R}$ 中的区间 $[c,d]$ 的情况下证明定理就行了.

对 $x\in[c,d]$, 置

$$G(x)=\int_{t=a}^{t=b}D_1f(x,t).$$

我们要证明 $F'(x)$ 存在并且等于 $G(x)$. 为此, 我们 (首先) 要用到 Fubini 定理. 易知 D_1f 在 $[c,d]\times[a,b]$ 上是连续的. 于是

$$\begin{aligned}\int_{x=c}^{x=x_0}G(x)&=\int_{x=c}^{x=x_0}\int_{t=a}^{t=b}D_1f(x,t)=\int_{t=a}^{t=b}\int_{x=c}^{x=x_0}D_1f(x,t)\\&=\int_{t=a}^{t=b}[f(x_0,t)-f(c,t)]=F(x_0)-F(c);\end{aligned}$$

其中第二个等式从 Fubini 定理得出, 而第三个等式是从微积分基本定理得出的. 于是对 $x\in[c,d]$, 则有

$$\int_c^x G=F(x)-F(c).$$

因为由第一步, G 是连续的, 所以再次应用微积分基本定理可推出

$$G(x)=F'(x).\qquad\square$$

现在我们来得出一个准则以决定何时两个闭形式才会相差一个恰当形式. 这个准则要涉及可微同伦的概念.

定义　令 A 和 B 分别是 $\mathbf{R}^n$ 和 $\mathbf{R}^m$ 中的开集. 令 $g,h:A\to B$ 是 C^∞ 映射. 如果有一个 C^∞ 映射 $H:A\times I\to B$ 使得

$$H(\boldsymbol{x},0)=g(\boldsymbol{x})\text{ 和 }H(\boldsymbol{x},1)=h(\boldsymbol{x})$$

对于 $\boldsymbol{x}\in A$ 成立, 则称 g 和 h 是可微同伦的, 并且将映射 H 称为 g 和 h 之间的一个可微同伦.

对于每个 t, 映射 $\boldsymbol{x}\to H(\boldsymbol{x},t)$ 是一个从 A 到 B 的 C^∞ 映射. 如果把 t 看作“时间”, 那么当 t 从 0 变到 1 时, H 就给出映射 g 变为映射 h 的一种“变形”方式.

定理 39.2 令 A 和 B 分别是 $\mathbf{R}^n$ 和 $\mathbf{R}^m$ 中的开集. 令 $g, h: A \to B$ 是两个可微同伦的 C^∞ 映射. 那么就有一个对 $k \geqslant 0$ 有定义的线性变换

$$\mathcal{P}: \Omega^{k+1}(B) \to \Omega^k(A),$$

使得对阶数 $k > 0$ 的任何形式 η, 都有

$$d\mathcal{P}\eta + \mathcal{P}d\eta = h^*\eta - g^*\eta,$$

而对于一个 0 形式 f, 则有

$$\mathcal{P}df = h^*f - g^*f.$$

这个定理蕴涵着如果 η 是一个正数阶的闭形式, 那么 $h^*\eta$ 和 $g^*\eta$ 相差一个恰当形式. 因为当 η 为闭形式时, $h^*\eta - g^*\eta = d\mathcal{P}\eta$. 另一方面, 如果 f 是一个闭的 0 形式, 那么 $h^*f - g^*f = 0$.

注意到 d 使形式的阶数提高 1 阶, 而 $\mathcal{P}$ 使形式的阶数降低 1 阶. 因而如果 η 的阶数 $k > 0$, 那么第一个等式中的所有形式都是 k 阶的. 而第二个等式的所有形式中 η 都是 0 阶的. 当然, 若 f 为 0 形式, $\mathcal{P}f$ 没有定义.

证明 第一步. 首先考虑一种非常特殊的情况. 给定 $\mathbf{R}^n$ 中的一个开集 A, 令 U 是 $A \times I$ 在 $\mathbf{R}^{n+1}$ 中的一个邻域, 令 $\alpha, \beta: A \to U$ 分别是由

$$\alpha(\boldsymbol{x}) = (\boldsymbol{x}, 0) \text{ 和 } \beta(\boldsymbol{x}) = (\boldsymbol{x}, 1)$$

给出的映射. (那么 α 和 β 是可微同论的.) 对于在 U 中定义的任何 $k+1$ 形式 η, 我们在 A 中定义一个 k 形式 $P\eta$, 使得

$$(*) \qquad \begin{cases} dP\eta + Pd\eta = \beta^*\eta - \alpha^*\eta, & \text{若 } \eta \text{ 的阶数} > 0, \\ Pdf = \beta^*f - \alpha^*f, & \text{若 } f \text{ 的阶数} = 0. \end{cases}$$

令 $\boldsymbol{x}$ 表示 $\mathbf{R}^n$ 的一般点, 令 t 表示 $\mathbf{R}$ 的一般点. 那么, $dx_1, \cdots, dx_n, dt$ 是 $\mathbf{R}^{n+1}$ 中的基本 1 形式. 如果 g 是 $A \times I$ 中的任何连续标量函数, 那么我们用下式定义 A 上的一个标量函数 $\mathcal{I}g$:

$$(\mathcal{I}g)(x) = \int_{t=0}^{t=1} g(\boldsymbol{x}, t).$$

然后定义 P 如下: 当 $k \geqslant 0$ 时, $\mathbf{R}^{n+1}$ 中的一般 $k+1$ 形式 η 能唯一地写成

$$\eta = \sum_{[I]} f_I dx_I + \sum_{[J]} g_J dx_J \wedge dt$$

其中 I 表示取自集合 $\{1,\cdots,n\}$ 的递增 $k+1$ 元组, 而 J 表示取自集合 $\{1,\cdots,n\}$ 的递增 k 元组. 我们用下列等式将 P 定义为

$$P\eta=\sum_{[I]}P(f_I dx_I)+\sum_{[J]}P(g_J dx_J\wedge dt),$$

其中

$$P(f_I dx_I)=0,\quad P(g_J dx_J\wedge dt)=(-1)^k(\mathcal{I}g_J)dx_J.$$

那么 $P\eta$ 是在 $\mathbf{R}^n$ 的子集 A 上定义的 k 形式.

P 的线性性质可从 η 的表达式的唯一性和积分算子 $\mathcal{I}$ 的线性立即得出.

为了证明 $P\eta$ 是 C^∞ 的, 只需证明函数 $\mathcal{I}g$ 是 C^∞ 的, 而这一结果立即可从 Leibnitz 法则得出, 因为 g 是 C^∞ 的.

注意到在 $k=0$ 的特殊情况下, η 是个 1 形式并且可以写成

$$\eta=\sum_{i=1}^n f_i dx_i+g dt.$$

在这种情况下, 数组 J 为空集, 并且有

$$P\eta=0+P(gdt)=\mathcal{I}g.$$

虽然算子 P 也许看起来很像是人为制造的, 然而它实际上是非常自然的. 正如在某种意义上 d 是一个"微分算子"一样, 算子 P 在某种意义上是一个"积分算子", 是"按最后坐标积分 η"运算. 能使这个事实变得更明显的 P 的另一个定义将在习题中给出.

第二步. 证明即使是在 I 和 J 分别是取自集合 $\{1,\cdots,n\}$ 的任意 $k+1$ 元组和任意 k 元组时, 公式

$$P(fdx_I)=0\quad 和\quad P(gdx_J\wedge dt)=(-1)^k(\mathcal{I}g)dx_J$$

仍然成立. 证明是容易的. 如果各指标不是互不相同的, 那么这两个公式平凡成立, 因为在这种情况下, $dx_I=0, dx_J=0$; 如果各指标互不相同并且按递增次序排列, 则由定义这两个公式成立; 然后这两个公式对于任何互不相同的指标集成立是因为重排指标只改变 dx_I 和 dx_J 的符号.

第三步. 在 $k=0$ 的情况下验证第一步中的 $(*)$ 式. 这时有

$$\begin{aligned}P(df)&=P\left(\sum_{j=1}^n\frac{\partial f}{\partial x_j}dx_j\right)+P\left(\frac{\partial f}{\partial t}dt\right)\\&=0+(-1)^\circ\mathcal{I}\left(\frac{\partial f}{\partial t}\right)\\&=f\circ\beta-f\circ\alpha=\beta^*f-\alpha^*f,\end{aligned}$$

其中第三个等式从微积分基本定理得出.

第四步. 在 $k>0$ 的情况下验证 (*) 式. 注意到因为 α 是映射 $\alpha(\boldsymbol{x})=(\boldsymbol{x},0)$, 于是

$$\alpha^*(dx_i)=d\alpha_i=dx_i,\quad i=1,\cdots,n,$$
$$\alpha^*(dt)=d\alpha_{n+1}=0.$$

类似的说法对 β^* 也成立.

因为 d,p,α^*,β^* 都是线性的, 所以只需对形式 $f dx_I$ 和 $g dx_J\wedge dt$ 来验证公式就行了. 首先考虑 $\eta=f dx_I$ 的情况. 计算等式两边, 左边为

$$\begin{aligned}dP\eta+Pd\eta&=d(0)+P(d\eta)\\&=\left[\sum_{j=1}^{n}P\left(\frac{\partial f}{\partial x_j}dx_j\wedge dx_I\right)\right]+P\left(\frac{\partial f}{\partial t}dt\wedge dx_I\right)\\&=0+(-1)^{k+1}P\left(\frac{\partial f}{\partial t}dx_I\wedge dt\right)\text{(由第二步)}\\&=\mathcal{I}\left(\frac{\partial f}{\partial t}\right)dx_I\\&=[f\circ\beta-f\circ\alpha]dx_I.\end{aligned}$$

等式的右边为

$$\begin{aligned}\beta^*\eta-\alpha^*\eta&=(f\circ\beta)\beta^*(dx_I)-(f\circ\alpha)\alpha^*(dx_I)\\&=[f\circ\beta-f\circ\alpha]dx_I.\end{aligned}$$

因而在此情况下结果成立.

现在来考虑 $\eta=g dx_J\wedge dt$ 的情况. 再次计算等式两边, 有

$$(**)\qquad\begin{aligned}d(P\eta)&=d[(-1)^k(\mathcal{I}g)dx_J]\\&=(-1)^k\sum_{j=1}^{n}D_j(\mathcal{I}g)dx_j\wedge dx_J.\end{aligned}$$

另一方面,

$$d\eta=\sum_{j=1}^{n}(D_jg)dx_j\wedge dx_J\wedge dt+(D_{n+1}g)dt\wedge dx_J\wedge dt,$$

因而由第二步,

$$(***)\qquad P(d\eta)=(-1)^{k+1}\sum_{j=1}^{n}\mathcal{I}(D_jg)dx_j\wedge dx_J.$$

将 (**) 式和 (* * *) 式相加并应用 Leibnitz 法则, 即可看出

$$d(P\eta) + P(d\eta) = 0.$$

另一方面, 等式的右边为

$$\beta^*(gdx_J \wedge dt) - \alpha^*(gdx_J \wedge dt) = 0,$$

因为 $\beta^*(dt) = 0, \alpha^*(dt) = 0$. 这就完成了定理的特殊情况的证明.

第五步. 现在来证明定理的一般情况. 给定 C^∞ 映射 $g, h : A \to B$ 以及它们之间的一个可微同伦 $H : A \times I \to B$. 令 $\alpha, \beta : A \to A \times I$ 是第一步中的映射, 令 P 是形式间的线性变换, 其性质如第一步所述. 然后用等式

$$\mathcal{P}\eta = P(H^*\eta)$$

定义我们想要的线性变换 $\mathcal{P} : \Omega^{k+1}(B) \to \Omega^k(A)$, 参看图 39.1. 因为 $H^*\eta$ 是在 $A \times I$ 的邻域上定义的 $k+1$ 形式, 那么 $P(H^*\eta)$ 是在 A 中定义的一个 k 形式.

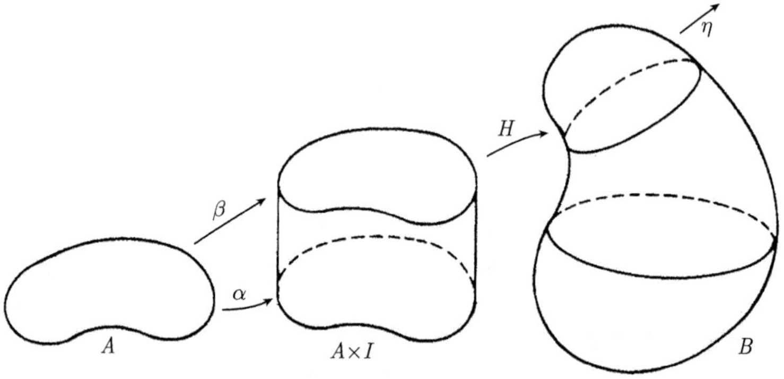

图 39.1

注意到因为 H 是 g 和 h 间的一可微同伦, 所以

$$H \circ \alpha = g, \quad H \circ \beta = h.$$

于是, 若 $k > 0$, 则如所期望的那样, 可以算出

$$\begin{aligned} d\mathcal{P}\eta + \mathcal{P}d\eta &= dP(H^*\eta) + P(H^*d\eta) \\ &= dP(H^*\eta) + P(dH^*\eta) \\ &= \beta^*(H^*\eta^*) - \alpha^*(H^*\eta) \quad (\text{由第一步}) \\ &= h^*\eta - g^*\eta. \end{aligned}$$

完全类似的计算也适用于 $k=0$ 的情况. □

现在我们可以来证明 Poincaré 引理了. 首先了给出一个定义.

定义 令 A 是 $\mathbf{R}^n$ 中的一个开集. 如果对每一个 $\boldsymbol{x}\in A$, 连接 $\boldsymbol{x}$ 和 $\boldsymbol{p}\in A$ 的线段都包含在 A 中, 则称集合 A 关于 $\boldsymbol{p}$ 点是星凸的.

例 1 在图 39.2 中, 集合 A 关于 $\boldsymbol{p}$ 点是星凸的, 但是关于 $\boldsymbol{q}$ 点则不是. 集合 B 关于它的每一点都是星凸的, 即它是一个凸集. 集合 C 关于它的任何一点都不是星凸的.

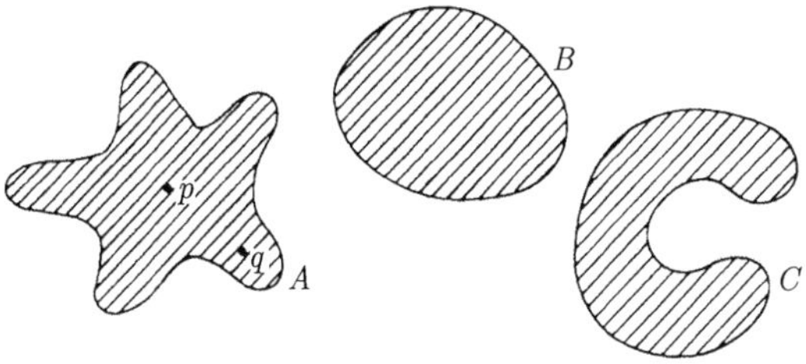

图 39.2

定理 39.3(Poincaré 引理) 令 A 是 $\mathbf{R}^n$ 中的一个星凸的开集. 如果 ω 是 A 上的一个闭形式, 那么 ω 在 A 上是恰当的.

证明 应用上面的定理. 令 $\boldsymbol{p}$ 是 A 中的点且使得 A 关于 $\boldsymbol{p}$ 点是星凸的. 令 $h: A\to A$ 是恒等映射, 而令 $g: A\to A$ 是把每一点都映射到 $\boldsymbol{p}$ 点的常值映射. 那么 g 和 h 是可微同伦的, 实际上, 映射

$$H(\boldsymbol{x},t)=th(\boldsymbol{x})+(1-t)g(\boldsymbol{x})$$

把 $A\times I$ 映射到 A 并且是符合要求的可微同伦. (对于每个 t, 点 $H(\boldsymbol{x},t)$ 位于 $h(\boldsymbol{x})=\boldsymbol{x}$ 和 $g(\boldsymbol{x})=\boldsymbol{p}$ 之间的线段上, 因而在 A 中.) 我们将 H 称为 g 和 h 间的直线同伦.

令 $\mathcal{P}$ 是由上面的定理给出的变换. 如果 f 是 A 上的一个 0 形式, 则有

$$\mathcal{P}(df)=h^*f-g^*f=f\circ h-f\circ g.$$

那么若 $df=0$, 则对所有 $\boldsymbol{x}\in A$,

$$0=f(h(\boldsymbol{x}))-f(g(\boldsymbol{x}))=f(\boldsymbol{x})-f(\boldsymbol{p}),$$

因而 f 是 A 上的常值映射.

如果 ω 是一个 k 形式且 $k>0$, 则有

$$d\mathcal{P}\omega+\mathcal{P}d\omega=h^*\omega-g^*\omega.$$

现在 $h^*\omega = \omega$ 是因为 h 为恒等映射, 而 $g^*\omega = 0$ 是因为 g 是常值映射. 于是若 $d\omega = 0$, 则有

$$d\mathcal{P}\omega = \omega,$$

因而 ω 在 A 上是恰当的. □

定理 39.4 令 A 是 $\mathbf{R}^n$ 中的一个星凸开集. 令 ω 是 A 上的一个闭 k 形式. 如果 $k > 1$, 并且 η 和 η_0 是 A 上满足 $d\eta = \omega = d\eta_0$ 的两个 $k-1$ 形式. 那么

$$\eta = \eta_0 + d\theta$$

对于 A 上的某个 $k-2$ 形式 θ 成立. 如果 $k = 1$ 并且 f 和 f_0 是 A 上满足 $df = \omega = df_0$ 的两个 0 形式, 那么 $f = f_0 + c$ 对某个常数 c 成立.

证明 因为 $d(\eta - \eta_0) = 0$, 所以形式 $\eta - \eta_0$ 是 A 上的一个闭形式. 由 Poincaré 引理可知, 它是恰当的. 类似的说法适用于形式 $f - f_0$. □

习 题

1.(a) 把对于 k 形式的 Poincaré 引理改写成关于$\mathbf{R}^3$ 中的标量场和向量场的定理. 考虑 $k = 0, 1, 2, 3$ 的情况.

(b) 对于定理 39.4 来做同样的事情. 考虑 $k = 1, 2, 3$ 的情况.

2.(a) 令 $g : A \to B$ 时 $\mathbf{R}^n$的开集之间的一个 C^∞ 微分同胚. 证明: 如果 A 是 k 维同调平凡的, 那么 B 也是.

(b) 在 $\mathbf{R}^2$ 中寻求一个开集使得它不是星凸的, 但却在每一维数下都是同调平凡的.

3. 令 A 是 $\mathbf{R}^n$ 中的一个开集. 证明; A 是 0 维同调平凡的当且仅当 A 是连通的. [提示: 令 $\boldsymbol{p} \in A$. 证明如果 $df = 0$ 并且可以通过 A 中的折线将 $\boldsymbol{x}$ 连接到 $\boldsymbol{p}$. 那么 $f(\boldsymbol{x}) = f(\boldsymbol{p})$. 证明能够经过 A 中的折线路径连接到 $\boldsymbol{p}$ 的所有点 $\boldsymbol{x}$ 的集合是 A 中的开集.]

4. 证明下列定理. 该定理说明 P 在某种意义上是一个沿最后坐标方向积分的算子.

定理 令 A 是 $\mathbf{R}^n$ 中的开集, 令 η 是在 $\mathbf{R}^{n+1}$ 的一个包含 $A \times I$ 的开集上定义的 $k+1$ 形式. 给定 $t \in I$, 令 $\alpha_t : A \to U$ 是由 $\alpha_t(\boldsymbol{x}) = (\boldsymbol{x}, t)$ 定义的"切片"映射. 给出 $\mathcal{T}_{\boldsymbol{x}}(\mathbf{R}^n)$ 中的固定向量 $(\boldsymbol{x}; \boldsymbol{v}_1), \cdots, (\boldsymbol{x}; \boldsymbol{v}_k)$. 令

$$(\boldsymbol{y}; \boldsymbol{w}_i) = (\alpha_t)_*(\boldsymbol{x}; \boldsymbol{v}_i)$$

对每个 t 成立. 那么 $(\boldsymbol{y}; \boldsymbol{w}_i)$ 属于 $\mathcal{T}_{\boldsymbol{y}}(\mathbf{R}^{n+1})$,并且 $\boldsymbol{y} = (\boldsymbol{x}, t)$ 是 t 的一个函数, 但 $\boldsymbol{w}_i = (\boldsymbol{v}_i, 0)$ 不是 (参看图 39.3). 那么

$$(P\eta)(\boldsymbol{x})((\boldsymbol{x}; \boldsymbol{v}_1), \cdots, (\boldsymbol{x}; \boldsymbol{v}_k)) = (-1)^k \int_{t=0}^{t=1} \eta(\boldsymbol{y})((\boldsymbol{y}; \boldsymbol{w}_1), \cdots, (\boldsymbol{y}; \boldsymbol{w}_k), (\boldsymbol{y}; \boldsymbol{e}_{n+1})).$$

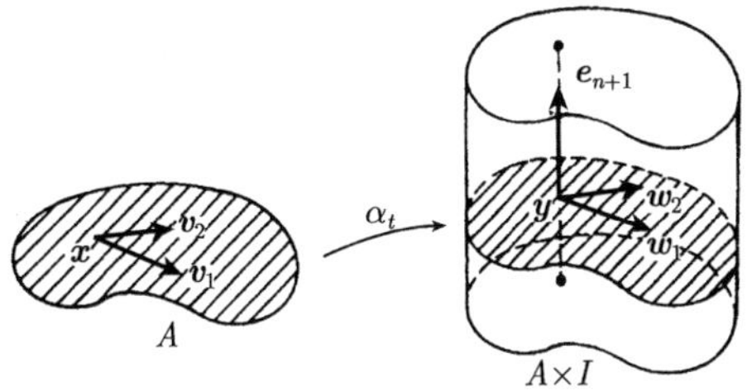

图 39.3

40. 有孔 Euclid 空间的 de Rham 群

我们已经证明如果 $\mathbf{R}^n$ 的开集 A 是星凸的, 那么它在所有维数下都是同调平凡的. 现在我们来考虑 A 不是在所有维数下同调平凡的若干情形. 此类情况中最简单的一种出现在当 A 为有孔的 Euclid 空间 $\mathbf{R}^n-\mathbf{0}$ 时. 以前的习题说明在 $\mathbf{R}^n-\mathbf{0}$ 中存在非恰当的 $n-1$ 阶闭形式. 现在我们来进一步分析这种情况, 从而给出一个判断 $\mathbf{R}^n-\mathbf{0}$ 中给定的闭形式是否恰当的明确判据.

解决这个问题的一种简便方法是对 $\mathbf{R}^n$ 中的开集 A 定义某些被称作 A 的 de Rham 群的向量空间 $H^k(A)$. A 是 k 维同调平凡的条件等价于 $H^k(A)$ 是平凡向量空间. 我们将在 $A=\mathbf{R}^n-\mathbf{0}$ 的情况下来确定这些空间的维数.

首先我们来考虑一个向量空间模其子空间的商.

定义 如果 V 是一向量空间并且 W 是 V 的一个线性子空间. 那么我们以 V/W 表示这样一个集合, 其中它的元素是 V 的如下形式的一些子集:

$$\boldsymbol{v}+W=\{\boldsymbol{v}+\boldsymbol{w}|\boldsymbol{w}\in W\},$$

每一个这样的集合称作 V 的一个由 W 决定的陪集. 业已证明, 如果 $\boldsymbol{v}_1-\boldsymbol{v}_2\in W$, 那么两个陪集 $\boldsymbol{v}_1+W$ 和 $\boldsymbol{v}_2+W$ 相等; 然而若 $\boldsymbol{v}_1-\boldsymbol{v}_2\notin W$, 那么这两个陪集是不相交的. 因而 V/W 是 V 的一些互不相交的子集构成的集族, 而且它们的并集是 V. (这样一个集族称作 V 的一个划分.) 我们用下列等式来定义 V/W 中的向量空间运算:

$$(\boldsymbol{v}_1+W)+(\boldsymbol{v}_2+W)=(\boldsymbol{v}_1+\boldsymbol{v}_2)+W,$$

$$c(\boldsymbol{v}+W)=(c\boldsymbol{v})+W.$$

有了这些运算, V/W 就成为一个向量空间, 称作 V 模 W 的商空间.

我们还必须证明这些运算是完全确定的. 假设 $\boldsymbol{v}_1+w=\boldsymbol{v}_1'+W, \boldsymbol{v}_2+W=V_2'+W$. 那么 $\boldsymbol{v}_1-\boldsymbol{v}_1'$ 和 $\boldsymbol{v}_2-\boldsymbol{v}_2'$ 在 W 中, 因而它们的和 $(\boldsymbol{v}_1+\boldsymbol{v}_2)-(\boldsymbol{v}_1'+\boldsymbol{v}_2')$ 也在 W 中. 于是

$$(\boldsymbol{v}_1+\boldsymbol{v}_2)+W=(\boldsymbol{v}_1'+\boldsymbol{v}_2')+W.$$

因而向量的加法是完全确定的. 类似的论证可以说明乘以标量的数乘运算也是完全确定的. 向量空间的性质容易验证, 故将细节留给读者.

如果 V 是有限维的, 那么 V/W 也是有限维的. 然而我们并不需要这一结果. 另一方面, 即使在 V 和 W 不是有限维的情况下, V/W 仍然可能是有限维的.

定义　设 V 和 V' 是两个向量空间, 并且 W 和 W' 分别是 V 和 V' 的线性子空间. 如果 $T:V\to V'$ 是一个将 W 映射成 W' 的线性变换. 那么就有一个由 $\widetilde{T}(\boldsymbol{v}+W)=T(\boldsymbol{v})+W'$ 定义的线性变换

$$\widetilde{T}:V/W\to V'/W',$$

并且称之为由 T 诱导的变换. 容易验证 $\widetilde{T}$ 是完全确定的而且是线性的.

现在我们可以来定义 de Rham 群了.

定义　令 A 是 $\mathbf{R}^n$ 中的一个开集. A 上所有 k 形式的集合 $\Omega^k(A)$ 是一个向量空间. A 上的闭 k 形式的集合 $C^k(A)$ 和恰当 k 形式的集合 $E^k(A)$ 都是 $\Omega^k(A)$ 的线性子空间. 因为每一个恰当形式都是闭的, 所以 $E^k(A)$ 包含在 $C^k(A)$ 中. 我们把 A 的 k 维 de Rham 群定义为

$$H^k(A)=C^k(A)/E^k(A).$$

如果 ω 是 A 上的一个闭 k 形式 (即 $C^k(A)$ 的一个元素), 那么我们常把它的陪集 $\omega+E^k(A)$ 简记为 $\{\omega\}$.

由定义立即可知, 要使 $H^k(A)$ 是仅由零向量组成的平凡向量空间, 当且仅当 A 是 k 维同调平凡的.

如果 A 各 B 分别是 $\mathbf{R}^n$ 和 $\mathbf{R}^m$ 中的开集并且 $g:A\to B$ 是一个 C^∞ 映射, 那么对所有 k,g 都诱导 k 形式的一个线性变换 $g^*:\Omega^k(B)\to\Omega^k(A)$. 因为 g^* 与 d 可交换, 所以它将闭形式映为闭形, 将恰当形式映为恰当形式. 因而 g^* 诱导 de Rham 群的一个线性变换

$$g^*:H^k(B)\to H^k(A).$$

(为了方便, 我们把这个诱导变换仍然记为 g^* 而不记为 $\widetilde{g}^*$.)

现在把对给定集合 A 上的闭形式和恰当形式的研究转化为计算 A 的 de Rham 群. 有几种工具可以用来计算这些群. 在这里我们考虑其中的两种. 一种要涉及到同伦等价的概念; 另一种是一个称为 Mayer-Vietoris 定理的一般定理的特殊情况, 两者都是代数拓扑中的标准工具.

定理 40.1(同伦等价定理)　令 A 和 B 分别是 $\mathbf{R}^n$ 和 $\mathbf{R}^m$ 中的开集. 令 $g:A\to B$ 和 $h:B\to A$ 是 C^∞ 映射. 如果 $g\circ h:B\to B$ 可微同伦于 B 上的恒

等映射 i_B, 而 $h\circ g: A\to A$ 可微同伦于 A 上的恒等映射 i_A. 那么 g^* 和 h^* 是 de Rham 群的线性的同构.

如果 $g\circ h$ 等于 i_B 且 $h\circ g$ 等于 i_A, 那么 g 和 h 当然是微分同胚. 如果 g 和 h 满足本定理的假设, 则将它们称作 (可微的) 同伦等价.

证明 如果 η 是 A 上的闭 k 形式, 其中 $k\geqslant 0$, 那么定理 39.2 蕴涵着

$$(h\circ g)^*\eta-(i_A)^*\eta$$

是恰当的. 那么 de Rham 群的诱导映射满足等式

$$g^*(h^*(\{\eta\}))=\{\eta\},$$

因而 $g^*\circ h^*$ 是 $H^k(A)$ 到其自身的恒等映射. 类似的论证说明 $h^*\circ g^*$ 是 $H^k(B)$ 上的恒等映射. 第一个事实蕴涵着 g^* 把 $H^k(B)$ 映射到 $H^k(A)$ 上. 因为给定 $H^k(A)$ 中的 $\{\eta\}$, 它等于 $g^*(h^*\{\eta\})$. 第二个事实蕴涵着 g^* 是一一的, 因为等式 $g^*\{\omega\}=0$ 蕴涵着 $h^*(g^*\{\omega\})=0$, 从而 $\{\omega\}=0$.

由对称性, h^* 也是一个线性同构. □

为了证明另一个主要定理, 我们需要一个技术性的引理.

引理 40.2 令 U 和 V 是 $\mathbf{R}^n$ 中的开集. 令 $X=U\cup V$, 并且假设 $A=U\cap V$ 是非空的. 那么存在一个 C^∞ 函数 $\phi: X\to[0,1]$ 使得 ϕ 在 $U-A$ 的一个邻域上恒等于 0 而在 $V-A$ 的一个邻域上恒等于 1.

证明 参看图 40.1. 令 $\{\phi_i\}$ 是 X 上属于开覆盖 $\{U,V\}$ 的一个单位分解. 对每个 i, 记 $S_i=\text{supp}\phi_i$. 把集族 $\{\phi_i\}$ 的指标集分成两个互不相交的子集 J 和 K, 使得对于每个 $i\in J$, 集合 S_i 包含在 U 中; 而对于每一个 $i\in K$, 则集合 S_i 包含在 V 中. (例如, 可以令 J 由使得 $S_i\subset U$ 的所有 i 组成, 而令 K 由其余的 i 组成.) 然后令

$$\phi(\boldsymbol{x})=\sum_{i\in K}\phi_i(\boldsymbol{x}).$$

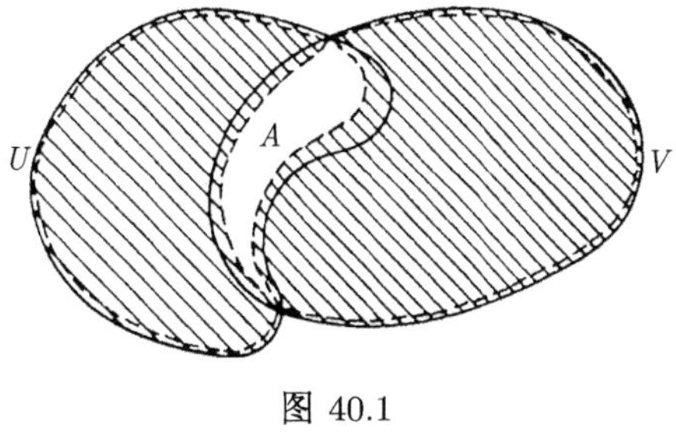

图 40.1

局部有限性条件保证了 ϕ 在 X 上是 C^∞ 的. 因为每个 $\boldsymbol{x} \in X$ 都有一个邻域使得 ϕ 在该邻域上等于有限个 C^∞ 函数的和.

令 $\boldsymbol{a} \in U - A$, 我们来证明 ϕ 在 $\boldsymbol{a}$ 点的一个邻域上恒为 0. 首先选取 $\boldsymbol{a}$ 的一个邻域 W 使得它只与有限个集合 S_i 相交. 从这些集合 S_i 中选取那些其指标属于 K 的集合. 并且令 D 是它们的并集. 那么 D 是闭的而且 D 不包含 $\boldsymbol{a}$ 点. 因而集合 $W - D$ 是 $\boldsymbol{a}$ 的一个邻域, 并且对于每一个 $i \in K$, 函数 ϕ_i 在 $W - D$ 上为零. 由此可知, 对于 $\boldsymbol{x} \in W - D, \phi(\boldsymbol{x}) = 0$.

因为

$$1 \rightharpoondown \phi(\boldsymbol{x}) = \sum_{i \in J} \phi_i(\boldsymbol{x}),$$

而对称性则蕴涵着函数 $1 - \phi$ 在 $V - A$ 的一个邻域上恒为 0. □

定理 40.3 (Mayer-Vietoris 定理的特殊情况). 令 U 和 V 是 $\mathbf{R}^n$ 中的开集, 而且 U 和 V 在所有维数下都是同调平凡的. 令 $X = U \cup V$, 并假设 $A = U \cap V$ 是非空的. 那么 $H^0(x)$ 是平凡的, 而且对于 $k \geqslant 0$, 空间 $H^{k+1}(X)$ 线性同构于空间 $H^k(A)$.

证明 先引进一些方便的记号. 如果 B, C 是 $\mathbf{R}^n$ 中满足 $B \subset C$ 的开集, 并且 η 是 C 上的 k 形式. 则用 $\eta|B$ 表示 η 在 B 上的限制. 即 $\eta|B = j^*\eta$, 其中 j 表示包含映射 $j : B \to C$. 因为 j^* 可与 d 交换, 由此可知, 闭形式或恰当形式的限制仍然是闭的或恰当的, 并且若 $A \subset B \subset C$, 则 $(\eta|B)|A = \eta|A$.

第一步. 首先来证明 $H^0(X)$ 是平凡的. 令 f 是 X 上的闭 0 形式. 那么 $f|U$ 和 $f|v$ 分别是 U 和 V 上的闭形式. 因为 U 和 V 是 0 维同调平凡的, 所以存在常函数 c_1 和 c_2 使得 $f|U = c_1$ 且 $f|V = c_2$. 因为 $U \cap V$ 是非空的, 所以 $c_1 = c_2$. 因而 f 在 X 上为常数.

第二步. 令 $\phi : X \to [0,1]$ 是一个 C^∞ 函数并且使得 ϕ 在 $U - A$ 的一个邻域 U' 上为零, 而 $1 - \phi$ 在 $V - A$ 的一个邻域 V' 上为零. 对于 $k \geqslant 0$, 定义

$$\delta : \Omega^k(A) - \Omega^{k+1}(x)$$

为

$$\delta(\omega) = \begin{cases} d\phi \wedge \omega, & \text{在} A \text{上} \\ 0, & \text{在} U' \cup V' \text{上}. \end{cases}$$

因为在集合 $U' \cup V'$ 上, $d\phi = 0$, 所以形式 $\delta(\omega)$ 是完全确定的; 又因为 A 和 $U' \cup V'$ 是开集, 而且它们的并是 X, 所以 $\delta(\omega)$ 在 X 上是 C^∞ 的. 映射 δ 显然是线性的. 它与微分算子 d 在允许相差一个符号的意义下是交换的. 因为

$$d(\delta(\omega)) = \left\{ \begin{array}{cc} (-1) d\phi \wedge d\omega, & \text{在} A \text{上} \\ 0, & \text{在} U' \cup V' \text{上} \end{array} \right\} = -\delta(dw).$$

于是 δ 将闭形式映为闭形式, 将恰当形式映为恰当形式, 因而它诱导一个线性变换

$$\widetilde{\delta}: H^k(A) \to H^{k+1}(X).$$

我们将要证明 $\widetilde{\delta}$ 是一个同构.

第三步. 首先来证明 $\widetilde{\delta}$ 是一一的. 为此只需证明如果 ω 是 A 中的一个闭 k 形式并且使得 $\delta(\omega)$ 是恰当的, 那么 ω 自身是恰当的.

假设 $\delta(\omega) = d\theta$ 对于 X 上的某个 k 形式 θ 成立. 分别将 U 和 V 上的 k 形式 ω_1 和 ω_2 定义为

$$\omega_1 = \begin{cases} \phi\omega, & 在A上, \\ 0, & 在U'上, \end{cases} \qquad \omega_2 = \begin{cases} (1-\phi)\omega, & 在A上, \\ 0, & 在V'上. \end{cases}$$

那么 ω_1 和 ω_2 是完全确定的并且是 C^∞ 的, 参看图 40.2.

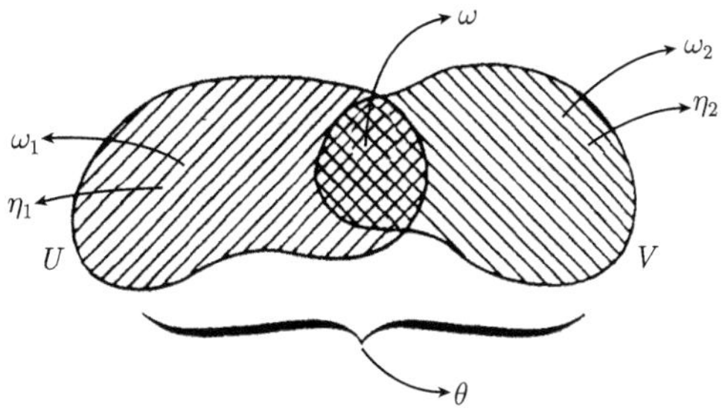

图 40.2

通过计算得

$$d\omega_1 = \begin{cases} d\phi \wedge \omega + 0, & 在A上, \\ 0, & 在U'上 \end{cases}$$

第一个等式从 $d\omega = 0$ 得出. 于是

$$d\omega_1 = \delta(\omega)|U = d\theta|U.$$

由此可知 $\omega_1 - \theta|U$ 是 U 上的一个闭 k 形式. 由完全类似的证明可知

$$d\omega_2 = -d\theta|V,$$

因而 $\omega_2 + \theta|V$ 是 V 上的一个 k 阶闭形式.

既然 U 和 V 对于所有维数都是同调平凡的. 如果 $k > 0$, 这就蕴涵着在 U 和 V 上分别存在 $k-1$ 形式 η_1 和 η_2 使得

$$\omega_1 - \theta|U = d\eta_1, \omega_2 + \theta|v = d\eta_2.$$

限制在 A 上并且相加, 则得到

$$\omega_1|A+\omega_2|A=d\eta_1|A+d\eta_2|A,$$

这蕴函着

$$\phi\omega+(1-\phi)\omega=d(\eta_1|A+\eta_2|A).$$

因而 ω 在 A 上是恰当的.

若 $k=0$, 则有常数 c_1 和 c_2 使得

$$\omega_1-\theta|U=c_1,\quad \omega_2+\theta|V=c_2.$$

于是

$$\phi\omega+(1-\phi)\omega=\omega_1|A+\omega_2|A=c_1+c_2.$$

第四步. 证明 $\widetilde{\delta}$ 将 $H^k(A)$ 映射到 $H^{k+1}(X)$ 上. 为此只需证明若 η 是 X 上的一个闭 $k+1$ 形式, 则在 A 上有一个闭 k 形式 ω 使得 $\eta-\delta(\omega)$ 是恰当的.

给定 η, 则形式 $\eta|U$ 和 $\eta|V$ 是恰当的, 从而在 U 和 V 上分别有 k 形式 θ_1 和 θ_2 使得

$$d\theta_1=\eta|U,\quad d\theta_2=\eta|V.$$

令 ω 是由等式

$$\omega=\theta_1|A-\theta_2|A$$

定义的 A 上的 k 形式, 那么 ω 是闭的, 因为 $d\omega=d\theta_1|A-d\theta_2|A=\eta|A-\eta|A=0$. 在 X 上定义一个 k 形式 θ 如下:

$$\theta=\begin{cases}(1-\phi)\theta_1+\phi\theta_2, & \text{在}A\text{上},\\ \theta_1, & \text{在}U'\text{上},\\ \theta_2, & \text{在}V'\text{上}.\end{cases}$$

那么 θ 是完全确定的并且是 C^∞ 的, 参看图 40.3. 我们通过证明

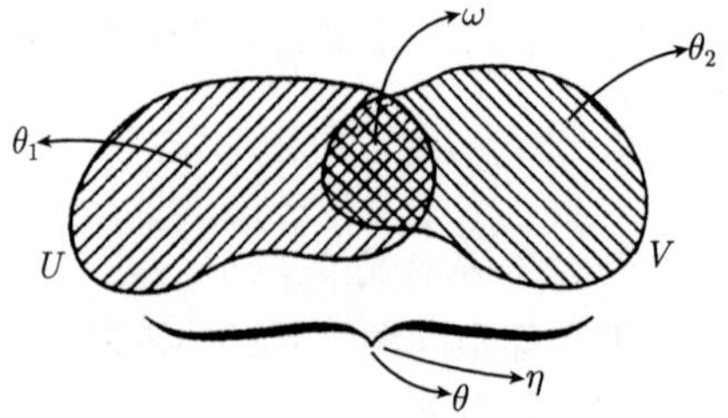

图 40.3

$$\eta - \delta(\omega) = d\theta$$

来完成定理的证明.

分别在 A 上、U' 上以及 V' 上计算 $d\theta$. 限制在 A 上则有

$$\begin{aligned} d\theta|A &= [-d\phi \wedge (\theta_1|A) + (1-\phi)(d\theta_1|A)] + [d\phi \wedge (\theta_2|A) + \phi(d\theta_2|A)] \\ &= \phi\eta|A + (1-\phi)\eta|A + d\phi \wedge [\theta_2|A - \theta_1|A] \\ &= \eta|A + d\phi \wedge (-\omega) \\ &= \eta|A - \delta(\omega)|A. \end{aligned}$$

限制在 U' 上和 V' 上则有

$$d\theta|U' = d\theta_1|U' = \eta|U' = \eta|U' - \delta(\omega)|U',$$

$$d\theta|V' = d\theta_2|V' = \eta|V' = \eta|V' - \delta(\omega)|V',$$

因为由定义 $\delta(\omega)|U' = 0, \delta(\omega)|V' = 0$, 由此可知

$$d\theta = \eta - \delta(\omega),$$

这正是我们所期望的. □

现在我们可以来计算有孔的 Euclid 空间的 de Rham 群了.

定理 40.4 令 $n \geqslant 1$, 那么

$$\dim H^k(\mathbf{R}^n - 0) = \begin{cases} 0, & k \neq n-1, \\ 1, & k = n-1. \end{cases}$$

证明 第一步. 我们来证明定理对于 $n=1$ 成立. 令 $A = \mathbf{R}' - 0$, 并且写成 $A = A_0 \cup A_1$, 其中 A_0 由负实数组成而 A_1 由正实数组成. 如果 ω 是 A 上的闭 k 形式, 并且 $k > 0$, 那么 $\omega|A_0$ 和 $\omega|A_1$ 都是闭的. 因为 A_0 和 A_1 是星凸的, 所以在 A_0 和 A_1 上分别有 $k-1$ 形式 η_0 和 η_1 使得 $d\eta_i = \omega|A_i, i = 0, 1$. 在 A_0 上定义 $\eta = \eta_0$ 而在 A_1 上定义 $\eta = \eta_1$. 那么 η 是完全确定的并且是 C^∞ 的, 而且满足 $d\eta = \omega$.

现在令 f_0 是通过对 $x \in A_0$ 置 $f_0(x) = 0$ 和对 $x \in A_1$ 置 $f_0(x) = 1$ 而定义的 A 上的 0 形式. 那么 f_0 是一个闭形式, 但不是恰当的. 我们要证明陪集 $\{f_0\}$ 构成 $H^0(A)$ 的一个基. 给定 A 上的一个闭 0 形式 f, 则 $f|A_0$ 和 $f|A_1$ 是闭的因而是恰当的. 于是就有常数 c_0 和 c_1 使得 $f|A_0 = c_0$ 和 $f|A_1 = c_1$. 由此可知对于 $x \in A$,

$$f(x) = c_1 f_0(x) + c_0.$$

于是如所期望的那样, 有 $\{f\} = c_1\{f_0\}$.

第二步. 如果 B 是 $\mathbf{R}^n$ 中的开集, 那么 $B\times\mathbf{R}$ 就是 $\mathbf{R}^{n+1}$ 中的开集.

我们要证明对所有 k,

$$\dim H^k(B)=\dim H^k(B\times\mathbf{R}).$$

我们利用同伦等价定理来证. 定义 $g:B\to B\times\mathbf{R}$ 为 $g(\boldsymbol{x})=(\boldsymbol{x},0)$, 而定义 $h:B\times\mathbf{R}\to B$ 为 $h(\boldsymbol{x},s)=\boldsymbol{x}$. 那么 $h\circ g$ 为 B 到其自身的恒等映射. 另一方面, 由下式给出的直线同伦足以说明 $g\circ h$ 可微同伦于 $B\times\mathbf{R}$ 到其自身的恒等映射:

$$H((\boldsymbol{x},s),t)=t(\boldsymbol{x},s)+(1-t)(\boldsymbol{x},0)=(\boldsymbol{x},st).$$

第三步. 令 $n\geqslant 1$, 假设定理对 n 成立. 来证明它对 $n+1$ 也成立.

令 U 和 V 是 $\mathbf{R}^{n+1}$ 中分别由下列两式定义的开集:

$$U=\mathbf{R}^{n+1}-\{(0,\cdots,0,t)|t\geqslant 0\},$$

$$V=\mathbf{R}^{n+1}-\{(0,\cdots,0,t)|t\leqslant 0\}.$$

因而 U 由 $\mathbf{R}^{n+1}$ 中除了半直线 $0\times\mathbf{H}^1$ 之外的所有点组成, 而 V 则由 $\mathbf{R}^{n+1}$ 中除去半直线 $0\times\mathrm{L}^1$ 以外的所有点组成. 图 40.4 列举了 $n=3$ 的情况. 集合 $A=U\cap V$ 是非空的, 实际上, A 是由 $\mathbf{R}^{n+1}=\mathbf{R}^n\times\mathbf{R}$ 中不在直线 $0\times\mathbf{R}$ 上的所有点组成的, 即

$$A=(\mathbf{R}^n-0)\times\mathbf{R}.$$

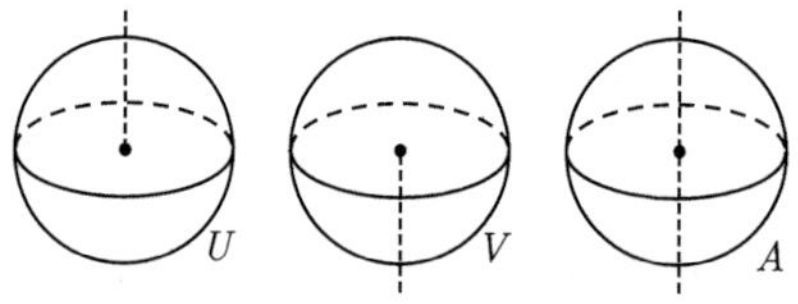

图 40.4

若置 $X=U\cup V$, 则

$$X=\mathbf{R}^{n+1}-0.$$

容易验证集合 U 关于 $\mathbf{R}^{n+1}$ 中的点 $\boldsymbol{p}=(0,\cdots,0,-1)$ 是星凸的, 而集合 V 关于点 $\boldsymbol{q}=(0,\cdots,0,1)$ 是星凸的. 从上面的定理可知 $H^0(X)$ 是平凡的, 而且对于 $k\geqslant 0$,

$$\dim H^{k+1}(X)=\dim H^k(A)$$

于是由第二步可知, $H^k(A)$ 与 $H^k(\mathbf{R}^n-0)$ 具有相同的维数, 并且归纳假设蕴涵着当 $k\neq n-1$ 时 $H^k(\mathbf{R}^n-0)$ 的维数是 0, 而当 $k=n-1$ 时其维数是 1. 这就证明了定理成立. □

让我们用形式的语言来重述这个定理.

定理 40.5 令 $A=\mathbf{R}^n-0$, 并且 $n\geqslant 1$.

(a) 如果 $k\neq n-1$, 那么 A 上的每个闭 k 形式在 A 上是恰当的.

(b) 在 A 上存在非恰当的 $n-1$ 次闭形式 η_0. 如果 η 是 A 上的任何一个 $n-1$ 阶闭形式, 那么存在唯一的一个标量 c 使得 $\eta-c\eta_0$ 是恰当的. □

这个定理保证了在 $\mathbf{R}^n-0$ 上确实存在非恰当的 $n-1$ 阶闭形式, 但是并未给出求这种形式的公式. 然而在上一章的习题中我们曾经得到过这样一个公式. 如果 η_0 是由下式给出的 $\mathbf{R}^n-0$ 上的一个 $n-1$ 形式.

$$\eta_0=\sum_{i=1}^{n}(-1)^{i-1}f_i dx_1\wedge\cdots\wedge\widehat{dx_i}\wedge\cdots\wedge dx_n,$$

其中 $f_i(\boldsymbol{x})=x_i/||\boldsymbol{x}||^n$, 那么由直接计算可以证明 η_0 是闭的, 其中唯一稍微有些困难的是证明 η_0 在 S^{n-1} 上的积分不为零, 同样由 Stokes 定理可以证明 η_0 不可能是恰当的 (参看 §35 或 §38 的习题). 现在我们利用这一结果导出下列判断 $\mathbf{R}^n-0$ 上的 $n-1$ 阶闭形式是否为恰当的判别准则.

定理 40.6 令 $A=\mathbf{R}^n-0, n>1$. 如果 η 是 A 上的一个 $n-1$ 阶闭形式, 那么 η 在 A 上是恰当的, 当且仅当

$$\int_{S^{n-1}}\eta=0.$$

证明 如果 η 是恰当的, 那么由 Stokes 定理, 它在 S^{n-1} 上的积分为 0. 另一方面, 假设这个积分为零. 令 η_0 是刚才定义的形式. 由上面的定理知道, 有唯一的标量 c 使得 $\eta-c\eta_0$ 是恰当的. 那么由 Stokes 定理.

$$\int_{S^{n-1}}\eta=c\int_{S^{n-1}}\eta_0.$$

因为 η_0 在 S^{n-1} 上的积分不为 0, 故必有 $c=0$. 因而 η 是恰当的. □

习　　题

1. (a) 证明 V/W 是一个向量空间.

(b) 证明由线性变换 T 诱导的变换 $\widetilde{T}$ 是完全确定的并且也是线性的.

2. 设 $\boldsymbol{a}_1,\cdots,\boldsymbol{a}_n$ 是 V 的一个基, 并且它的前 k 个元素构成线性子空间 W 的一个基. 证明陪集 $\boldsymbol{a}_{k+1}+W,\cdots,\boldsymbol{a}_n+W$ 构成 V/W 的一个基.

3. (a) 在 $n=2$ 的情况下, 把定理 40.5 和 40.6 改写成关于 $\mathbf{R}^n-0$ 中的向量场和标量场的定理.

(b) 在 $n=3$ 的情况下重新改写这两个定理.

4. 令 U 和 V 是 $\mathbf{R}^n$ 中的开集. 令 $X = U \cup V$, 并且假设 $A = U \cap V$ 是非空的. 令 $\widetilde{\delta} : H^k(A) \to H^{k+1}(X)$ 是在定理 40.3 的证明中所构造的变换. 为保证下列结论成立需要对 $H^i(U)$ 和 $H^i(V)$ 作何假设?

(a) $\widetilde{\delta}$ 是一一的.

(b) $\widetilde{\delta}$ 的值域是整个 $H^{k+1}(X)$.

(c) $H^0(X)$ 是平凡的.

5. 证明下列定理:

定理　令 $\boldsymbol{p}$ 和 $\boldsymbol{q}$ 是 $\mathbf{R}^n$ 中的两点, 其中 $n \geqslant 1$. 那么

$$\dim H^k(\mathbf{R}^n - \boldsymbol{p} - \boldsymbol{q}) = \begin{cases} 0, & k \neq n-1, \\ 2, & k = n-1. \end{cases}$$

证明　令 $S = \{\boldsymbol{p}, \boldsymbol{q}\}$. 利用定理 40.3 证明 $\mathbf{R}^{n+1}$ 中的开集 $\mathbf{R}^{n+1} - S \times H^1$ 在所有维数下都是同调平凡的. 然后像在定理 40.4 的证明中那样用归纳法进行.

6. 利用形式语言重新证明习题 5 中的定理.

7. 导出一个类似于定理 40.6 中那样的判定 $\mathbf{R}^n - \boldsymbol{p} - \boldsymbol{q}$ 中的 $n-1$ 阶闭形式是否恰当的准则.

8. 分别在 $n = 2$ 和 $n = 3$ 的情况下将习题 6 和习题 7 的结果改写成关于 $\mathbf{R}^n - \boldsymbol{p} - \boldsymbol{q}$ 中的向量场和标量场的定理.

第九章　尾声 ——$\mathbf{R}^n$ 以外的世界

§41.　可微流形和 Riemann 流形

到目前为止, 我们始终是在论述 Euclid 空间的子流形和在 Euclid 空间的开集上定义的形式. 这种方法具有概念简单的优点, 人们倾向于认为处理 $\mathbf{R}^n$ 的子空间比处理任意的度量空间更方便. 然而它也有缺点, 重要的思想有时会被熟悉的环境所掩盖.

另外, 在更高深的数学以及数学物理等其他学科中, 流形常常以抽象空间的形式出现而不是作为 Euclid 空间的子空间出现. 为了以适度的普遍性来论述流形问题就要求人们要跳出空间 $\mathbf{R}^n$ 之外来看待问题.

在本节中, 我们将简短描述如何实现这个目标并且说明数学家们实际上是如何看待流形和形式的.

一、可微流形

定义　令 M 是一个度量空间. 假设有一族同胚 $\alpha_i : U_i \to V_i$, 其中 U_i 是 $\mathbf{H}^k$ 或 $\mathbf{R}^k$ 中的开集, 而 V_i 是 M 中的开集, 并且使得 V_i 能覆盖 M. (为说明 α_i 是同胚就要说明 α_i 将 U_i 一一地映射到 V_i 上, 而且 α_i 和 α_i^{-1} 都是连续的.) 假设各映射 α_i 是 C^∞ 交叠的. 这意味着当 $V_i \cap V_j$ 非空时, 转移函数 $\alpha_i^{-1} \circ \alpha_j$ 是 C^∞ 的, 映射 α_i 称为 M 上的坐标卡, 而且其他任何 C^∞ 交叠于 α_i 的同胚 $\alpha : U \to V$ 也是 M 上的坐标卡, 其中 U 为 $\mathbf{H}^k$ 或 $\mathbf{R}^k$ 中的开集, 而 V 是 M 中的开集. 度量空间 M 连同 M 上的这族坐标卡就称为一个 C^∞ 可微的 k 维流形.

在 $k = 1$ 的情况下, 则像以前那样, 特别约定坐标卡的定义域可以是 $\mathbf{R}^1, \mathbf{H}^1$ 或 $\mathbf{L}^1$ 中的开集.

如果存在 M 上的一个包含 $\boldsymbol{p}$ 点的坐标卡 $\alpha : U \to V$ 使得 U 是 $\mathbf{R}^k$ 中的开集, 则称 $\boldsymbol{p}$ 是 M 的内点, 否则称 $\boldsymbol{p}$ 是 M 的边界点. M 的边界点的集合记为 ∂M. 如果 $\alpha : U \to V$ 是 M 上包含 $\boldsymbol{p}$ 点的一个坐标卡, 那么 $\boldsymbol{p}$ 属于 ∂M, 当且仅当 U 是 $\mathbf{H}^k$ 中的开集而且 $\boldsymbol{p} = \alpha(\boldsymbol{x})$ 对某个 $\boldsymbol{x} \in \mathbf{R}^{k-1} \times 0$ 成立. 其证明与引理 24.2 的证明相同.

贯穿本节, M 将始终表示一个可微的 k 维流形.

定义　给定 M 上的坐标卡 α_0, α_1 如果 $\det(\alpha_1^{-1} \circ \alpha_0) > 0$, 则称它们是正交叠的. 如果 M 能被一些正交叠的坐标卡所覆盖, 则称 M 是可定向的. M 的一个定

向由 M 的这样一个覆盖以及其他所有与之正交叠的坐标卡组成. 一个定向流形是由一个流形 M 连同它的一个定向组成的.

给定 M 的一个定向 $\{\alpha_i\}$, 那么集族 $\{\alpha_i \circ r\}$ 其中 $r : \mathbf{R}^k \to \mathbf{R}^k$ 是反射映射, 将给出 M 的一个不同定向, 并且将它称为与已给定向相反的定向.

设 M 是一个带有非空边界的 k 维可微流形. 那么 ∂M 是一个 $k-1$ 维的无边的可微流形, 并且映射 $\alpha \circ b$ 是 ∂M 上的一些坐标卡, 其中 α 是 M 上包含 $\boldsymbol{p} \in \partial M$ 的坐标卡而 $b : \mathbf{R}^{k-1} \to \mathbf{R}^k$ 是映射

$$b(x_1, \cdots, x_{k-1}) = (x_1, \cdots, x_{k-1}, 0)$$

其证明与定理 24.3 的证明相同.

如果 M 上的坐标卡 α_0 和 α_1 是正交叠的, 那么 ∂M 上的相应坐标卡 $\alpha_0 \circ b$ 和 $\alpha_1 \circ b$ 也是正交叠的, 其证明就是定理 34.1 的证明. 因而如果 M 是定向的并且 ∂M 是非空的, 那么可以通过在 M 上取那些属于 M 的定向并且包含 ∂M 的点的坐标卡再将它们与映射 b 复合而使 ∂M 定向. 如果 k 是偶数, 则用这种方式得到的 ∂M 的定向称为 ∂M 的诱导定向; 若 k 为奇数, 则将这个定向的相反定向称为 ∂M 的诱导定向.

现在我们来定义两个可微流形间的映射的可微性.

定义　令 M 和 N 分别是 k 维和 n 维的可微流形. 设 A 是 M 的一个子集, 并且 $f : A \to N$. 如果对于每个 $x \in A$ 都有 M 上的一个包含 x 点的坐标卡 $\alpha : U \to V$ 和 N 上的一个包含 $y = f(x)$ 的坐标卡 $\beta : W \to Y$, 使得复合映射 $\beta^{-1} \circ f \circ \alpha$ 作为从 $\mathbf{R}^k$ 的子集到 $\mathbf{R}^n$ 中的映射是 C^∞ 的, 则称映射 f 是 C^∞ 的. 因为转移函数是 C^∞ 的, 所以这个条件不依赖于坐标卡的选取, 参看图 41.1.

当然, 如果 M 或者 N 为 Euclid 空间, 定义是类似的, 可以将一个流形上的坐标卡取为该 Euclid 空间的恒等映射.

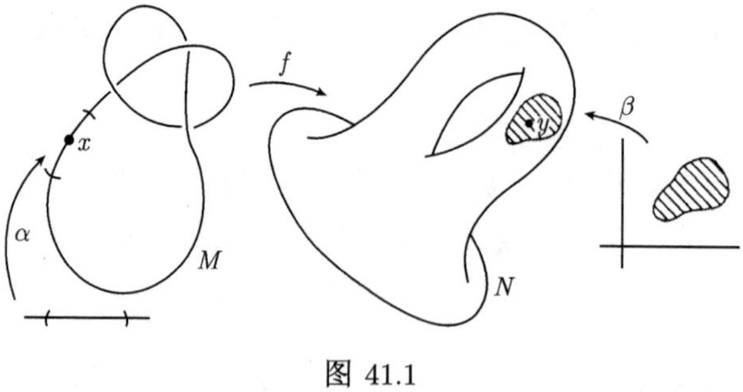

图 41.1

一个把 M 映射到 N 上的一一映射 f, 如果满足 f 和 f^{-1} 都是 C^∞ 的, 则称 f 是一个微分同胚.

现在我们来定义 M 的切向量. 因为没有作为背景的 Euclid 空间可以参照, 所以切向量的意义并不明显.

我们通常把 $\mathbf{R}^n$ 中的一个流形 M 在某一点 $\boldsymbol{p}$ 处的切向量表示成过 $\boldsymbol{p}$ 点的一条 C^∞ 曲线 $\gamma:[a,b]\to M$ 的速度向量. 这个向量恰好是 $(\boldsymbol{p};D\gamma(t_0))$, 其中 $\boldsymbol{p}=\gamma(t_0)$ 而 $D\gamma$ 是 γ 的导数.

我们将试图推广这个概念. 如果 M 是任意一个可微流形, 并且 γ 是 M 中的一条 C^∞ 曲线, 那么函数 γ 的"导数"表示什么? 我们肯定不能在平常的意义下来谈论导数, 因为 M 并不在 Euclid 空间中, 可是, 如果 $\alpha:U\to V$ 是 M 上包含 p 点的一个坐标卡, 那么复合函数 $\alpha^{-1}\circ\gamma$ 就是一个从 $\mathbf{R}^1$ 的子集到 $\mathbf{R}^k$ 的映射, 因而可以谈论它的导数. 我们可以把 γ 在 t_0 点的"导数"看作这样一个函数 $\boldsymbol{v}$: 它对每一个包含 p 点的坐标卡 α 指派一个矩阵

$$\boldsymbol{v}(\alpha)=D(\alpha^{-1}\circ\gamma)(t_0)$$

其中 $p=\alpha(t_0)$

当然, 矩阵 $D(\alpha^{-1}\circ\gamma)$ 依赖于特定坐标卡的选取. 如果 α_0 和 α_1 是包含 p 点的两个坐标卡, 那么链规则蕴涵着这些矩阵通过下式相关

$$\boldsymbol{v}(\alpha_1)=Dg(\boldsymbol{x}_0)\cdot\boldsymbol{v}(\alpha_0),$$

其中 g 为转移函数 $g=\alpha_1^{-1}\circ\alpha_0$, 而 $\boldsymbol{x}_0=\alpha_0^{-1}(p)$, 参看图 41.2.

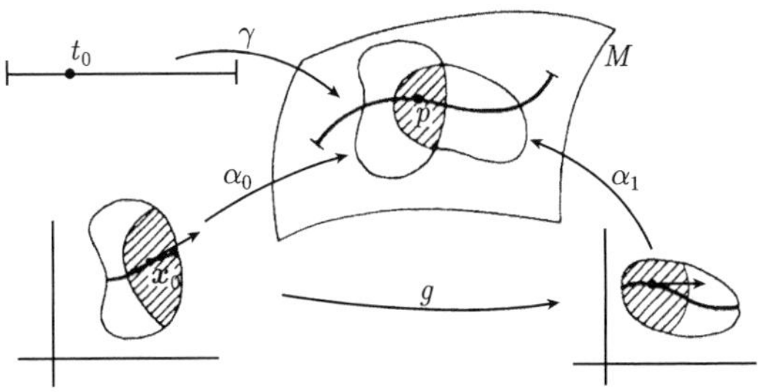

图 41.2

这个范例启发我们应该怎样一般地定义 M 的切向量.

定义 给定 $p\in M$, 那么 M 在 p 点的切向量是这样一个函数 $\boldsymbol{v}$, 它对 M 上包含 p 点的每一个坐标卡 $\alpha:U\to V$ 指派一个 $k\times1$ 的列矩阵, 记作 $\boldsymbol{v}(\alpha)$. 如果 α_0 和 α_1 是包含 p 点的两个坐标卡, 则要求它们满足

$$(*)\qquad \boldsymbol{v}(\alpha_1)=Dg(\boldsymbol{x}_0)\cdot\boldsymbol{v}(\alpha_0),$$

其中 $g=\alpha_1^{-1}\circ\alpha_0$ 是转移函数而 $\boldsymbol{x}_0=\alpha_0^{-1}(p)$. 矩阵 $\boldsymbol{v}(\alpha)$ 的元素称作 $\boldsymbol{v}$ 关于 α 的分量.

由 $(*)$ 式可知, M 在 p 点的切向量 $\boldsymbol{v}$, 一旦它关于某一个坐标系的分量被给定, 那么它就是完全确定的. 从 $(*)$ 式还可知道, 如果 $\boldsymbol{v}$ 和 $\boldsymbol{w}$ 是 M 在 p 点的切向量, 则可以通过对每个 α 置

$$(a\boldsymbol{v}+b\boldsymbol{w})(\alpha)=a\boldsymbol{v}(\alpha)+b\boldsymbol{w}(\alpha).$$

来明确定义 $a\boldsymbol{v}+b\boldsymbol{w}$. 也就是可以通过在每个坐标卡中按通常的数量加法将向量的分量相加来实现向量的加法. 同样也可以类似地来完成用一个标量乘一个向量的数乘运算.

M 在 p 点的切向量的集合记为 $\mathcal{T}_p(M)$, 并且称之为 M 在 p 点的切空间. 容易看出它是一个 k 维空间. 实际上, 如果, α 是包含 p 点的一个坐标卡, 并且 $\alpha(\boldsymbol{x})=p$ 则容易验证将 $\mathcal{T}_p(M)$ 映射到 $\mathcal{T}_{\boldsymbol{x}}(\mathbf{R}^k)$ 的映射 $\boldsymbol{v}\to(\boldsymbol{x};\boldsymbol{v}(\alpha))$ 是一个线性同构. 这个映射的逆记为

$$\alpha_*:\mathcal{T}_{\boldsymbol{x}}(\mathbf{R}^k)\to\mathcal{T}_{\boldsymbol{p}}(M).$$

它满足等式 $\alpha_*(\boldsymbol{x};\boldsymbol{v}(\alpha))=\boldsymbol{v}$

在 M 中给定一条 C^∞ 曲线 $\gamma:[a,b]\to M$, 并且使它满足 $\gamma(t_0)=p$. 定义该曲线相应于参数值 t_0 的速度向量是

$$\boldsymbol{v}(\alpha)=D(\alpha^{-1}\circ\gamma)(t_0),$$

那么 $\boldsymbol{v}$ 就是 M 在 p 点的一个切向量. 容易证明 M 在 p 点的每一个切向量都是某条这样的曲线的速度向量.

评注　定义切向量还有另外一种相当普遍的方法. 现将它描述如下.

设 $\boldsymbol{v}$ 是 M 在其一点 p 的切向量. 伴随于切向量 $\boldsymbol{v}$ 有在 p 点附近定义的 C^∞ 函数上的一个特定算子 $X_{\boldsymbol{v}}$, 称之为关于 $\boldsymbol{v}$ 的导数. 这是出于如下的考虑:

设 f 是 M 上的一个在 p 点的邻域中定义的 C^∞ 函数, 并且设 $\boldsymbol{v}$ 是曲线 $\gamma:[a,b]\to M$ 上对应于参数值 t_0 的速度向量, 其中 $\gamma(t_0)=p$. 那么导数 $d(f\circ\gamma)/dt$ 是 f 关于曲线参数 t 的变化率的一种度量. 如果 $\alpha:U\to V$ 是包含 p 点的一个坐标卡并且满足 $\alpha(\boldsymbol{x})=p$, 那么我们可以将这个导数表示如下: 写成 $f\circ\gamma=(f\circ\alpha)\circ(\alpha^{-1}\circ\gamma)$, 并作计算

$$\begin{aligned}\frac{d(f\circ\gamma)}{dt}(t_0)&=D(f\circ\alpha)(\boldsymbol{x})\cdot D(\alpha^{-1}\circ\gamma)(t_0)\\&=D(f\circ\alpha)(\boldsymbol{x})\cdot\boldsymbol{v}(\alpha).\end{aligned}$$

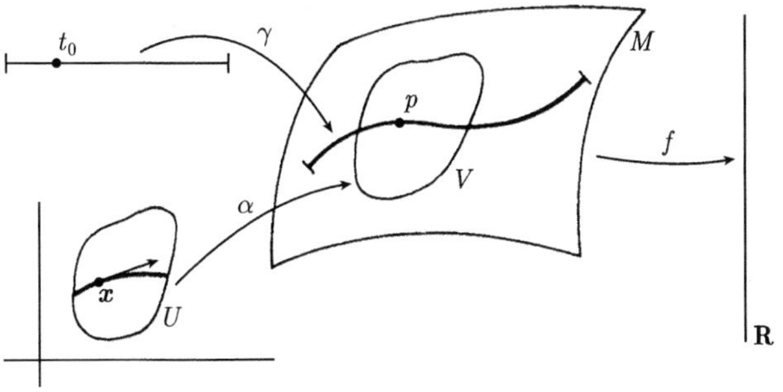

图 41.3

参看图 41.3. 注意到该导数只依赖于函数 f 和速度向量 $\boldsymbol{v}$, 而不依赖于参数曲线 γ.

这个公式引导我们定义算子 $X_{\boldsymbol{v}}$ 如下:

如果 $\boldsymbol{v}$ 是 M 在 P 点的一个切向量, 而 f 是在 p 点附近定义的一个 C^∞ 实值函数. 选取一个包含 p 点并且满足 $\alpha(\boldsymbol{x}) = p$ 的坐标卡 $\alpha : U \to V$, 并将 f 关于 $\boldsymbol{v}$ 的导数定义为

$$X_{\boldsymbol{v}}(f) = D(f \circ \alpha)(\boldsymbol{x}) \cdot \boldsymbol{v}(\alpha).$$

容易验证该导数不依赖于 α 的选取. 还可以验证 $X_{\boldsymbol{v}+\boldsymbol{w}} = X_{\boldsymbol{v}} + X_{\boldsymbol{w}}$ 和 $X_{c\boldsymbol{v}} = cX_{\boldsymbol{v}}$. 因而向量的和对应于相应算子的和, 而对于向量的数乘也是类似的.

注意到, 如果 $M = \mathbf{R}^k$, 那么算子 $X_{\boldsymbol{v}}$ 恰好是 f 关于向量 $\boldsymbol{v}$ 的方向导数.

容易验证算子 $X_{\boldsymbol{v}}$ 满足下列性质:

(1) (局部性). 如果 f 和 g 在 p 点的一个邻域上一致, 那么 $X_{\boldsymbol{v}}(f) = X_{\boldsymbol{v}}(g)$.

(2) (线性). $X_{\boldsymbol{v}}(af + bg) = aX_{\boldsymbol{v}}(f) + bX_{\boldsymbol{v}}(g)$.

(3) (积规则). $X_{\boldsymbol{v}}(f \cdot g) = X_{\boldsymbol{v}}(f)g(p) + f(p)X_{\boldsymbol{v}}(g)$.

这些性质实质上刻划了算子 $X_{\boldsymbol{v}}$ 的特征. 因而有下列定理: 令 X 是这样一个算子, 它对于在 p 点附近定义的每个 C^∞ 实值函数 f 指派一个数, 记为 $X(f)$, 并且 X 还满足条件 (1)~(3). 那么 M 在 p 点有唯一的一个切向量 $\boldsymbol{v}$ 使得 $X = X_{\boldsymbol{v}}$. 这个定理的证明需要付出一些努力. 我们在习题中给出了证明的概要.

这个定理暗示了定义切向量的另一种方法. 可将 M 在 p 点的切向量定义为一个只是满足条件 (1)~(3) 的算子 X. 如果对算子进行通常的加法和数乘运算, 那么这些算子组成的集合就成为一个线性空间, 因而能使它等同于 M 在 p 点的切空间.

许多作者宁愿使用切向量的这种定义. 因为它符合“内蕴性”的要求, 即它不显含坐标卡.

现在我们来定义 M 上的形式.

定义 M 上的一个 ℓ 形式是一个对每一点 $p \in M$ 指派向量空间 $T_p(M)$ 上的

一个 ℓ 阶交错张量的函数 ω, 即对每个 $p \in M$,

$$\omega(p) \in \mathcal{A}^{\ell}(\mathcal{T}_p(M)).$$

我们要求 ω 按下列意义是 C^∞ 的: 如果 $\alpha: U \to V$ 是 M 上包含 p 点的一个坐标卡, 并且满足 $\alpha(\boldsymbol{x}) = p$. 那么就有线性变换

$$T = \alpha_* : \mathcal{T}_{\boldsymbol{x}}(\mathbf{R}^k) \to \mathcal{T}_p(M)$$

和对偶变换

$$T^* : \mathcal{A}^{\ell}(\mathcal{T}_p(M)) \to \mathcal{A}^{\ell}(\mathcal{T}_{\boldsymbol{x}}(\mathbf{R}^k)).$$

如果 ω 是 M 上的一个 l 形式, 那么通常将 ℓ 形式 $\alpha^*\omega$ 定义作

$$(\alpha^*\omega)(\boldsymbol{x}) = T^*(\omega(p)).$$

如果 $\alpha^*\omega$ 按通常意义在 $\boldsymbol{x}$ 点附近是 C^∞ 的, 则称 ω 在 p 点附近是 C^∞ 的. 这个条件不依赖于坐标卡的选取. 因而若对 M 上的每个坐标卡 α, ω 都是 C^∞ 的, 那么 $\alpha^*\omega$ 在先前定义的意义下是 C^∞ 的.

今后假定我们考虑的所有形式都是 C^∞ 的.

令 $\Omega^{\ell}(M)$ 表示 M 上的 ℓ 形式所组成的空间. 注意到在 M 上没有能使我们像在 $\mathbf{R}^n$ 中那样可将 ω 写成标准形式的基本形式. 然而却可以将 $\alpha^*\omega$ 写成如下的标准形式

$$\alpha^*\omega = \sum_{[I]} f_I dx_I.$$

其中 dx_I 是 $\mathbf{R}^k$ 中的基本形式. 函数 f_I 称为 ω 关于坐标卡 α 的分量, 它们当然是 C^∞ 的.

定义　如果 ω 是 M 上的一个 l 形式, 则将 ω 的积分定义如下: 给定 $p \in M$, 并且给定 M 在 p 点的切向量 $\boldsymbol{v}_1, \cdots, \boldsymbol{v}_{l+1}$, 在 M 上选取一个包含 p 点的坐标卡 $\alpha: U \to V$, 且使 $\alpha(\boldsymbol{x}) = p$, 则定义

$$d\omega(p)(\boldsymbol{v}_1, \cdots, \boldsymbol{v}_{\ell+1}) = d(\alpha^*\omega)(\boldsymbol{x})((\boldsymbol{x}; \boldsymbol{v}_1(\alpha)), \cdots, (\boldsymbol{x}; \boldsymbol{v}_{\ell+1}(\alpha))).$$

这就是说, 我们是通过选取一个坐标卡 α, 将 ω 拉回到 $\mathbf{R}^k$ 中的形式 $\alpha^*\omega$, 并将 $\boldsymbol{v}_1, \cdots, \boldsymbol{v}_{l+1}$ 拉回成 $\mathbf{R}^k$ 中的切向量, 然后应用 $\mathbf{R}^k$ 中的算子 d 来定义 $d\omega$ 的. 可以验证这个定义不依赖于坐标卡 α 的选取. 于是 $d\omega$ 是 C^∞ 的.

令 $\boldsymbol{a}_i = \boldsymbol{v}_i(\alpha)$, 那么可将上面的等式写成下列形式:

$$d\omega(p)(\alpha_*(\boldsymbol{x}; \boldsymbol{a}_1), \cdots, \alpha_*(\boldsymbol{x}; \boldsymbol{a}_{l+1})) = d(\alpha^*\omega)(\boldsymbol{x})((\boldsymbol{x}; \boldsymbol{a}_1), \cdots, (\boldsymbol{x}; \boldsymbol{a}_{\ell+1})).$$

这个等式说明 $\alpha^*(d\omega)=d(\alpha^*\omega)$. 因而上面的定义可以叙述成另一种形式:

定义 如果 ω 是 M 上的一个 l 形式, 那么可将 $d\omega$ 定义为 M 上唯一一个使得下式对 M 上的每个坐标卡 α 都成立的 $l+1$ 形式:

$$\alpha^*(d\omega)=d(\alpha^*\omega).$$

其中等式右边的"d"是 $\mathbf{R}^k$ 中通常的微分算子, 而等式左边的"d"则是我们在 M 中新定义的微分算子.

现在我们来定义 M 上 k 形式的积分. 首先需要讨论单位分解. 因为我们假定 M 是紧的, 所以问题特别简单.

定理 41.1 令 M 是一个可微的紧流形. 给定 M 的一个由坐标卡组成的覆盖. 则存在一组 C^∞ 函数 $\phi_i: M\to\mathbf{R}, i=1,\cdots,\ell$, 使得

(1) 对每个 $p\in M$, 均有 $\phi_i(p)\geqslant 0$.

(2) 对于每一个指标 i, 支集 $\mathrm{supp}\phi_i$ 均能被一个给定的坐标卡覆盖.

(3) 等式 $\Sigma\phi_i(p)=1$ 对每个 $p\in M$ 都成立.

证明 给定 $p\in M$, 选取一个包含 p 点的坐标卡 $\alpha: U\to V$. 令 $\alpha(\boldsymbol{x})=p$, 选取一个非负的 C^∞ 函数 $f: U\to\mathbf{R}$, 其支集是紧的并且包含在 U 中, 而且使 f 在 $\boldsymbol{x}$ 点的值为正值. 定义 $\psi_p: M\to\mathbf{R}$ 为

$$\psi_p(y)=\begin{cases} f(\alpha^{-1}(y)), & 若 y\in V, \\ 0, & 其他情形. \end{cases}$$

因为 $f(\alpha^{-1}(y))$ 在 V 的一个紧子集外面为零, 所以函数 ψ_p 在 M 上是 C^∞ 的.

现在 ψ_p 在包含 p 点的一个开集 U_p 上是正的. 用有限多个开集 U_p, 比方说 $p=p_1,\cdots,p_\ell$ 来覆盖 M. 然后置

$$\lambda=\sum_{j=1}^{\ell}\psi_{p_j}\quad,\quad \phi_i=\left(\frac{1}{\lambda}\right)\psi_{p_i}.$$

□

定义 令 M 是一个定向的 k 维可微紧流形. 令 ω 是 M 上的一个 k 形式. 如果 ω 的支集在属于 M 定向的单个坐标卡 $\alpha: U\to V$ 中, 则定义

$$\int_M\omega=\int_{\mathrm{Int}U}\alpha^*\omega$$

一般, 选取上面定理中的 $\phi_1,\cdots,\phi_\ell$, 并且定义

$$\int_M\omega=\sum_{i=1}^{\ell}\left[\int_M\phi_i\omega\right].$$

用通常的论证方法可以证明这个积分是完全确定的并且是线性的.

最终我们可以得出下列定理.

定理 41.2(Stokes 定理) 令 M 是一个定向的 k 维可微紧流形. 令 ω 是 M 上的一个 $k-1$ 形式. 若 ∂M 是非空的, 则给出它的诱导定向, 那么

$$\int_M d\omega = \int_{\partial M} \omega.$$

如果 ∂M 是空集, 那么 $\int_M d\omega = 0$

证明 先前给出的证明可以原封不动的照搬. 因为所有计算都可以在坐标卡上来进行而无需作任何改变. 在 $k=1$ 和 ∂M 是 0 维流形时所涉及到的特别约定可以完全像以前一样地进行处理. □

不仅 Stokes 定理可以推广到抽象可微流形, 而且对第八章中关于闭形式和恰当形式的结果也可以作相应的推广. 若给定 M, 则可将 M 的 k 维 de Rham 群定义为 M 上的闭 k 形式组成的空间模恰当 k 形式的空间所得的商. 可用各种不同的方法来计算这些商空间的维数, 包括利用一般 Mayer–Vietoris 定理. 如果把 M 写成 M 中的两个开集 U 和 V 的并, 则可给出 M, U, V 及 $U\cap V$ 的 de Rham 群之间的关系. 在文献 [B—T] 中对这些问题作了探讨.

向量空间 $H^k(M)$ 显然是 M 的一个微分同胚不变量. 令人感到惊奇和意外的是, 它竟然还是 M 的拓扑不变量. 这意味着如果 M 与 N 同胚, 那么向量空间 $H^k(M)$ 和 $H^k(N)$ 就是线性同构的. 这个事实就是著名的 de Rham 定理的结论. 该定理说的是, M 上的闭形式模恰当形式所得到的商代数同构于代数拓扑中对任意拓扑空间定义的一种代数, 而这种代数称为“带实系数的 M 的上同调代数.”

二、Riemann 流形

我们已经说明如何把 Stokes 定理和 de Rham 群推广到抽象的可微流形上. 现在我们来考虑另一些曾经论述过的问题. 令人惊奇的是其中很多不能轻易推广.

例如流形 M 的体积概念以及 M 上的标量函数关于体积的积分 $\int_M f dV$. 这些概念不能推广到抽象可微流形.

这是为什么呢? 回答这个问题的一种方法是注意到, 根据 §36 的讨论, $\mathbf{R}^n$ 中一个定向的 k 维紧流形 M 的体积可用下式来定义

$$v(M) = \int_M \omega_v,$$

其中 ω_v 是 M 的“体积形式”, 即 ω_v 是这样一个 k 形式, 它在 $\mathcal{T}_{\boldsymbol{p}}(M)$ 的属于该切空间自然定向的任何规范正交基上的值为 1. 在这种情况下, $\mathcal{T}_{\boldsymbol{p}}(M)$ 是 $\mathcal{T}_{\boldsymbol{p}}(\mathbf{R}^n) = \boldsymbol{p}\times\mathbf{R}^n$ 的一个线性子空间, 因而 $\mathcal{T}_{\boldsymbol{p}}(M)$ 有一个从 $\mathbf{R}^n$ 中的点乘积导出的自然内积.

关于体积形式的这种概念不可能推广到任意的可微流形上, 因为一般在 $\mathcal{T}_p(M)$ 上没有内积, 因而也就不知道向量组规范正交的意义.

为了把体积的定义推广到可微流形 M 上, 就需要每个切空间 $\mathcal{T}_p(M)$ 上都具有内积.

定义 令 M 是一个可微的 k 维流形. M 上的一个 Riemann 度量是一个定义在每个切空间 $\mathcal{T}_p(M)$ 上的内积 $\langle \boldsymbol{v}, \boldsymbol{w} \rangle$, 并且要求它作为 M 上的一个 2 阶张量场是 C^∞ 的. 一个 Riemann 流形是由一个可微流形 M 连同 M 上的一个 Riemann 度量组成的.

(注意, 这里行文中所使用的"度量"一词与在"度量空间"这个术语中所使用的度量一词无关.)

诚然, 对任何一个可微流形 M 来说, 在 M 上都存在 Riemann 度量, 其证明并不特别困难, 可以利用单位分解来证. 但是 Riemann 度量不一定是唯一的.

给定 M 上的一个 Riemann 度量, 则相应地有一个对 $\mathcal{T}_p(M)$ 的向量 k 元组定义的体积函数 $V(\boldsymbol{v}_1, \cdots, \boldsymbol{v}_k)$(参看 §21 的习题). 于是就可以像以前那样定义标量函数的积分.

定义 令 M 是一个 k 维紧 Riemann 流形. 令 $f : M \to \mathbf{R}$ 是一个连续函数. 如果 f 的支集可由单个坐标卡 $\alpha : U \to V$ 覆盖, 则将 f 在 M 上的积分定义为

$$\int_M f dV = \int_{\text{Int}U} (f \circ \alpha) V(\alpha_*(\boldsymbol{x}; \boldsymbol{e}_1), \cdots, \alpha_*(\boldsymbol{x}; \boldsymbol{e}_k)).$$

正如 §25 中那样, 一般要用单位分解来定义 f 在 M 上的积分. M 的体积则定义为

$$v(M) = \int_M dV.$$

如果 M 是定向的紧 Riemann 流形, 那么就像以前那样, 可将 M 上的 k 形式的积分 $\int_M \omega$ 解释为某个标量函数的积分 $\int_M \lambda dV$, 其中 $\lambda(p)$ 是 $\omega(p)$ 在由 M 在 p 点的 k 个切向量组成的规范正交组上的值, 并且要求这个向量组属于 (从 M 的定向导出的)$\mathcal{T}_p(M)$ 的自然定向. 如果 $\lambda(p)$ 恒等于 1, 则将 ω 称为 Riemann 流形 M 的体积形式, 并且记作 ω_v, 那么

$$v(M) = \int_M \omega_v.$$

对于一个 Riemann 流形 M 而言, 将会伴随产生大量有趣的问题. 例如, 可以定义光滑数曲线 $\gamma : [a, b] \to M$ 的长度. 它恰好是积分值

$$\int_{t=a}^{t=b} ||\gamma_*(t; \boldsymbol{e}_1)||.$$

式中的被积函数是曲线 γ 的速度向量的模, 当然是用 $\mathcal{T}_p(M)$ 上的内积定义的. 于是就可以讨论“测地线”问题. 所谓测地线就是 M 上连接两点的最短曲线. 继而讨论诸如“曲率”等这样一些问题. 所有这些问题都将在一个称作 Riemann 几何的学科中论述, 希望读者能去研究这门学问.

最后是一个评注. 正如我们已经指出的那样, 本书所做的大部分事情都能推广到抽象可微流形上或者推广到 Riemann 流形上. 但是 §38 中给出的用标量场和向量场对 Stokes 定理所作的解释却是不能推广的. 理由是显然的. §31 中的“平移函数”, 对于 k 的某些特定值, 它可以将 $\mathbf{R}^n$ 中的 k 形式解释成 $\mathbf{R}^n$ 中的标量场或向量场, 本质上依赖于 $\mathbf{R}^n$ 中定义的既有形式, 而不依赖于某个抽象流形 M, 而且算子 grad 和 div 只适用于 $\mathbf{R}^n$ 中的标量场和向量场, 而 curl 算子只适用于 $\mathbf{R}^3$ 中, 甚至流形 M 的法向量概念不只依赖于 M 本身而且还要依赖于外围空间.

换句话说, 虽然流形和微分形式以及 Stokes 定理等在 Euclid 空间以外也有意义, 但是经典的向量分析在欧氏空间以外却没有意义.

习　题

1. 证明如果 $\boldsymbol{v} \in \mathcal{T}_p(M)$, 那么 $\boldsymbol{v}$ 是 M 中某条过 p 点的 C^∞ 曲线的速度向量.

2. (a) 令 $\boldsymbol{v} \in \mathcal{T}_p(M)$, 证明算子 $X_{\boldsymbol{v}}$ 是完全确定的.

(b) 验证算子 $X_{\boldsymbol{v}}$ 的性质 (1)~(3).

3. 如果 ω 是 M 上的一个 ℓ 形式, 证明 $d\omega$ 是完全确定的 (即不依赖于坐标卡 α 的选取).

4. 验证 Stokes 定理对任意可微流形成立.

5. 证明任何可微的紧流形都有 Riemann 度量.

*6. 令 M 是一个可微的 k 维流形且 $p \in M$. 令 X 是在 p 点附近定义的 C^∞ 实值函数上的一个算子, 并且满足局部性、线性和积规则. 那么恰好有 M 在 p 点的一个切向量 $\boldsymbol{v}$ 使得 $X = X_{\boldsymbol{v}}$, 证明如下:

(a) 令 F 是 $\mathbf{R}^k$ 中由适合 $|\boldsymbol{x}| < \varepsilon$ 的所有 $\boldsymbol{x}$ 点组成的开立方体 U 上定义的一个 C^∞ 函数. 证明有在 U 上定义的 C^∞ 函数 $g_1, \cdots, g_k$ 使得

$$F(\boldsymbol{x}) - F(\mathbf{0}) = \sum_j x_j g_j(\boldsymbol{x}), \quad \boldsymbol{x} \in U.$$

[提示: 置

$$g_j(\boldsymbol{x}) = \int_{u=0}^{u=1} D_j F(x_1, \cdots, x_{j-1}, u x_j, 0, \cdots, 0).$$

那么 g_j 是 C^∞ 的并且有

$$x_j g_j(\boldsymbol{x}) = \int_{t=0}^{t=x_j} D_j F(x_1, \cdots, x_{j-1}, t, 0, \cdots, 0)].$$

(b) 若 F 和 g_j 如 (a) 中所述, 证明

$$D_j F(\mathbf{0}) = g_j(\mathbf{0}).$$

(c) 证明如果 c 是一个常函数, 那么 $X(c) = 0$. [提示: 证明 $X(1 \cdot 1) = 0$]

(d) 给定 X, 证明至多有一个 $\boldsymbol{v}$ 使得 $X = X_{\boldsymbol{v}}$[提示: 令 α 是一个包含 p 点的坐标卡. 令 $h = \alpha^{-1}$. 若 $X = X_{\boldsymbol{v}}$, 那么证明 $v(\alpha)$ 的分量是 $X(h_i)$].

(e) 给定 X, 证明存在一个 $\boldsymbol{v}$ 使得 $X = X_{\boldsymbol{v}}$. [提示: 令 α 是一个使得 $\alpha(\mathbf{0}) = p$ 的坐标卡, 令 $h = \alpha^{-1}$ 置 $v_i = X(h_i)$, 而令 $\boldsymbol{v}$ 是 p 点的一个切向量并且使得 $\boldsymbol{v}(\alpha)$ 的分量为 $v_1, \cdots, v_k$. 给定在 p 点附近定义的 f, 置 $F = f \circ \alpha$. 那么

$$X_{\boldsymbol{v}}(f) = \sum_j D_j F(\mathbf{0}) \cdot v_j$$

像在 (a) 中那样, 对 $\mathbf{0}$ 点附近的 $\boldsymbol{x}$, 写成 $F(\boldsymbol{x}) = \sum_j x_j g_j(\boldsymbol{x}) + F(\mathbf{0})$. 那么, 在 p 点的一个邻域中有

$$f = \sum_j h_j \cdot (g_j \circ h) + F(\mathbf{0}).$$

利用 X 的三个性质计算 $X(f)$.]

参考文献

[A] Apostol T M. Mathematical Analysis, 2nd edition. Addison-Wesley, 1974.

[A-M-R] Abraham R, Mardsen J E and Ratiu T. Manifolds, Tensor Analysis and Applications. Addison-Wesley, 1983, Springer-Verlag, 1988.

[B] Boothby W M. An Introduction to Differentiable Manifolds and Riemannian Geometry. Academic Press, 1975.

[B-G] Berger M and Gostiaux B. Differential Geometry: Manifolds, Curves and Surfaces. Springer-Verlag, 1988.

[B-T] Bott R and Tu L W. Differential Forms in Algebraic Topology. Springer-Verlag, 1982.

[D] Devinatz A. Advanced Calculus. Holt, Rinehart and Winston, 1968.

[F] Fleming W. Functions of Several Variables. Addison-Wesley, 1965, Springer-Verlag, 1977.

[Go] Goldberg R P. Methods of Real Analysis. Wiley, 1976.

[G-P] Guillemin V and Pollack A. Differential Topology. Prentice-Hall, 1974.

[Gr] Greub W H. Multilinear Algebra, 2nd edition. Springer-Verlag, 1978.

[M] Munkres J R. Topology, A First Course. Prentice-Hall, 1975.

[N] Northcott D G. Multilinear Algebra. Cambridge U. Press, 1984.

[N-S-S] Nickerson H K, Spencer D C and Steenrod N E. Advanced Calculus. Van Nostrand, 1959.

[Ro] Royden H. Real Analysis, 3rd edition. Macmillan, 1988.

[Ru] Rudin W. Principies of Mathematical Analysis, 3rd edition. McGraw-Hill, 1976.

[S] Spivak M. Calculus on Manifolds. Addison-Wesley, 1965.

索 引